NAMI JIEGOU HE NAMI CAILIAO 第二版

纳米结构和纳米材料

合成、性能及应用

Nanostructures and Nanomaterials

Synthesis, Properties, and Applications

2nd Edition

Guozhong Cao Ying Wang 著

董星龙 译

高等教育出版社·北京

图字：01 - 2011 - 0474 号

图书在版编目（CIP）数据

纳米结构和纳米材料：合成、性能及应用：第 2 版/（美）曹国忠，
（美）王颖著；董星龙译. 一北京：高等教育出版社，2012.1（2020.2重印）
（材料科学经典著作选译）

书名原文：Nanostructures and Nanomaterials: Synthesis, Properties,
and Applications

ISBN 978 - 7 - 04 - 032624 - 6

Ⅰ.①纳… Ⅱ.①曹…②王…③董… Ⅲ.①纳米材料 - 研究生 -
教材 Ⅳ.①TB383

中国版本图书馆 CIP 数据核字（2011）第 185103 号

策划编辑	刘剑波	责任编辑	焦建虹	封面设计	刘晓翔	版式设计 王 莹
责任校对	殷 然	责任印制	尤 静			

出版发行	高等教育出版社		咨询电话	400-810-0598
社　　址	北京市西城区德外大街4号		网　　址	http://www.hep.edu.cn
邮政编码	100120			http://www.hep.com.cn
印　　刷	涿州市星河印刷有限公司		网上订购	http://www.landraco.com
开　　本	787mm×1092mm　1/16			http://www.landraco.com.cn
印　　张	26.5		版　　次	2012 年 1 月第 1 版
字　　数	490 千字		印　　次	2020 年 2 月第 4 次印刷
购书热线	010-58581118		定　　价	89.00 元

本书如有缺页、倒页、脱页等质量问题，请到所购图书销售部门联系调换

版权所有　侵权必究

物 料 号　32624-A0

译者的话

纳米科技已经成为世界高新技术战略竞争的前沿，是未来新技术发展的重要源泉。目前已经出版了大量有关纳米科技的专著、科普读物和教材，但是由于本领域发展迅速，新现象、新理论层出不穷，需要不断地进行知识更新。本译著的特点在于，以当今最新的纳米结构和纳米材料的研究成果为实例，阐述纳米科学与技术的基础知识和应用范围，有助于人们对该领域的全面了解，也有助于从事具体研究工作的专家在特定领域中发现更多的信息。

由于在高校中从事纳米材料的教学和科研工作，所以译者一直希望能够找到一本适合于研究生使用的通用教材，使学生们能够对纳米材料及其结构有全面的了解，也期望该通用教材具备专业教材的特点，使即将从事纳米材料研究的学生们能够在相关研究方向上获得更多的背景知识。在科学研究和人才培养日益国际化的形势下，有关纳米材料的通俗科普读物以及侧重研究成果的众多作者共同完成的专著已经不能作为一本很好的教材。

2008 年译者有幸作为访问学者赴美国华盛顿大学，在曹国忠教授领导的研究团队中从事短期合作研究。曹国忠教授将他所编写的《Nanostructures and Nanomaterials：Synthesis，Properties，and Applications》一书赠与译者，译者惊奇地发现这正是要寻找的那一本书：论述系统而全面，强调基础知识，且易于学习。毫不迟疑，回国后译者就开始了翻译工作，并将此书作为教材在教学中使用。

本书英文版的第一版于 2004 年首次印刷，已经作为教科书在美国、加拿大、瑞典、日本、法国、荷兰、澳大利亚、南非、印度、韩国、伊朗、俄罗斯及中国等多个国家的高校中使用，例如美国的斯坦福大学、南加州大学、加州大学、马里兰大学、弗吉尼亚理工大学，日本的东京大学，法国的法国高等理工学院，荷兰的爱因霍芬科技大学，澳大利亚的昆士兰大学等。此书获得了广泛的国际认可和极高的评价，出版至今一直都是畅销书，并于 2011 年被翻译成俄文出版。本译著是在 2011 年新出版的英文第二版的基础上翻译的，在保持第一版原有内容和特点的基础上，第二版对有些章节进行了重新表述和安排，并加入了 7 年来在纳米结构和纳米材料加工、制造方面的最新成就，替换了部分图表，更新修改了部分内容。

能够将这样好的一本书翻译成中文是很多人的愿望，也是曹国忠教授和王颖助理教授报效祖国的一种方式，译者感觉到做了一件非常有意义的工作。翻译过程也是一个学习的过程，作为作者的曹国忠教授和王颖助理教授亲自校对，避免了因译者的理解局限所带来的错误。译者的学生王飞、赵亚楠、郭道远、谢昌江、于瀛秀、刘春静参与了所有章节和索引的翻译工作，在此感谢他们的努力和贡献。

董星龙

2011 年 8 月

于大连

第二版前言

我们很高兴世界科技出版公司出版本书第二版。第一版出版于纳米技术突飞猛进的时代，而今纳米科技继续吸引着很多关注。因此，这个新版本的主要目的是充实过去七年来关于纳米材料和纳米结构制备的新发展，但保留第一版的范围和特点：包括总结关于纳米结构和纳米材料合成、制备、加工的基础知识以及技术方法，给读者提供一个关于该领域的系统而连贯的蓝图，并为刚刚进入该领域的读者和寻求其他分支领域信息的专家提供大致的介绍。

新版本对部分内容进行了改写，包括重新措辞、重新安排段落顺序，以提高本书的可读性。更新主要体现在第3、4、6和9章中。第3章纳入了关于纳米粒子和核－壳纳米结构合成的信息。第4章添加了对无机纳米管的合成和性质(非碳纳米管)的综述。第6章同样增加了更多关于介孔材料合成以及反转蛋白石和生物诱导材料的信息。第9章的增改最为广泛，添加了纳米结构和纳米材料在锂离子电池、储氢、热电器件、光子晶体以及等离子激元器件方面的应用介绍。其他修订包括对第1、5和8章中一些图片的更换。

我们希望借此机会，感谢来自世界各地读者的支持，尤其感谢那些指出第一版中的错误、遗漏和含糊地方的读者。我们在第二版中努力更正错误并改善表达方式。然而很显然，我们无法把所有关于纳米结构和纳米材料新进展的重要议题都囊括到这本书中。

我们同样感激来自同事、学生、朋友和家人的帮助与支持。在此致谢蔡川和管东升，谢谢他们帮忙整理图片以及取得本书所引用图片的版权许可。

曹国忠

西雅图，华盛顿州，美国

王　颖

巴吞鲁日，路易斯安那州，美国

2010 年 5 月 10 日

第二版前言

目　　录

1　绪论 ………………………………………………………………… 1

1.1　引言 ……………………………………………………………… 1

1.2　纳米技术的产生 ………………………………………………… 3

1.3　"自下而上"法和"自上而下"法 ……………………………… 6

1.4　纳米技术的挑战 ………………………………………………… 9

1.5　本书概况 ………………………………………………………… 9

参考文献 ……………………………………………………………… 11

2　固态表面的物理化学 …………………………………………… 13

2.1　引言 ……………………………………………………………… 13

2.2　表面能 …………………………………………………………… 15

2.3　化学势与表面曲率 ……………………………………………… 21

2.4　静电稳定化 ……………………………………………………… 25

　2.4.1　表面电荷密度 ……………………………………………… 25

　2.4.2　固态表面附近电势 ………………………………………… 27

　2.4.3　范德瓦耳斯吸引势 ………………………………………… 28

　2.4.4　两粒子间相互作用：DLVO 理论 ………………………… 30

2.5　空间稳定化 ……………………………………………………… 33

　2.5.1　溶剂和聚合物 ……………………………………………… 34

　2.5.2　聚合物层间相互作用 ……………………………………… 35

　2.5.3　空间和静电复合相互作用 ………………………………… 37

2.6　总结 ……………………………………………………………… 38

参考文献 ……………………………………………………………… 38

3　零维纳米结构：纳米粒子 ……………………………………… 41

3.1　引言 ……………………………………………………………… 41

3.2　均匀成核形成纳米粒子 ………………………………………… 42

　3.2.1　均匀成核基础 ……………………………………………… 43

　3.2.2　晶核的后续生长 …………………………………………… 46

　　3.2.2.1　扩散控制的生长 ……………………………………… 47

　　3.2.2.2　表面过程控制的生长 ………………………………… 47

3.2.3　金属纳米粒子的合成 ……………………………………… 50

　　3.2.3.1　还原剂的影响 …………………………………… 53

　　3.2.3.2　其他因素的影响 ………………………………… 55

　　3.2.3.3　聚合物稳定剂的影响 …………………………… 56

3.2.4　半导体纳米粒子的合成 …………………………………… 62

3.2.5　氧化物纳米粒子的合成 …………………………………… 67

　　3.2.5.1　溶胶 – 凝胶法 …………………………………… 68

　　3.2.5.2　强制水解 …………………………………………… 70

　　3.2.5.3　离子的控制释放 …………………………………… 71

3.2.6　气相反应 ……………………………………………………… 73

3.2.7　固态相分离 ………………………………………………… 74

3.3　非均匀成核形成纳米粒子 ……………………………………… 76

3.3.1　非均匀成核基础 …………………………………………… 76

3.3.2　纳米粒子合成 ……………………………………………… 78

3.4　纳米粒子的动力学限域合成 …………………………………… 79

3.4.1　胶束或微乳液中合成 ……………………………………… 80

3.4.2　气溶胶合成 ………………………………………………… 81

3.4.3　生长终止 …………………………………………………… 82

3.4.4　雾化热解 …………………………………………………… 82

3.4.5　模板合成 …………………………………………………… 83

3.5　外延核 – 壳纳米粒子 …………………………………………… 83

3.6　总结 ……………………………………………………………… 86

参考文献 ………………………………………………………………… 86

4　一维纳米结构：纳米线和纳米棒 ……………………………… 95

4.1　引言 ……………………………………………………………… 95

4.2　自发生长 ………………………………………………………… 97

4.2.1　蒸发（溶解）– 冷凝生长 ………………………………… 97

　　4.2.1.1　蒸发（溶解）– 冷凝生长基本原理 ……………… 97

　　4.2.1.2　蒸发 – 冷凝生长 …………………………………… 102

　　4.2.1.3　溶解 – 冷凝生长 …………………………………… 106

4.2.2　气相（或溶液）– 液相 – 固相（VLS 或 SLS）生长 …… 109

　　4.2.2.1　VLS 和 SLS 生长的基本原理 …………………… 109

　　4.2.2.2　不同纳米线的 VLS 生长 ………………………… 112

　　4.2.2.3　纳米线尺寸的控制 ………………………………… 114

　　4.2.2.4　前驱体和催化剂 …………………………………… 118

    4.2.2.5　溶液－液态－固态生长 ·············· 119

  4.2.3　应力诱导再结晶 ·············· 121

 4.3　基于模板合成 ·············· 121

  4.3.1　电化学沉积 ·············· 122

  4.3.2　电泳沉积 ·············· 128

  4.3.3　模板填充 ·············· 134

    4.3.3.1　胶态分散体填充 ·············· 135

    4.3.3.2　熔融和溶液填充 ·············· 137

    4.3.3.3　化学气相沉积 ·············· 137

    4.3.3.4　离心沉积 ·············· 137

  4.3.4　通过化学反应转换 ·············· 138

 4.4　静电纺丝 ·············· 141

 4.5　光刻 ·············· 144

 4.6　总结 ·············· 146

  参考文献 ·············· 146

5　二维纳米结构：薄膜 ·············· 155

 5.1　引言 ·············· 155

 5.2　薄膜生长的基本原理 ·············· 156

 5.3　真空科学 ·············· 160

 5.4　物理气相沉积（PVD） ·············· 162

  5.4.1　蒸发 ·············· 162

  5.4.2　分子束外延生长（MBE） ·············· 164

  5.4.3　溅射 ·············· 165

  5.4.4　蒸发和溅射的比较 ·············· 166

 5.5　化学气相沉积（CVD） ·············· 167

  5.5.1　典型的化学反应 ·············· 167

  5.5.2　反应动力学 ·············· 169

  5.5.3　输运现象 ·············· 169

  5.5.4　CVD方法 ·············· 171

  5.5.5　CVD法制备金刚石薄膜 ·············· 173

 5.6　原子层沉积 ·············· 175

 5.7　超晶格 ·············· 179

 5.8　自组装 ·············· 181

  5.8.1　有机硅单分子层或硅烷衍生物 ·············· 182

  5.8.2　烷基硫醇和硫化物的单分子层 ·············· 184

    5.8.3　羧酸、胺、乙醇的单分子层 ·················· 186

  5.9　朗缪尔 – 布洛杰特薄膜 ·················· 187

  5.10　电化学沉积 ·················· 190

  5.11　溶胶 – 凝胶薄膜 ·················· 192

  5.12　总结 ·················· 195

  参考文献 ·················· 195

6　特殊纳米材料 203

  6.1　引言 ·················· 203

  6.2　碳富勒烯和纳米管 ·················· 204

    6.2.1　碳富勒烯 ·················· 204

    6.2.2　富勒烯衍生晶体 ·················· 205

    6.2.3　碳纳米管 ·················· 205

  6.3　微孔和介孔材料 ·················· 211

    6.3.1　有序介孔结构 ·················· 211

    6.3.2　无序介孔结构 ·················· 218

    6.3.3　晶态微孔材料：沸石 ·················· 222

  6.4　核 – 壳结构 ·················· 228

    6.4.1　金属 – 氧化物结构 ·················· 229

    6.4.2　金属 – 聚合物结构 ·················· 231

    6.4.3　氧化物 – 聚合物纳米结构 ·················· 231

  6.5　有机 – 无机杂化物 ·················· 233

    6.5.1　第一类杂化物 ·················· 233

    6.5.2　第二类杂化物 ·················· 234

  6.6　插层化合物 ·················· 235

  6.7　纳米复合材料和纳米晶材料 ·················· 237

  6.8　反转蛋白石 ·················· 239

  6.9　生物诱导纳米材料 ·················· 241

  6.10　总结 ·················· 242

  参考文献 ·················· 242

7　物理法制备纳米结构 255

  7.1　引言 ·················· 255

  7.2　刻蚀 ·················· 256

    7.2.1　光刻 ·················· 257

    7.2.2　相移光刻 ·················· 259

    7.2.3　电子束光刻 ·················· 260

7.2.4　X 射线光刻 ·· 262

7.2.5　聚焦离子束（FIB）光刻 ·· 263

7.2.6　中性原子束光刻 ·· 266

7.3　纳米操纵和纳米光刻 ··· 267

7.3.1　扫描隧道显微镜（STM） ·· 267

7.3.2　原子力显微镜（AFM） ·· 269

7.3.3　近场扫描光学显微镜（NSOM） ·· 270

7.3.4　纳米操纵 ··· 271

7.3.5　纳米光刻 ··· 275

7.4　软光刻 ··· 279

7.4.1　微接触印刷 ·· 280

7.4.2　模塑 ·· 281

7.4.3　纳米压印 ··· 282

7.4.4　蘸笔纳米光刻 ·· 283

7.5　纳米粒子及纳米线的组装 ·· 284

7.5.1　毛细管力 ··· 284

7.5.2　弥散相互作用 ·· 287

7.5.3　剪切力辅助组装 ··· 287

7.5.4　电场辅助组装 ·· 287

7.5.5　共价键连接组装 ··· 288

7.5.6　重力场辅助组装 ··· 288

7.5.7　模板 – 辅助组装 ··· 288

7.6　其他微制造方法 ··· 289

7.7　总结 ··· 290

参考文献 ··· 290

8　纳米材料的表征和性能 ·· 299

8.1　引言 ··· 299

8.2　结构表征 ·· 300

8.2.1　X 射线衍射（XRD） ·· 300

8.2.2　小角度 X 射线散射（SAXS） ·· 301

8.2.3　扫描电子显微镜（SEM） ·· 303

8.2.4　透射电子显微镜（TEM） ·· 307

8.2.5　扫描探针显微镜（SPM） ·· 308

8.2.6　气体吸附 ··· 311

8.3　化学表征 ·· 312

8.3.1　光谱 ……………………………………………………… 312

8.3.2　电子谱 …………………………………………………… 315

8.3.3　离子谱 …………………………………………………… 316

8.4　纳米材料的物理性能 ……………………………………… 318

8.4.1　熔点和晶格常数 ………………………………………… 318

8.4.2　力学性能 ………………………………………………… 322

8.4.3　光学性能 ………………………………………………… 324

8.4.3.1　表面等离子共振 ………………………………… 324

8.4.3.2　量子尺寸效应 …………………………………… 329

8.4.4　电导 ……………………………………………………… 331

8.4.4.1　表面散射 ………………………………………… 332

8.4.4.2　电子结构的变化 ………………………………… 335

8.4.4.3　量子输运 ………………………………………… 335

8.4.4.4　微结构效应 ……………………………………… 337

8.4.5　铁电体和电介质 ………………………………………… 338

8.4.6　超顺磁性 ………………………………………………… 341

8.5　总结 ………………………………………………………… 343

参考文献 …………………………………………………………… 343

9　纳米材料的应用 ………………………………………………… 353

9.1　引言 ………………………………………………………… 353

9.2　分子电子学和纳米电子学 ………………………………… 354

9.3　纳米机器人 ………………………………………………… 355

9.4　纳米粒子的生物应用 ……………………………………… 356

9.5　金纳米粒子催化剂 ………………………………………… 358

9.6　带隙工程量子器件 ………………………………………… 359

9.6.1　量子阱器件 ……………………………………………… 359

9.6.2　量子点器件 ……………………………………………… 360

9.7　纳米力学 …………………………………………………… 362

9.8　碳纳米管发射器 …………………………………………… 363

9.9　纳米材料的能源应用 ……………………………………… 365

9.9.1　光电化学电池 …………………………………………… 365

9.9.2　锂离子充电电池 ………………………………………… 367

9.9.3　储氢 ……………………………………………………… 370

9.9.4　热电器件 ………………………………………………… 372

9.10　纳米材料的环境应用 …………………………………… 374

9.11　光子晶体和等离子波导 ··· 375
　　9.11.1　光子晶体 ··· 375
　　9.11.2　等离子波导 ··· 377
9.12　总结 ··· 377
参考文献 ·· 378

附录 ·· 389
　附录1　元素周期表 ·· 389
　附录2　国际单位 ··· 390
　附录3　基本物理常数 ··· 390
　附录4　14种三维晶格类型 ·· 391
　附录5　电磁波谱 ··· 392
　附录6　希腊字母表 ·· 392

索引 ·· 394
中文版后记 ··· 406
作者和译者简介 ·· 408

1

绪 论

1.1 引言

纳米技术是以小结构或小尺寸材料为研究对象的一种技术。典型的尺寸范围为从亚纳米到几百个纳米。1 纳米(nm)是 10 亿分之一米，或 10^{-9}m。图 1.1 为部分零维纳米结构的典型尺寸范围。[1,2] 1 纳米大约相当于 10 个氢原子或 5 个硅原子线状排列的长度。小尺寸的特征使得在给定的空间内可实现更多的功能化，但纳米技术不仅仅是从微米到纳米的简单微型化延续。微米尺度的材料体现出与块体材料基本相同的特征，但纳米尺度的材料可能体现出与块体材料截然不同的物理性能。在这个尺寸范围内的材料往往表现出特殊的性能，从原子或分子过渡到块体形式的转变就发生在纳米尺度范围内。例如，纳米晶的熔点低(与块体比较可以相差 1 000 ℃)、晶格常数小，这是由于表面的原子或离子数在整体中所占的比例明显增大，表面能在热稳定性中起到重大作用的原因。在纳米尺寸时，晶体稳定存在的温度较块体材料要低很多，因此，铁电体和铁磁体可以随着其尺寸减小到纳米尺度而失去原有的铁电性和铁磁性。如果尺寸变得足够小(几个纳米长度),块状半导体可能转变成绝缘体。又如尽管块体的金并不表现出催化性能,但金纳米晶体可以成为优异的低温催化剂。

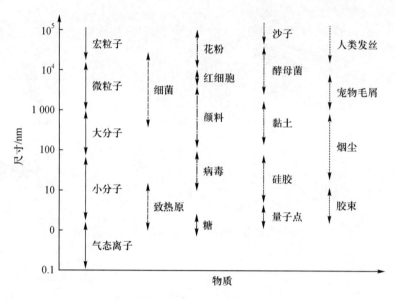

图 1.1 零维纳米结构或纳米材料的典型尺寸范围。

目前对于纳米技术的定义有许多不同的观点。例如,有人认为利用电子显微镜研究材料的微结构,研究薄膜的生长和表征为纳米技术。还有人认为采用"自下而上"的途径完成材料合成与制备,如自组织或生物矿化形成像鲍鱼壳的层状结构为纳米技术。药物输送,即将药物放入纳米管中完成输送,也被认为是纳米技术。微机电系统(MEMS)和芯片实验室(lab-on-a-chip)被认为是纳米技术。还有许多着眼于未来的近乎科幻的观点认为,纳米技术意味着新颖、奇特和超前的应用,如在血液中游动的潜艇、监测人体的智能自修复纳米机器人、碳纳米管制造的太空电梯以及太空移民技术等。还有许多工作在具体研究领域的人所持的观点,这些都是具有特定意义的纳米技术的定义,不能覆盖全部内涵。各种各样的纳米技术定义说明了一个事实,即纳米技术覆盖了广阔的研究领域,它要求多个学科以及学科之间的共同努力。

总体而言,纳米技术可以理解为一种设计、制备及应用纳米结构和纳米材料的技术。其中包括对纳米结构和纳米材料物理性质和现象的基础理论的理解。研究纳米尺度范围内的物理性质、现象和材料维度之间的本质关系也称为纳米科学。在美国,纳米技术定义为"由纳米尺寸而导致材料和器件具备全新的或显著改善的物理、化学和生物性质以及相应的现象和过程"。[3]

为了探索新的物理性质和现象，实现纳米结构和纳米材料的潜在应用，纳米结构和纳米材料的制备及加工能力成为纳米技术的首要基础。纳米结构材料是指其至少要有一个维度在纳米尺寸范围内，包括纳米粒子（如具有量子效应的量子点）、纳米棒和纳米线、薄膜以及由纳米单元或结构组成的块体材料。许多技术用于合成纳米结构和纳米材料。这些技术方法可以按多种方式分类。一种方式是按照生长介质进行分类：

（1）气相生长，包括激光反应热解法合成纳米粒子和原子层沉积（ALD）法生长薄膜。

（2）液相生长，包括胶质处理形成纳米粒子和单分散层的自组装过程。

（3）固相生成，包括相分离方式形成的玻璃基体中的金属粒子和双光子诱导聚合化形成的三维光子晶体。

（4）混合生长，包括纳米线的气－液－固（VLS）生长。

另外一种方式是按照产物类型进行分类：

（1）纳米粒子，通过胶质处理、火焰燃烧和相分离技术合成。

（2）纳米棒或纳米线，通过模板辅助电镀、溶液－液态－固态（SLS）生长和自发异向生长的方式合成。

（3）薄膜，通过分子束外延（MBE）和原子层沉积技术（ALD）合成。

（4）纳米结构块体材料，例如纳米粒子自组装形成的光子带隙晶体。

此外，还存在多种其他的合成技术分类方式，如"自上而下"法和"自下而上"法，自发和外力作用技术。"自上而下"法实际上是光刻技术的扩展，而"自下而上"法在材料科学和化学中也不是新的概念。大分子聚合物的合成就是典型的"自下而上"的制备方法，包括结构单元（单体）聚合成大分子或块体材料。晶体生长是另外一种"自下而上"的方法，其生长单元（如原子、离子或分子）有序聚集在生长表面形成所期望的晶体结构。

1.2　纳米技术的产生

纳米技术是新出现的，但纳米尺度上的研究并不是新近开始的。许多生物系统研究和材料工程如胶态分散体、金属量子点和催化剂等，已经在纳米领域进行了几个世纪的研究。例如，中国在上千年前就知道将金纳米粒子作为无机染料加入到陶瓷产品中。[4,5]尽管首篇关于胶质金制备和性能的论文发表在19世纪中叶，但其应用具有久远的历史。[6]1857年法拉第制备的胶质金分散体[7]，稳定保存了近1个世纪后在第二次世界大战中被损坏。[6]胶质金还可用来合成药物，用于关节炎的治疗，以及通过与病人脊髓液的作用来诊断多种疾病。[8]当然，目前人类在纳米尺度上的成像、工程化和操作系统的能力都在显著提高。纳米技术的"新"，体现在人们在纳米尺度上分析和操纵的能力，以及人们对材料中原子尺度上相互作用的认知。

尽管纳米尺度上的材料研究可以追溯到几个世纪以前，但当今的纳米技术热潮与当代半导体工业器件微型化的需求和纳米水平上材料表征和操纵技术的实现紧密相关。图 1.2 所示为著名的摩尔定律，即 1965 年提出的关于晶体管尺寸不断变小的预言。[9] 该图表明晶体管尺寸大约每 18 个月减小一半，而今天的晶体管尺寸已经完全进入纳米尺度范围。图 1.3 所示为 1947 年 12 月 23 日

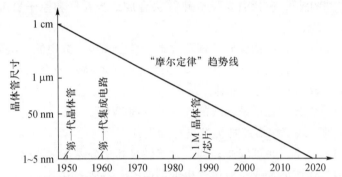

图 1.2　反映晶体管尺寸和年代之间关系的"摩尔定律"图。趋势线表明晶体管尺寸从 1950 年开始每隔 18 个月减小一半。

图 1.3　1947 年 12 月 23 日，由贝尔实验室的巴丁、布拉顿和肖克利发明的首个接触式晶体管。[M. Riordan and L. Hoddeson，*Crystal Fire*，W. W. Norton and Company，New York，1997.]

由巴丁（Bardeen）、布拉顿（Brattain）和肖克利（Shockley）在贝尔实验室制作的最早的厘米级接触式晶体管。[10] 图 1.4 是某电子元件的示意图，它由单个金纳米粒子连接 2 个单分子层而构成。[11] 许多科学家正在从事由单个分子或单分子层所构成的分子和纳米电子元件的研发工作。[12-14] 尽管目前器件的使用条件还远远没有达到热力学和量子力学所规定的物理极限[15]，但在晶体管设计中已经出现了有关材料极限和器件物理的挑战。[16] 例如，金属氧化物半导体场发射晶体管（MOSFET）的截止电流随器件尺寸缩小而呈幂次方增加。芯片散热和过热也将成为未来器件尺寸减小后的严重问题。晶体管尺寸的缩小最终会触及材料的物理极限。例如，当材料尺寸接近德布罗意波长时会出现半导体带隙的增大。

　　简单微型化已经带来了许多令人兴奋的发现，但微型化并不仅仅限于半导体电子学。[17] 纳米技术在未来医学上的应用通常称为纳米医学，已经吸引了广泛的关注并成为迅速发展的领域。其应用之一是制造纳米尺寸的器件以扩展诊断与治疗的能力。这样的纳米器件被看做是纳米机器人或者纳米设备[18]，可能成为人体内的运载工具以输送治疗药剂，或者成为探测器或监视器以发现早期疾病和修复代谢或基因损伤。纳米技术的研究不仅仅限于器件的微型化。纳米尺度的材料通常表现出独特的物理性能，其各种应用也在不断探索中。研究发现，金纳米粒子因具有特殊的表面化学性质和均匀的尺寸，而出现了许多潜在的应用途径。例如，金纳米粒子可以作为一种运载工具，通过连接各种功能有机分子或生物组元以实现功能多样化。[19] 带隙工程量子器件通过利用其独特的电子输运性能和光学效应而获得发展，如激光和异质结双极晶体管。[20] 人工合成材料的发明，碳富勒烯[21]、碳纳米管[22] 和多种有序介孔材料的成功制备[23]，进一步促进了纳米技术和纳米材料的发展。

　　20 世纪 80 年代早期发明的扫描隧道显微镜（STM）[24]，以及后来出现的扫描探针显微镜（SPM）如原子力显微镜（AFM）[25]，为人们提供了多种表征、测试和操纵纳米结构和纳米材料的全新手段。结合其他已经完善的表征和测试技

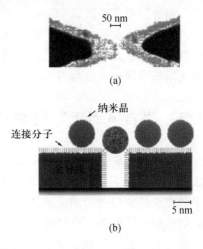

图 1.4 （a）引入纳米晶体之前的金导线结构的场发射扫描电子显微照片。浅灰色区域由角蒸发沉积形成，其厚度约 10 nm。深色区域由常规角蒸发沉积而成，厚度约 70 nm。（b）由生物功能分子连接纳米晶和金导线的横截面示意图。导线之间的传输通过斑纹纳米晶桥梁作用而实现。[D. L. Klein, P. L. McEuen, J. E. Bowen Katari, R. Roth, and A. P. Alivisatos, *Appl. Phys. Lett.* 68, 2574 (1996).]

术，如透射电子显微镜(TEM)，纳米结构和纳米材料的研究和操作更加细致并可达到原子水平。如今，纳米技术已经广泛存在于我们周围。[26]它结合了原有的技术和崭新的原子水平上的观察和操作手段，使得纳米技术在科学、商业和政治等领域变得更加引人注目。

1.3 "自下而上"法和"自上而下"法

有两种合成纳米材料和制备纳米结构的方法："自下而上"(bottom-up)法和"自上而下"(top-down)法。通过粉碎或者磨碎块体材料而得到纳米粒子的方法是典型的"自上而下"法，而胶质分散体是很好的"自下而上"合成纳米粒子的范例。光刻技术可以认为是一种综合的方法，因为其中的薄膜生长是"自下而上"法，而刻蚀则是"自上而下"法，但纳米光刻技术和纳米操纵通常是"自下而上"的。这两种方法在现代工业生产中起到了非常重要的作用，也最适合于纳米技术。以下将简单讨论这两种方法的优缺点。

"自上而下"法的最大问题是表面结构的不完整性。如在传统的光刻技术中，"自上而下"法导致形成的图案中出现明显的晶体学缺陷[27]，甚至在刻蚀阶段也会引入更多的缺陷[28]。例如，采用光刻技术制备的纳米线不光滑，表面可能存在许多杂质和结构缺陷。这种缺陷可对其表面物理化学性质起到举足轻重的作用，因为在纳米结构和纳米材料中表面原子在总体积中占据很大比例。例如，由于表面缺陷的非弹性散射可导致材料电导下降，并引起过热现象，这个问题已经成为器件设计和制造中的又一挑战。"自上而下"法虽然会产生表面缺陷和其他缺陷，但在纳米结构和纳米材料的合成与制备中仍将持续发挥重要作用。

"自下而上"法虽然不是材料合成的新方法，但在纳米技术文献中经常被提及和强调。通过原子的不断堆积而形成大尺寸材料的合成方法已经在工业中使用了一个多世纪，如化学工业中盐和氮化物的生产、电子工业中的单晶生长和薄膜沉积。对于大多数材料，无论合成途径如何，相同的化学成分、晶化程度和微结构不会存在材料物理性能上的差异。当然，由于动力学原因，不同的合成方法和处理技术通常会引起化学成分、晶化程度和微结构的差异，从而导致不同的物理性能。

"自下而上"法指从底部开始构造的方法，即原子、分子或团簇的逐步堆积。在有机化学或高分子科学中，聚合物被认为是通过单体连接而形成的。在晶体生长中，生长单元如原子、离子和分子通过与生长表面的碰撞，结合到晶体结构中。"自下而上"法尽管不是新方法，但在纳米结构和纳米材料的制备和加工过程中却有着重要作用。其原因很多，例如当结构进入纳米尺度时，往往不采用

"自上而下"法，因为我们拥有的工具尺寸太大，很难处理如此微小的对象。

"自下而上"法还可以获得缺陷少、化学成分均匀、较好的短程和长程有序的纳米结构。这是由于"自下而上"法的驱动力是吉布斯自由能的减小，因此这样的纳米结构和纳米材料接近于热力学平衡状态。相反，"自上而下"法很有可能引入除了表面缺陷和污染以外的内部应力。

图 1.5 为采用双光子聚合技术制作的微型"思想者"雕塑。[29]图 1.6 为金属表面上排列 14 个一氧化碳（CO）分子构成的"分子人"，这是利用扫描隧道

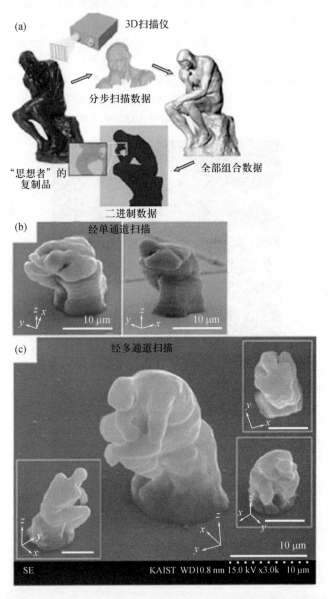

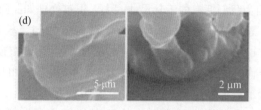

图 1.5 （a）利用白光干涉 3D 扫描仪创建 CAD 数据的过程："思想者"的原始复制品，经过分步 3D 点扫描数据、全部组合的 STL 数据、利用自行设计程序 2D 片层数据（插图为部分放大的 2D 片层数据）获取过程。整个层数为 667 层。（b）由于材料流动和表面张力导致失败的微型"思想者"SEM 图片（采用单通道扫描方式）。（c）采用双扫描通道复制得到的微型"思想者"SEM 图片。插图为不同视角得到的同一个微型"思想者"图片，标尺长度为 10 μm。（d）微型"思想者"的部分放大图：可体现出肌肉、双足以及脚趾。[Dong-Yol Yang，Sang Hu Park，Tae Woo Lim，Hong-Jin Kong，Shin Wook Yi，Hyun Kwan Yang，and Kwang-Sup Lee，*Appl. Phys. Lett.* 90，013113（2007）.]

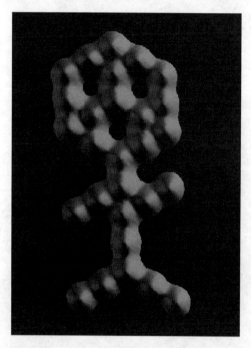

图 1.6 利用扫描隧道显微镜操纵分子和成像，在金属表面成功排列 14 个 CO 分子而构成"分子人"。[P. Zeppenfeld and D. M. Eigler，*New Scientist* 129，20（23 February 1991）；http：//www.almaden.ibm.com/vis/stm/atomo.html.]

显微镜操作而完成的。[30] 这两幅图表明现有技术或纳米技术已经具备，或即将具备，或经过发展后具备进一步提高小尺寸化极限的能力。

1.4 纳米技术的挑战

虽然在许多领域(如物理、化学、材料科学、器件科学和技术)中早已建立起坚实的基础,许多纳米技术研究也是基于这样的基础和技术,但纳米技术研究者依然面临着纳米结构和纳米材料所特有的挑战。这些挑战包括将纳米结构和纳米材料整合成宏观系统,形成与人互动的界面。

挑战包括纳米层次上新型研究工具的制造和验证。纳米结构的小尺寸和复杂性使得测试技术的发展和手段变得比以往更有挑战性。新的测试技术需要在纳米尺度上完成,并要求度量衡技术的改进。测试纳米材料的物理性能需要高灵敏度的仪器,同时保持非常低的噪声水平。材料性质如电导、介电常数、抗拉强度等,尽管与材料的尺寸和重量无关,但体系性能必须通过实验测定。例如,电导系数、电容、拉应力需要经过实验检测并将测试结果用于电导、介电常数和抗拉强度的计算。因为材料的尺寸从厘米变为毫米再变为纳米量级,相应的体系性能也在变化,大部分随样品材料的尺寸减小而下降。这种下降在样品尺寸从厘米变为纳米时很容易就可达到 6 个数量级。

纳米尺度的另外一些挑战是在宏观水平上没有发现过的。例如,半导体的掺杂是一种非常成熟的工艺。但是无规掺杂起伏在纳米尺度中非常重要,因为在纳米水平上绝不能出现掺杂浓度的起伏。假设典型的掺杂浓度为 $10^{18}\,cm^{-3}$,这意味着在 $10 \times 10 \times 10\ nm^3$ 尺寸的器件上只能有 1 个掺杂原子。在这样的尺寸范围内,任何掺杂剂的分布波动都会导致整个器件功能的截然不同。掺杂原子的位置则使这种情形进一步复杂化,因为表面原子的行为不同于内部原子。所以挑战不仅仅在于在纳米尺度内掺杂原子的可重复性和均匀分布,也在于掺杂原子位置的精确控制。为了应对这样的挑战,人们必须具备在原子水平上观测和操纵的能力。此外,在纳米技术中掺杂本身也具有挑战性,因为纳米材料的自净化能力使掺杂变得十分困难。

在纳米结构和纳米材料制备和加工过程中,必须克服如下挑战:

(1) 克服巨大的表面能,这是巨大表面积或表面与体积比的必然结果。

(2) 确保全部纳米材料具有设计的尺寸,及均匀的粒径分布、形貌、晶型、化学成分和微观结构,这些将决定所设计的物理性能。

(3) 防止因奥斯特瓦耳德熟化(Ostwald ripening)或团聚作用而导致的纳米材料和纳米结构逐渐长大、粗化的现象。

1.5 本书概况

本书旨在总结纳米结构和纳米材料的合成、制备及加工中的基础知识和技术方法，为读者展现该领域系统的、连贯的全景。因此，本书可以作为初涉此领域者的一种导读，也有助于专家学者探索其他相关领域的信息。作者希望此书成为一种指南而不是全面的综述。纳米技术的研究正在迅速发展和扩充，一本书不可能完全覆盖纳米技术领域的各个方面。另外，本书前几章主要关注无机材料，相关的有机材料如自组装单层和朗缪尔 – 布洛杰特（Langmuir-Blodgett）薄膜则作为第 5 章的部分内容。当然，在纳米结构和纳米材料的合成、制备和加工过程中，有机材料发挥着不可或缺的作用，如合成介孔有序材料时使用的表面活性剂和合成单分散纳米粒子时使用的压盖材料。

在纳米结构和纳米材料的合成、制备和加工过程中，最大的挑战之一是遇到由巨大表面积/体积比所引起的高表面能。因此，在介绍各种纳米结构和纳米材料的合成技术之前，第 2 章全面讨论固态表面的物理化学。深入理解固态表面的性质是掌握纳米结构材料制备及加工技术的关键。

第 3 章着重于零维纳米结构的合成及加工，包括纳米粒子和异质外延核 – 壳结构。这一章将详细讨论均匀、非均匀形核过程以及后续连续长大阶段，同时也强调了对粒子尺寸、尺寸分布及化学成分的调控，并且将综述各种纳米粒子以及核 – 壳结构的合成方法。

第 4 章讨论一维纳米结构的形成。一维纳米结构包括纳米棒、纳米线和纳米管。在这一章中，将讨论自发各向异性生长、催化剂诱导各向异性生长，如气 – 液 – 固生长、模板合成、静电纺丝和纳米光刻。在讨论合成一维纳米结构的各种技术之前，介绍相关的基础知识和基本概念。

第 5 章是关于二维纳米结构的形成，例如薄膜。因为有关薄膜（小于 100 nm）、厚膜（大于 100 nm）的文献资料大量存在，本章尽可能做到简要论述，并着重于传统薄膜书籍较少涉及的内容：原子层沉积和自组装单层膜的内容。这两种技术在制备非常薄的膜层时特别适用，可以制备厚度小于 1 nm 的薄膜。

第 6 章讨论各种特殊纳米材料的合成问题。本章覆盖范围与其他章节有所不同。在此也包括对一些特殊纳米材料的简介。首先将简要介绍碳富勒烯和碳纳米管，包括它们的晶体结构和某些物理性能。其次将讨论介孔材料，主要涉及三种类型的介孔材料，即利用表面活性剂为模板的有序介孔材料、无序介孔材料和沸石。本章讨论的其他类型材料包括核 – 壳结构、有机 – 无机杂化物、反转蛋白石结构。本章最后将讨论生物诱导纳米材料。

第 7 章中将讨论制备和表征纳米结构的各种物理方法。首先介绍使用光束、电子束、聚焦粒子束、中性原子和 X 射线的各种光刻技术。通过简要介绍扫描隧道显微镜（STM）和原子力显微镜（AFM），讨论纳米操纵和纳米光刻。然后讨论制造纳米结构的软光刻技术。

第 8 章为纳米材料的表征和性能。首先综述了最常用的结构和化学表征方法。结构表征方法包括 X 射线衍射(XRD)、小角度 X 射线散射(SAXS)、扫描和透射电子显微术(SEM/TEM)、各种扫描探针显微术(SPM),着重强调 STM 和 AFM。化学表征方法包括电子谱、离子谱和光谱。纳米材料的物理性质包括熔点、点阵常数、力学性能、光学性能、电导、铁电和介电性能以及超顺磁性。

第 9 章列举纳米结构和纳米材料的部分应用,包括纳米电子学和分子电子学、金纳米粒子催化剂、纳米机器人、用做生物分子探针的纳米粒子、带隙工程量子器件、纳米力学、碳纳米管发射器、光电化学电池、锂离子充电电池、储氢、热电器件、环境应用、光子晶体和等离子激元器件。

□ **参考文献**

1. *Microscopy and Histology Catalog*, Polysciences, Warrington, PA 1993 – 1994.

2. N. Itoh, in *Functional Thin Films and Functional Materials: New Concepts and Technologies*, ed. D. L. Shi, Tsinghua University Press and Springer-Verlag, Berlin, p. 1, 2003.

3. *National Nanotechnology Initiative 2000 Leading to the Next Industrial Revolution*, A Report by the Interagency Working Group on Nanoscience, Engineering and Technology (Washington DC: Committee on Technology, National Science and Technology Council), http://www.nano.gov.

4. J. Ayers, in *Ceramics of the World: From 4000 BC to the Present*, eds. L. Camusso and S. Bortone, Abrams, New York, p. 284, 1992.

5. H. Zhao and Y. Ning, *Gold Bull*. 33, 103(2000).

6. J. Turkevich, *Gold Bull*. 18, 86(1985).

7. M. Faraday, *Phil. Trans*. 147, 145(1857).

8. J. Turkevich, *Gold Bull*. 18, 86(1985).

9. B. E. Deal, *Interface* 6, 18(1976).

10. M. Riordan and L. Hoddeson, *Crystal Fire*, W. W. Norton and Company, New York, 1997.

11. D. L. Klein, P. L. McEuen, J. E. Bowen Katari, R. Roth, and A. P. Alivisatos, *Appl. Phys. Lett*. 68, 2574(1996).

12. M. A. Reed, C. Zhou, C. J. Muller, T. P. Burgin, and J. M. Tour, *Science* 278, 252 (1997).

13. R. F. Service, *Science* 293, 782(2001).

14. J. H. Schön, H. Meng, and Z. Bao, *Science* 294, 2138(2001).

15. J. D. Meindl, Q. Chen, and J. A. Davis, *Science* 293, 2044(2001).

16. M. Lundstrom, *Science* 299, 210(2003).

17. R. P. Feynman, *J. Microelectromech. Syst*. 1, 1(1992).

18. C. A. Haberzettl, *Nanotechnology* 13, R9(2002).

19. D. L. Feldheim and C. D. Keating, *Chem. Soc. Rev*. 27, 1(1998).

20. F. Capasso, *Science* 235, 172(1987).

21. W. Krastchmer, L. D. Lamb, K. Fostiropoulos, and D. R. Huffman, *Nature* 347, 354(1990).

22. S. Iijima, *Nature* 354, 56(1991).

23. C. T. Kresge, M. E. Leonowicz, W. J. Roth, J. C. Vartulli, and J. S. Beck, *Nature* 359, 710 (1992).

24. G. Binnig, H. Rohrer, C. Gerber, and E. Weibel, *Phys. Rev. Lett.* 49, 57(1982).

25. G. Binnig, C. F. Quate, and Ch. Gerber, *Phys. Rev. Lett.* 56, 930(1986).

26. T. Harper, *Nanotechnology* 14, 1(2003).

27. B. Das, S. Subramanium, and M. R. Melloch, *Semicond. Sci. Technol.* 8, 1347(1993).

28. C. Vieu, F. Carcenac, A. Pepin, Y. Chen, M. Mejias, L. Lebib, L. Manin Ferlazzo, L. Couraud, and H. Launois, *Appl. Surf. Sci.* 164, 111(2000).

29. Dong-Yol Yang, Sang Hu Park, Tae Woo Lim, Hong-Jin Kong, Shin Wook Yi, Hyun Kwan Yang, and Kwang-Sup Lee, *Appl. Phys. Lett.* 90, 013113(2007).

30. P. Zeppenfeld and D. M. Eigler, *New Scientist* 129, 20(23 February 1991) and http://www.almaden.ibm.com/vis/stm/atomo.html.

2

固态表面的物理化学

2.1　引言

　　纳米结构和纳米材料单位体积内的表面原子数所占比例很大。如果将一个宏观物质不断分割成小块，则其表面原子数与内部原子数之比将急剧变化。例如，1 cm^3 立方体铁的表面原子所占比例为 $10^{-5}\%$，如果将此立方体分割成边长为 10 nm 的小立方体，这个比例将增加到 10%。在 1 nm^3 的立方体铁中，每个原子都将成为表面原子。图 2.1 描述了表面原子数比率随钯团簇直径的变化关系。[1] 这种在纳米结构和纳米材料中表面原子数与内部原子数之比急剧增大的现象，可以说明为什么在纳米水平上尺寸的变化会导致材料物理和化学性能的巨大变化。

　　粒子总表面能随着整体表面积变大而增加，而表面积强烈依赖于材料尺寸。表 2.1 列出 1 g NaCl 的表面积和总表面能随着粒子尺寸而变化的情况。[2] 计算基于如下假设：表面能为 $2 \times 10^{-5} \text{ J/cm}^2$，棱

角能为 3×10^{-13} J/cm，将最初的 1 g 立方体不断分割成小立方体。需要注意的是，比表面积和总表面能在立方体很大时可以被忽略，但在非常小的粒子中影响巨大而必须加以考虑。当粒子尺寸从厘米变到纳米量级时，表面积和表面能将提高 7 个数量级。

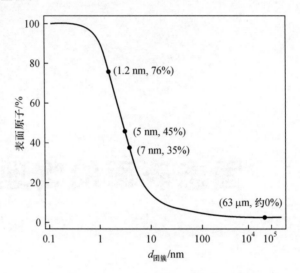

图 2.1　表面原子数比率随钯团簇直径的变化关系。
[C. Nützenadel, A. Züttel, D. Chartouni, G. Schmid, and L. Schlapbach, *Eur. Phys. J.* D8, 245(2000).]

表 2.1　表面能随粒子尺寸的变化趋势。[2]

尺寸/cm	总表面积/cm^2	总棱长/cm	表面能/(J/g)	棱角能/(J/g)
0.77	3.6	9.3	7.2×10^{-5}	2.8×10^{-12}
0.1	28	550	5.6×10^{-4}	1.7×10^{-10}
0.01	280	5.5×10^{4}	5.6×10^{-3}	1.7×10^{-8}
0.001	2.8×10^{3}	5.5×10^{6}	5.6×10^{-2}	1.7×10^{-6}
10^{-4}(1 μm)	2.8×10^{4}	5.5×10^{8}	0.56	1.7×10^{-4}
10^{-7}(1 nm)	2.8×10^{7}	5.5×10^{14}	560	170

由于表面积巨大，纳米材料具有很大的表面能，因此处于热力学非稳态或亚稳态。在纳米材料的制备和加工过程中，最大的挑战之一就是如何克服表面能，以避免纳米结构和纳米材料发生由表面能自发减少而驱动的晶粒生长。为了产生和稳定纳米结构和纳米材料，对固态表面的表面能和其物理化学有深入的理解是十分必要的。本章将首先回顾表面能的起源，再详细讨论降低系统或

材料表面能的可能机制。然后介绍化学势随表面曲率的变化及其衍生的物理性能的变化。最后，讨论防止纳米材料团聚的两种机制。

2.2　表面能

　　固态材料表面的原子或分子具有较少的最邻近原子或配位数，这样其悬挂键(断裂键、未饱和键)将暴露于表面。由于存在键的悬空，表面原子或分子受到指向内部的力的作用，与亚表面层的原子或分子之间的键长略小于体内的原子或分子之间的键长。当固态粒子很小时，表面原子键长比体内原子键长减小的趋势更明显，并表现为整个固态粒子点阵参数的适量减小。[3]表面原子具有的额外能量称为表面能、表面自由能或表面张力。表面能 γ 定义为产生单位新表面时所需的能量:

$$\gamma = \left(\frac{\partial G}{\partial A} \right)_{n_i, T, P}, \qquad (2.1)$$

A 为表面积。如图 2.2 所示，将一矩形固态材料分割成了 2 个小块。新表面上的每个原子处于非对称的位置，由于键的断裂，这些原子向各自的内部移动。需要一种外力拉动这些表面原子回到初始位置。这种表面是理想化的，也称为奇异表面。对于奇异表面上的每个原子，将其拉回初始位置的能量等于断裂键

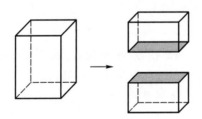

图 2.2　将一矩形固体分割为两小块，形成两个新表面的示意图。

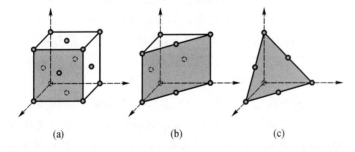

(a)　　　　　　　　(b)　　　　　　　　(c)

图 2.3　面心立方 (FCC) 晶体结构中低指数晶面示意图: (a) {100}, (b) {110}, (c) {111}。

的数量（N_b）与键强（ε）的一半的乘积。因此，表面能可以表示为

$$\gamma = \left(\frac{1}{2}\right)N_b\varepsilon\rho_a, \tag{2.2}$$

ρ_a为表面原子密度，也就是新表面单位面积上的原子数。这种近似模型忽略了高次近邻原子的相互作用，简单假设表面原子的键强ε与体内的相同，也没有考虑熵或压力－体积的贡献。这种关系式只是给出粗略的固态表面的实际表面能，只适用于没有表面弛豫的固态刚性表面。当出现表面原子向体内移动、表面重构等弛豫现象时，其表面能比以上关系式估计的值要小。尽管式(2.2)的假设条件过于简化，它还是给出一些一般性原则。以面心立方（FCC）作为基本晶体结构例子，其晶格常数为a，研究不同晶面的表面能。FCC中各个原子的配位数为12。在$\{100\}$晶面上的每个原子有4个悬挂键，$\{100\}$晶面的表面能可以利用式(2.2)和图2.3(a)计算得到：

$$\gamma_{\{100\}} = \left(\frac{1}{2}\right)\left(\frac{2}{a^2}\right)4\varepsilon = \frac{4\varepsilon}{a^2}. \tag{2.3}$$

同理，$\{110\}$晶面上的每个原子有5个悬挂键，而$\{111\}$晶面上的每个原子有3个悬挂键。从图2.3(b)和图2.3(c)分别计算$\{110\}$和$\{111\}$面的表面能：

$$\gamma_{\{110\}} = \frac{5}{\sqrt{2}}\frac{\varepsilon}{a^2}, \tag{2.4}$$

$$\gamma_{\{111\}} = \frac{2}{\sqrt{3}}\frac{\varepsilon}{a^2}. \tag{2.5}$$

由式(2.2)很容易算出低晶面指数（密勒指数）的晶面表面能较低。热力学指出任何材料或系统在最低吉布斯自由能状态时最稳定。因此，固体或液体具有尽量降低其表面能的趋势。存在多种降低总表面能的机制，并可按原子或表面水平、个体结构和总体系进行划分。

　　对于具有确定表面积的一个表面，其表面能可通过如下途径来降低：①表面弛豫，表面原子或离子向体内偏移，这种过程在液相中更容易发生，因为固相表面的刚性结构使其难度有所提高；②表面重构，通过与表面悬挂键结合形成新的拉紧的化学键；③表面吸附，通过物理或化学吸附外部化学物质到表面，形成化学键或弱相互作用，如静电或范德瓦耳斯力（van der Waals forces）；④通过表面的固态扩散形成成分偏析或杂质富集。

　　以$\{100\}$晶面的表面原子为例，假设晶体具有简单立方结构，每个原子配位数为6。表面原子与表面下方的1个原子和周围4个原子直接相连。可以认为每个化学键为相互吸引力；全部表面原子的净受力方向指向晶体内部并垂直于表面。不难理解，在这种作用力下，表面原子层和亚表面原子层的间距将小于块体内部的原子层间距，而表面原子层的结构保持不变。另外，表面层以下

的原子层间距也将减小。这样的表面弛豫已经被充分确定。[4-7]表面原子相对于亚表面层也可以侧向偏移。图 2.4 描述了表面原子的这种偏移或弛豫。对于块体材料，这种晶格尺度的减小量很小，不足以影响整个晶体的晶格常数，因此可以被忽略。但是这种表面原子的向内或侧向偏移可以导致表面能的减小。这种弛豫在弱刚性晶体中表现得尤为突出，并导致纳米粒子中的键长明显变小。[3]

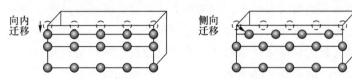

图 2.4　表面原子向内或侧向迁移以降低表面能。

　　如果表面原子有多个断裂键，表面重构可以成为降低表面能的一种机制。[8-11]邻近表面原子的断裂键结合形成一个高度拉紧的化学键。例如，这种表面重构在硅晶体的{111}面中早已被确定。[12]金刚石和硅晶体的{100}面的表面能高于{111}面和{110}面。但是重构的{100}面表面能在 3 种低指数晶面中最低[13-15]，这样的表面重构对于晶体生长具有重大影响[16-19]。图 2.5 表现金刚石晶体的原始{100}面和(2×1)重构{100}面。

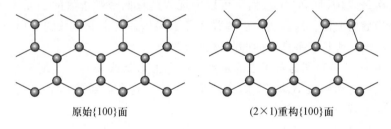

原始{100}面　　　　　　　　　　(2×1)重构{100}面

图 2.5　金刚石晶体的原始{100}面和(2×1)重构{100}面示意图。

　　另外，固态表面通过化学或物理吸附，可以有效降低其表面能。[20-23]例如，图 2.6 描述了通过化学吸附作用将氢原子连接在金刚石表面和将羟(基)连接在硅表面的情形。最后一种降低表面能的方式是表面成分偏析或杂质富集。尽管成分偏析(如液相表面的表面活性剂富集)是一种降低表面能的有效方法，但通常不会发生在固态表面上。在固态块体中成分偏析不明显，因为固态扩散

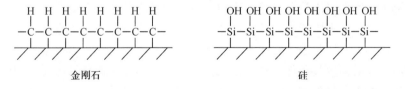

金刚石　　　　　　　　　　　　　　硅

图 2.6　通过化学吸附，金刚石表面连接氢而硅表面连接羟(基)示意图。

激活能较高、扩散距离较长。在纳米结构和纳米材料中，由于表面能的影响和短的扩散距离，相分离可能在降低表面能中起到重要作用。目前还没有直接的实验证据说明，在纳米结构材料中存在成分偏析对表面能降低的影响，其困难在于掺杂纳米材料中由于材料具有容易保持晶体完整性的趋势和特点，将使杂质和缺陷从内部排斥到纳米结构和纳米材料的表面。

在单个纳米结构的水平上，有两种方法可以降低总表面能。一种是减小完全各向同性材料的总表面积。在疏水表面上的水总是形成球状液滴以减小总表面能。玻璃也有此种现象。当加热一片玻璃超过它的玻璃转变温度时，尖角部分将变得圆滑。液态和非晶固态，它们具有各向同性微结构，因而具有各向同性的表面能。对于这样的材料，减小总表面积是降低总表面能的一种方法。但是对于一个晶态固体，不同晶面具有不同的表面能。因此，晶体粒子通常形成棱面而不是球面，通常球面粒子的表面能大于有棱面粒子的表面能。对于给定晶体，其热力学平衡形状由所有棱面的表面能所确定，因为特定形态表面的组合具有最小的表面能值。

尽管获得式(2.2)的假设条件过于简单，但仍可以利用它估计给定晶体的不同表面的表面能。例如，单原子面心立方晶体的$\{111\}$面具有最低的表面能，其次是$\{110\}$面和$\{100\}$面。可以发现，具有低密勒指数的晶面表面能通常比高指数的要低。这确实可以解释为什么晶体通常由低指数的晶面所包围。图2.7给出一些具有平衡晶面的晶体典型图像。

伍尔夫(Wulff)图通常用于确定平衡晶体的形状或表面。[24,25]对于平衡态晶体即总表面能达到最小，在其内部存在一个点，这个点到第i面的垂直距离h_i与表面能γ_i成正比：

$$\gamma_i = Ch_i \tag{2.6}$$

C为常数。对于给定的晶体，C对于所有表面都相同。伍尔夫图通过如下步骤而构造：

（1）对于不同的晶面给出相应的表面能，从一个点画出一系列矢量使其长度正比于表面能，其方向垂直于晶面。

（2）画出一系列晶面使其垂直于每个矢量并处在矢量的末端。

（3）构成的几何图形的面完全由相互独立的一系列晶面所组成。

图2.8给出用伍尔夫构图方法构建假定的二维晶体的平衡态形貌。需要强调的是，由伍尔夫图所确定的几何图形是理想状态下的图形，也就是晶体处在热力学最小表面能状态。实际上，晶体的几何图形也由动力学因素确定，即受制于加工或晶体生长条件。动力学因素可以解释为什么同种晶体在不同的加工条件下具有不同的形态。[26]

另外，并不是所有平衡条件下生长的晶体都具有伍尔夫图所预测的形态。

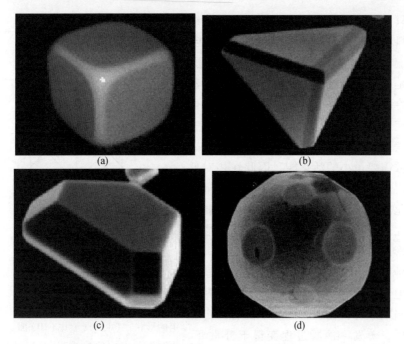

图 2.7　单晶体热力学平衡形貌实例。（a）氯化钠；（b）银；（c）银；
（d）金。金粒子在 1 000 ℃条件下形成，一些表面已经完成粗糙化转变。

平衡晶体表面可能不平滑，不同晶面表面能的差异可能会消失。[27]这种转变称
为表面粗糙化或粗糙化转变。在粗糙化转变温度以下，晶体是棱角化的。在粗
糙化转变温度以上，热运动成为主要因素，不同晶面的表面能差异可以忽略。
因此，在粗糙化转变温度以上，晶体并不形成棱面。这种物理性能可以理解为
在粗糙化转变温度以上固态表面表现为液态表面。[28]在粗糙化转变温度以上的
晶体生长不能形成棱面。通过切克劳斯基（Czochraski）直拉法生长的硅晶体就
是一个例子。[29,30]动力学因素可能抑制棱面的形成。正如第 3 章将看到的，大部
分在温度渐变溶液中生长的纳米粒子为球形，并没有形成任何棱面。

　　在整个系统中，降低总表面能的机制包括：①如果有足够大的活化能作用
于加工过程，那么可以将单个纳米结构结合成更大的结构去降低总表面积；②
单个纳米结构团聚而不改变纳米结构本身。单个纳米结构结合成更大的结构，
其特殊机制包括：①烧结，在此过程中单个结构被合并到一起；②奥斯特瓦耳
德熟化，相对大结构的生长以小结构消耗为代价。总的来说，在低温（包括室
温）条件下，烧结可以忽略，但当材料逐渐被加热，通常达到熔点的 70％时其
作用十分明显。奥斯特瓦耳德熟化发生在较宽的温度范围内，并且当纳米结构
被分散和适当溶解在某种溶剂时，在相对低的温度条件下也可进行。

　　在纳米材料的制备和加工过程中，必须抑制烧结的发生。幸运的是，烧结

通常只发生在高温条件下。但是考虑到纳米材料的小尺寸以及其特别高的表面能，适中温度下的烧结也会成为严重的问题。烧结是一个复杂过程，包括固态扩散、蒸发－冷凝，或分解－沉积、黏性流动和位错蠕变。固态扩散可以进一步划分成三种：表面扩散、体扩散、穿晶界扩散。表面扩散需要最小的活化能，因此在相对低温时占主导地位，而穿晶界扩散需要最高的活化能，因此在高温条件时成为主要因素。在适中温度下，体扩散控制烧结过程，形成致密化和去除块体中的孔隙。尽管三种扩散形式会导致微结构的明显差异，但它们都可以降低总表面能或界面能。当纳米材料在加工温度下具有一定蒸气压时，蒸发－冷凝过程变得十分重要。当固体分散或部分溶解在液相时，分解－沉积过程将会发生。当材料是非晶状态并处在玻璃转变温度以上时，将会发生黏性流动。当材料处在机械应力作用时，位错

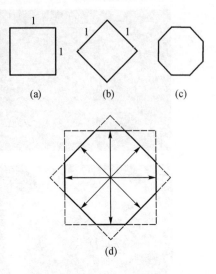

图 2.8　二维晶体的构成。（a）（10）面；（b）（11）面；（c）由伍尔夫图确定的形状；（d）只考虑（10）面、（11）面时伍尔夫面的构成。［A. W. Adamson and A. P. Gast, *Physical Chemistry of Surfaces*, 6th edn. , John Wiley and Sons, New York, 1997. ］

蠕变变得十分重要。为了在纳米材料的制备与加工过程中保护纳米结构，以及纳米材料的不同实际应用，必须避免烧结的发生。在陶瓷和粉末冶金中，人们研究了许多促进烧结的机制。与烧结工艺相对立的设计可能提供多种可以抑制纳米材料烧结的方法。关于烧结的进一步讨论和更多信息，读者可参阅有关陶瓷加工和粉末冶金的书籍。[31-33]

　　总的来说，烧结被认为是一种用固－固界面替代固－气界面的过程，是通过将单个纳米结构无间隙地堆积在一起并重新改变纳米结构的一种方法。奥斯特瓦耳德熟化是完全不同的方法，是两个纳米结构形成一个更大结构的过程。较大纳米结构的生长以消耗小的纳米结构为代价，直到后者完全消失为止。有关奥斯特瓦耳德熟化的细节将在 2.3 节中进一步讨论。烧结产物是多晶材料，而奥斯特瓦耳德熟化导致单一均匀结构。图 2.9 示出了这两种不同的过程，其最终的结果类似，都降低了总表面能。宏观上来讲，总表面能的降低是烧结和奥斯特瓦耳德熟化两者的驱动力。微观上来讲，不同曲率表面的不同表面能是烧结和奥斯特瓦耳德熟化过程中质量传输的实际驱动力。2.3 节将讨论化学势对表面曲率的依赖关系。

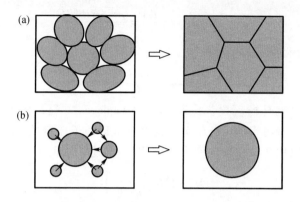

图 2.9　烧结和奥斯特瓦耳德熟化过程示意图。（a）
烧结是通过固态界面结合单个粒子并形成块体。（b）
奥斯特瓦耳德熟化是大粒子吞噬小粒子。两种过程都
减小了固－气表面积。

　　除了通过烧结或奥斯特瓦耳德熟化过程将单个纳米结构结合成大的结构以外，团聚是另外可以减小总表面能的方法。在团聚过程中，许多纳米结构通过界面的化学键和物理吸引力相互结合在一起。团聚一旦形成就很难使其破坏。单个纳米结构越小，它们结合得就越强，也就越难使其分离。在纳米材料的实际应用中，应该抑制形成团聚。本章随后将详细讨论抑制团聚的两种通用方法。

　　至此，已经讨论了表面能的起源和减小一个系统总表面能的几种可能机制。在 2.3 节中，将讨论表面曲率对表面能的影响。对于给定的材料，凹面具有比凸面更低的表面能将变得更为清楚。这种差异受到各自平衡蒸气压、溶解度及稳定性的影响。

2.3　化学势与表面曲率

　　如上所述，由于缺少与邻近原子或分子的结合，表面原子或分子的性质不同于内部的原子或分子。此外，化学势也依赖于表面的曲率半径。为了理解化学势和表面曲率之间的关系，可将材料从无限大的平面处转移到球形固态粒子（如图 2.10 所示）。将平固态表面的 dn 原子转移到半径为 R 的粒子，球形粒子的体积变化量 dV 等于原子体积 Ω 的 dn 倍，即

$$dV = 4\pi R^2 dR = \Omega dn. \qquad (2.7)$$

转移每个原子所做的功 $\Delta\mu$ 等于化学势的变化量，即

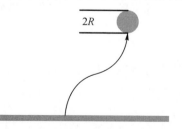

图 2.10　从半无限大固态平面转移 n 个原子到固态球体的弯曲表面上。

21

$$\Delta\mu = \mu_c - \mu_\infty = \gamma\frac{\mathrm{d}A}{\mathrm{d}n} = \frac{\gamma\times 8\pi R\mathrm{d}R\Omega}{\mathrm{d}V}. \tag{2.8}$$

与式(2.7)结合得到

$$\Delta\mu = \frac{2\gamma\Omega}{R}. \tag{2.9}$$

这个方程也就是杨－拉普拉斯(Young-Laplace)方程，描述一个球形表面上的原子相对于参考平面的化学势。这个方程适用于任何类型的弯曲表面。任何弯曲表面可以用2个主要曲率半径 R_1 和 R_2 描述[34]，即

$$\Delta\mu = \gamma\Omega\left(\frac{1}{R_1} + \frac{1}{R_2}\right). \tag{2.10}$$

对于凸曲面，其曲率为正，表面上原子的化学势大于平面上的原子。从平面到凸面的质量转移导致化学势的增加。同样的道理，从平面到凹面的质量转移就会导致化学势的降低。从热力学角度看，凸面上的原子具有最高的化学势，而凹面上的原子具有最低的化学势。这样的关系也受到固态蒸气压和溶解度差异的影响。假设固相的蒸气服从理想气体状态方程，则对于平面容易实现如下关系，即

$$\mu_v - \mu_\infty = -kT\ln P_\infty, \tag{2.11}$$

这里 μ_v 为一个气态原子的化学势，μ_∞ 为平表面上一个原子的化学势，k 为玻耳兹曼常数，P_∞ 为固态平表面的平衡蒸气压，T 为温度。类似地，对于弯曲表面存在关系式：

$$\mu_v - \mu_c = -kT\ln P_c, \tag{2.12}$$

这里 μ_c 为弯曲表面上一个原子的化学势，P_c 为弯曲固态表面的蒸气压。结合式(2.11)和式(2.12)，得到：

$$\mu_c - \mu_\infty = \Delta\mu = kT\ln\left(\frac{P_c}{P_\infty}\right). \tag{2.13}$$

结合式(2.10)，重新整理得到

$$\ln\left(\frac{P_c}{P_\infty}\right) = \frac{\gamma\Omega}{kT}\left(\frac{1}{R_1} + \frac{1}{R_2}\right). \tag{2.14}$$

对于球形粒子，上述方程可以简化为

$$\ln\left(\frac{P_c}{P_\infty}\right) = \frac{2\gamma\Omega}{kRT}. \tag{2.15}$$

这个方程通常称为开尔文(Kelvin)方程并经实验验证。[35,36] 同样的关系式可以从溶解度对表面曲率的依赖关系中推导出来：

$$\ln\left(\frac{S_c}{S_\infty}\right) = \frac{\gamma\Omega}{kT}\left(\frac{1}{R_1} + \frac{1}{R_2}\right), \tag{2.16}$$

这里 S_c 为弯曲固态表面的溶解度，S_∞ 为平面的溶解度。这个方程也称为吉布

斯－汤普森（Gibbs-Thompson）关系式。[37]图 2.11 表现氧化硅溶解度与表面曲率的关系。[38]小粒子的蒸气压明显大于块体材料的蒸气压[39-42]，图 2.12 给出液态蒸气压与液滴半径的关系[41]。

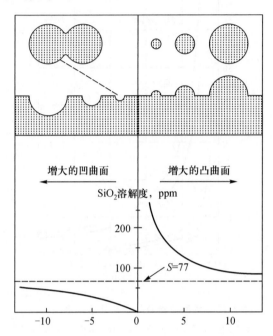

图 2.11　氧化硅溶解度与表面曲率半径的关系。正的曲率半径表现在粒子的横截面或平表面的突出部位；负的曲率半径表现在平面内的塌陷或孔洞部位以及粒子间的裂缝处。[R. K. Iler，*The Chemistry of Silica*，John Wiley and Sons，New York，1979.]

当 2 个粒子半径不同，假设 $R_1 \gg R_2$，将它们放入溶剂中，则每个粒子与其周围溶剂达到各自的平衡。按照式（2.16），小粒子的溶解度大于大粒子的溶解度。因此，会出现从小粒子周围到达大粒子周围的净扩散。为了保持平衡，溶质将沉积到大粒子表面，而小粒子必须不断溶解以补偿扩散出去的溶质。最终结果是小粒子越来越小，而大粒子越来越大。图 2.13 描述了这个过程。这个现象称为奥斯特瓦耳德熟化，它也会发生在固态扩散和蒸发－冷凝过程中。假设不同粒子间没有出现其他的变化，则一个原子从半径为 R_1 的球形表面转移到半径为 R_2 的球形表面时，其化学势的变化为

$$\Delta \mu = 2\gamma \Omega \left(\frac{1}{R_1} - \frac{1}{R_2} \right). \tag{2.17}$$

这个方程不能与杨－拉普拉斯方程（式（2.9））相混淆。依赖于加工和应用条件，奥斯特瓦耳德熟化对于最终获得的材料可以有正面影响，也可以有负面影

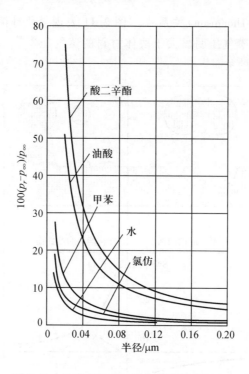

图 2.12　各种液相蒸气压与其液滴半径之间
的依赖关系。[V. K. La Mer and R. Gruen,
Trans. Faraday Soc. 48 ,410(1952) .]

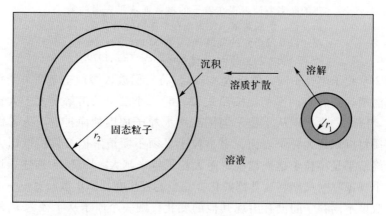

图 2.13　奥斯特瓦耳德熟化过程示意图。小粒子由于其大的曲率而具有
高溶解度或蒸气压，而大粒子具有低溶解度或蒸气压。为了保持局域浓
度平衡，小粒子溶解到周围介质中；小粒子周围的溶质进行扩散；大粒
子周围的溶质将沉积。这一过程将持续到小粒子完全消失。

响。通过加工条件的控制，利用奥斯特瓦耳德熟化技术可以获得宽的尺寸分布，也可以得到窄的尺寸分布。可是对于许多材料的加工，奥斯特瓦耳德熟化并不是所期望的。在多晶材料的烧结过程中，奥斯特瓦耳德熟化导致反常晶粒生长，出现不均匀微观结构和产物力学性能的下降。典型情况是，一个或少数大晶粒的生长以消耗周围小粒子为代价，导致不均匀的微观结构。但是，奥斯特瓦耳德熟化在合成纳米粒子中的作用得到关注，因为其可以消除小粒子而获得较窄的纳米粒子尺寸分布。通过改变加工温度，可以促进奥斯特瓦耳德熟化过程的进行。例如，从溶液中合成纳米粒子的过程中，在最初的形核与长大之后，提高温度则可提高溶剂中的固态溶解度，有利于奥斯特瓦耳德熟化。这种情况下，溶剂中的固态浓度远远低于小纳米粒子的平衡溶解度，小粒子将溶解到溶剂中。随着纳米粒子的溶解，纳米粒子也越来越小，并具有更高的溶解度。故一旦纳米粒子开始溶解，将会持续到其全部消耗掉。另外，由于溶剂中的固态溶度仍然高于大粒子的平衡溶解度，这些大粒子将持续生长。这种生长过程将一直持续到溶剂中的固态浓度等于这些相对大的纳米粒子的平衡溶解度。

总表面能的减小是表面重构、棱角晶体形成、烧结和奥斯特瓦耳德熟化的驱动力。这些是单个表面、单个纳米结构和整个系统表面能减小的机制。除了烧结和奥斯特瓦耳德熟化，系统还可以有其他机制以减少其总表面能。这就是团聚。当小的纳米结构形成团聚时，很难使它们再分离。在纳米结构的制备和加工过程中，克服巨大的表面能以获得所期望的纳米结构十分重要。防止纳米结构的团聚同样十分重要。由于纳米结构材料的尺度很小，纳米结构材料间的范德瓦耳斯吸引力变得很重要。如果没有适当的稳定化措施，纳米结构材料最有可能和容易形成团聚。下面的章节将着重于稳定化机制的讨论以防止纳米结构之间的团聚。尽管着重于纳米粒子的讨论，但同样的原理也适用于其他纳米结构，如纳米棒和纳米纤维。目前有两种广泛应用的稳定化机制：静电稳定化和空间稳定化。两者具有明显的差别。例如，利用静电稳定的系统是动力学稳定，然而空间稳定的系统具有热力学稳定的特点。

2.4 静电稳定化

2.4.1 表面电荷密度

当一个固体浸在极性溶剂或电解质溶液中时，其表面将产生电荷，表面电荷将按如下一种或多种机制形成：

(1) 离子的优先吸附。

(2) 表面电荷物质的分离。

(3) 离子的同形替代。

（4）表面电子的堆积或损耗。

（5）带电物质物理吸附于表面。

对于在一定液态介质中的特定固态表面，将确立表面电荷密度或电极电势 E，并由能斯特（Nernst）方程给出：

$$E = E_0 + \frac{RT}{n_i F} \ln(a_i), \tag{2.18}$$

其中，E_0 为单位离子浓度时的标准电极电势，n_i 为离子价态，R 为气体常量，T 为温度，F 为法拉第（Faraday）常数。方程式（2.18）清楚地表明固态表面电势随着周围溶液中离子的浓度而变化，可以是正或负。金属电化学将在第 4 章 4.3.1 节中进一步讨论。这里集中讨论非导电或介电材料，特别是氧化物材料。

氧化物的表面电荷主要来源于离子的优先溶解或沉积。固态表面吸附的离子决定表面电荷，称为电荷决定离子，也就是所谓的同离子（co-ions）。在氧化物系统中，典型的决定电荷的离子是氢离子和羟基，它们的浓度由 pH（pH $= -\log[H^+]$）值描述。当决定电荷的离子浓度发生变化，表面电荷密度也随着从正变为负或从负变为正。决定电荷的离子浓度对应于中性或零电荷表面时定义为零电荷点（p.z.c.）或零点电荷（z.p.c.）。为了表述清楚和保持一致性，本书中只使用零电荷点（p.z.c.）。表 2.2 给出一些氧化物的 p.z.c. 值。[43-45] 在 pH > p.z.c. 时，氧化物表面为负电荷，因为表面被羟基所覆盖，OH^- 为决定电荷的离子。当 pH < p.z.c. 时，H^+ 为决定电荷的离子，其表面为正电荷。表面电荷密度或表面势 E（V）与 pH 的关系可由能斯特方程（式（2.18））给出[45]：

表 2.2　水中一些常用氧化物的零电荷点（p.z.c）值[45]。

固体	p.z.c.	固体	p.z.c.
WO_3	0.5	$Al-O-Si$	6
V_2O_5	1~2	ZrO_2	6.7
$\delta-MnO_2$	1.5	$FeOOH$	6.7
$\beta-MnO_2$	7.3	Fe_2O_3	8.6
SiO_2	2.5	ZnO	8
SiO_2（石英）	3.7	Cr_2O_3	8.4
TiO_2	6	Al_2O_3	9
TiO_2（煅烧）	3.2	MgO	12
SnO_2	4.5		

$$E = 2.303 R_g T \frac{(p.z.c.) - pH}{F}. \tag{2.19}$$

室温时，上述方程进一步简化为

$$E \approx 0.06\left[\left(\text{p.z.c.}\right) - \text{pH}\right]. \tag{2.20}$$

2.4.2 固态表面附近电势

当固态表面的电荷密度确定时，在带电的固态表面和电荷物质之间存在静电作用力，以分离正的和负的电荷物质。同时也会存在布朗（Brownian）运动和熵力，使得溶液中不同物质的分布更均匀。在溶液中，也会同时存在决定表面电荷的同离子和抗衡离子（counter-ions），两者具有相反的电荷。尽管一个系统的电荷必须保持电中性，但固态表面附近的决定表面电荷的同离子和抗衡离子的分布不均匀且差异很大。两种离子的分布主要受以下几种力的共同作用：

（1）库仑（Coulombic）力或静电力。

（2）熵力或分散。

（3）布朗运动。

产生的结果是，当假定表面电荷为正时，抗衡离子浓度在固态表面附近最大，并随着与表面的距离增大而减小，而决定表面电荷的离子的浓度则正好相反。这种在固态表面附近的离子的不均匀分布导致所谓的双电层结构（double layer structure）的形成，如图 2.14 所示。双电层由两层组成，即斯特恩（Stern）

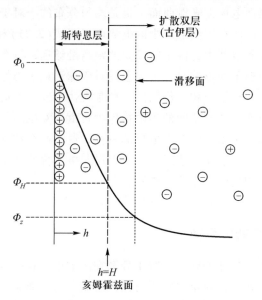

图 2.14　固态表面附近的双电层结构即斯特恩（Stern）层和古伊（Gouy）层以及电势示意图。假设表面为正电荷。

层和古伊（Gouy）层（也称为扩散双层），两层之间由亥姆霍兹（Helmholtz）平面所分离。[46]在固态表面和亥姆霍兹平面之间是斯特恩层，在此紧密结合的溶剂层中电势和抗衡离子的浓度线性减小。从亥姆霍兹平面到抗衡离子达到溶剂平均浓度的位置称为古伊层或扩散双层。在古伊层中，抗衡离子自由扩散，电势非线性减小。电势的减小近似满足下式：

$$E \propto e^{-\kappa(h-H)}. \tag{2.21}$$

其中 $h \geqslant H$，为斯特恩层的厚度，$1/\kappa$ 为德拜 – 休克尔（Debye-Hückel）屏蔽强度，也可用于描述双层厚度，κ 由下式给出：

$$\kappa = \left\{ \frac{F^2 \sum_i C_i Z_i^2}{\varepsilon \varepsilon_0 R_g T} \right\}^{1/2}, \tag{2.22}$$

其中 F 为法拉第常数，ε_0 为真空介电常数，ε 为溶剂介电常数，C_i 和 Z_i 分别为抗衡离子 i 的浓度和价态。这个方程清楚地表明固态表面附近的电势随着抗衡离子浓度和价态的升高而下降，并随溶剂介电常数的提高而呈指数增加。抗衡离子的高浓度和高价态导致斯特恩层和古伊层厚度变小。[47,48]理论上讲，古伊扩散层在电势为零处结束，这只适合于当距离固态表面为无限远的情形。但是，实际上典型的双层厚度约为 10 nm 或更大一些。

上述讨论或概念虽然针对电介质溶液中的固态平面，但也适用于表面光滑的弯曲面，因为表面电荷在光滑曲面上也是均匀分布的。对于光滑曲面，表面电荷密度是常数，因此在周围溶液中的电势可以用式（2.21）和式（2.22）描述。当粒子分散在电介质溶液中，两个粒子间的距离足够远，每个粒子表面上的电荷分布不受到其他粒子的影响时，上述假设对于球形粒子当然有效。粒子间的相互作用较为复杂。粒子间相互作用的一种是直接与表面电荷和邻近界面的电势相关。表面电荷产生的粒子间的静电排斥力将由于双电层的存在而衰减。当两个粒子相距很远，不出现两个双电层的重叠，这时两个粒子间的静电排斥力为零。但是，当两个粒子相互接近时，双电层发生重叠并产生排斥力。两个相同大小的球形粒子间的静电排斥力表示为[46]

$$\Phi_R = 2\pi \varepsilon_r \varepsilon_0 r E^2 \exp(-\kappa S). \tag{2.23}$$

2.4.3 范德瓦耳斯吸引势

当微米级或更小尺寸的两个小粒子分散在溶剂中，这时范德瓦耳斯引力和布朗运动发挥重要作用，而重力作用可以被忽略。为了简化，将小粒子看做是纳米粒子，微米粒子具有同样的行为且也包含在讨论中。另外，讨论将局限于球形纳米粒子。范德瓦耳斯力是一种弱的作用力，只在非常近的距离内起作用。布朗运动使纳米粒子之间一直保持相互碰撞。范德瓦耳斯力和布朗运动的共同作用会造成纳米粒子的团聚。

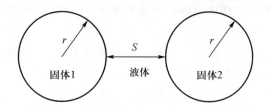

图 2.15   两个粒子间的范德瓦耳斯相互作用。

两个纳米粒子之间的范德瓦耳斯相互作用是分子对的相互作用的总和，包括分子对来源于每个粒子内的分子之间，以及一个分子来源于粒子而另外一个分子来源于周围介质。如图 2.15 所示，根据半径为 r、间隔为 S 的两个粒子上所有分子间的范德瓦耳斯相互作用之和，可以给出的总相互作用能或吸引势。[46]

$$\Phi_A = -\frac{A}{6}\left\{\frac{2r^2}{S^2+4rS}+\frac{2r^2}{S^2+4rS+4r^2}+\ln\left(\frac{S^2+4rS}{S^2+4rS+4r^2}\right)\right\}, \quad (2.24)$$

这里"–"号代表两个粒子间的相互吸引本质；A 为正常数，称为哈梅克（Hamaker）常数，数量级为 $10^{-19} \sim 10^{-20}$ J，依赖于两个粒子中的分子以及分隔粒子的介质的极化性质。表 2.3 列出几种常见材料的哈梅克常数。[45]式（2.24）可以通过各种边界条件进一步简化。例如，当相同尺寸球形粒子的间隔远小于粒子半径时，即 $S/r \ll 1$，最简单的范德瓦耳斯吸引势的表达式为

$$\Phi_A = \frac{-Ar}{12S}. \quad (2.25)$$

表 2.3   一些常用材料的哈梅克（Hamaker）常数。[45]

材　　料	$A_i/10^{-20}$ J	材　　料	$A_i/10^{-20}$ J
金属	$16.2 \sim 45.5$	聚合物	$6.15 \sim 6.6$
金	45.3	聚氯乙烯（Polyvinyl chloride）	10.82
氧化物	$10.5 \sim 15.5$	聚环氧乙烷（Polyethylene oxide）	7.51
Al_2O_3	15.4	水	4.35
MgO	10.5	丙酮（Acetone）	4.20
SiO_2（溶化）	6.5	四氯化碳（Carbon tetrachloride）	4.78
SiO_2（石英）	8.8	氯苯（Chlorobenzene）	5.89
离子晶体	$6.3 \sim 15.3$	乙酸乙酯（Ethyl acetate）	4.17
CaF_2	7.2	（正）己烷（Hexane）	4.32
方解石（Calcite）	10.1	甲苯（Toluene）	5.40

其他简化的范德瓦耳斯吸引势在表 2.4 中总结给出。[46]从这个表中可以注意到，两个粒子之间的范德瓦耳斯吸引势与两个平表面的情况不同。另外，需要注意两个分子之间的相互作用力明显不同于两个粒子之间的相互作用。两个分子之

间的范德瓦耳斯相互作用能可以简单地表示为

$$\Phi_A \propto -S^{-6}. \qquad (2.26)$$

尽管两个分子之间和两个粒子之间相互吸引能的本质是一致的，但是两个粒子中所有分子以及介质中分子的相互作用总和，导致以上两者在作用力与距离的关系上存在明显差异。两个粒子间的吸引力衰减非常缓慢，并覆盖纳米尺寸的距离范围。因此，必须建立一种势垒以抑制团聚。两种方法被广泛用于抑制粒子间的团聚：静电排斥和空间排斥。

表 2.4　两粒子之间范德瓦耳斯吸引势的简单表示式。[46]

粒　　子	Φ_A
2 个等半径球体，r *	$-Ar/(12S)$
2 个不等半径球体，r_1 和 r_2 *	$-Ar_1r_2/[6S(r_1+r_2)]$
2 个平行板，厚度 δ，单位面积相互作用	$-A/[12\pi[S^{-2}+(2\delta+S)^{-2}+(\delta+S)^{-2}]]$
2 个块体，单位面积相互作用	$-A/(12\pi S^2)$

* 表示 r、r_1、$r_2 \gg S$

2.4.4　两粒子间相互作用：DLVO 理论

静电稳定化的两个粒子之间的总相互作用是范德瓦耳斯相互吸引和静电排斥之和：

$$\Phi = \Phi_A + \Phi_R. \qquad (2.27)$$

DLVO 理论成功描述了悬浮体中粒子的静电稳定化，以 Derjaguin、Landau、Verwey 和 Overbeek 的工作而得名。悬浮体中两个粒子间的相互作用被认为是范德瓦耳斯相互吸引势和静电排斥势之和。DLVO 理论的一些重要假设如下：

（1）无限平直的固态表面。

（2）均匀的表面电荷密度。

（3）无表面电荷再分布，即表面电势保持常值。

（4）决定表面电荷的离子和抗衡离子的浓度不变，即电势保持不变。

（5）溶剂只通过介电常数产生作用，即粒子和溶剂之间不存在化学反应。

显然，一些假设与实际悬浮体中的两个粒子的情形相差较远。例如，粒子表面不可能无限平直，当两个带电粒子彼此非常靠近时表面电荷密度很可能发生变化。尽管存在这样的假设，DLVO 理论还是很好地解释了相互靠近的两个带电粒子的相互作用，并被胶体科学研究领域所广泛接受。

图 2.16 表现范德瓦耳斯相互吸引势、静电排斥势，以及这两种相反势之和与距球形粒子表面距离的关系。[47]在远离固态表面的距离处，范德瓦耳斯相互吸引势和静电排斥势两者趋于零。在表面附近，由范德瓦耳斯相互吸引产生

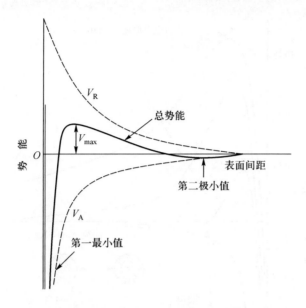

图 2.16   DLVO 势示意图：V_A = 范德瓦耳斯吸引势，

V_R = 静电排斥势。

的势达到极小值。最大值出现在稍微远离表面处，静电排斥势优于范德瓦耳斯吸引势。最大值也被认为是排斥能垒。如果这个能垒大于约 10 kT，k 为玻耳兹曼常数，则由于布朗运动产生的两个粒子间的碰撞将不能克服能垒，团聚就不能发生。正如式(2.21)和式(2.22)给出，因为电势依赖于抗衡离子的浓度和价态，而范德瓦耳斯相互吸引势几乎与此无关，因此总势能受到抗衡离子浓度和价态的主要影响。如图 2.17 给出，抗衡离子浓度和价态的增加将导致电势的急剧下降。[49]排斥能垒被削弱而其位置推向粒子表面处。在图 2.17 中的第二极小值并不是存在于任何情形，而只存在于抗衡离子浓度很高的情形。如果第二极小值出现，粒子可能彼此相连，即形成所谓的絮凝。

当两个粒子相隔较远，或两个粒子表面之间的距离大于 2 个双电层的厚度，将不会有扩散双层的重叠，这样就不会有两个粒子间的相互作用(图 2.18(a))。但是当两个粒子靠近，并出现双电层的重叠，就会出现排斥力。随着间距减小，排斥力增加，并在粒子表面间距等于排斥能垒与表面的间距时达到最大值(图 2.18(b))。这种排斥力可以按两种方式理解。一种是来源于两个粒子电势的重叠。应该注意，排斥力不是直接来源于固态粒子的表面电荷，而是 2 个双电层的相互作用。另外一种是渗流。当两个粒子彼此靠近时，由于每个粒子的双电层需要保持其各自原来的浓度，重叠双层中的离子浓度急剧增加。因此，抗衡离子和决定表面电荷的离子原来的平衡浓度被破坏。为了恢复最初的平衡浓度，更多的溶剂需要流向 2 个双电层重叠的区域。这种溶剂渗流

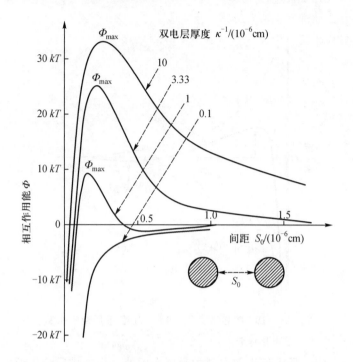

图2.17 具有不同双电层厚度 κ^{-1} 的两个球形粒子间的相互作用能 Φ 与其表面间距 S_0 的变化关系。不同的双电层厚度来源于不同的单价电解质浓度。电解质浓度为 $C(\mathrm{mol \cdot L^{-1}}) = 10^{-15}\kappa^2(\mathrm{cm^{-1}})$。[J. T. G. Overbeek, *J. Coll. Interf. Sci.* 58, 408 (1977).]

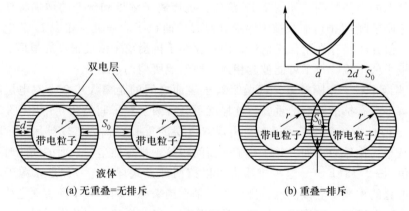

图2.18 两个粒子间出现静电排斥的条件示意图。

有效地分离了两个粒子，当两个粒子间距等于或大于2个双电层厚度之和时渗流力消失。

尽管 DLVO 理论的许多重要假设条件不能很好地满足扩散介质中小粒子分散的实际溶胶体系，但这个理论在实际中很适用并被广泛应用，只要能够满足以下一些条件：

（1）分散体要非常稀，这样可以使每个粒子的表面电荷密度和分布以及邻近表面的电势不受其他粒子的影响。

（2）除了范德瓦耳斯力和静电势外没有其他力的存在，即重力可忽略或粒子非常小，无磁场等其他力。

（3）粒子的几何外形相对简单，这样整个粒子的表面性质相同，即粒子的表面电荷密度和分布以及周围介质中的电势都相同。

（4）双电层是纯扩散型，这样两种离子，即抗衡离子和决定表面电荷的离子的分布决定于 3 种力的作用——静电力、熵力和布朗运动。

另外，应该清楚静电稳定化受到如下情况的限制：

（1）静电稳定化是一种动力学稳定化的方法。

（2）仅仅适用于稀释的体系。

（3）不能应用到电解质敏感体系。

（4）几乎不可能对已团聚粒子进行再分散。

（5）由于在给定的条件下，不同固相具有不同的表面电荷和电势，因此在多相体系中应用较困难。

2.5 空间稳定化

空间稳定化也称为聚合稳定化，是一种在胶质分散体系中广泛应用的方法。它在一些文献中有详细论述[50-52]，但与静电稳定化相比，对此方法的研究较少。聚合稳定化的主要优点是：

（1）它是一种热力学方法，因此粒子总是可以再分散。

（2）能够适用于非常高的浓度，分散介质可以完全被消耗。

（3）对电解质不敏感。

（4）可适用于多相体系。

在本节，将简要总结聚合稳定化的基本概念。与静电稳定化机制相比较，聚合稳定化在纳米粒子合成方面具备新的优点，特别是在粒子窄尺寸分布要求时。纳米粒子表面吸附的聚合物层作为物质生长的扩散障碍能垒，导致晶核的有限扩散生长。正如在第 3 章中将详细讨论，有限扩散生长将减小最初晶核的尺寸分布，形成单一尺寸的纳米粒子。纳米粒子表面的聚合物层的双重功能说明空间稳定化在纳米粒子合成上具有广泛的应用。

2.5.1 溶剂和聚合物

溶剂分为水性溶剂(即水,H_2O)和非水性溶剂(或有机溶剂)。溶剂也可划分为亲质子型溶剂,即可交换质子的溶剂如甲醇(CH_3OH)、乙醇(C_2H_5OH),以及疏质子型溶剂,即不交换质子的溶剂如苯(C_6H_6)。表2.5列出典型的亲质子型和疏质子型溶剂。[53]

表 2.5 一些溶剂及其介电常数。

溶 剂	分 子 式	介电常数	类 型
丙酮(Acetone)	C_3H_6O	20.7	疏质子
醋酸(Acetic acid)	$C_2H_4O_2$	6.2	亲质子
氨(Ammonia)	NH_3	16.9	亲质子
苯(Benzene)	C_6H_6	2.3	疏质子
氯仿(Chloroform)	$CHCl_3$	4.8	疏质子
二甲亚砜(Dimethylsulfoxide)	$(CH_3)_2SO$	45.0	疏质子
二氧杂环乙烷(Dioxanne)	$C_4H_8O_2$	2.2	疏质子
水	H_2O	78.5	亲质子
甲醇(Methanol)	CH_3OH	32.6	亲质子
乙醇(Ethanol)	C_2H_5OH	24.3	亲质子
甲酰胺(Formamide)	CH_3ON	110.0	亲质子
二甲基甲酰胺(Dimethylformamide)	C_3H_7NO	36.7	疏质子
硝基苯(Nitrobenzene)	$C_6H_5NO_2$	34.8	疏质子
四氢呋喃(Tetrahydrofuran)	C_4H_8O	7.3	疏质子
四氯化碳(Carbon tetrachloride)	CCl_4	2.2	疏质子
二乙醚(Diethyl ether)	$C_4H_{10}O$	4.3	疏质子
嘧啶(Pyridine)	C_5H_5N	14.2	疏质子

并不是所有的聚合物都能溶解到溶剂中,由于不溶性聚合物不能用于空间稳定化中,故将不在本章中讨论。当可溶性聚合物溶解到溶剂中时,聚合物与溶质相互作用。这种相互作用随体系和温度而变化。当溶剂中的聚合物通过伸展其结构的形式减小体系总吉布斯自由能时,这种溶剂被称为"好溶剂"。当溶剂中的聚合物通过卷曲或塌陷的形式减小吉布斯自由能时,这种溶剂被认为是"坏溶剂"。

对于给定的系统,也就是给定溶剂和其中的聚合物,溶剂的"好"或"坏"决定于温度。聚合物在高温下伸展,而在低温下塌陷。从"坏"溶剂转变成"好"溶剂的温度称为弗洛里-哈金斯(Flory-Huggins)θ温度,简写为θ温度。在$T=\theta$时,溶剂处于θ状态,在此状态无论聚合物是伸展还是塌陷,吉布斯自由能保持不变。

根据聚合物与固态表面的相互作用，聚合物可以划分为：

（1）锚钩型聚合物，它不可倒置地由一端与固态表面相连接，二嵌段（diblock）共聚物是典型例子（图 2.19（a））。

（2）吸附型聚合物，它以聚合物骨干部分为吸附点，无规律弱吸附于表面（图 2.19（b））。

（3）非吸附型聚合物，它并不与固态表面连接，因此对于聚合物稳定化没有贡献，不在本章中进一步讨论。

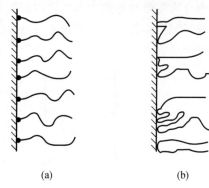

(a)   (b)

图 2.19　根据聚合物与固态表面相互作用而划分的聚合物示意图。（a）锚钩型聚合物；（b）吸附型聚合物。

聚合物与固态表面的相互作用局限于在固态表面上的聚合物分子的吸附。吸附既可以通过表面上的离子或原子与聚合物分子之间形成化学键，也可以形成弱物理吸附。另外，对于表面和聚合物之间形成单个或多个键没有限制。在本讨论中不涉及化学反应、聚合物与溶剂之间或聚合物自身之间的进一步聚合反应等其他相互作用。

2.5.2　聚合物层间相互作用

如图 2.20(a)所示，首先考虑表面覆盖锚钩型聚合物的两个固态粒子。在两个粒子相互靠近的过程中，当间距 H 小于聚合物层厚 L 的 2 倍时，聚合物层之间才能产生相互作用。超过这个距离时，两个粒子及其表面聚合物层之间没有相互作用。如果间距小于 $2L$ 但仍大于 L 时，溶剂和聚合物以及两个聚合物层之间就会存在相互作用。但是不会存在一个聚合物层与另外粒子固态表面之间的相互作用。在好溶剂中聚合物伸展，如果固态表面的聚合物包覆不完整，特别是包覆量少于 50%，即溶剂中的聚合物浓度不充分时，两个聚合物层会相互渗透以减少聚合物之间的空间。这种两个靠近粒子的聚合物层的相互渗透导致聚合物自由度的变小，使熵值减小，也就是 $\Delta S < 0$。如果假设由于两个聚合物层的相互渗透而产生的焓值可忽略，也就是 $\Delta H \approx 0$，则体系的吉布斯自由能将增加，即按照下式：

$$\Delta G = \Delta H - T\Delta S > 0. \qquad (2.28)$$

因此，两个粒子之间相互排斥，其间距必须等于或大于聚合物层厚的 2 倍。当聚合物覆盖率高时，特别是接近 100%，将不会出现渗透现象。这时两个聚合物层将被挤压，导致两个聚合物层的卷曲。总吉布斯自由能增加，并排斥两个粒子使其分开。当两个粒子表面间距小于聚合物厚度，或进一步减小距离将迫使聚合物卷曲并导致吉布斯自由能的增加。图2.20(b)描述吉布斯自由能与两个粒子间距的关系，表明当 H 小于 $2L$ 时，总能量保持正值并随间距的减小而增加。

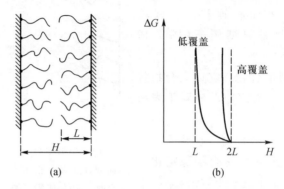

图2.20　聚合物层间相互作用示意图：（a）两个靠近的聚合物层；（b）吉布斯自由能随粒子间距的变化关系。

对于坏溶剂，固态表面的聚合物覆盖率低时的情况很不相同。覆盖率低时，当粒子间距小于2倍聚合物厚度但大于单个聚合物厚度时，即 $L < H < 2L$，吸附在一个粒子表面的聚合物层趋向于渗透到另外一个靠近的粒子的聚合物层中。这种两个聚合物层间的相互渗透将进一步促进聚合物的卷曲，并导致总吉布斯自由能的减小。但是当覆盖率高时，与在好溶剂时的情况类似，将没有渗透产生，间距的减小导致产生一种挤压力，并使总自由能增加。当粒子间距小于聚合物层厚时，间距的减小总是产生一种排斥力并使总吉布斯自由能增加。图2.21总结了自由能与粒子间距的关系。无论是否存在覆盖率和溶剂的差异，表面覆盖聚合物的两个粒子总是会通过空间排斥或空间稳定化作用而抑制团聚。

下面讨论吸附型聚合物。吸附型聚合物的情况由于以下2个因素而变得更为复杂。首先，当两个粒子十分靠近时，最初粘连于一个粒子表面的聚合物可能与另外一个粒子的表面相互作用甚至吸附其上，形成两个粒子之间的桥梁。其次，如果时间充分，粘连的聚合物可从表面脱附并迁移出聚合物层。

当两个粒子间距小于聚合物层厚的2倍，聚合物具有强吸附并形成全包覆时，两个聚合物层间的作用是纯粹的排斥力并增加自由能。这种情况与全包覆的锚钩型聚合物情形相同。当粒子部分被包覆时，溶剂的性质对于粒子间的作用产生重要的影响。在好溶剂中，两个部分包覆的聚合物层相互渗透，导致空间减少并产生更有序的聚合物排列。此时熵值减小而吉布斯自由能增加。但是在坏溶剂中，相互渗透进一步促进聚合物卷曲，导致熵值提高和自由能降低。

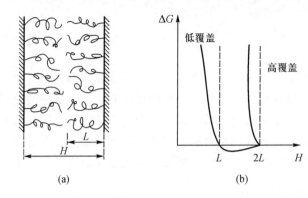

（a）   （b）

图 2.21　聚合物层间相互作用示意图：（a）两个靠近的
聚合物层；（b）吉布斯自由能随粒子间距的变化关系。

这种在坏溶剂中吸附型聚合物层间的相互作用，与好溶剂中部分包覆的锚钩型聚合物的情况非常相似，然而由于两种表面多吸附点的存在，其相关的过程差异很大。当间距小于聚合物层厚时，排斥力总是得到加强并使两个粒子相分离。

　　空间稳定化的物理基础为：①体积限制效应产生于两个粒子靠近时表面之间的空间的减小；②渗透效应产生于两个粒子间的吸附聚合物的高浓度。

2.5.3　空间和静电复合相互作用

　　空间稳定化可以与静电稳定化相结合，也称此为静电空间位阻稳定化，如图 2.22 所示。[50]当聚合物依附于带电粒子表面时，聚合物层的变化正如上面所讨论的一样。另外，固态表面附近的电势将保持不变。当两个粒子靠近时，静电排斥和空间限制都将抑制团聚的产生。

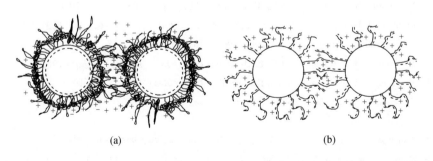

（a）   （b）

图 2.22　静电稳定化示意图：（a）非离子型聚合物包覆带电粒子；（b）聚合电解质连接非带电粒子。

2.6 总结

本章讨论了固态表面能的产生、减小材料表面能的各种机制，表面曲率对化学势的影响，以及纳米粒子稳定化的两种机制。本章讨论的全部概念和理论已经在各种表面科学和材料领域中确立。但是由于纳米尺度材料的巨大的表面积，表面能对纳米结构和纳米材料的影响变得十分重要。对这些基础知识的充分理解，不仅对纳米材料的合成与加工有重大意义，而且对纳米材料的应用也同样重要。

■ 参考文献

1. C. Nützenadel, A. Züttel, D. Chartouni, G. Schmid, and L. Schlapbach, *Eur. Phys. J.* D8, 245(2000).

2. A. W. Adamson and A. P. Gast, *Physical Chemistry of Surfaces*, 6th edn. John Wiley and Sons, New York, 1997.

3. A. N. Goldstein C. M. Echer, and A. P. Alivisatos, *Science* 256, 1425(1992).

4. M. A. Van Hove, W. H. Weinberg, and C. M. Chan, *Low-Energy Electron Diffraction*, Springer-Verlag, Berlin, 1986.

5. M. W. Finnis and V. Heine, *J. Phys.* F4, L37(1974).

6. U. Landman, R. N. Hill, and M. Mosteller, *Phys. Rev.* B21, 448(1980).

7. D. L . Adams, H. B. Nielsen, J. N. Andersen, I. Stengsgaard, R. Friedenhans'l, and J. E. Sorensen, *Phys. Rev. Lett.* 49, 669(1982).

8. C. M. Chan, M. A. Van Hove, and E. D. Williams, *Surf. Sci.* 91, 440(1980).

9. M. A. Van Hove, R. J. Koestner, P. C. Stair, J. P. Birberian, L. L. Kesmodell, I. Bartos, and G. A. Somorjai, *Surf. Sci.* 103, 189(1981).

10. I. K. Robinson, Y. Kuk, and L. C. Feldman, *Phys. Rev.* B29, 4762(1984).

11. R. M. Tromp, R. J. Hamers, and J. E. Demuth, *Phys. Rev.* B34, 5343(1986).

12. G. Binnig, H. Rohrer, Ch. Gerber, and E. Weibel, *Phys. Rev. Lett.* 50, 120(1983).

13. R. Schlier and H. Farnsworth, *J. Chem. Phys.* 30, 917(1959).

14. R. M. Tromp, R. J. Hames, and J. E. Demuth, *Phys. Rev. Lett.* 55, 1303(1985).

15. R. M. Tromp, R. J. Hames, and J. E. Demuth, *Phys. Rev.* B24, 5343(1986).

16. J. M. Jasinski, B. S. Meyerson, and B. A. Scott, *Annu. Rev. Phys. Chem.* 38, 109 (1987).

17. M. McEllistrem, M. Allgeier, and J. J. Boland, *Science* 279, 545(1998).

18. Z. Zhang, F. Wu, and M. G. Lagally, *Annu. Rev. Mater. Sci.* 27, 525(1997).

19. T. Tsuno, T. Imai, Y. Nishibayashi, K. Hamada, and N. Fujimori, *Jpn. J. Appl. Phys.* 30, 1063(1991).

20. C. J. Davisson and L. H. Germer, *Phys. Rev.* 29, 908(1927).

21. K. Christmann, R. J. Behm, G. Ertl, M. A. Van Hove, and W. H. Weinberg, *J. Chem. Phys.* 70, 4168(1979).

22. H. D. Shih, F. Jona, D. W. Jepsen, and P. M. Marcus, *Surf. Sci.* 60, 445(1976).

23. J. M. MacLaren, J. B. Pendry, P. J. Rous, D. K. Saldin, G. A. Somorjai, M. A. Van Hove, and D. D. Vvedensky(eds.), *Surface Crystallography Information Service*, Reidel Publishing, Dordrecht, 1987.

24. C. Herring, *Structure and Properties of Solid Surfaces*, University of Chicago, Chicago, IL, 1952.

25. W. W. Mullins, *Metal Surfaces: Structure Energetics and Kinetics*, The American Society for Metals, Metals Park, OH, 1963.

26. E. Matijević, *Annu. Rev. Mater. Sci.* 15, 483(1985).

27. H. N. V. Temperley, *Proc. Cambridge Phil. Soc.* 48, 683(1952).

28. W. K. Burton and N. Cabrera, *Disc. Faraday Soc.* 5, 33(1949).

29. G. K. Teal, *IEEE Trans. Electron Dev.* ED-23, 621(1976).

30. W. Zuhlehner and D. Huber, *Czochralski Grown Silicon*, in *Crystals* 8, Springer-Verlag, Berlin, 1982.

31. W. D. Kingery, H. W. Bowen, and D. R. Uhlmann, *Introduction to Ceramics*, 2nd edn., Wiley, New York, 1976.

32. J. S. Reed, *Introduction to Principles of Ceramic Processing*, Wiley, New York, 1988.

33. E. P. DeGarmo, J. T. Black, and R. A. Kohner, *Materials and Processes in Manufacturing*, Macmillan, New York, 1988.

34. A. W. Adamson, *Physical Chemistry of Surfaces*, Wiley, New York, 1976.

35. L. R. Fisher and J. N. Israelachvili, *J. Coll. Interf. Sci.* 80, 528(1981).

36. J. C. Melrose, *Langmuir* 5, 290(1989).

37. R. W. Vook, *Int. Met. Rev.* 27, 209(1982).

38. R. K. Iler, *The Chemistry of Silica: Solubility, Polymerization, Colloid and Surface Properties, and Biochemistry*, John Wiley and Sons, New York, 1979.

39. J. R. Sambles, L. M. Skinner, and N. D. Lisgarten, *Proc. R. Soc.* A324, 339(1971).

40. N. D. Lisgarten, J. R. Sambles, and L. M. Skinner, *Contemp. Phys.* 12, 575(1971).

41. V. K. La Mer and R. Gruen, *Trans. Faraday Soc.* 48, 410(1952).

42. F. Piuz and J. -P. Borel, *Phys. Status Solidi* A14, 129(1972).

43. R. J. Hunter, *Zeta Potential in Colloid Science*, Academic Press, New York, 1981.

44. G. A. Parks, *Chem. Rev.* 65, 177(1965).

45. A. C. Pierre, *Introduction to Sol-Gel Processing*, Kluwer, Norwell, MA, 1998.

46. P. C. Hiemenz, *Principles of Colloid and Surface Chemistry*, Marcel Dekker, New York, 1977.

47. G. D. Parfitt, in *Dispersion of Powders in Liquids with Special Reference to Pigments*, ed.

G. D. Parfitt, Applied Science, London, p. 1, 1981.

48. C. J. Brinker and G. W. Scherer, *Sol-Gel Science: The Physics and Chemistry of Sol-Gel Processing*, Academic Press, San Diego, CA, 1990.

49. J. T. G. Overbeek, *J. Coll. Interf. Sci.* 58, 408(1977).

50. D. H. Napper, *Polymeric Stabilization of Colloidal Dispersions*, Academic Press, New York, 1983.

51. W. B. Russel, D. A. Saville, and W. R. Schowalter, *Colloidal Dispersions*, Cambridge University Press, Cambridge, 1991.

52. P. Somasundaran, B. Markovic, S. Krishnakumar, and X. Yu, in *Handbook of Surface and Colloid Chemistry*, ed. K. S. Birdi, CRC Press, Boca Raton, FL, p. 559, 1997.

53. J. J. Lagowski, *The Chemistry of Non-Aqueous Systems*, Vols. 1 – 4, Academic Press, New York, 1965, 1967, 1970, 1976.

3

零维纳米结构：纳米粒子

3.1 引言

已有许多技术被开发和应用到纳米粒子的合成之中，包括"自上而下"法和"自下而上"法。"自上而下"法包括球磨或研磨、重复快淬和光刻蚀。研磨可以形成从几十到几百纳米直径的纳米粒子。但是研磨法制备的纳米粒子具有相对宽的粒子尺寸分布和形态及几何形状的变化。另外，它们可能包含许多研磨介质带来的杂质和研磨本身产生的缺陷。这样制备的纳米粒子通常用于烧结温度较低的纳米复合材料和纳米晶块体材料中。在纳米复合和纳米晶块体材料中，缺陷在烧结中可消除，在其应用中尺寸分布、粒子形状以及少量的杂质相对不敏感。如果材料热导性差，并且其体积随温度变化大，则重复热循环也可以使块体材料破碎成小块。这种方法有效地利用了材料在相变时发生体积剧烈变化的特点。尽管这种方法可以制备很小的粒子，但很难设计控制并形成所期望的粒子大

小和形状。具有较差的热导性和大的体积变化的材料也很有限。光刻是另一种制备小粒子的方法。[1,2]

"自下而上"法是很普遍的纳米粒子合成途径,已衍生出许多具体的方法。例如,纳米粒子通过在液相或气相中均匀成核方法制备,或基体上的非均匀成核方法制备。纳米粒子或量子点也可通过在渐变温度下热处理相关固态材料,经过相分离的方式而获得。纳米粒子可以在小空间中如微胶束,通过控制化学反应、成核和生长而获得。不同的合成方法或技术可以划分为两大类:热力学平衡方法和动力学方法。在热力学平衡方法中,合成过程包括:①形成超饱和状态;②成核;③后续生长。在动力学方法中,纳米粒子的成核可通过限制用于生长的前驱物的数量而获得,如在分子束外延技术中,也可通过在有限空间中限制形成过程而获得纳米粒子,如气溶胶合成法或胶束合成法。在本章中,主要讨论热力学平衡方法合成纳米粒子。但是一些典型的动力学方法,如微乳液、气溶胶热解、模板沉积也将重点讨论。对于热力学平衡方法,本章将以纳米粒子的溶液合成法为例,说明其基本要求和考虑,这也可直接或作适当调整后应用于其他体系。

对于纳米粒子的合成,小尺寸并不是唯一的要求。在所有的实际应用中,需要控制工艺条件以使纳米粒子具有如下特征:①全部粒子具有一致的大小(也称为单一尺寸或均匀尺寸分布);②一致的形状或形貌;③不同粒子间和单个粒子内一致的化学组成和晶体结构,如核和表面成分必须相同;④单个粒子分散或单分散,也就是没有团聚。如果团聚发生,纳米粒子应该是易于再分散。

本章讨论的纳米粒子包括单晶体、多晶和非晶粒子,它们可以有任何形貌,如球形、立方体和板状。总之,粒子的尺寸特征不大于几百个纳米,大部分小于 100 nm。文献中通常使用不同的术语描述特殊纳米粒子。如果纳米粒子为单晶体,它们通常又被称为纳米晶。当纳米粒子的特征尺寸足够小并观察到量子效应,则量子点是描述这样粒子的常用术语。

3.2 均匀成核形成纳米粒子

对于通过均匀成核形成的纳米粒子,必须首先创造生长物质的过饱和状态。降低平衡态混合物如饱和溶液的温度,能够导致过饱和状态。通过变温热处理工艺,在玻璃基体中形成金属量子点就是这种方法的很好例子。另一种形成过饱和的方法,是通过原位化学反应将高溶解性化学物质转变成低溶解性物质。例如,半导体纳米粒子通常通过有机金属原料的热解而获得。纳米粒子可以在 3 种介质中通过均匀成核而形成:液态、气态和固态。它们的成核和后续长大机理本质上相同。

在讨论均匀尺寸单分散纳米粒子的具体合成步骤之前，首先回顾均匀成核、后续生长及溶胶凝胶工艺的基础知识。溶胶凝胶工艺通常用于制备胶态分散体。然后讨论合成单分散均匀尺寸纳米粒子的各种方法，包括强制水解、控制释放阳离子和阴离子、气相反应和变温热处理。

3.2.1　均匀成核基础

当一种溶剂中的溶质浓度超过平衡溶解度或温度低于相转变点时，新相开始出现。考虑过饱和溶液中固相均匀成核的例子。一种溶液中的溶质超过溶解度或处于过饱和状态，则其具有高吉布斯自由能；系统总能量将通过分离出溶质而减小。图 3.1 说明过饱和溶液的总吉布斯自由能通过形成固相和保持溶液平衡浓度的方式而减小。吉布斯自由能的减小是成核与长大的驱动力。单位体积固相的吉布斯自由能的变化 ΔG_v 依赖于溶质浓度：

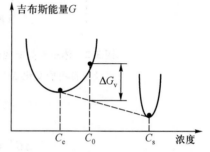

图 3.1　过饱和溶液中形成固相并保持平衡浓度时，总吉布斯自由能减小示意图。

$$\Delta G = \frac{-kT}{\Omega \ln\left(\dfrac{C}{C_0}\right)} = \frac{-kT}{\Omega \ln(1 + \sigma)}, \quad (3.1)$$

这里 C 是溶质的浓度；C_0 为平衡浓度或溶解度；Ω 为原子体积；σ 为过饱和度，其定义为 $(C - C_0)/C_0$。如果没有过饱和，即 $\sigma = 0$，则 ΔG_v 为零，没有发生成核。当 $C > C_0$，则 ΔG_v 为负并有成核同时发生。如果形成半径为 r 的球形核，吉布斯自由能或体积能量的变化 $\Delta\mu_v$ 可以表述为

$$\Delta\mu_v = \left(\frac{4}{3}\right)\pi r^3 \Delta G_v. \quad (3.2)$$

但是这个能量减小与表面能量的引入保持平衡，并伴随着新相的形成。这导致体系表面能的增加 $\Delta\mu_s$，即

$$\Delta\mu_s = 4\pi r^2 \gamma, \quad (3.3)$$

这里 γ 为单位面积表面能。形核过程的总化学势变化 ΔG 为

$$\Delta G = \Delta\mu_v + \Delta\mu_s = \left(\frac{4}{3}\right)\pi r^3 \Delta G_v + 4\pi r^2 \gamma. \quad (3.4)$$

图 3.2 所示为体积自由能变化 $\Delta\mu_v$、表面自由能变化 $\Delta\mu_s$ 以及总自由能变化 ΔG 随晶核半径的变化关系。从这个图可以知道新晶核在其半径超过临界尺寸 r^* 时才能够稳定。一个晶核的半径小于 r^* 将溶解到溶液中，以降低总自由能，当核半径大于 r^* 时将稳定存在并连续生长。在临界半径 $r = r^*$ 时，$\mathrm{d}\Delta G/\mathrm{d}r = 0$，临界半径 r^* 和临界自由能 ΔG^* 定义为

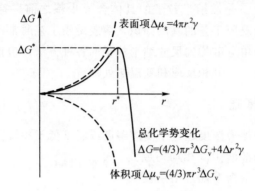

图 3.2 体积自由能变化 $\Delta\mu_v$、表面自由能变化 $\Delta\mu_s$
以及总自由能变化 ΔG 与晶核半径之间的变化关系。

$$r^* = \frac{-2\gamma}{\Delta G_v}, \tag{3.5}$$

$$\Delta G^* = \frac{16\pi\gamma}{3(\Delta G_v)^2}, \tag{3.6}$$

ΔG^* 是形核过程中必须克服的能垒，r^* 代表稳定的球形晶核的最小尺寸。上面的讨论基于过饱和溶液；但相关的概念适用于过饱和气体、过冷气体或液体。

通过从过饱和溶液或气相中成核的方法合成纳米粒子或量子点时，这个临界尺寸是界限，意味着可以合成多小的纳米粒子。为了减小临界尺寸和自由能，需要提高吉布斯自由能的变化 ΔG_v，减小新相的表面能 γ。式（3.1）表明 ΔG_v 可通过增加给定体系的过饱和度 σ 而得到提高。图 3.3 比较了 3 个具有不同饱和度的球形晶核的临界尺寸和临界自由能，而饱和度随温度降低而提高。温度也影响表面能。固相晶核的表面能在临近粗糙化转变温度时发生显著的变化。其他可能性包括：①利用不同的溶剂；②溶液中的添加剂；③当其他要求不能折中时，也可将杂质掺入固相中。

单位体积和单位时间的成核速率 R_N 正比于：①概率 P，即临界自由能 ΔG^* 的热力学波动，表示为

$$P = \exp\left(\frac{-\Delta G^*}{kT}\right); \tag{3.7}$$

② 单位体积生长物质的数量 n，可以作为成核中心（在均匀形核中，它等于初始浓度 C_0）；③生长物质从一处成功跃迁到另一处的频率 Γ，表示为

$$\Gamma = kT(3\pi\lambda^3\eta), \tag{3.8}$$

这里 λ 为生长物质的直径，η 为溶液的粘度。因此，成核速率可以表示为

$$R_{\mathrm{N}} = nP\varGamma = \left\{ \frac{C_0 kT}{(3\pi\lambda^3\eta)} \right\} \exp\left(\frac{-\Delta G^*}{kT} \right). \qquad (3.9)$$

这个方程表明高初始浓度或过饱和度（可以形成大量的形核位置）、低粘度和低临界能垒可以有助于形成大量的晶核。对于一定的溶质浓度，大量的晶核意味着能够出现小尺寸的晶核。

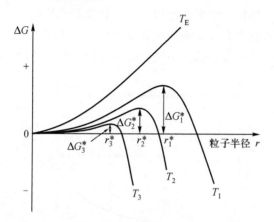

图 3.3　温度对 3 种球形晶核临界半径和临界自由能的影响。饱和度随温度的降低而提高，表面自由能同样受温度的影响。$T_{\mathrm{E}} > T_1 > T_2 > T_3$，$T_{\mathrm{E}}$ 为平衡温度。

图 3.4 表示成核与后续长大的过程。[3] 当溶质浓度随时间而增加时，即使浓度超过平衡溶解度时也不发生成核。只有当过饱和度大于溶解度一定程度后才出现成核，这对应着成核时式(3.6)所定义的能垒。最初的成核完成后，生长

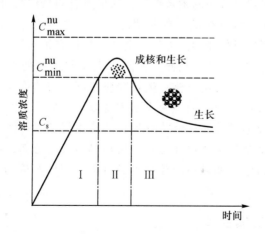

图 3.4　成核和后续长大过程示意图。[M. Haruta and B. Delmon，*J. Chim. Phys.* 83，859（1986）.]

物质的浓度或过饱和度减小，体积自由能的变化量也减小。当浓度继续减小到临界能量对应的一定浓度时，不再成核，但生长过程将持续到生长物质浓度达到平衡浓度或溶解度。图3.5从稍微不同的角度说明成核和生长速率与生长物质浓度之间的关系。[3]当生长物质的浓度提高到平衡浓度以上时，初期不会有成核。但当浓度达到对应于产生临界自由能的最小饱和度时成核开始，成核速率也随浓度的进一步增加而非常快地提高。尽管没有晶核就不会有生长，但浓度超过平衡溶解度时就会有大于零的生长速率。一旦形核，生长就要同时发生。在最小浓度以上，成核与生长是不可分割的过程，但二者的速率不同。

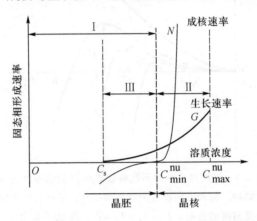

图 3.5　从稍微不同的角度，说明生长物质的成核、生长速率和浓度之间的相互关系。[M. Haruta and B. Delmon, *J. Chim. Phys.* 83, 859 (1986).]

对于合成均匀尺寸分布的纳米粒子，如果所有的晶核在同一时间以同样的尺寸形成，那将是最为理想的。在此情况下，晶核可能具有同样或相似的尺寸，因为它们的形成条件相同。另外，全部晶核将有相同的后续生长。这样可以获得单一尺寸的纳米粒子。因此，人们期望在非常短的时间内完成成核过程。实际上，为了达到快速成核，生长物质浓度被快速提高到非常高的过饱和状态，然后又快速下降到最小的成核浓度以下。低于这个浓度，不再有新核产生，然而已经形成的晶核将持续生长到浓度降到平衡浓度为止。后续生长将进一步改变纳米粒子的尺寸分布。最初晶核尺寸分布的提高或降低依赖于后续生长的动力学。如果适当控制生长过程，可以获得均匀尺寸分布的纳米粒子。

3.2.2　晶核的后续生长

纳米粒子的尺寸分布依赖于晶核的后续生长。晶核的生长包括多个步骤，其主要步骤为：①生长物质的产生；②生长物质从液相到生长表面的扩散；

③生长物质吸附到生长表面；④固态表面不可逆地结合生长物质，促使表面生长。这些步骤可以进一步分成两个过程。在生长表面上提供生长物质称为扩散，包括生长物质的产生、扩散及吸附到生长表面，而生长表面吸附的生长物质进入到固态结构中则称为生长。与有限生长过程相比较，有限扩散生长过程产生不同的纳米粒子的尺寸分布。

3.2.2.1 扩散控制的生长

当生长物质浓度低于成核的最小浓度时，成核停止，然而生长将继续进行。如果生长过程受到生长物质从溶液到粒子表面的扩散的控制，则其生长速率为

$$\frac{\mathrm{d}r}{\mathrm{d}t} = \frac{D(C - C_s)V_m}{r},\tag{3.10}$$

这里 r 为球形晶核半径，D 为生长物质的扩散系数，C 是液相浓度，C_s 为固态粒子表面上的浓度，V_m 是晶核的摩尔体积（如图 3.6 所示）。假定晶核的初始尺寸为 r_0 并忽略块体浓度的变化，求解这个微分方程得到

$$r^2 = 2D(C - C_s)V_m t + r_0^2\tag{3.11}$$

或

$$r^2 = k_D t + r_0^2,\tag{3.12}$$

这里 $k_D = 2D(C - C_s)V_m$。对于最初半径差为 δr_0 的两个粒子，其半径差 δr 随着时间增加而减小，即粒子变大，按照下式：

$$\delta r = \frac{r_0 \delta r_0}{r},\tag{3.13}$$

结合式 (3.12)，得到

$$\delta r = \frac{r_0 \delta r_0}{(k_D t + r_0^2)^{\frac{1}{2}}}.\tag{3.14}$$

式 (3.13) 和式 (3.14) 表明半径差随着晶核半径的增长和生长时间的延长而减小。扩散控制的生长促进均匀尺寸粒子的形成。

3.2.2.2 表面过程控制的生长

当生长物质从液相到生长表面的扩散足够快时，即表面浓度与液相浓度一致时，如图 3.6 中虚线所示，生长速率由表面过程所控制。表面过程包括两种机制：单核生长和多核生长。对于单核生长，生长过程通过层/层进行，即生长物质先形成一层，在此基础上再进行下一层的形成。生长物质需要足够的时间扩散到表面。生长速率正比于表面积[4]：

$$\frac{\mathrm{d}r}{\mathrm{d}t} = k_m(C)r^2,\tag{3.15}$$

这里 $k_m(C)$ 是比例常数，依赖于生长物质的浓度。求解上述方程得到生长

速率：

$$\frac{1}{r} = \frac{1}{r_0} - k_m t. \qquad (3.16)$$

半径差随晶核半径的增加而增加：

$$\delta r = \frac{r^2 \delta r_0}{r_0^2}. \qquad (3.17)$$

将式(3.16)代入式(3.17)中，得到

$$\delta r = \frac{\delta r_0}{(1 - k_m r_0 t)^2}, \qquad (3.18)$$

这里 $k_m t r_0 < 1$。这个边界条件从式(3.16)中得到，意味着晶核半径不是无穷大，即 $r < \infty$。式(3.18)表明半径差随延长生长时间而增加。很明显，这种机制不利于合成单一尺寸的粒子。

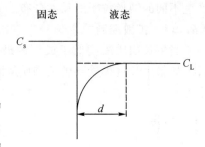

图 3.6　固/液界面处合金成分或者杂质浓度分布示意图，表明液相中损耗边界层的形成。

　　在多核生长过程中，表面浓度非常高，因此表面过程进行得很快，在第一层完成之前已经开始第二层的形成。粒子的生长速率不依赖于粒子尺寸或时间[5]，也就是生长速率为常数：

$$\frac{dr}{dt} = k_p, \qquad (3.19)$$

这里 k_p 为仅依赖于时间的常数。因此粒子生长与时间呈线性关系：

$$r = k_p t + r_0. \qquad (3.20)$$

相对半径差保持常数，与生长时间和绝对粒子尺寸无关：

$$\delta r = \delta r_0. \qquad (3.21)$$

需要注意尽管绝对半径差保持不变，但相对半径差将反比于粒子半径和时间。随着粒子变大，半径差变得越小；因此这种机制也有利于形成单一尺寸的粒子。

　　图3.7和图3.8表示三种生长机制中半径差与粒子尺寸和生长时间的关系。显然，扩散控制生长机制通过均匀形核方式用于合成单一尺寸的粒子。Williams 等[5]提出纳米粒子的生长过程包含全部三种机制。当晶核很小时单层生长机制可能占优，而晶核较大时多核生长机制可能占主导。扩散在相对大粒子生长时占主导地位。当然，这些只在没有其他方法或措施以抑制特定生长机制的情况下符合。不同的生长机制在存在其有利的生长条件时成为主导因素。例如，由于慢化学反应使得生长物质的供应速度很慢时，晶核生长很可能是扩散控制生长过程。

　　对于形成单一尺寸的纳米粒子，所期望的是有限扩散生长。有几种方法可

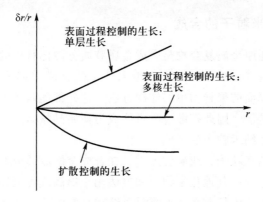

图 3.7　三种生长机制中半径差随粒子尺寸变化示意图。

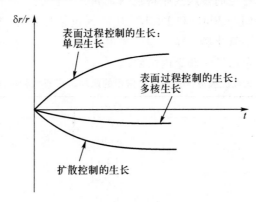

图 3.8　三种生长机制中半径差随生长时间变化示意图。

以达到有限扩散生长。例如，当生长物质浓度保持在很低的水平时，扩散距离将非常大，因而扩散可能成为有限步骤。增加溶液粘度提供另外一种可能性。引入扩散能垒如粒子生长表面上的单层可以成为一种方法。控制生长物质的供应量也是控制生长过程的方法。当生长物质通过化学反应产生时，反应速率可通过控制副产品浓度、反应物和催化剂而调整。

在下面的几节中，将分别讨论金属、半导体和氧化物（包括氢氧化物）纳米粒子的合成。首先，将主要考虑采用溶液过程合成各种类型的纳米粒子。形成分散在溶剂中的纳米粒子是最常用的方法，具有如下几个优点：

（1）易于稳定化纳米粒子以防止团聚。

（2）易于从溶剂中萃取纳米粒子。

（3）易于表面改性和应用。

（4）易于过程的控制。

（5）易于宏量生产。

3.2.3 金属纳米粒子的合成

在稀溶液中还原金属复合物是合成金属胶质分散体常用的方法，多种方法用于控制还原反应。[6-10]单一尺寸金属纳米粒子的合成大都采用结合低溶质浓度和黏附于生长表面的聚合物单层体的方法。这些都能阻碍生长物质从周围溶液向生长表面的扩散，因此扩散过程可能成为初始晶核后续生长的速率限制步骤，导致均匀尺寸纳米粒子的形成。

在合成金属纳米粒子，或确切地讲，在合成金属胶质分散体的时候，各种类型的原料、还原剂、其他化学物质和方法用于提高或控制还原反应、初始成核和初始晶核的后续生长。表 3.1 简要总结在金属胶质分散体还原中常用的原料、还原剂和聚合稳定剂。这些原料包括金属、无机盐、金属复合物，如 Ni、Co、$HAuCl_4$、H_2PtCl_6、$RhCl_3$ 和 $PdCl_2$。还原剂包括柠檬酸钠、过氧化氢、盐酸羟胺、柠檬酸、一氧化碳、磷、氢、甲醛、有水甲醇、碳酸钠和氢氧化钠。聚合物稳定剂包括聚乙烯醇和聚丙烯酸钠。

表 3.1　在金属胶质分散体还原中常用的原料、还原剂和聚合稳定剂。

原料	分子式
金属阳极	Pd, Ni, Co
氯化钯	$PdCl_2$
六氯氢铂（Ⅳ）	H_2PtCl_6
氯亚铂酸钾（Ⅱ）	K_2PtCl_4
硝酸银	$AgNO_3$
高氯酸银	$AgClO_4$
氯金酸	$HAuCl_4$
氯化铑	$RhCl_3$
还原剂	
氢	H_2
柠檬酸钠	$Na_3C_6H_5O_7$
盐酸羟胺	$NH_4OH + HCl$
柠檬酸	$C_6H_8O_7$
一氧化碳	CO
磷（乙醚中）	P
甲醇	CH_3OH
过氧化氢	H_2O_2
碳酸钠	Na_2CO_3
氢氧化钠	$NaOH$
甲醛	$HCHO$
四氢硼化钠	$NaBH_4$
铵离子	NH_4^+

聚合物稳定剂
聚乙烯吡咯烷酮(Polyvinylpyrrolidone)，PVP
聚乙烯醇(Polyvinylalcohol)，PVA
聚乙烯亚胺(Polyethyleneimine)
聚磷酸钠(Sodium polyphosphate)
聚丙烯酸钠(Sodium polyacrylate)
阳离子四卤化物(Tetraalkylammonium halogenides)

胶态金已经有很长的研究历史。1857 年，Faraday 发表了一篇关于深入研究胶态金的合成与性能的论文。[11]许多方法用于合成金纳米粒子，其中在 100 ℃ 条件下用柠檬酸钠还原氯金酸的方法已经是 50 多年前的方法[12]，但依然是目前最常用的方法。经典(标准)的实验条件如下。氯金酸溶于水中形成 20 mL 非常稀的约 2.5×10^{-4} M 溶液。然后将 1 mL 0.5% 柠檬酸钠加入到沸腾的溶液中。混合物保持在 100 ℃ 直至颜色发生变化，加入适量水保持溶液总体积不变。这样制备的胶态溶胶有良好的稳定性，内含约 20 nm 直径的均匀尺寸的粒子。结果表明在成核阶段形成的大量的初始晶核导致大量小尺寸、窄粒径分布的纳米粒子的生成。图 3.9 比较了在不同浓度下制备的胶质金中，金纳米粒

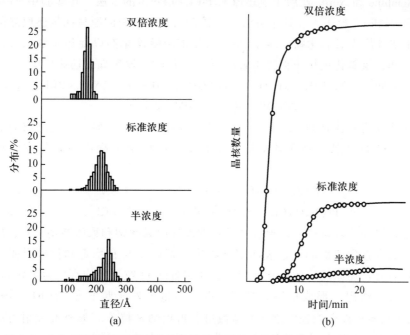

图 3.9 (a) 不同浓度下制备的金溶胶的粒子尺寸分布曲线，(b) 不同浓度下制备的金溶胶的成核速率曲线。[J. Turkevich, *Gold Bull.* 18, 86 (1985).]

子的尺寸及尺寸分布。[13]

　　Hirai 等[14,15]制备了铑胶态分散体，这是通过在 79 ℃甲醇和水的混合物中回流氯化铑和 PVC 的溶液获得的。甲醇和水的体积比为 1∶1。回流是在氩气或空气中进行 0.2 ~ 16 小时。在这个过程中，甲醇用做还原剂，还原反应如下：

$$RhCl_3 + \frac{3}{2}CH_3OH \longrightarrow Rh + \frac{3}{2}HCHO + 3HCl. \tag{3.22}$$

PVA 用做聚合物稳定剂，也起到扩散能垒的作用。制备的铑纳米粒子平均粒径范围在 0.8 ~ 4 nm。但是出现双峰尺寸分布，其大粒子为 4 nm，而小粒子为 0.8 nm。提高回流时间导致小粒子减少而大粒子增多，这是由于奥斯特瓦耳德熟化的原因。

　　Henglein 等[16]研究和比较了 3 种不同的制备铂纳米粒子的方法：辐解法、氢还原法和柠檬酸盐还原法。^{60}Co 的 γ 射线用于产生水合电子、氢原子和 1 - 羟甲基自由基。这些受激分子将进一步还原 K_2PtCl_4 中的 Pt^{2+}，使其成为零价态并形成平均直径为 1.8 nm 的 Pt 纳米粒子。柠檬酸盐还原 $PtCl_6^{2-}$ 也称为图尔克维奇(Turkevich)方法[12,17,18]，这个方法最初用于合成均匀尺寸的金纳米粒子。在这个方法中，H_2PtCl_6 与柠檬酸钠混合并沸腾 1 h，产生直径为 2.5 nm 的 Pt 粒子。

　　Rampino 和 Nord[19]发展了氢还原 K_2PtCl_4 和 $PdCl_2$ 的方法，在实验中 PVA 用于稳定 Pt 和 Pd 粒子。在这个方法中，稀释的水溶液中的原料在氢还原之前首先被水解并形成氢氧化物。对于 Pd，碳酸钠用做催化剂以促进水解反应，然而对于 Pt，氢氧化钠用于促进水解反应。对于 Pd，发生如下还原反应：

$$PdCl_2 + Na_2CO_3 + 2H_2O \longrightarrow Pd(OH)_2 + H_2CO_3 + 2Na^+ + 2Cl^-, \tag{3.23}$$

$$Pd(OH)_2 + H_2 \longrightarrow Pd + 2H_2O. \tag{3.24}$$

相似的反应用于合成 Pt 纳米粒子。不使用催化剂时，在加入氢气之前的老化过程中，Pt 原料混合物在环境温度下几个小时内最大限度地转化成含水络合物[20]：

$$PtCl_4^{2-} + H_2O \longrightarrow Pt(H_2O)Cl_3^- + Cl^-, \tag{3.25}$$

$$Pt(H_2O)Cl_3^- + H_2O \longrightarrow Pt(H_2O)_2Cl_2 + Cl^-. \tag{3.26}$$

含水络合物随后被氢还原。聚合物稳定剂即聚丙烯酸钠和聚磷酸钠，对还原反应速率具有强烈的影响。这表明聚合物稳定剂除了具有稳定和扩散阻碍作用外，还具有对还原反应的催化作用，这样制备的 Pt 粒子平均直径为 7.0 nm。

　　各种方法用于形成银纳米粒子。例如通过紫外光照射含 $AgClO_4$、丙酮、2 - 丙醇和各种聚合物稳定剂的水溶液可获得银纳米粒子。[31]紫外光照射可激发丙酮并从 2 - 丙醇中提取氢原子，这样产生羰自由基：

$$CH_3COCH_3^* + (CH_3)_2CHOH \longrightarrow 2(CH_3)_2(OH)C^{\cdot}. \tag{3.27}$$

羰自由基可能发生质子分解反应：

$$(CH_3)_2(OH)C^. \Longleftrightarrow (CH_3)_2OC^{.-} + H^+. \qquad (3.28)$$

羰自由基和自由基负离子两者参与反应并还原 Ag^+ 离子成为 Ag 原子：

$$(CH_3)_2(OH)C^. + Ag^+ \longrightarrow (CH_3)_2CO + Ag + H^+, \qquad (3.29)$$

$$(CH_3)_2OC^{.-} + Ag^+ \longrightarrow (CH_3)_2CO + Ag. \qquad (3.30)$$

两个反应的速率都很慢，有利于形成单一尺寸的 Ag 纳米粒子。当聚乙烯亚胺作为聚合物稳定剂，利用以上光化学还原过程可以形成平均尺寸 7 nm、尺寸分布窄的 Ag 纳米粒子。

在 10 ℃氩气和氢气气氛中，利用声化学还原硝酸银水溶液的方法，可以制备约 20 nm 尺寸的非晶 Ag 纳米粒子。[21]其反应如下。超声可以分解水形成氢和氢氧自由基。氢自由基可以还原 Ag 离子形成 Ag 原子，经过形核和长大形成 Ag 纳米团簇。一些氢氧自由基能够结合形成一种氧化剂即过氧化氢，氢气的加入可以去除溶液中的过氧化氢并抑制 Ag 纳米粒子的氧化。[22]

金属纳米粒子也可以通过电化学沉积方法制备得到。[23,24]这种合成利用了由金属阳极和金属或玻璃态碳阴极构成的简单电化学电池。电解质由阳离子四卤化物的有机溶液构成，它也起到稳定剂的作用以产生金属纳米粒子。基于电场的应用，阳极经过氧化溶解形成金属离子并迁移到阴极上。金属离子在溶液中被铵离子还原导致金属纳米粒子的成核和长大。利用这种方法可以制备尺寸范围在 1.4 ~ 4.8 nm 的 Pd、Ni 和 Co 纳米粒子。进一步发现电流密度对金属粒子尺寸的影响，电流密度越大，粒子尺寸越小。[23]

3.2.3.1 还原剂的影响

在合成过程中，还原剂类型极大地影响金属胶体的尺寸及其分布。总的来说，强还原剂加速反应速率并有利于形成小的纳米粒子。[25,26]弱还原剂带来慢反应速率并形成大的粒子。但是慢的反应既可以导致宽的尺寸分布，也可以形成窄的尺寸分布。如果慢反应形成连续的新核或二次晶核，则可获得宽的尺寸分布。另外，如果没有进一步的成核或二次晶核的产生，慢反应将导致有限扩散生长，因为晶核生长将由可利用零价态原子所控制。因此，将获得窄的尺寸分布。

表 3.2 总结了金纳米粒子合成中不同还原剂对尺寸及其分布的影响。[27]利用同样的还原剂，通过改变合成条件可以改变纳米粒子的尺寸。另外，还原剂对金胶体粒子的形貌有显著影响。图 3.10 为在相似合成条件下分别用(a)柠檬酸钠和(b)柠檬酸作为还原剂获得的金纳米粒子的电镜图片。[27]柠檬酸钠或过氧化氢作为还原剂获得的金粒子为球形粒子，然而用盐酸羟胺(立方结构的{100}面)或柠檬酸(三角形或以{111}面为三角对称面的薄片)作为还原剂获得棱面金粒子。另外，还原剂浓度和 pH 也会对形成的金纳米粒子形态有显著影响。例如，降低 pH 导致{111}面增多并以消耗{100}面为代价。

表 3.2 比较金纳米粒子合成中使用不同还原剂获得的粒子尺寸。[27]

还原剂	436 nm*	546 nm*	XRD#	SEM
柠檬酸钠	29.1	28.6	17.5	17.6 ± 0.6
过氧化氢	25.3	23.1	15.1	15.7 ± 1.1
	31.0	31.3	18.7	19.7 ± 2.6
盐酸羟胺			37.8	22.8 ± 4.2
柠檬酸	23.5	22.8		12.5 ± 0.6
一氧化碳	9.1	7.4	9.0	5.0 ± 0.5
	15.3	15.3	9.8	7.5 ± 0.4
	18.9	18.3	13.1	12.2 ± 0.5
磷			13.9	8.1 ± 0.5
			21.0	15.5 ± 1.7
			29.6	25.6 ± 2.6
			36.9	35.8 ± 9.7

* 粒子尺寸通过光散射法测定，光波长为标明值。

\# 粒子尺寸通过 X 射线衍射线宽测定。

在制备过渡金属胶体中，Reetz 和 Maase[28]发现金属胶体的尺寸强依赖于还原剂的强度，强还原剂导致较小纳米粒子的形成。例如，从溶于 THF 中的硝酸铅中合成 Pd 胶体，粒子尺寸按照如下次序减小：

$$r_{三甲基乙酸盐} \approx r_{醋酸盐} > r_{乙醇酸盐} \gg r_{二氯醋酸盐} \tag{3.31}$$

图 3.11 表明 Pd 胶体中的粒子尺寸随羧酸酯还原剂的峰电位变化关系，小的峰电位代表强化原剂。[28]这种影响可以解释为强还原剂使生长物质浓度大幅度提高并导致非常高的过饱和度。因此，大量的初始晶核将产生。对于一定浓度的金属原料，大量晶核的形成将导致小尺寸的纳米粒子的产生。

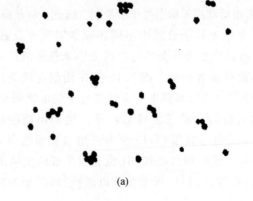

(a)

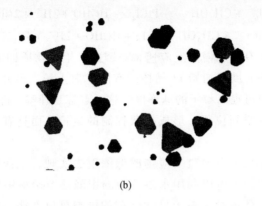

(b)

图 3.10　金纳米粒子的 SEM 显微照片。分别使用(a)柠檬酸钠和(b)柠檬酸作为还原剂，在其他条件相似的情况下制得。[W. O. Miligan and R. H. Morriss, *J. Am. Chem. Soc.* 86, 3461 (1964).]

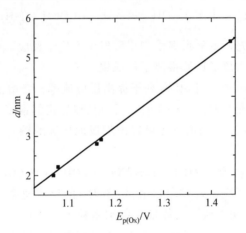

图 3.11　Pd 胶体的粒子尺寸随羧酸酯还原剂峰电位的变化关系示意图，小的峰电位意味着强还原剂。[M. T. Reetz and M. Maase, *Adv. Mater.* 11, 773 (1999).]

3.2.3.2　其他因素的影响

　　除了受还原剂控制以外，还原反应速率或生长物质的提供还受到其他因素的影响。例如，在利用水和甲醇还原 H_2PtCl_6 合成 Pt 纳米粒子时，Duff 等[29]发现相似条件下反应混合物中存在的高浓度氯化物离子能够促进单分散和接近球形的金属胶体粒子的产生，有利于形成光滑和圆形的表面。这种影响由如下两步还原反应解释：

$$PtCl_6^{2-} + CH_3OH \longrightarrow PtCl_4^{2-} + HCHO + 2H^+ + 2Cl^-, \tag{3.32}$$

$$PtCl_4^{2-} + CH_3OH \longrightarrow Pt + HCHO + 2H^+ + 4Cl^-. \tag{3.33}$$

高浓度氯化物离子有利于慢的反应速率。因此，生长物质即零价态 Pt 原子的供应将减慢，这样有助于初始 Pt 晶核的有限扩散生长。另外，提高反应混合物中聚合物的数量可提高粒子的球形度。这一点容易理解，即如果提高聚合物数量将产生扩散的空间位阻，形成扩散控制的生长，而这有利于球形粒子的形成。

降低还原速率也可以通过反应物的低浓度去实现，下面的例子说明这一点。纳米尺度的银粒子可以利用水溶液中的甲醛还原硝酸银的方法而获得。[30] 结果发现还原剂的数量对于粒子尺寸分布的影响可以忽略；但如果只使用甲醛，由于低 pH 使其室温反应速率非常慢。由 NaOH 和/或 Na_2CO_3 组成的碱性溶液可提高反应速率。银离子和还原剂的反应可以表示为

$$2Ag^+ + HCHO + 3OH^- \longrightarrow 2Ag + HCOO^- + 2H_2O, \tag{3.34}$$

$$Ag^+ + HCHO + OH^- \longrightarrow Ag + HCOOH + \frac{1}{2}H_2. \tag{3.35}$$

反应机制如下。首先，氢氧根离子与甲醛发生亲质子反应，产生氢化物和甲酸盐离子，然后氢化物离子还原银离子形成银原子。

当只使用 NaOH 时，高 pH 有利于提高反应速率，在溶液底部形成大的银沉积物。当少量碳酸钠取代 NaOH 时，可以获得稳定的银胶质分散体。按照如下反应，当 pH 低于一定的值时才可以添加或取代碳酸钠，以控制氢氧根离子的释放：

$$Na_2CO_3 + 2H_2O \Longleftrightarrow 2Na^+ + 2OH^- + H_2CO_3. \tag{3.36}$$

氢氧根离子浓度决定式(3.34)和式(3.35)的反应速率，从而控制银原子的产量。图 3.12 表明碳酸钠的数量对银纳米粒子平均尺寸及其分布标准偏差的影响。[30] 当 $Na_2CO_3/AgNO_3$ 的比率在 1～1.5 范围时，可以获得分散良好、尺寸在 7～20 nm 范围的球形晶体银纳米粒子。更多量的 Na_2CO_3 将提高 pH 或提高氢氧根离子浓度，这将提高还原速率，产生大量的生长物质，使其生长偏离有限扩散过程。需要指出，在合成过程中使用聚乙烯吡咯烷酮(PVP)和聚乙烯醇(PVA)作为银纳米粒子的稳定剂。正如前面的讨论，聚合物层的存在将作为扩散能垒可以促进有限扩散生长，有利于窄的尺寸分布。

3.2.3.3　聚合物稳定剂的影响

Henglein 等[31] 系统研究了各种聚合物稳定剂对银胶质分散体的影响。聚合物稳定剂为聚乙烯亚胺、聚磷酸钠、聚丙烯酸钠和聚乙烯吡咯烷酮。尽管聚合物稳定剂的最初引入目的是在纳米粒子表面形成单层以抑制纳米粒子的团聚，但在纳米粒子形成过程中，这类聚合物稳定剂的存在对于纳米粒子的生长过程

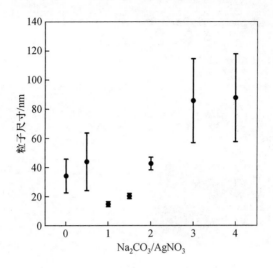

图 3.12 ［Na_2CO_3］/［$AgNO_3$］比值对 Ag 平均尺寸
和标准偏差的影响（其他条件:［$AgNO_3$］= 0.005 M,
［HCHO］/［$AgNO_3$］= 4,［NaOH］/［$AgNO_3$］= 1,
PVP/［$AgNO_3$］= 9.27）。［K. Chou and C. Ren,
Mater. Chem. Phys. 64, 241(2000).］

会产生多种影响。固态粒子表面和聚合物稳定剂之间的相互作用,受到固态表面化学、聚合物、溶剂和温度的极大影响。聚合物稳定剂的强吸附性使其占据生长位置,这样就可以降低纳米粒子的生长速率。全部覆盖的聚合物稳定剂层也可以阻碍生长物质从周围溶液到粒子生长表面的扩散。

聚合物稳定剂也可以同溶质、催化剂或溶剂发生相互作用,直接作用于反应。例如,Chou 和 Ren[30]报道 PVP 实际上是弱酸,具有与氢氧根离子相结合的能力。因此,作为稳定剂的 PVP 有效加入量比实际加入量要少。他们发现聚合物稳定剂也具备还原反应的催化作用。[16]另外还发现,随着 PVP 浓度的增加,溶液的 pH 也将提高。

Ahmadi 等[32]研究聚丙烯酸钠聚合物稳定剂(也称为盖帽材料)对胶态 Pt 纳米粒子形状的影响。他们的结果表明,在相同的实验条件下利用相同的聚合物稳定剂,从 1:1 到 5:1 改变盖帽材料与 Pt 离子的比例,可形成不同形状的 Pt 纳米粒子,比例为 1:1 时对应着立方形粒子,而 5:1 的比例为四面体粒子。显然,不同浓度的盖帽材料对 Pt 晶核的｛111｝面、｛100｝面的生长速率具有决定性的影响。图 3.13 表现了 Pt 纳米粒子的形貌差异。[32]

需要注意,尽管聚合物稳定剂在金属纳米粒子的合成中起到重要作用,金属纳米粒子也可以在没有任何聚合物稳定剂的条件下合成出来。[21,33] Yin 等[33]利

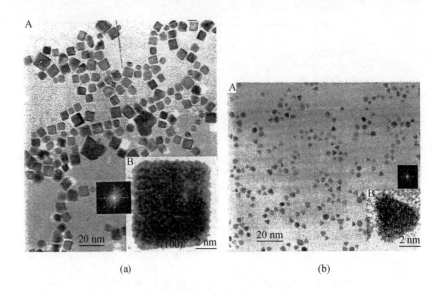

图 3.13　胶态溶液中合成的具有不同形状的 Pt 纳米粒子（（a）11 nm 的立方体；（b）约 7 nm 的四面体）。这些纳米粒子作为不同催化剂的潜在应用是人们的研究兴趣所在。[T. S. Ahmadi, Z. L. Wang, T. C. Green, A. Henglein, and M. A. El-Sayed, *Science* 272, 1924 (1996).]

用商业化溶液产品通过托伦斯（tollens）工艺合成出银纳米粒子。[34] 在没有稳定剂的情况下，合成出来的 20~30 nm 尺寸的银纳米粒子水溶液分散体可以稳定保持至少一年。这种分散体的稳定可能是基于静电稳定化机制。但是粒子尺寸对于合成温度很敏感。小的温度变化可使金属纳米粒子产生直径的明显变化。图 3.14 比较了在不同温度下合成的银纳米粒子。[33]

另外，金属或金属合金纳米粒子可以通过种籽成核的方法合成出来。例如，Toneguzzo 等[35] 报道多金属 $Co_x Ni_{1-x}$ 和 $Fe_z[Co_x Ni_{1-x}]_{1-z}$ 微粒子通过沉积溶解在 1,2 - 丙二醇的金属原料中的方法获得，溶液中含有优化数量的氢氧化钠。原料为四水醋酸钴（Ⅱ）、镍（Ⅱ）和四水氯化铁（Ⅱ）。开始时加入少量的溶于 1,2 - 乙二酰的 $K_2 PtCl_4$ 或 $AgNO_3$ 溶液。Pt 或 Ag 作为形核剂。相对于 Co、Ni 和 Fe 较高的 Pt 或 Ag 的浓度产生较小平均尺寸的粒子，意味着粒子数量的增加。

高磁矩纳米材料备受关注，因为它们在生物医疗领域具有潜在应用，如生物分离、生物传感器、磁成像、药物输送、磁流体热疗。[36] 均匀纳米材料如单分散软磁纳米粒子能够很好地满足要求。应用于磁性、生物磁性的纳米粒子包括金属、金属合金、氧化物和金属氧化物核 - 壳结构。

Co 是具有高磁矩（160 emu/g 或 1 422 emu/cc）的软磁物质，意味着在较弱磁场中可以被磁化，与硬磁材料相比剩磁较低。通过热解油胺中面心立方

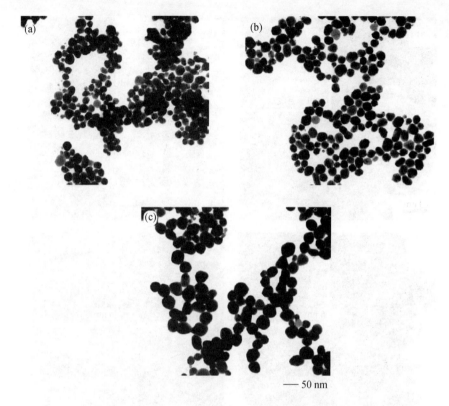

— 50 nm

图 3.14　Ag 纳米粒子的 TEM 显微照片。在氮气氛围下，分别在(a) 27 ℃、(b) 30 ℃、(c) 35 ℃下制备。温度提高时，粒子平均尺寸从约 20 nm 增大到约 30 nm 和 40 nm。[Y. Yin, Z. Li, Z. Zhong, B. Gates, Y. Xia, and S. Venkateswaran, *J. Mater. Chem.* 12, 522 (2002).]

(FCC)结构的 CoO 纳米平行六面体可以合成中空的 Co 纳米平行六面体。[37] CoO 向外快速扩散导致中空结构，CoO 随后被油胺还原。孔洞直径约 7 nm。这个中空结构具有大表面积并成为奇特的顺磁材料。图 3.15 表现 FCC 结构 Co 纳米平行六面体形貌随时间((a)→(d))的变化过程，这是将溶于油胺中的 FCC 结构 CoO 固态纳米平行六面体浆料在 290 ℃加热 2 h，并随后在 270 ℃热处理 1 h。每个纳米平行六面体的 HRTEM 图片放置成图 3.15 中的插图。由于可以快速氧化，Co 不是化学或磁稳定态。[38] Au、Pt、CdSe 和 SiO_2 用于包覆 Co 纳米粒子以使其稳定，得到的是非均匀包覆但多分散的粒子，磁矩也明显减小。[39-42]

　　具有高磁导率的材料在便携式通信发展中非常重要。在局域磁场中窄尺寸分布的均质纳米材料要求具有高的磁导率。FeCo 合金体现出独特磁性，如高磁导率和高饱和磁化强度，使其产生强的磁场。[43]但是由于 FeCo 也容易氧化，

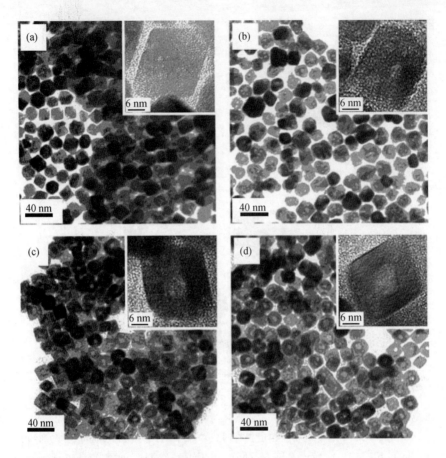

图 3.15 中空 FCC 结构 Co 纳米平行六面体随时间变化过程。（a）FCC 结构 CoO
纳米平行六面体 TEM 图片。（b）FCC 结构 CoO 在 290 ℃加热 1 h 后的 TEM 图片。
（c）FCC 结构 CoO 在 290 ℃加热 2 h 后的 TEM 图片。（d）290 ℃加热 2 h 并随后
在 270 ℃热处理 1 h 后得到的 FCC 结构 Co 纳米平行六面体的 TEM 图片。插图为
每个中空纳米平行六面体的 HRTEM 图片。[K. M. Nam, J. H. Shim, H. Ki, S. Choi,
G. Lee, J. Jang, Y. Jo, M. Jung, H. Song, and J. T. Park, *Angew. Chem. Int. Ed.* 47,
9504 (2008).]

很难获得单分散的 FeCo 纳米粒子。几种方法如在氢气中共分解有机金属原
料[38]和化学气相沉积[44]用于完成这个挑战。与惰性材料如石墨碳、热解碳或惰
性金属相结合的 FeCo 吸引了人们非常大的兴趣。[38,45,46] FeCo/石墨纳米晶通过
可规模化的化学气相沉积法成功制备。[38]这些纳米晶的石墨壳是可溶性的并在
水中稳定存在，这使其适合于生物应用。这些核－壳结构纳米晶可以得到超高
磁化强度。这些 FeCo－基核－壳纳米晶可以内置于间叶干细胞（Mesenchymal
stem cell）中，提高磁共振成像的负反差。这种核－壳结构已经证明可以转换

近红外($\lambda = 808$ nm)光能为热能，可用于释放药物或破坏癌细胞。[47-50]

除了 FeCo 合金外，Sun 等[51,52]通过种籽介质方法合成了核-壳结构 Co-MFe_2O_4（（M = Fe,Mn）纳米复合材料。MFe_2O_4 或 $MO \cdot Fe_2O_3$ 具有尖晶石结构。在这种结构中，氧离子形成 FCC 的一个密堆结构，M^{2+} 和 Fe^{3+} 占据四面体或八面体间隙位置。[53,54] Co 核尺寸在 8 ~ 14 nm 范围内，而壳在 1 ~ 5 nm 范围内。由于 Co 核的存在，这种核-壳结构表现出极好的磁性，含铁物质的壳使其具有良好的化学及磁性稳定性。

除 Co 之外，Fe 也具有高磁矩密度，218 emu/g 或 1 713 emu/cc，同 Co 一样也是软磁。[55] Fe 纳米粒子分散体的尺寸低于 20 nm，则其处于超顺磁性范围并具有高磁矩。[56] Fe 纳米粒子可以通过热分解羰基铁（$Fe(CO)_5$）[57-63]、还原分解双三甲基硅基胺基铁（Ⅱ）（$Fe[NSi(CH_3)_3]_2$）[64]、还原乙酰丙酮化铁（Ⅲ）（$Fe(acac)_3$）或其他铁盐[65,66]的方法获得。但是由于容易氧化，获得的 Fe 纳米粒子并不稳定。因此，通过控制氧化合成的核-壳结构 Fe/Fe_3O_4 纳米复合材料具有更均匀的分散性和化学稳定性。这些核-壳纳米粒子有多种用途，如生物分离、药物输送以及与生物分子结合后的生物探测。

Snoeck 等在 TEM 上利用离轴电子全息术澄清了 30 nm 尺寸 Fe 纳米立方体单晶的剩磁形态。发现在{100}表面邻近的 2 个纳米立方体中存在铁磁性偶极子的耦合。但是 4 个立方体排列成正方形表现出磁感应弯曲如同磁通闭合状态。Fe 纳米框架结构通过分解硬脂酸铁（Ⅱ）复合体辅以油酸钠和油酸而获得。[67]这种纳米框架的形成是由于溶化的 Na 盐存在的缘故。纳米框架可以用于药物输送。

除了 Fe 纳米材料外，纳米尺寸的 FePt 也受到关注。FePt 纳米立方体的制备是在 205 ℃下控制原料中的 Fe/Pt 比例再按次序加入油酸和油胺。[68]热处理改变 FePt 纳米立方体的内部粒子结构，纳米立方体的聚集状态从超顺磁性变为铁磁性。单分散高晶体化的 $L1_0$ - FePt 纳米晶体通过 SiO_2 - 纳米反应器原理获得。[69]由于厚的 SiO_2 包覆层的存在，甚至在 900 ℃下加热后都没有出现团聚和粗化。这些纳米晶尺寸非常小（6.5 nm）而矫顽力非常大（18.5 kOe），这归因于高晶化本质。这些单分散 $L1_0$ - FePt 纳米晶阵列可以用于密度超过 1 Tb/in 的记录介质。[70,71]

其他磁性纳米材料如 SmCo 基纳米磁体，可以用于高性能永磁体和高密度数据存储介质，利用了它们高矫顽力和高磁矩的特点。[72-77]硬磁纳米晶 $SmCo_5$（或 Sm_2Co_{17}）粒子通过高温还原热处理核-壳结构 Co/Sm_2O_3 纳米粒子而获得。[78]$SmCo_5$ 室温矫顽力为 8 kOe，意味着空气中稳定的 SmCo 基纳米磁体的诞生。最近，采用直接的化学方法合成出高矫顽力空气中稳定的 SmCo 纳米刃状粒子。[79]这个方法是兼顾环境和难易的工业化合成技术的开始。

3.2.4　半导体纳米粒子的合成

本节集中讨论非氧化物半导体的合成，由于合成方法明显不同，氧化物半导体的形成将在第 4 章中讨论。非氧化物半导体纳米粒子通常是热解溶于脱水溶剂的有机金属原料，条件是变温、无空气环境和存在聚合物稳定剂或盖帽材料。[80-84]需要指出，在合成金属纳米粒子的过程中，黏附于表面的聚合物称为聚合物稳定剂。但是，在合成半导体纳米粒子时，表面上的聚合物通常称为盖帽材料。盖帽材料即通过共价键或其他键(如共格键)与纳米晶表面相连接。[85]例如，硫、过渡金属离子、氮的孤立电子对形成共格键。单分散半导体纳米晶的形成通常由如下步骤形成。首先，通过注入方式快速提高反应物浓度，实现快速过饱和状态，形成瞬间离散形核。第二，在高温老化过程中，奥斯特瓦耳德熟化以小粒子为代价促进大粒子的生长和窄尺寸分布。第三，尺寸选择沉积用于进一步提高尺寸的均匀性。需要注意，与金属胶态分散体相似，尽管有机分子也用于稳定半导体胶态分散体，但是在其晶核的后续生长过程中，半导体纳米粒子表面的有机单层起到相对弱的扩散能垒作用。这是由于生长物质的损耗和在形核阶段的温度下降，初始晶核没有明显的后续生长的原因。

以 Murray 等[86]报道的 CdE(E = S、Se、Te) 半导体纳米晶合成作为例子说明通常的方法，这是基于 Steigerwald 等[87,88]早期工作的方法。以二甲基镉(Me$_2$Cd)、双(三甲基硫化硅) ((TMS)$_2$S)、三辛基亚磷酸硒(TOPSe) 和三辛基亚磷酸碲(TOPTe) 分别用做 Cd、S、Se 和 Te 源。混合的磷酸三辛酯(TOP) 和磷酸三辛酯氧化物(TOPO) 的溶液用做溶剂和盖帽材料。

制备 TOP/TOPO 包覆 CdSe 纳米晶的步骤简单概括如下。[86]在反应容器中加热 50 g 的 TOPO 到约 200 ℃，持续约 20 min，保持约 1 torr 压力并周期性充入氩气以达到干燥和去气的目的。反应烧瓶的温度稳定在约 300 ℃和约 1 atm 氩气中。在干燥箱中将 1.00 mL 的 Me$_2$Cd 加入到 25.0 mL 的 TOP 中，10.0 mL 的 1.0 M TOPSe 原料溶液加入到 15.0 mL TOP 中。在干燥箱中将这两种溶液混合并加入到注射器中。排除反应容器中的热量。从干燥箱中将装有反应试剂混合物的注射器迅速取出，并通过橡胶隔膜射入强力搅拌的反应烧瓶中。快速引入反应物质能够产生在 440 ~ 460 nm 波长范围内具有吸收特征的深黄/橙色溶液。这个现象也伴随着温度突然降至约 180 ℃。再恢复加热反应烧瓶，渐渐升温并在 230 ~ 260 ℃条件下老化。根据老化时间，可以制备出直径范围在 1.5 ~ 11.5 nm 的 CdSe 纳米粒子。

以上制备的胶态分散体通过冷却到约 60 ℃进行净化，略高于 TOPO 的沸点，加入 20 mL 的无水乙醇将出现纳米晶的可逆絮状物。絮状物通过离心过滤从上清液中分离。接着进一步离心 25 mL 无水 1－丁醇中的絮凝分散体，导致透明的纳米晶溶液（更准确来说是一种胶态分散体,但在这一领域的文献中溶液是一个广为接受的术语）和灰色沉淀物形成，沉淀物几乎由 Cd 和 Se 组成的副产物所构成。添加 25 mL 无水甲醇到上清液中将产生纳米晶絮凝，除去多余的 TOP 和 TOPO。最后用 50 mL 的甲醇冲洗絮凝并随后真空干燥，将会产生约 300 mg 自由流动的 TOP/TOPO 包覆 CdSe 纳米晶。

将净化的纳米晶随后分散在无水 1－丁醇中形成透明溶液。接着在搅拌或超声下将无水甲醇逐滴加入分散体中直到出现乳白色。通过离心分离上清液和絮状物，样品中产生大量富集纳米晶的沉淀物。沉淀物分散到 1－丁醇中并用甲醇反复进行尺寸选择性沉淀，直至通过尖锐的光学吸收光谱表明不能进一步变窄粒径分布。

磷化氢和氧化磷混合溶液被认为是 CdSe 纳米晶生长和退火的较好的溶剂。[89,90]协调溶剂在控制生长过程中发挥关键作用，可稳定所产生的胶态分散体和电子钝化半导体表面。

反应物注射到热反应容器时，由于突然饱和和伴随着室温前驱体溶液加入同时产生的温度急剧下降，导致了均匀成核瞬间爆发。通过这种成核引起的反应物消耗阻止进一步成核，也在很大程度上阻碍了初始晶核的后续生长。缓慢再加热溶液促进初始晶核的缓慢生长以达到单分散。温度升高导致溶解度提高，从而降低溶液中生长物质的过饱和度。其结果是：小尺寸晶核可能会变得不稳定，并重新溶解到溶液中；然后溶解物将沉淀在大粒子的表面。这溶解－生长过程也被称为奥斯特瓦耳德熟化，其中大粒子生长以小粒子为代价。[91]这样的成长过程会导致最初可能是多分散体系产生高度单分散胶态分散体。[92]降低合成温度导致宽的尺寸分布，同时小粒子数量增加。降低温度会导致过饱和，有利于小尺寸晶核的连续形成。提高温度将窄尺寸分布纳米粒子的生长。

尺寸选择沉淀进一步变窄制备胶体的尺寸分布。为了分馏过程较好完成，最重要的是，初始晶体的形状和表面变化应该是均匀的，最初的多分散尺寸应该尽量小。[86]应当指出的是，相比单分散金属纳米粒子，在单分散的 CdSe 纳米晶合成中，初始晶核的后续生长似乎不太重要，正如上面所讨论的，由于反应物的枯竭，盖帽材料为扩散提供了重要的空间位阻能垒，这将有利于已经存在晶核的扩散控制生长。

尺寸选择沉积是单分散纳米晶合成中非常有用的方法。例如，Guzelian 等[93]利用温度条件下磷酸三辛酯氧化物（TOPO）中的 $InCl_3$ 和 $P(Si(CH_3)_3)_3$ 的反应合成出单分散的 InP 纳米晶，这些单分散体大部分是重复尺寸选择沉积过程而获得的。如上面所述的 CdSe 合成过程是瞬间独立的形核过程而后续生长可以忽略，与此不同，InP 纳米晶的合成是很慢的过程，形核和生长同时进行并持续很长的时间，InP 纳米晶具有很宽的尺寸分布。覆盖十二烷胺的 InP 的纳米晶在甲苯中可溶而在甲醇中不溶。通过在反应溶液中逐步添加甲醇的方法可以提高纳米晶尺寸选择沉积。从同样的反应混合物中可以获得孤立的 2 ~ 5 nm 的纳米晶，如果利用足够少的甲醇，仔细的沉积程序可以解决尺寸分布问题，获得尺寸间隔只有 0.15 nm 的纳米晶。[93]图 3.16 为分散在己烷中、尺寸范围在 1.2 ~ 11.5 nm 的 CdSe 纳米晶的 SEM 照片及光吸收谱。[86]

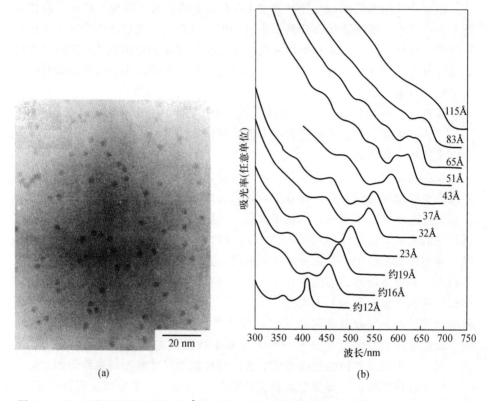

图 3.16 （a）接近单层的直径 51 Å 的 CdSe 微晶呈短程密排六方结构。（b）室温下分散在正己烷中的 CdSe 纳米晶，尺寸范围在 12 ~ 115 Å。[C. B. Murray，D. J. Norris，and M. G. Bawendi，*J. Am. Chem. Soc.* 115，8706（1993）.]

图 3.17 为直径在 1.2 ~ 11.5 nm 的 CdSe 纳米晶 X 射线粉末衍射谱，表明 CdSe 纳米晶主要为纤维锌矿晶体结构，并具有块体材料的晶格间距。[86]所有衍射峰的有限宽化显而易见，而(102)、(103)衍射峰大幅衰减和宽化是沿(002)轴堆垛层错的特征。[94]这种缺陷通过高分辨率 TEM 可观察到，如图 3.18 所示。[86]

在高沸点溶剂中热分解复杂前驱体是合成窄尺寸分布化合物半导体纳米粒子的另一个方法。[95,96]例如，在室温条件甲苯中将 $GaCl_3$ 和 $P(SiMe_3)_3$ 以 Ga：P 摩

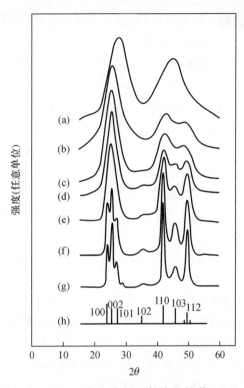

图 3.17　CdSe 纳米晶粉末 X 射线衍射谱。(a) 12 Å、(b) 18 Å、(c) 20 Å、(d) 37 Å、(e) 42 Å、(f) 83 Å 和 (g) 115 Å 直径。(h) 为块体纤维锌矿结构的峰位。[C. B. Murray，D. J. Norris，and M. G. Bawendi，*J. Am. Chem. Soc.* 115，8706 (1993)。]

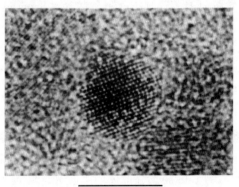

10 nm

图 3.18　明场原子对比度的直径为 80 Å 的 CdSe 纳米晶成像，表明沿 (002) 方向存在堆垛层错。[C. B. Murray，D. J. Norris，and M. G. Bawendi，*J. Am. Chem. Soc.* 115，8706 (1993)。]

尔比为 1:1 混合，得到一种复合的 Ga 和 P 前驱体，即 $[Cl_2GaP(SiMe_3)_2]_2$。[97,98] InP 复合前驱体可利用类似的反应在乙腈 (CH_3CN) 中混合预确定摩尔比的氯化草酸铟和 $P(SiMe_3)_3$，或在室温甲苯中混合设计摩尔比的氯化草酸铟、氯化草酸镓和 $P(SiMe_3)_3$ 而得到。[95] 高质量的 InP、GaP 和 GaInP_2 纳米晶，可通过几天时间加热含有 TOP 和 TOPO 胶体稳定剂混合物的高沸点溶剂而获得。高温热解含有 InP 前驱体的 TOP/TOPO 溶液产生的 TOPO 包覆 InP 纳米晶[96]：

$$InP \text{ 前驱体} + (C_8H_{17})_3PO \longrightarrow InP - (C_8H_{17})_3PO + \text{副产物}. \quad (3.37)$$

这种方法制备的 InP、GaP 和 GaInP_2 纳米粒子具有完整晶化的块状闪锌矿晶体结构。增加加热时间可以提高纳米粒子的晶化度。通过改变前驱体浓度或改变温度可获得尺寸范围在 2.0～6.5 nm 的不同尺寸的纳米粒子。获得窄尺寸分布是由于：①复杂前驱体缓慢的分解过程速率；②纳米粒子表面 TOP 和 TOPO 稳定剂单层的空间扩散能垒。[95] 在胶体溶液中添加甲醇导致纳米粒子沉淀的产生。

热分解的复合前驱体方法也被应用于合成 GaAs 纳米晶。[99,100] 例如，当适量 $Li(THF)_2As(SiMe_3)_2$ (THF = 四氢呋喃, Me = 甲基) 添加到 $[C_5Me_5)_2GaCl]_2$ 戊烷溶液，然后过滤、蒸发溶剂，再结晶，产生纯砷镓烷复合前驱体 $(C_5Me_5)Ga-As(SiMe_3)_2$。这个复合前驱体溶解在有机溶剂（如酒精）中，在空气中加热到 60 ℃ 以上进行热分解，可形成 GaAs 纳米粒子。[99] 当三（三甲代甲硅烷基）砷化氢与氯化镓反应，可制备复合 GaAs 前驱体。[101] 加热溶解于极性有机溶剂如喹啉的以上复合前驱体，条件为 240 ℃ 下加热 3 天，可得到 GaAs 纳米晶。[100]

通过甲醇溶液中混合 $Cd(OOCCH_3)_2 \cdot 2H_2O$ 或 $Pb(OOCCH_3)_2 \cdot 3H_2O$、表面活性剂和硫代乙酰胺 (CH_3CSNH_2) 可制备粒径 $\leqslant 8$ nm 的 CdS 和 PbS 胶态分散体。[102] 在制备 CdS 和 PbS 纳米粒子时使用的表面活性剂包括：乙酰丙酮、3-氨丙基三乙氧基硅烷、3-氨丙基三甲氧基硅烷和 3-巯丙基三甲氧基硅烷 (MPTMS)。在这些表面活性剂中，MPTMS 是制备 CdS 和 PbS 纳米粒子的最有效的表面活性剂，与其他课题组的研究一致。[103]

CdS 纳米粒子可通过混合 $Cd(ClO_4)_2$ 和 $(NaPO_3)_6$ 溶液，用 NaOH 调整 pH 并用氩气起泡而获得。一定量的 H_2S 注入气相中强烈振动溶液。[89] 发现初始 pH 对合成的粒子平均尺寸有显著影响。粒径随初始 pH 减小而增大，图 3.19 显示了不同初始 pH 的三种 CdS 胶态分散体的吸收光谱和荧光光谱。对于最小的粒子，即起始吸收谱已经转移到波长明显短于 500 nm 处的样品。

GaN 纳米晶的合成提出了不同的挑战。典型的 GaN 材料形成温度高于 600 ℃。[104,105] 甚至已经含有 Ga-N 键的 $[H_2GaNH_2]_3$ 和 $Ga(C_2H_5)_3NH_3$ 复合前驱体的热分解需要后处理温度高于 500 ℃。[106,107] 在高压釜压力条件和 280 ℃ 下，

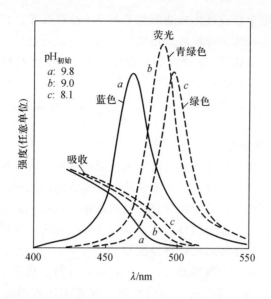

图 3.19   三种具有不同初始 pH 值的 CdS 胶态分
散体的吸收光谱和荧光光谱。粒径随初始 pH 值减
小而增大。[L. Spanhel, M. Haase, H. Weller, and
A. Henglein, *J. Am. Chem. Soc.* 109, 5649 (1987).]

苯中 Li_3N 与 $GaCl_3$ 通过液 – 固反应合成 GaN 纳米晶[108]：

$$GaCl_3 + Li_3N \longrightarrow GaN + 3LiCl. \tag{3.38}$$

这种方法形成的 GaN 纳米晶直径约为 30 nm，主要是六边形结构，还有一小部
分石盐相，其晶格常数接近于块体材料。[108]

胶态 GaN 的溶液合成。[109,110]例如，Mićić 等[109]合成直径为 3.0 nm 球形闪锌
矿晶体结构的 GaN 纳米粒子。首先 GaN 的复合前驱体，即高聚物镓酰亚胺
$\{Ga(NH)_{3/2}\}_n$，通过二聚氨基镓 $Ga_2[N(CH_3)_2]_6$ 与气态氨在室温下反应制
备。[111,112]在三辛胺(TOA)中加热前驱体产生 GaN 纳米晶，条件为 360 ℃、常压
流动氨中加热 24 h。溶液被冷却到 220 ℃，加入 TOA 和十六烷基胺(HAD)混
合物，在 220 ℃ 搅拌 10 h。GaN 纳米晶被 HAD 和 TOA 所包覆。

3.2.5   氧化物纳米粒子的合成

与金属和非氧化物纳米粒子的合成相比较，氧化物纳米粒子的合成方法很
少被阐述，很少解释实现单一尺寸分散的常规的方法。尽管所有基本考虑，包
括均匀形核的瞬间完成和随后的扩散控制生长都适用于氧化系统，但实际方法
对不同系统还是有明显的不同。氧化物纳米粒子的反应和生长是比较难控制
的，因为氧化物比大部分半导体和金属在热力学和化学上更稳定。例如，奥斯

特瓦尔德熟化适用于合成氧化物纳米粒子来减小粒径分布；其结果对其他材料可能无效。氧化物胶体研究得最多和最好的例子是氧化硅胶体[113]，各种氧化物纳米粒子也已经被研究[114,115]。在胶态分散体中常见的氧化物粒子合成方法是溶胶－凝胶法。溶胶－凝胶法也常用于合成各种核－壳纳米结构[116]和纳米结构的表面改性[117]。在讨论氧化物纳米粒子合成的一般途径之前，首先简要讨论溶胶－凝胶法。

3.2.5.1 溶胶－凝胶法

溶胶－凝胶法是合成无机和有机－无机混合材料胶态分散体的一种湿化学途径，特别是氧化物和氧化物基的混合物。从这样的胶态分散体出发，可以容易制备出粉末、纤维、薄膜和块状物。虽然制备不同形式的最终产物需要一些具体的考虑，但合成胶态分散体的基本原则和一般方法都相同。溶胶－凝胶法提供了许多优点，包括较低的处理温度和分子水平的均匀性。溶胶－凝胶法在合成金属复合氧化物、温度敏感有机－无机混合材料、热力学条件不适用或亚稳材料方面特别有用。有关更详细的资料，读者不妨查阅这一领域的大量文献。例如，Brinker 和 Scherer[118] 的《溶胶－凝胶科学》（Sol-Gel Science），Pierre[119] 的《溶胶－凝胶法导论》（Sol-Gel Processing），Wright 和 Sommerdijk[120] 的《溶胶－凝胶材料》（Sol-Gel Materials）提供一个极好的和全面覆盖的溶胶凝胶工艺和材料。典型的溶胶－凝胶法包括水解和前驱体的缩合。前驱体可以是金属醇盐或无机和有机盐。有机溶剂或水溶剂可用于溶解前驱体，通常加入催化剂以促进水解和缩合反应：

水解

$$M(OEt)_4 + xH_2O \longrightarrow M(OEt)_{4-x}(OH)_x + xEtOH. \tag{3.39}$$

缩合

$$M(OEt)_{4-x}(OH)_x + M(OEt)_{4-x}(OH)_x \longrightarrow$$
$$(OEt)_{4-x}(OH)_{x-1}M-O-M(OEt)_{4-x}(OH)_{x-1} + H_2O. \tag{3.40}$$

水解和缩合反应都是多步骤过程，相继独立发生。各个相继反应可能是可逆的。缩合反应导致金属氧化物或氢氧化物纳米尺度团簇的形成，往往有机基团嵌入或附于其中。这些有机基团可能是由于不完全水解，或采用非水解有机配位体而引入的。纳米团簇的大小、最终产物的形态和显微结构，可以通过控制水解和缩合反应来控制。

对于多组元材料胶态分散体的合成，所面临的挑战是确保具有不同化学活性的不同组成前驱体之间的异质缩合反应。金属原子反应很大程度上依赖于电荷转移和增加配位数的能力。作为一个经验法则，金属原子的电负性减小和提高配位数能力随离子半径增大而增加，如表 3.3 所示。[121]因此，通过相应醇盐化学活性随着离子半径增大而增加。有几种方法来确保异质缩合，实现分子/

原子水平多组元均匀混合。

表 3.3　一些四价金属的电负性 χ、局域电荷 δM、离子半径 r 和配位数 n。[121]

醇盐	χ	δM	$r/\text{Å}$	n
$\text{Si}(\text{OPr}^i)_4$	1.74	+0.32	0.40	4
$\text{Ti}(\text{OPr}^i)_4$	1.32	+0.60	0.64	6
$\text{Zr}(\text{OPr}^i)_4$	1.29	+0.64	0.87	7
$\text{Ce}(\text{OPr}^i)_4$	1.17	+0.75	1.02	8

这里 OPr^i 为 $\text{OCH}_2\text{CH}_2\text{CH}_3$。

首先，前驱体可以通过附加不同的有机配位体而进行改性。对于给定的金属原子或离子，大的有机配位体或更复杂的有机配位体将导致前驱体活性减少。[118]例如，$\text{Si}(\text{OC}_2\text{H}_5)_4$ 活性小于 $\text{Si}(\text{OCH}_3)_4$，$\text{Ti}(\text{OPr}^x)_4$ 活性小于 $\text{Ti}(\text{OPr}^i)_4$。另一种控制醇盐反应的方法是利用螯合剂如乙酰丙酮，化学改性醇盐的配位状态。多步溶胶－凝胶过程又是克服这个问题的另一种方法。将较小反应活性的前驱体首先部分水解，然后再水解更大活性的前驱体。[122]在更为极端的情况下，一个前驱体可以首先被完全水解，全部水分枯竭，如果水解前驱体有非常低的缩合速度，接着引入第二个前驱体并被强制与水解前驱体缩合：

$$\text{M}(\text{OEt})_4 + x\text{H}_2\text{O} \longrightarrow \text{M}(\text{OH})_4 + 4\text{HOEt}. \tag{3.41}$$

缩合反应仅仅限制在活性低前驱体水解产物和活性较大前驱体之间：

$$\text{M}(\text{OH})_4 + \text{M}'(\text{OEt})_4 \longrightarrow (\text{HO})_3 - \text{M} - \text{O} - \text{M}' - (\text{OEt})_3. \tag{3.42}$$

通过溶胶－凝胶过程把有机组分加入到氧化物系统使其容易形成有机－无机混合物。一种方法是将无机前驱体之间共聚合或共缩合，从而形成由无机组分和非水解有机基团构成的有机前驱体。这种有机－无机混合物是一个单相材料，其中有机和无机组成通过化学键连接在一起。另一种方法是捕捉所需有机组分物理地加入到无机或氧化物网络里，即通过将有机组分均匀分散在溶胶或将有机分子渗入到凝胶网络中。类似的方法可用于将生物组分纳入氧化物系统中。另外一种将生物组分与氧化物结合的方法是使用功能有机基团来桥接无机和生物物质。有机－无机混合材料组成一个新材料，有许多重要的潜在应用，将在第 6 章进一步讨论。

制备复合氧化物溶胶的另一项挑战是：组成的前驱体可能对另外一个产生催化作用。结果是两种前驱体混合在一起时，水解和缩合反应速率可能会大不相同于前驱体单独存在时的反应速率。[123]在溶胶制备中，虽然没经高温处理的复合氧化物晶体结构有利于一些应用，但人们没有将太多注意力放在如何控制结晶或晶体结构的形成上面。Matsuda 和同事们已经证明，通过仔细控制工艺条件包括浓度和温度，有可能在没有高温烧结时形成 $BaTiO_3$ 晶体相。[124] 但是对于溶胶制备过程中复合氧化物的晶化控制仍然缺乏全面的理解。

通过仔细控制溶胶制备与工艺，可以合成各种单分散氧化物纳米粒子，包括复合氧化物、有机－无机混合物和生物材料。关键的问题是促进瞬间成核和随后的扩散控制生长。[125-127] 粒子尺寸可以通过变化浓度和熟化时间而改变。[118] 在一个典型的溶胶中，通过水解和缩合反应形成纳米团簇的尺寸范围通常是 $1 \sim 100$ nm。

还应当指出的是，在形成单分散氧化物纳米粒子时，胶体的稳定性通常通过双电层机制来实现。因此，存在于金属和非氧化物半导体胶体形成时的聚合物空间扩散能垒，在金属氧化物胶体形成时通常不存在。因此，扩散控制生长通过其他机制来完成，如生长物质的控制释放和低浓度。

3.2.5.2 强制水解

生成均匀尺寸胶态金属氧化物的最简单方法是基于金属盐溶液的强制水解。众所周知，大多数多价阳离子很容易水解，提高温度可大大加速配位水分子的去质子化。因为水解产物是金属氧化物沉淀的中间体，温度升高导致去质子化分子数目的增加。当浓度远远超过溶解度时，将出现金属氧化物的晶核。从原则上说，产生这样的金属氧化物胶体，只需要在高温条件下老化水解金属溶液。显然，水解反应应迅速进行并形成陡增的过饱和度，以确保形核过程的急剧发生，这样可产生大量的小晶核并最终形成小粒子。这一原则已经被 Stöber 和他的同事在合成球形氧化硅粒子时所证实。[127]

制备球形氧化硅的步骤简单明了。具有不同烷基配位体尺寸的各种烷氧基硅烷作为前驱体，氨水作为催化剂，各种醇类作为溶剂。第一，将乙醇溶剂、氨水和一定量的水混合，然后在强烈搅拌下将烷氧基硅烷前驱体加入。在添加前驱体后，胶体的形成或溶液视觉外观在几分钟内变化明显。根据不同的前驱体、溶剂以及水的量和使用的氨水，可获得平均尺寸为 50 nm ~ 2 μm 的球形二氧化硅颗粒。图 3.20 显示了这样制备球形二氧化硅的第一个例子。[127]

结果表明，反应速率和粒子尺寸强烈依赖于溶剂、前驱体、水的量和氨水。对于不同的醇溶剂，反应速率甲醇最快，正丁醇最慢。同样，在相似的条件下，甲醇中获得的最后粒子尺寸最小，正丁醇中粒子尺寸最大。然而，利用高级醇存在宽尺寸分布的趋势，当比较前驱体中不同配位体的尺寸时，发现反应速率和粒子尺寸也有类似的关系。较小的配位体导致更快的反应速率和较小的粒径，然而大的配位体导致慢的反应速度和大的粒径。氨水对于形成球形二氧化硅粒子是必要的，因为在基本条件下缩合反应产生三维结构，而不是在酸性条件下的线性高分子链。[118]

和其他的化学反应一样，水解和缩合反应都强烈依赖于反应温度。高温会

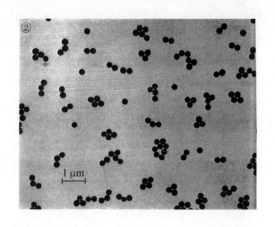

图 3. 20   在乙醇－乙醚体系中制备的球形氧化
硅 SEM 显微照片。〔W. Stöber, A. Fink, and E.
Bohn, *J. Colloid Interf. Sci.* 26, 62 (1968).〕

导致反应速率大幅度提高。100 nm 尺寸球形胶体 $\alpha - Fe_2O_3$ 纳米粒子可以作为另外一个例子来说明强迫水解法的步骤。[128] 第一，$FeCl_3$ 溶液和 HCl 混合并稀释。然后将混合物加入不断搅拌的在 95 ~ 99 ℃ 预热的 H_2O 中。在冷水中快速冷却以前，溶液要存放在一个预热至 100 ℃ 的密封的瓶子中 24 h。高温有利于快速水解反应，导致高的过饱和度，而这又会反过来导致大量小晶核的形成。在加热到高温以前，稀释是非常重要的，以确保控制形核和后续的扩散限制生长。在长期老化阶段将允许奥斯特瓦耳德熟化发生，以进一步窄化尺寸分布。

由于在磁纳米器件和生物磁性方面的潜在应用，铁氧化物纳米粒子及其水胶体吸引了巨大的关注。[129] 在 Sun 等的研究中，各种单分散 MFe_2O_4（M = Fe，Co，Mn）纳米粒子通过有机相方法利用乙酰丙酮金属和 1, 2 － 十六烷二醇之间的反应而获得。粒子尺寸可以控制在 3 ~ 20 nm 范围内。另外，这些粒子通过混合双极性表面活性剂 11 － 氨基四甲基铵，可以从疏水性变为亲水性。这些粒子的水溶液可以利用在磁性和生物磁性纳米器件中。$MnFe_2O_4$ 的形状控制制备可通过共混反应改变其反应物浓度而完成。[130]

3. 2. 5. 3   离子的控制释放

控制组成物的阴离子或阳离子释放对形核动力学和后续氧化物纳米粒子生长具有很大的影响，通过从有机分子中自发释放的阴离子来实现。例如，众所周知，尿素溶液 $CO(NH_2)_2$ 在被加热释放氢氧根离子时，可能会导致金属氧化物或氢氧化物沉淀。[131-133] 例如，尿素的分解用于控制 Y_2O_3：Eu 纳米粒子合成过程中的形核过程。[132] 钇和铕的氯化物溶解在水中，用盐酸或氢氧化钾调节 pH约为 1。过量的尿素，一般用 15x 溶解到溶液中。加热该溶液到 80 ℃ 以上持续 2 h。尿素分解缓慢，当 pH 值达到 4~5 时将会发生晶核的迅速形成。

通常某些类型的阴离子被引入到体系中作为催化剂。除了催化作用外，阴离子常会对纳米粒子形成过程和形貌产生影响。[134]图 3.21 显示在表 3.4 中的不同条件下通过 FeCl$_3$ 和 HCl 溶液获得的纳米粒子的 TEM 形貌。[134,135]体系 A、B 和 C 代表赤铁矿（α-Fe$_2$O$_3$）分散系，而体系 D 是棒状 β-FeO(OH) 分散系。阴离子的存在可能导致纳米粒子表面性能和界面能的变化，进而影响到粒子的生长行为。阴离子可能进入纳米粒子的结构，或吸附在纳米粒子的表面。当纳米粒子通过静电稳定机制来稳定时，阴离子对胶体分散系的稳定性可产生重大影响。

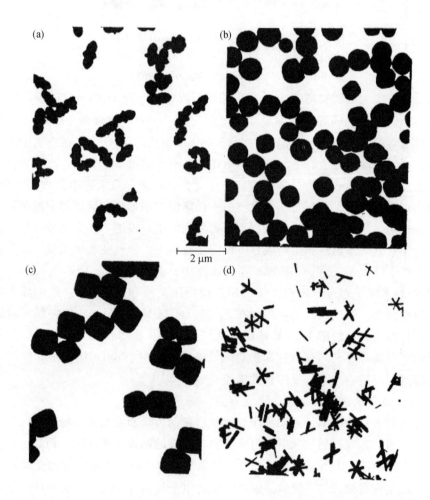

图 3.21　各种氧化铁和氢氧化铁纳米粒子的 TEM 显微图片，这是 FeCl$_3$ 和 HCl 溶液中在表 3.4 所列条件下制得的。[E. Matijević, *J. Colloid Interf. Sci.* 58, 374 (1977).]

表 3.4　合成 $\alpha-Fe_2O_3(A、B 和 C)$、$\beta-FeO(OH)$ 纳米粒子
（如图 3.21 所示）的技术参数，包括温度和老化时间。[134,135]

	Fe^{3+}/M	Cl^-/M	初始 pH	最终 pH	温度/℃	时间
A	0.018	0.104	1.3	1.1	100	24 h
B	0.315	0.995	2.0	1.0	100	9 天
C	0.09	0.28	1.65	0.88	100	24 h
D	0.09	0.28	1.65	0.70	100	6 h

ZnO 晶体纳米粒子的制备是阴离子控制释放的另一个例子。首先醋酸锌溶解在甲醇中形成醇锌前驱体溶液，然后以氢氧化锂作为催化剂，在 0 ℃或室温下超声振荡，使醇锌前驱体进行水解和缩合，形成氧化锌胶体。[136,137] 超声加速 OH^- 基团的释放，导致即刻反应形成稳定的 ZnO 溶胶。利用 NaOH、KOH 或 $Mg(OH)_2$ 均产生浑浊的沉淀。在新鲜溶胶中，ZnO 纳米粒子直径约为 3.5 nm，五天后约为 5.5 nm。众所周知，老化含酒精 ZnO 胶体可产生大的颗粒。[138-140] 黏附于 ZnO 胶体表面的醋酸盐基团，可以稳定该胶体分散系。[136,140]

3.2.6　气相反应

纳米粒子也可以通过气相反应合成，与液体介质中所讨论的纳米粒子合成机制一样。一般来说，反应和合成在高温和真空条件下进行。真空用于确保生长物的低浓度，以促进扩散控制的后续生长。生长的纳米粒子通常在气流下的相对低温非黏性基底上收集。显然只有一小部分纳米粒子沉积在基底表面。此外，沉积在基底表面的纳米粒子可能不代表实际的粒径分布。在合成过程中引入稳定机制以阻止团聚也很困难。尽管面临上述挑战，通过气相反应合成各种纳米粒子仍被证明是可行的。例如，气体聚集技术已应用于合成直径为 2 ~ 3 nm 的银纳米粒子。[141] 另一个例子是在氢气炬中燃烧四氯化硅产生直径小于 100 nm 的高分散二氧化硅颗粒。[142]

需要指出，通过均匀形核后沉积于基底的纳米粒子可能发生迁移和团聚。[143] 出现两种类型的团聚。一种是大粒径的球形颗粒，另外一种是针状粒子。在(100)NaCl 基体[144]、(111) CaF 基体[145]上合成 Au 粒子，以及在(100) NaCl 基体上合成 Ag 粒子[141]时发现，扁平状粒子通常沿着台阶的边缘形成。但是，台阶边缘并不总是形成针状晶体的必要条件。例如，形成几百微米长度的 CdS 晶体纳米棒。[146] 直径为几纳米的 Au 粒子在不同的氧化物基体上生长，包括氧化铁[147]、γ-氧化铝[148]和二氧化钛[149]基体。

通过有机金属前驱体的均匀气相成核合成 GaAs 纳米粒子。[150] 三甲基镓和 AsH_3 作为前驱体，氢作为载气以及还原剂。在 700 ℃和大气压下，发生反应

和形核过程。在 350 ℃时在多孔碳薄膜底部收集 GaAs 纳米粒子。纳米粒子由 10 ~ 20 nm 直径范围的棱面单晶所组成。此外，提高反应和形核温度导致粒子尺寸的增大。提高前驱体浓度对粒子尺寸有相似的影响。然而，温度和前驱体浓度的变化对纳米粒子形貌的影响可以忽略。

3.2.7 固态相分离

在玻璃基体中的金属和半导体量子点通常经过固态均匀形核而形成。[151,152] 首先，在冷却至室温之前，将金属或半导体前驱体均匀引入到高温熔融的液态玻璃体之中。然后将玻璃体加热到玻璃化转变点附近，并按预先设计的时间进行退火。在退火过程中，金属或半导体前驱体转化为金属和半导体。过饱和的金属或半导体通过形核和后续固态扩散而生长成纳米粒子。

均匀玻璃体是通过将金属以离子形式溶解到熔体中并迅速冷却至室温而形成的。在这种玻璃体中金属以离子的形式被保留。[153] 再次加热到中间温度区域，金属离子被一些添加到玻璃中的还原剂 (如氧化锑) 还原为金属原子。如果是辐射敏感的离子如铈离子，金属纳米粒子也可通过紫外线、X 射线或 γ 射线辐射而形核。[153] 晶核的后续生长通过固态扩散而进行。[154] 例如，含有金[153]、银[155]、铜[156] 的玻璃就是通过这种方法制备的。虽然金属离子可高度溶于玻璃熔体或玻璃中，但是金属原子并不溶于玻璃中。当加热到高温时，金属原子获得必要的扩散能并在玻璃中迁移，随后形成晶核。这些晶核将进一步生长，形成不同粒径的纳米粒子。由于固态扩散相对较慢，比较容易通过扩散控制生长而形成单一尺寸的粒子。图 3.22 显示了在玻璃基体中形成的 Cu 和 Ag 纳米粒子的形貌。[157]

分散在玻璃基体中的纳米粒子也可以通过溶胶 - 凝胶过程合成。有两种方法：①在形成凝胶以前，将预先合成的胶体分散系和基体溶胶混合；②首先制备包含所需离子的均匀溶胶用于形成纳米粒子，在高温下热处理固态产物。

例如，$Cd_xZn_{1-x}S$ 掺杂石英玻璃的制备，在作为溶剂和硫前驱体的二甲基亚砜 (DMSO) 中通过正硅酸乙酯 ($Si(OC_2H_5)_4$，TEOS)、醋酸镉 ($Cd(CH_3COO)_2 \cdot 2H_2O$)、醋酸锌 ($Zn(CH_3COO)_2 \cdot 2H_2O$) 的水解和聚合反应而获得。[158] 首先，将镉、锌的前驱体溶解到 DMSO 中。当得到一个均匀的溶液后，添加 TEOS 和水。混合液在 80 ℃下回流 2 天。将干凝胶在 350 ℃下空气中加热以消除残留的有机物，然后在氮气中再次加热到 500 ℃和 700 ℃，在每个温度下处理 30 min。在加热到高温之前凝胶是无色透明，表明这是没有 $Cd_xZn_{1-x}S$ 纳米粒子的均匀玻璃相。在氮气中加热到 500 ℃，玻璃相变成黄色，表明形成了 $Cd_xZn_{1-x}S$ 纳米粒子。

通过高分子链自由基还原金属离子合成聚合物基体金属纳米粒子。[159-162] 典

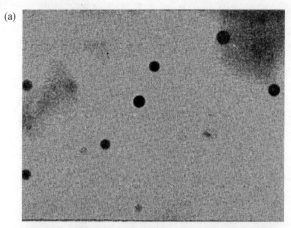

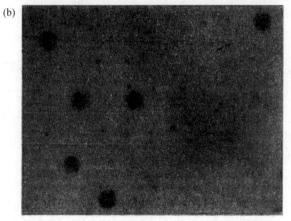

50 nm

图 3.22　BaO – P₂O₅ 玻璃基体中的 Cu 和 Ag 纳米粒子的
TEM 显微照片：（a）50P₂O₅ – 50BaO – 6SnO – 6Cu₂O；
（b）50P₂O₅ – 50BaO – 4SnO – 4Ag₂O。[K. Uchida,
S. Kaneko, S. Omi, C. Hata, H. Tanji, Y. Asahara, and
A. J. Ikushima, *J. Opt. Soc. Am.* B11, 1236 (1994).]

型的制备过程以聚甲基丙烯酸甲酯（PMMA）为基体的 Ag 纳米粒子合成为例来
说明。将三氟醋酸银（AgCF₃CO₂，AgTfa）和自由基聚合引发剂，以及 2, 2′ – 偶
氮二异丁腈（AIBN）或过氧化苯甲酰（BPO）溶解到甲基丙烯酸甲酯（MMA）。
溶液加热到 60 ℃并保持 20 h 以上，完成甲基丙烯酸甲酯的聚合；所产生的
Ag – PMMA 样品进一步在 120 ℃（略高于聚甲基丙烯酸甲酯的玻璃化转变温
度）进行热处理 20 h。在这个过程中，金属离子被生长的高分子链自由基还原
为金属原子，从而使金属原子形核并形成纳米粒子。更高温度下的后处理可以

进一步促进已经形成的金属核的生长。不过目前尚不清楚，这样一个后热处理使纳米粒子尺寸增大多少和粒径分布变化情况。

聚合引发剂的种类和浓度对生长的金属纳米粒子的大小和分布有重大影响，如图 3.23 所示。[160]虽然所有其他实验条件保持不变，聚合物自由基的类型和浓度变化对 Ag 粒子尺寸表现出明显的影响。稳态条件应用于上述合成的 Ag－PMMA 复合物中，聚合物自由基的浓度与引发剂初始浓度成正比。[163]因此，增加聚合物引发剂的浓度将导致高分子链自由基的增加，这将促进金属离子的还原，从而产生更多的金属原子用于形核（高浓度或饱和度）。早期的讨论（方程式（3.5）和式（3.9））表明，较高的饱和度产生较小尺寸但数量巨大的晶核。这说明了如图 3.23（b）所示的结果，表明 Ag 纳米粒子的尺寸随 BPO 引发剂的浓度增加而减小。然而，图 3.23（a）说明了相反的关系，即纳米粒子尺寸随着 AIBN 引发剂浓度的增加而增加。对于这个结果的一种可能解释是，苯甲酸自由基有氧化金属离子的能力，而异丁腈自由基则不能。[163,164]此外，发现高浓度金属原子将有利于表面过程限制生长，导致了宽的尺寸分布。

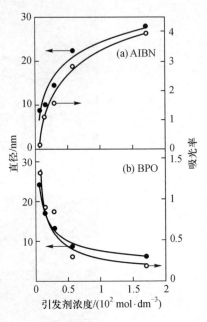

图 3.23 Ag 粒子平均粒径（空心圆）与 Ag 团簇在 420 nm 的表面等离子体吸收峰强（实心圆）以及引发剂浓度之间的关系。[N. Yanagihara, K. Uchida, M. Wakabayashi, Y. Uetake, and T. Hara, *Langmuir* 15, 3038 (1999).]

金属纳米粒子还可以通过高温退火非晶金属合金，使其沉积或晶化来获得。[165,166]通过熔融纺丝技术和后续氮气中高温处理，制备约 10 mm 宽和约 25 μm 厚的超顺磁性纳米晶 $Fe_{63.5}Cr_{10}Si_{13.5}B_9Cu_1Nb_3$ 条带。[167]平均晶粒尺寸范围为 5 ~ 10 nm，其退火温度范围为 775 ~ 850 K。[167]

3.3 非均匀成核形成纳米粒子

3.3.1 非均匀成核基础

在另一种材料表面形成新相，这一过程被称为非均匀成核。考虑固体平面基体上的非均匀成核过程。假设气相的生长物质撞击基体表面，这些生长物的扩散和聚集形成帽子状的一个晶核，如图 3.24 所示。类似于均匀成核过程，存在吉布斯(Gibbs)自由能的减少和表面或界面能的增加。形成新核的总化学能的变化 ΔG 为

$$\Delta G = a_3 r^3 \Delta \mu_v + a_1 r^2 \gamma_{vf} + a_2 r^2 \gamma_{fs} - a_2 r^2 \gamma_{sv}, \tag{3.43}$$

其中，r 是晶核的平均尺寸，$\Delta \mu_v$ 是每单位体积吉布斯自由能的变化，γ_{vf}、γ_{fs} 和 γ_{sv} 分别是气相－晶核、晶核－基体、基体－气相界面的表面或界面能，各自的几何常数如下：

$$a_1 = 2\pi(1 - \cos\theta), \tag{3.44}$$

$$a_2 = \pi\sin^2\theta, \tag{3.45}$$

$$a_3 = 3\pi(2 - 3\cos\theta + \cos^2\theta), \tag{3.46}$$

其中，θ 是接触角，仅仅依赖于涉及的表面或界面的表面性能，由杨氏(Young)方程定义：

$$\gamma_{sv} = \gamma_{fs} + \gamma_{vf}\cos\theta. \tag{3.47}$$

类似于均匀成核，新相的形成导致体积自由能的减小，但是增加了总的表面能。当晶核的尺寸大于临界尺寸 r^* 时，晶核稳定存在：

$$r^* = \frac{-2(a_1\gamma_{vf} + a_2\gamma_{fs} - a_2\gamma_{sv})}{3a_3\Delta G_v} \tag{3.48}$$

临界能量势垒 ΔG^*

$$\Delta G^* = \frac{4(a_1\gamma_{vf} + a_2\gamma_{fs} - a_2\gamma_{sv})^3}{27a_3^2\Delta G_v} \tag{3.49}$$

取代所有的几何常数，得到：

$$r^* = \frac{2\pi\gamma_{vf}}{\Delta G_v}\left(\frac{\sin^2\theta\cos\theta + 2\cos\theta - 2}{2 - 3\cos\theta + \cos^3\theta}\right)$$

$$\Delta G^* = \left\{\frac{16\pi\gamma_{vf}}{3(\Delta G_v)^2}\right\}\left\{\frac{2 - 3\cos\theta + \cos^3\theta}{4}\right\} \tag{3.50}$$

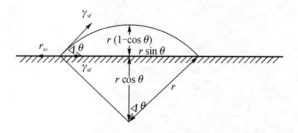

图 3.24　非均匀成核过程示意图，全部相关的表面能处于平衡。

比较这个方程式和方程式(3.6)，第一项是均匀成核的临界能量势垒，而第二项是润湿因子。当接触角为 180°，即新相没有在基体上润湿，润湿因子

等于 1，临界能量势垒变得和均匀成核时一样。在接触角小于 180° 的情况下，非均匀成核的能量势垒总是小于均匀成核的能量势垒，这也说明一个事实，多数情况下，即非均匀成核比均匀成核更容易。当接触角为 0°，润湿因子是 0，对于新相的形成没有能量势垒。这种情况的一个例子是在基体上沉积相同的材料。

对于在基体上合成纳米粒子或量子点，当要求 $\theta > 0°$ 时，杨氏方程变为

$$\gamma_{sv} < \gamma_{fs} + \gamma_{vf}. \tag{3.51}$$

这种非均匀成核在薄膜领域称为孤岛（或 Volmer-Weber）生长。[143] 其他两个成核模型为层（Frank-van der Merwe）和孤岛 – 层（Stranski-Krastanov）生长。详细讨论将在第 5 章进行。

3.3.2　纳米粒子合成

已经提出各种方法产生均匀表面缺陷，作为形核中心，包括热氧化[168]、溅射和热氧化[169]、Ar 等离子体和进一步热氧化[170]。在高定向裂解石墨（HOPG）衬底上蒸发金属如金、银，往往趋于形成小粒子。[171] 这种方法形成的金属纳米粒子与表面缺陷密切相关。[169,171,172] 基底的表面边缘成为唯一的缺陷时，粒子只在这些边缘处聚集。例如，在基底上的金属原子扩散并形成的粒子将聚集在台阶边缘处，由于基底上台阶边缘的高能态使其成为优先成核的位置。然而，当其他缺陷如孔洞存在时，纳米粒子被分散在所有的基底表面上，如图 3.25 所示。[172]

通过析氢电化学沉积方法，在 HOPG 衬底上合成了直径介于 20 ~ 600 nm、窄尺寸分布的镍纳米颗粒。[173] 合成中所使用的化学药品是 $Ni(NO_3)_2 \cdot 6H_2O$、NH_4Cl、NaCl 和 NH_4OH，合成过程中水溶液的 pH 保持在 8.3。

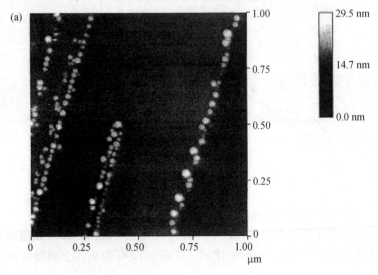

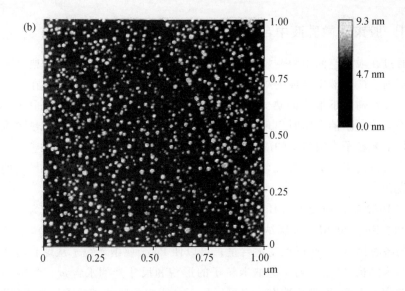

图 3.25　在 HOPG – 298 石墨基体上的 Ag 纳米粒子的扫描力显微照片：
（a）长大只发生在原始基体的缺陷边缘；（b）长大发生在有缺陷的任何
表面位置。[A. Stabel, K. Eichhorst-Gerner, J. P. Rabe, and A. R. González-
Elipe, *Langmuir* 14, 7324 (1998).]

通过分子束外延生长（MBE）技术，在约 100 nm 的高比表面积非晶氧化硅
球体上生长出尺寸范围为 2.5 ~ 60 nm 的 GaAs 纳米粒子。[174]在约 580 ℃ 和适合
于合成高质量外延薄膜的典型条件下合成出 GaAs 纳米粒子。粒径大于 3.5 nm
的 GaAs 纳米颗粒具有较好的晶化程度，其晶格常数与块体材料的相同。这种
方法制备的 GaAs 纳米粒子表面包覆 1.0 ~ 1.5 nm 厚的 Ga_2O_3 和 As_2O_3 氧化物
壳层。

应当指出，通过非均匀成核过程的纳米粒子不同于气相反应（3.2.6 小节）
合成。对于气相中的均匀成核，粒子首先形成于气相，然后沉积于基体表面
上，然而对于非均匀成核，生长物质与基体碰撞并在此表面成核。

3.4　纳米粒子的动力学限域合成

动力学控制生长即空间限制生长，当有限的源材料被消耗掉或可利用空间
被完全充满时，生长过程就会停止。许多空间限域方法用于合成纳米粒子。一
般情况下，空间限域可分为若干组：①气相中的液滴，包括气溶胶合成和雾化
热解；②液相中的液滴，如胶束微乳液合成；③基于模板的合成；④自终止合
成。所有这些方法将在本节中简要讨论。

3.4.1 胶束或微乳液中合成

通过在限定空间中限制反应的方法合成纳米粒子。这种方法的典型例子是在胶束内或微乳液中合成的纳米粒子。微乳液是两种不相融的液体在乳化剂或表面活性剂辅助下形成的热力学稳定分散体系。[175] 例如，油包水微乳液（w/o）在水均匀分散于油介质时出现。由于在金属纳米粒子[176,177]、半导体量子点[178]和聚合物纳米粒子[179]制备中的应用，w/o 微乳液吸引了极大的兴趣。基于微乳液的方法可以用于合成具有设计成分的微观均匀产物，但可以不使用昂贵的或特殊的设备。

在 1982 年，逆胶束（$[H_2O]/[表面活性剂] < 15$ 的微乳液）作为模板用于合成 Pt、Rh、Pd 和 Ir 金属纳米粒子。Capek 探讨了影响金属纳米粒子形貌和尺寸的各种因素。[180] 通过提高水含量，可以使 Pd 金属纳米粒子从球状转变为蠕虫状纳米结构。[181] 已经确认铜纳米粒子的形貌和尺寸受到水含量、封端剂和还原剂浓度的影响。[182] 微乳液方法也可以用于合成双金属纳米粒子，如 Fe/Pt[183] 和 Cu/Ni[184]，这也使双金属表现出比相应单金属更优异的性能。另外，借助于微乳液，可以合成多种氧化物纳米粒子，包括简单的二元氧化物如 CeO_2[185]、ZrO_2[185]、Fe_2O_3[186] 和复杂三元氧化物如 $BaTiO_3$[185]、$SrZrO_3$[185] 和 $LaMnO_3$[187]。应该指出，直径约 5 nm 的超小钨氧化物粒子可以通过微乳液辅助方法合成，反应温度低于传统方法的温度。[188]

在胶束合成中，只在胶束内进行反应物之间的反应，当反应物消耗完时粒子的生长即停止。胶束的形成将在第 6 章详细讨论，下面只简要介绍其形成。当表面活性剂或嵌段聚合物典型地由两个部分（一个亲水基和另一个疏水基）组成，溶解到溶剂中时，它们在空气/水溶液或碳氢化合物/水溶液界面优先自组装。亲水部分转向水溶液。当表面活性剂或嵌段聚合物的浓度超过临界水平，它们自组装成胶束。表面活性剂或嵌段聚合物将处于界面处以分离碳氢化合物和水溶液。微乳液是一种水溶液中分散细小有机溶液液滴的体系。这种微乳液体系可用于合成纳米粒子。当反应物分别引入到了两个不混溶的溶液中时，化学反应可以在有机液滴和水溶液界面处发生，而当所有反应物溶解到有机液滴中时，化学反应在有机液滴的内部发生。

下面以 Steigerwald 等[87]在逆胶束溶液中利用有机金属反应物合成 CdSe 纳米粒子的工作为例来说明典型的合成工艺。将 33.3 g 二 - (2 - 乙基己基)琥珀酸双酯磺酸钠(气溶胶 - OT，AOT)表面活性剂溶解于庚烷(1 300 mL)中，然后添加去氧水(4.3 mL)。混合物用磁力搅拌直至变成均匀体系，当比例 $W = [H_2O]/[AOT] = 3.2$ 时产生微乳液。将 $Cd(ClO_4)_2 \cdot 6H_2O$ 和去氧水制备得到 1.0 M Cd^{2+} 的溶液 1.12 mL 添加到上述微乳液中。搅拌均匀产生 $W = 4.0$ 的光学微乳液。将溶于庚烷(50 mL)中的二(三甲代甲硅烷基)硒，$Se(TMS)_2$ (210 μL)溶液通过注射器快速添加到以上微乳液中。当半导体粒子形成时，整个均匀微乳液颜色发生变化。在其他类似的工艺条件下，比例 $W = [H_2O]/[AOT]$ 控制着 CdSe 微晶的大小。由离子型反应物生成胶态晶体时也有相同的结果。[189,190]

在逆胶束溶液中制备的半导体纳米粒子的表面可以被进一步改性，一般情况下，表面改性会通过引进甲硅烷基有机金属硒化物，迅速与金属盐反应，形成金属硒共价键。[87,191]例如，表面活性剂稳定的 CdSe 首先是用 0.5 mL 的 1.0 M Cd^{2+} 溶液进行 Cd^{2+} 包覆，然后利用溶于 50 mL 庚烷的 350 μL 苯基(三甲代甲硅烷基)硒 PhSeTMS。混合物变得浑浊，有色沉淀物通过离心或过滤方式收集。在这个过程中，富 Cd 的表面首先产生于 CdSe 纳米晶上，然后与 PhSeTMS 反应形成一层苯基配位体，与 CdSe 表面形成共价键并覆盖其上。[87]

各种单分散聚合物粒子可以通过严格控制乳液聚合来制备。[192-194]通常将水溶性聚合物引发剂和表面活性剂添加到水和单体的混合液中。疏水性单体分子形成大液滴，直径一般为 0.5 ~ 10 μm，通过表面活性剂分子的亲水端向外指向，而疏水端向单体液滴内指向的方式被稳定。胶束浓度通常是 10^{18}/mL，远远大于单体液滴的浓度(10^{10} ~ 10^{11})/mL。聚合物引发剂进入到单体液滴和胶束内。聚合过程在单体液滴中和单体液滴转变成单体的胶束中进行。由此产生的聚合物粒子直径一般都在 50 nm ~ 0.2 μm。[192]这样制备的聚合物胶体具有极其窄的尺寸分布和球状形态。[195,196]

3.4.2 气溶胶合成

通过气溶胶法合成的纳米粒子在几个方面不同于其他的方法。首先，与其他"自下而上"的方法相比较，气溶胶法可以被看做是一个"自上而下"的方法。其次，与其他方法制备的单晶或非晶结构的纳米粒子相比较，纳米粒子是多晶。第三，纳米粒子需要收集和重新分散以利于各种应用。在此方法中，首先制备液态前驱体。前驱体是含有所期望组元的简单混合溶液或胶态分散体。接着将这种液态前驱体制成液态气溶胶，即气相中均匀滴液的分散体，通过蒸发或与气体中存在的化学物质进一步反应而被固化。由此产生的粒子是球形粒子，其尺寸由初始液滴的大小和固体的浓度所决定。气溶胶可以通过超声或旋转方式相对容易地产生。[197]例如，TiO_2 粒子由 $TiCl_4$ 或钛醇盐气溶胶制备。[198]首先形成非晶态球形二氧化钛粒子，然后在高温下煅烧转化为锐钛矿晶体。当粉末加热到 900 ℃时，获得金红石相。按照同样的程序，用 2′-丁醇铝金属液滴可以制备球形氧化铝颗粒。[199]

气溶胶技术也被用于制备聚合物胶体。原料是有机单体液滴，与气态引发剂接触时发生聚合[200]，也可与其他有机反应物发生共聚反应[201]。例如，聚(对叔丁基苯乙烯）胶体粒子通过聚合分散在氢气聚合单体液滴，并在作为聚合引发剂的三氟甲磺酸蒸气作用下制备得到。[200]苯乙烯和二乙烯基苯的聚合物粒子通过苯乙烯和二乙烯基苯两种单体间的共聚反应而合成。[201]应当指出，通过气溶胶法合成的聚合物粒子是大粒子，其直径在 1 μm 和 20 μm 之间。

3.4.3　生长终止

在纳米粒子的合成中，其大小可以通过所谓的生长终止而控制。该方法简单易懂。当有机组元或外来离子强吸附于生长表面，并占据全部可利用的生长位置，生长过程就会停止。Herron 及其同事[202]合成了 CdS 胶体粒子，这是在苯硫酚表面封端剂存在条件下基于竞争生长和 CdS 物质终止而制得的。醋酸镉、苯硫酚、无水硫化钠用于合成，所有的合成程序和操作在充满氮气的干燥箱内完成。制备三种原料溶液：A，醋酸镉溶解到甲醇中，$[Cd] = 0.1$ M；B，硫化钠溶于体积比为 $1:1$ 的水和甲醇的混合物中，$[S^{2-}] = 0.1$ M；C，苯硫酚溶于甲醇中，$[PhSH] = 0.2$ M。首先充分混合原料溶液 B 和 C，然后在搅拌条件下按照总体积比 $A:B:C = 2:1:1$ 加入原料溶液 A。搅拌溶液 15 min，过滤，用氮气吸滤干燥。这

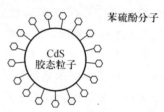

图 3.26　生长终止用于合成纳米粒子。当有机组元占据全部表面生长位置时，纳米粒子的生长将被终止。生成的纳米粒子最终尺寸由引入到体系中的有机配位体浓度所决定。[N. Herron, Y. Wang, and H. Eckert, *J. Am. Chem. Soc.* 112, 1322 (1990).]

样制备的 CdS 粒子晶化后的 XRD 衍射谱与块状闪锌矿 CdS 相一致。CdS 粒子表面被苯硫酚分子所覆盖，如图 3.26 所示。[202]CdS 粒子尺寸随苯硫酚和硫化物的相对比例而变化，介于从小于 1.5 nm 到约 3.5 nm 的范围。这清楚地表明，增加覆盖分子相对于硫化物的数量将导致粒径减少。因此，这些纳米粒子尺寸可以通过调整覆盖分子和前驱体的相对浓度而方便地控制。类似的合成方法适用于金属氧化物纳米粒子的形成。例如，直径为 2 nm 的四方晶系 ZrO_2 纳米粒子，在对甲苯磺酸存在条件下水解乙酰丙酮改性丙醇锆并在 $60 \sim 80$ ℃下熟化来制备。[203]

3.4.4　雾化热解

雾化热解基本上是一种溶液过程，并已广泛用于制备金属和金属氧化物粉末。[204,205]这种方法可以简单地描述为通过加热将微米尺寸的前驱体液滴或前驱体混合物转化成固体粒子。在实际中，雾化热解包括几个步骤：①产生微米尺寸的前驱体液滴或前驱体溶液；②溶剂的蒸发；③溶质凝聚；④溶质的分解和反应；⑤固体粒子的烧结。

Kieda 和 Messing[206]报道了使用 Ag_2CO_3、Ag_2O、$AgNO_3$前驱体溶液以及 NH_4HCO_3，在 400 ℃或更低温度下制备 Ag 纳米粒子。人们认识到，银离子的氨络物复合体的形成能力，在这种低温雾化热解制备纳米粒子中起着十分重要的作用。这一工艺可以应用到大多数过渡金属如 Cu、Ni、Zn，以及能够形成氨络物复合体的离子中。

Brennan 等[207]以 $Cd(SePh)_2$ 或[$Cd(SePh)_2$]$_2$[$Et_2PCH_2CH_2PEt_2$]为原料，在真空和 320 ~ 400 ℃温度条件下，通过 24 h 温和固态热解制备了纳米尺寸的 CdSe。类似的方法用于制备 ZnS 和 CdS[208]、CdTe 和 HgTe 纳米粒子[209]。

氧化物纳米粒子也可以利用雾化热解而制备。Kang 等[210]结合溶胶 – 凝胶工艺和雾化热解制备了铕掺杂 Y_2O_3纳米粒子。利用尿素作为还原试剂，在 1 300 ℃下雾化热解制备胶体溶液。纳米粒子表面光滑，具有球形和空心结构。

3.4.5　模板合成

分散在固态聚合物基体的氧化铁 Fe_3O_4纳米粒子可以通过氯化铁溶液的渗滤而合成。[211]聚合物基体为阳离子交换树脂，它是由直径 100 ~ 300 μm 的珠状小颗粒和微孔所组成的。氧化铁纳米粒子是在氮气中通过在氯化铁溶液中分散树脂的方式合成出来的。基体阳离子 Na^+ 或 H^+ 与 Fe^{2+} 和 Fe^{3+} 交换。交换过程伴随着 65 ℃碱性介质中的水解和聚合反应，以及树脂的巨孔中 Fe_3O_4纳米粒子的形成。重复这个过程以增加 Fe_3O_4数量和纳米粒子的尺寸。可以制备得到直径介于 3 ~ 15 nm 的规则球形 Fe_3O_4纳米粒子。CdSe 纳米粒子的合成以沸石作为模板[212]，而 ZnS 纳米粒子的合成是在硅酸盐玻璃中[213]。模板也用于作为荫罩通过气相沉积来合成纳米粒子。例如，硅衬底上的多金属纳米粒子有序阵列，使用阳极多孔氧化铝膜作为掩罩通过蒸发沉积而得到。[214]

3.5　外延核 – 壳纳米粒子

纳米粒子用于以各种应用为目的的表面工程中，包括有机成分自组装、生物活性物质和电介质/金属的核 – 壳纳米结构。这个主题值得特别注意，将会在第 6 章详细讨论。然而，半导体 – 半导体的核 – 壳结构将在这里讨论，因为这种核 – 壳结构外延生长，其壳可以认为是具有不同化学成分核结构的延伸。此外，在这些体系中核和壳的生长是密切相关的。

半导体纳米粒子具有量子效应，在可见光和近红外(NIR)光谱中有高发光产率。这些纳米粒子或量子点的表面在很大程度上决定了量子产率和带隙发光的激发寿命。高发光产率是通过表面钝化以减少非辐射表面对载流子的再结合而实现的。通常采用两种钝化方法。其一是所谓的带隙工程，具有良好晶格错配的大带隙半导体外延沉积于核上。[215]另一种方法是在表面吸附路易斯碱(Lewis bases)。[216,217]后一种方法的一个例子是使用辛胺来钝化 CdSe 和 CdSe/ZnS 量子点的表面。[218]

对于纳米粒子表面上的大带隙半导体层的生长，其生长条件必须加以控制，以避免均匀形核过程的发生，只能存在纳米粒子表面上的生长过程。因此，生长物的浓度需要控制，过饱和度不能高于形核过程所需要的程度，而只适合于生长过程的需求。有两种方法应用于生长物质的过饱和度控制。一种方法是在反应混合物中逐滴加入含有已经生长的纳米粒子(核)的前驱体溶液。另一种方法是改变生长温度。例如，在合成 CdSe/ZnS 核－壳纳米结构时，各种尺寸的纳米粒子被包覆的温度如下：直径为 2.3 nm 和 3.0 nm 的温度是140 ℃，3.5 nm 的温度是 160 ℃，4.0 nm 的是 180 ℃，4.8 nm 的是 200 ℃，5.5 nm 的是 220 ℃。[219]较低温度适合小粒子的生长，因为溶解度和过饱和度取决于第 2 章讨论的表面曲率。此外，纳米粒子(核)的表面原子或离子和封端材料之间的结合不应太强，以利于生长物质取代封端分子或插入到表面原子和封端分子之间。

在下面，举几个例子用于进一步说明合成核－壳纳米结构的普遍方法。首先，来看 ZnS 包覆 CdSe 纳米晶的制备。[215]正如前面第 3.2.4 小节介绍的方法用于合成硒化镉纳米晶[86]，Zn 和 S 原料溶液的制备，使用 4.5 mL TOP 中的0.52 mL 双(三甲基硫化硅)(TMS)$_2$S(0.002 5 mol)，添加 3.5 mL 二甲锌Me$_2$Zn 溶液(0.003 5 mol)，在充满氮气的干燥箱中用 16 mL TOP 进行稀释。当 TOP 包覆 CdSe 胶体分散体制备出来后冷却到 300 ℃，每间隔大约为 20 s，将 Zn/S/TOP 溶液注入 CdSe 胶体分散体中 5 次。注入的反应物的总摩尔比为(Cd/Se):(Zn/S)=1:4。冷却后的反应混合物在 100 ℃ 搅拌 1 h。约 0.6 nm的 ZnS 层覆盖于 CdSe 纳米粒子表面，通过 X 射线光电子能谱和透射电子显微镜可以观察到。图 3.27 显示了 ZnS 包覆 CdSe 纳米晶的 TEM 照片。[215]

在纳米晶核上的壳材料外延生长可以消除阴离子和阳离子表面悬挂键，同时也产生一个新的纳米晶体系，已经被 Peng 等[220]所证明。纤锌矿 CdSe/CdS 结构在许多方面是理想的。3.9% 的晶格失配足够小到可以形成异质外延生长，同时又足够大到可以阻止合金化，而带隙差异足够大到有利于壳的生长以提高量子产率和核的稳定性。CdSe/CdS 核－壳结构的合成步骤描述如下。[220]首先合成 CdSe 纳米晶体的原料溶液。CdSe 原料溶液在氮气干燥箱中进行，向溶解 Se粉末的磷酸三丁酯(TBP)溶液中添加适量的 Cd(CH$_3$)$_2$，保持 Cd:Se 摩尔比为1:0.7 或 1:0.9。在原料溶液快速注入之前，TOPO 作为一种高熔点的溶剂同时也作为稳定剂，在氩气中加热到 360 ℃。反应可通过直接去除加热源而被终止，或连续进行直至温度降低到 300 ℃。在冷却至室温的反应混合物中添加甲

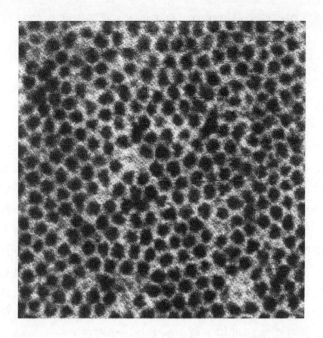

图 3.27　ZnS 包覆 CdSe 纳米晶体的 TEM 显微图片。图片
为 95 nm × 95 nm。［M. A. Hines and P. Guyot-Sionnest, *J.
Phys. Chem.* 100, 468 (1996).］

醇，使纳米晶沉淀。经过氮气中离心过滤和干燥，获得直径为 3.5 nm 的 TO-
PO 包覆的 CdSe 纳米晶。对于壳的生长，上述 CdSe 纳米晶溶解到无水吡啶，
在氩气下回流一夜。在 100 ℃下将 CdS 原料溶液滴定(1 滴/分钟)到反应溶液
中，这种原料溶液是在氮气下添加 (TMS)$_2$S 到溶解 Cd(CH$_3$)$_2$ 的 TBP 溶液中
获得的，Cd:S 摩尔比为 1:2.1。停止加入 CdS 原料溶液或去除热源可终止壳
的生长。向室温反应液中添加十二烷胺直至形成纳米晶沉淀。当 CdSe 纳米粒
子在吡啶中回流一夜后，TOPO 几乎完全从 CdSe 纳米晶中去除，而不会影响

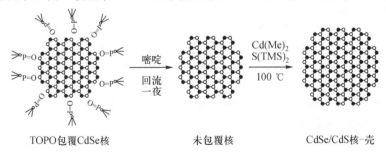

图 3.28　核 - 壳型 CdSe/CdS 纳米晶体合成示意图。［X. Peng, M. C. Schlamp,
A. V. Kadavanich, and A. P. Alivisatos, *J. Am. Chem. Soc.* 119, 7019 (1997).］

纳米晶体结构。用吡啶取代 TOPO，与表面 Cd 原子形成弱的键合，同时提供化学稳定性和可以利用的表面，允许在 CdSe 核上生长 CdS 壳层。这种反应如图 3.28 所示。[220]

3.6 总结

单分散纳米粒子的制备可以在气体、液体或固体介质中，以均匀或非均匀成核等多种不同方法完成。单分散纳米粒子的合成有一些共同的基本原理。①瞬间成核，即核发生在非常短的时间里。这样的瞬间成核通过形成急剧过饱和度来完成。引入单一尺寸形核剂用于非均匀成核和生长是另外一种方法。②后续晶核的生长通过扩散来控制。通过引入扩散能垒，如生长表面上的聚合物单层、使用低浓度生长物质或缓慢形成生长物质来实现。③奥斯特瓦耳德熟化通常用于进一步变窄尺寸分布。④虽然尺寸选择性沉淀是在合成之后进行的，但是仍可用于进一步从小粒子中分离出大粒子。与单分散纳米粒子的自发生长相比较，空间限域方法也适用于纳米粒子的合成。这种方法非常简单：只有一定量的生长物质或有限空间可用于单一纳米粒子的形成。

■ 参考文献

1. E. H. C. Parker(ed.), *The Technology and Physics of Molecular Beam Epitaxy*, Plenum, New York, 1985.

2. J. J. Jewell, J. P. Harbison, A. Scherer, Y. H. Lee, and L. T. Florez, *IEEE J. Quantum Electron.* 27, 1332(1991).

3. M. Haruta and B. Delmon, *J. Chim. Phys.* 83, 859(1986).

4. A. E. Nielsen, *Kinetic of Precipitation*, MacMillan, New York, 1964.

5. R. Williams, P. M. Yocom, and F. S. Stofko, *J. Colloid Interf. Sci.* 106, 388(1985).

6. A. Henglein, *Chem. Rev.* 89, 1861(1989).

7. Z. L. Wang, *Adv. Mater.* 10, 13(1998).

8. G. Schmid, *Chem. Rev.* 92, 1709(1992).

9. G. Schmid(ed.), *Clusters and Colloids*, VCH, New York, 1994.

10. G. Schon and U. Simon, *Colloid Polym Sci.* 273, 101(1995).

11. M. Faraday, *Phil. Trans.* 147, 145(1857).

12. J. Turkevich, J. Hillier, and P. C. Stevenson, Discuss. *Faraday Soc.* 11, 55(1951).

13. J. Turkevich, *Gold Bull.* 18, 86(1985).

14. H. Hirai, Y. Nakao, N. Toshima, and K. Adachi, *Chem. Lett.* 905(1976).

15. H. Hirai, Y. Nakao, and N. Toshima, J. Macromol, *Sci. Chem.* A12, 1117(1978).

16. A. Henglein, B. G. Ershov, and M. Malow, *J. Phys. Chem.* 99, 14129(1995).

17. J. Turkevich and G. Kim, *Science* 169, 873(1970).

18. J. Turkevich, K. Aika, L. L. Ban, I. Okura, and S. Namba, *J. Res. Inst. Catal.* 24, 54 (1976).

19. L. D. Rampino and F. F. Nord, *J. Am. Chem. Soc.* 63, 2745(1941).

20. F. A. Cotton and G. Wilkison, *Advanced Inorganic Chemistry*, 5th edn. John Wiley, New York, 1988.

21. R. A. Salkar, P. Jeevanandam, S. T. Aruna, Y. Koltypin, and A. Gedanken, *J. Mater. Chem.* 9, 1333(1999).

22. M. Gutierrez and A. Henglein, *J. Phys. Chem.* 91, 6687(1987).

23. M. T. Reetz and W. Helbig, *J. Am. Chem. Soc.* 116, 7401(1994).

24. J. A. Becker, R. Schafer, R. Festag, W. Ruland, J. H. Wendorff, J. Pebler, S. A. Quaiser, W. Helbig, and M. T. Reetz, *J. Chem. Phys.* 103, 2520(1995).

25. K. H. Lieser, *Angew. Chem. Int. Ed. Engl.* 8, 188(1969).

26. V. K. La Mer, *Ind. Eng. Chem. Res.* 44, 1270(1952).

27. W. O. Miligan and R. H. Morriss, *J. Am. Chem. Soc.* 86, 3461(1964).

28. M. T. Reetz and M. Maase, *Adv. Mater.* 11, 773(1999).

29. D. G. Duff, P. P. Edwards, and B. F. G. Johnson, *J. Phys. Chem.* 99, 15934(1995).

30. K. Chou and C. Ren, *Mater. Chem. Phys.* 64, 241(2000).

31. A. Henglein, *Chem. Mater.* 10, 444(1998).

32. T. S. Ahmadi, Z. L. Wang, T. C. Green, A. Henglein, and M. A. El-Sayed, *Science* 272, 1924(1996).

33. Y. Yin, Z. Li, Z. Zhong, B. Gates, Y. Xia, and S. Venkateswaran, *J. Mater. Chem.* 12, 522(2002).

34. A. G. Ingalls, *Amateur Telescope Making(Book One)*, Scientific American Inc. , New York, p. 101, 1981.

35. P. Toneguzzo, G. Viau, O. Acher, F. Fiévet-Vincent, and F. Fiévet, *Adv. Mater.* 13, 1032 (1998).

36. Q. A. Pankhurst, J. Connolly, S. K. Jones, J. Dobson, and J. Phys. D: *Appl. Phys.* 36, R167 (2003).

37. K. M. Nam, J. H. Shim, H. Ki, S. Choi, G. Lee, J. Jang, Y. Jo, M. Jung, H. Song, and J. T. Park, *Angew. Chem. Int. Ed.* 47, 9504(2008).

38. C. Desvaux, C. Amiens, P. Fejes, P. Renaud, M. Respaud, P. Lecante, E. Snoeck, and B. Chaudret, *Nat Mater* 4, 750(2005).

39. Y. Bao, K. M. Krishnan *J. Magn.* Magn. *Mater.* 15, 293(2005).

40. W – r. Lee, M. G. Kim, J – r. Choi, J – I. Park, S. J. Ko, S. J. Oh, and J. Cheon, *J. Am. Chem. Soc.* 127(46), 16090(2005).

41. H. Kim, M. Achermann, L. P. Balet, J. A. Hollingsworth, and V. I. Klimov, *J. Am. Chem. Soc.* 127, 544(2005).

42. M. L. Vadala, M. A. Zalich, D. B. Fulks, T. G. S. Pierre, J. P. Dailey, and J. S. Riffle, *J. Magn.*

Magn. Mater. 162, 293(2005).

43. G. S. Chaubey, C. Barcena, N. Poudyal, C. Rong, J. Gao, S. Sun, and J. Ping. Liu, *J. Am. Chem. Soc.* 129, 7214(2007).

44. W. S. Seo, J. H. Lee, Z. Sun, Y. Suzuki, D. Mann, Z. Liu, M. Terashima, P. Yang, M. V. Mcconnell, D. G. Nishimura, and H. Dai, *Nat. Mater.* 5, 971(2006).

45. Z. Turgut, J. H. Scott, M. Q. Huang, S. A. Majetich, and M. E. McHenry, *J. Appl. Phys.* 83, 6468(1998).

46. J. Bai and J. - P. Wang, *Appl. Phys. Lett.* 87, 152502(2005).

47. L. R. Hirsch, R. J. Stafford, J. A Bankson, S. R. Sershen, B. Rivera, R. E. Price, J. D. Hazle, N. J. Halas, and J. L. West, *Proc. Natl. Acad. Sci. USA* 100, 13549(2003).

48. X. Huang, I. H. El-Sayed, W. Qian, and M. A. El-Sayed, *J. Am. Chem. Soc.* 128, 2115(2006).

49. C. – C. Chen, Y. – P. Lin, C. – W. Wang, H. – C. Tzeng, C. – H. Wu, Y. – C. Chen, C. – P. Chen, L. – C. Chen, and Y. – C. Wu, *J. Am. Chem. Soc.* 128, 3709(2006).

50. N. W. S. Kam, M. O' Connell, J. A. Wisdom, and H. Dai, *Proc. Natl. Acad. Sci. USA.* 102, 11600(2005).

51. S. Peng, J. Xie, and S. Sun, *J. Solid State Chem.* 181(7), 1560(2008).

52. S. Sun, H. Zeng, D. B. Robinson, S. Raoux, P. M. Rice, S. X. Wang, and G. Li, *J. Am. Chem. Soc.* 126, 273(2004).

53. A. R. West, *Basic Solid State Chemistry*, John Wiley and Sons: New York, 356 – 359(1988).

54. R. C. O' Handley, *Modern Magnetic Materials — Principles and Applications*, John Wiley and Sons: New York, 126 – 132(2000).

55. S. Peng, C. Wang, J. Xie, and S. Sun, *J. Am. Chem. Soc.* 128, 10676(2006).

56. Q. A. Pankhurst, J. Connolly, S. K. Jones, and J. Dobson, *J. Phys. D: Appl. Phys.* 36, 167 (2003).

57. C. H. Griffiths, M. P. O' Horo, and T. W. Smith, *J. Appl. Phys.* 50, 7108(1979).

58. J. van Wonterghem, S. Mørup, S. W. Charles, and S. Wells, Villadsen, *J. Phys. Rev. Lett.* 55, 410(1985).

59. K. S. Suslick, M. Fang, and T. Hyeon, *J. Am. Chem. Soc.* 118, 11960(1996).

60. S. – J. Park, S. Kim, S. Lee, Z. G. Khim, K. Char, and T. Hyeon, *J. Am. Chem. Soc.* 122, 8581(2000).

61. D. Farrell, S. A. Majetich, and J. P. Wilcoxon, *J. Phys. Chem. B* 107, 11022(2003).

62. W. Pei, S. Kakibe, I. Ohta, and M. Takahashi, *IEEE Trans. Magn.* 41, 3391(2005).

63. H. Shao, H. Lee, Y. Huang, I. Ko, and C. Kim, *IEEE Trans. Magn.* 41, 3388(2005).

64. F. Dumestre, B. Chaudret, C. Amiens, P. Renaud, and P. Fejes, *Science* 303, 821(2004).

65. J. P. Wilcoxon and P. P. Provencio, *J. Phys. Chem. B* 103, 9809(1999).

66. S. Yamamuro, T. Ando, K. Sumiyama, T. Uchida, and I. Kojima, *Jpn. J. Appl. Phys.* 43, 4458(2004).

67. D. Kim, J. Park, K. An, N. – K. Yang, J. – G. Park, and T. Hyeon, *J. Am. Chem. Soc.*

129(18), 5812(2007).

68. M. Chen, J. Kim, J. P. Liu, H. Fan, and S. Sun, *J. Am. Chem. Soc.* 128, 7132(2006).

69. S. Yamamoto, Y. Morimoto, T. Ono, and M. Takano, *Appl. Phys. Lett.* 87, 032503(2005).

70. K. Inomata, T. Sawa, and S. Hashimoto, *J. Appl. Phys.* 64, 2537(1988).

71. D. Weller and A. Moser, IEEE Trans. *Magn.* 35, 4423(1999).

72. M. Hasegawa, K. Uchida, Y. Nozawa, M. Endoh, S. Tanigawa, S. G. Sankar, and M. Tokunaga, *J. Magn. Magn. Mater.* 124, 325(1993).

73. T. Budde, H. H. Gatzen, J. Magn. Magn. Mater. 272 – 276, 2027(2004).

74. E. Pina, F. J. Palomares, M. A. Garcia, F. Cebollada, A. de Hoyos, J. J. Romero, A. Hernando, and J. M. Gonzalez, *J. Magn. Magn. Mater.* 290, 1234(2005).

75. J. Sayama, K. Mizutani, Y. Yamashita, T. Asahi, and T. Osaka, IEEE Trans. *Magn.* 41, 3133(2005).

76. H. Raisigel, O. Cugat, and J. Delamare, *Sens. Actuators* A130, 438(2006).

77. T. Budde and H. H. Gatzen, *J. Appl. Phys.* 99, 08N304(2006).

78. Y. Hou, Z. Xu, S. Peng, C. Rong, J. Liu, and S. Sun, *Adv. Mater.* 19, 3349(2007).

79. C. N. Chinnasamy, J. Y. Huang, L. H. Lewis, B. Latha, C. Vittoria, and V. G. Harris, *Appl. Phys. Lett.* 93, 032505(2008).

80. M. L. Steigerwald, and L. E. Brus, *Acc. Chem. Res.* 23, 183(1990).

81. A. P. Alivisatos, *Science* 271, 933(1996).

82. M. G. Bawendi, M. L. Steigerwald, and L. E. Brus, *Annu. Rev. Phys. Chem.* 41, 477(1990).

83. Y. Wang, *Acc. Chem. Res.* 24, 133(1991).

84. C. B. Murray, C. R. Kagan, and M. G. Bawendi, *Ann. Rev. Mater. Sci.* 30, 545(2000).

85. S. A. Majetich and A. C. Carter, *J. Phys. Chem.* 97, 8727(1993).

86. C. B. Murray, D. J. Norris, and M. G. Bawendi, *J. Am. Chem. Soc.* 115, 8706(1993).

87. M. L. Steigerwald, A. P. Alivisatos, J. M. Gibson, T. D. Harris, R. Kortan, A. J. Muller, A. M. Thayer, T. M. Duncan, D. C. Douglas, and L. E. Brus, *J. Am. Chem. Soc.* 110, 3046 (1988).

88. S. M. Stuczynski, J. G. Brennan, and M. L. Steigerwald, *Inorg. Chem.* 28, 4431(1989).

89. L. Spanhel, M. Haase, H. Weller, and A. Henglein, *J. Am. Chem. Soc.* 109, 5649(1987).

90. M. G. Bawendi, A. Kortan, M. L. Steigerwald, and L. E. Brus, *J. Chem. Phys.* 91, 7282(1989).

91. A. L. Smith, *Particle Growth in Suspensions*, Academic Press, New York, 1983.

92. H. Reiss, *J. Chem. Phys.* 19, 482(1951).

93. A. A. Guzelian, J. E. B. Katari, A. V. Kadavanich, U. Banin, K. Hamad, E. Juban, A. P. Alivisatos, R. H. Wolters, C. C. Arnold, and J. R. Heath, *J. Phys. Chem.* 100, 7212 (1996).

94. A. Guinier, *X-Ray Diffraction*, W. H. Freeman, San Francisco, CA, 1963.

95. O. I. Mićić, J. R. Sprague, C. J. Curtis, K. M. Jones, J. L. Machol, A. J. Nozik, H. Giessen, B. Fluegel, G. Mohs, and N. Peyghambarian, *J. Phys. Chem.* 99, 7754(1995).

96. O. I. Mićić, C. J. Curtis, K. M. Jones, J. R. Sprague, and A. J. Nozik, *J. Phys. Chem.* 98, 4966(1994).

97. R. L. Wells, M. F. Self, A. T. MaPhail, S. R. Anuchon, R. C. Wandenberg, and J. P. Jasinski, *Organometallics* 12, 2832(1993).

98. S. R. Aubuchon, A. T. McPhail, R. L. Wells, J. A. Giambra, and J. R. Bowser, *Chem. Mater.* 6, 82(1994).

99. E. K. Byrne, L. Parkanyi, and K. H. Theopold, *Science* 241, 332(1988).

100. M. A. Olshavsky, A. N. Goldstein, and A. P. Alivisatos, *J. Am. Chem. Soc.* 112, 9438(1990).

101. R. L. Wells, C. G. Pitt, A. T. McPhail, A. P. Purdy, S. Shafieezad, and R. B. Hallock, *Chem. Mater.* 1, 4(1989).

102. M. Guglielmi, A. Martucci, E. Menegazzo, G. C. Righini, S. Pelli, J. Fick, and G. Vitrant, *J. Sol-Gel Sci. Technol.* 8, 1017(1997).

103. L. Spanhel, E. Arpac, and H. Schmidt, *J. Non-Cryst. Solids* 147&148, 657(1992).

104. W. C. Johnson, J. B. Parsons, and M. C. Crew, *J. Phys. Chem.* 36, 2561(1932).

105. A. Addaniano, *J. Electrochem. Soc.* 108, 1072(1961).

106. J. W. Hwang, S. A. Hanson, D. Britton, J. F. Evans, K. F. Jensen, and W. L. Gladfelter, *Chem. Mater.* 7, 517(1995).

107. J. E. Andrews and M. A. Littlejohn, *J. Electrochem. Soc.* 122, 1273(1975).

108. Y. Xie, Y. Qian, W. Wang, S. Zhang, and Y. Zhang, *Science* 272, 1926(1996).

109. O. I. Mićić, S. P. Ahrenkiel, D. Bertram, and A. *J. Nozik*, *Appl. Phys. Lett.* 75, 478(1999).

110. A. Manz, A. Birkner, M. Kolbe, and R. A. Fischer, *Adv. Mater.* 12, 569(2000).

111. J. F. Janik and R. L. Wells, *Chem. Mater.* 8, 2708(1996).

112. J. L. Coffer, M. A. Johnson, L. Zhang, and R. L. Wells, *Chem. Mater.* 9, 2671(1997).

113. R. K. Iler, *The Chemistry of Silica: Solubility, Polymerization, Colloid and Surface Properties, and Biochemistry*, Wiley, New York, 1979.

114. E. Matijević, *Chem. Mater.* 5, 412(1993).

115. E. Matijević, *Langmuir* 10, 8(1994).

116. S. T. Selvan, C. Bullen, M. Ashokkumar, and P. Mulvaney, *Adv. Mater.* 13, 985(2000).

117. F. Caruso, *Adv. Mater.* 13, 11(2001).

118. C. J. Brinker and G. W. Scherer, *Sol-Gel Science: The Physics and Chemistry of Sol-Gel Processing*, Academic Press, San Diego, CA, 1990.

119. Alain C. Pierre, *Introduction to Sol-Gel Processing*, Kluwer, Boston, MA, 1998.

120. J. D. Wright and N. A. J. M. Sommerdijk, *Sol-Gel Materials: Chemistry and Applications*, Gordon and Breach Science Publishers, Amsterdam, 2001.

121. J. Livage, F. Babonneau, and C. Sanchez, in *Sol-Gel Optics: Processing and Applications*, ed. L. C. Klein, Kluwer, Boston, MA, p. 39, 1994.

122. B. E. Yoldas, *J. Non-Cryst. Solids* 38 – 39, 81(1980).

123. C. M. Chan, G. Z. Cao, H. Fong, M. Sarikaya, T. Robinson, and L. Nelson, *J. Mater.*

Res. 15, 148(2000).

124. H. Matsuda, N. Kobayashi, T. Kobayashi, K. Miyazawa, and M. Kuwabara, *J. Non-Cryst. Solids*, 271, 162(2000).

125. E. Matijević, *Acc. Chem. Res.* 14, 22(1981).

126. E. Matijević, *Prog. Colloid Polym. Sci.* 57, 95(1976).

127. W. Stöber, A. Fink, and E. Bohn, *J. Colloid Interf. Sci.* 26, 62(1968).

128. E. Matijević and P. Scherner, *J. Colloid Interf. Sci.* 63, 509(1978).

129. S. Sun, H. Zeng, D. B. Robinson, S. Raoux, P. M. Rice, S. X. Wang, and X. Guan, *J. Am. Chem. Soc.* 126, 273(2004).

130. H. Zeng, P. M. Rice, S. X. Wang, and S. Sun, *J. Am. Chem. Soc.* 126(37), 11458(2004).

131. E. Matijević and W. P. Hsu, *J. Colloid Interf. Sci.* 118, 506(1987).

132. D. Sordelet and M. Akinc, *J. Colloid Interf. Sci.* 122, 47(1988).

133. G. Wakefield, E. Holland, P. J. Dobson, and J. L. Hutchison, *Adv. Mater.* 13, 1557(2001).

134. E. Matijević, *Ann. Rev. Mater. Sci.* 15, 483(1985).

135. E. Matijević, *J. Colloid Interf. Sci.* 58, 374(1977).

136. L. Spanhel and M. A. Anderson, *J. Am. Chem. Soc.* 113, 2826(1991).

137. S. Sakohara, M. Ishida, and M. A. Anderson, *J. Phys. Chem.* B102, 10169(1998).

138. U. Koch, A. Fojtik, H. Weller, and A. Henglein, *Chem. Phys. Lett.* 122, 507(1985).

139. M. Haase, H. Weller, and A. Henglein, *J. Phys. Chem.* 92, 482(1988).

140. D. W. Bahnemann, C. Karmann, and M. R. Hoffmann, *J. Phys. Chem.* 91, 3789(1987).

141. S. A. Nepijko, D. N. Levlev, W. Schulze, J. Urban, and G. Ertl, *Chem. Phys. Chem* 3, 140 (2000).

142. E. Wagner and H. Brünner, *Angew. Chem.* 72, 744(1960).

143. M. Ohring, *The Material Science of Thin Films*, Academic Press, San Diego, CA, 1992.

144. S. A. Nepijko, H. Hofmeister, H. Sack-Kongehl, and R. Schlögl, *J. Cryst. Growth* 213, 129 (2000).

145. J. Viereck, W. Hoheisel, and F. Trager, *Surf. Sci.* 340, L988(1995).

146. A. E. Romanov, I. A. Polonsky, V. G. Gryaznov, S. A. Nepijko, T. Junghannes, and N. I, Vitryhovski, *J. Cryst. Growth* 129, 691(1993).

147. M. Haruta, *Catal. Today* 36, 153(1997).

148. R. J. H. Grisel and B. E. Nieuwenhuys, *J. Catal.* 199, 48(2001).

149. M. Valden, X. Lai and D. W. Goodman, *Science* 281, 1647(1998).

150. P. C. Sercel, W. A. Saunders, H. A. Atwater, and K. J. Vahala, *Appl. Phys. Lett.* 61, 696 (1992).

151. M. Yamane and Y. Asahara, *Glasses for Photonics*, Cambridge University. Press, Cambridge, 2000.

152. R. H. Doremus, *Glass Science*, 2nd edn. , John Wiley and Sons, New York, 1994.

153. S. D. Stookey, *J. Am. Ceram. Soc.* 32, 246(1949).

154. R. H. Doremus, in *Nucleation and Crystallization in Glasses and Melts*, The American Ceramic Society, Columbus, OH, p. 117, 1967.

155. R. H. Doremus, *J. Chem. Phys.* 41, 414(1965).

156. R. H. Doremus, S. – C. Kao, and R. Garcia, *Appl. Opt.* 31, 5773(1992).

157. K. Uchida, S. Kaneko, S. Omi, C. Hata, H. Tanji, Y. Asahara, and A. J. Ikushima, *J. Opt. Soc. Am.* B11, 1236(1994).

158. E. Cordoncillo, J. B. Carda, M. A. Tena, G. Monros, and P. Escribano, *J. Sol-Gel Sci. Technol.* 8, 1043(1997).

159. N. Yanagihara, *Chem. Lett.* 305(1998)

160. N. Yanagihara, K. Uchida, M. Wakabayashi, Y. Uetake, and T. Hara, *Langmuir* 15, 3038 (1999).

161. Y. Nakao, J. Chem. Soc. , *Chem. Commun.* 826(1993).

162. Y. Nakao, *J. Colloid Interf. Sci.* 171, 386(1995).

163. F. W. Billmeyer, *Textbook of Polymer Science*, 3rd edn. , John Wiley and Sons, New York, 1984.

164. H. G. Elias, *Macromolecules*, 2nd edn. Plenum, New York, 1984.

165. J. J. Becker, Trans. Am. Inst. Mining Met. *Petrol. Engr.* 209, 59(1957).

166. A. E. Berkowitz and P. J. Flanders, *J. Appl. Phys.* 30, 111S(1959).

167. V. Franco, C. F. Conde, A. Conde, L. F. Kiss, D. Kaptás, T. Kemény, and I. Vincze, *J. Appl. Phys.* 90, 1558(2001).

168. H. Change and A. Bard, *J. Am. Chem. Soc.* 113, 5588(1991).

169. H. Hövel, Th. Becker, A. Bettac, B. Reihl, M. Tschudy, and E. J. Williams, *J. Appl. Phys.* 81, 154(1997).

170. X. Q. Zhong, D. Luniss, and V. Elings, *Surf. Sci.* 290, 688(1993).

171. Y. O. Ahn and M. Seidl, *J. Appl. Phys.* 77, 5558(1995).

172. A. Stabel, K. Eichhorst-Gerner, J. P. Rabe, and A. R. González-Elipe, *Langmuir* 14, 7324 (1998).

173. M. P. Zach and R. M. Penner, *Adv. Mater.* 12, 878(2000).

174. C. J. Sandroff, J. P. Harbison, R. Ramesh, M. J. Andrejco, M. S. Hegde, D. M. Hwang, C. C. Change, and E. M. Vogel, *Science* 245, 391(1989).

175. Ashok K. Ganguli, Aparna Ganguly and Sonalika Vaidya, *Chem. Soc. Rev.* 39, 474(2010).

176. M. Boutonnet, J. Kizling, P. Stenius, and G. Maire, *Colloids Surf.* 5, 209 – 225(1982).

177. K. Naoe, C. Petit, and M. P. Pileni, *Langmuir* 24, 2792(2008).

178. C. Petit, P. Lixon, and M. P. Pileni, *J. Phys. Chem.* 94, 1598(1990).

179. J. Eastoe, M. J. Hollamby, and L. Hudson, *Adv. Colloid Interface Sci.* 128, 5(2006).

180. I. Capek, *Adv. Colloid Interface Sci.* 110, 49(2004).

181. K. Naoe, C. Petit, and M. P. Pileni, *Langmuir* 24, 2792(2008) .

182. I. Lisiecki, *J. Phys. Chem.* B 109, 12231(2005).

183. A. R. Malheiro, L. C. Varanda, J. Perez, and H. M. Villullas, *Langmuir* 23, 11015(2007).

184. J. Ahmed, K. V. Ramanujachary, S. E. Lofland, A. Furiato, G. Gupta, S. M. Shivaprasad, and A. K. Ganguli, *Colloids Surf. A* 331, 206(2008).

185. A. K. Ganguli, T. Ahmad, S. Vaidya, and J. Ahmed, *Pure Appl. Chem.* 80, 2451(2008).

186. A. K. Ganguli, T. Ahmad, and J. Nanosci. *Nanotechnol.* 7, 2029(2007).

187. T. Ahmad, K. V. Ramanujachary, S. E. Lofland, and A. K. Ganguli, *J. Chem. Sci.* 118, 513(2006).

188. L. Xiong and T. He, *Chem. Mater.* 18, 2211(2006).

189. M. Meyer, C. Wallberg, K. Kurihara, and J. H. Fendler, *J. Chem. Soc. Chem. Commun.* 90 (1984).

190. J. H. Fendler, *Chem. Rev.* 87, 877(1987).

191. J.W. Anderson, G. K. Banker, J. E. Drake, and M. Rodgers, *J. Chem. Soc.* , Dalton Trans. 1716(1973).

192. J. R. Fried, *Polymer Science and Technology*, Prentice Hall, Upper Saddle River, NJ, p. 51, 1995.

193. I Piirma(ed.), *Emulsion Polymerization*, Academic Press, New York, 1982.

194. G. W. Poehlein, R. H. Ottewill, and J. W. Goodwin, (eds.), *Science and Technology of Polymer Colloids*, Vol. II, Martinus Nijhoff, Boston, MA, 1983.

195. R. C. Backus and R. C. Williams, *J. Appl. Phys.* 20, 224(1949).

196. E. Bradford and J. Vanderhoff, *J. Appl. Phys.* 26, 864(1955).

197. N. A. Fuchs and A. G. Sutugin, in *Aerosol Science*, ed. C. N. Davies, Academic Press, New York, p. 1, 1966.

198. M. Visca and E. Matijević, *J. Colloid Interf. Sci.* 68, 308(1978).

199. B. J. Ingebrethsen and E. Matijević, *J. Aerosol Sci.* 11, 271(1980).

200. R. Partch, E. Matijević, A. W. Hodgson, and B. E. Aiken, *J. Polymer Sci. Polymer Chem. Ed.* 21, 961(1983).

201. K. Nakamura, R. E. Partch, and E. Matijević, *J. Colloid Interf. Sci.* 99, 118(1984).

202. N. Herron, Y. Wang, and H. Eckert, *J. Am. Chem. Soc.* 112, 1322(1990).

203. M. Chatry, M. In, M. Henry, C. Sanchez, and J. Livage, *J. Sol-Gel Sci. Technol.* 1, 233 (1994).

204. G. L. Messing, S. C. Zhang, and G. V. Jayanthi, *J. Am. Ceram. Soc.* 76, 2707(1993).

205. A. Gurav, T. Kodas, T. Pluym, and Y. Xiong, *Aerosol Sci. Technol.* 19, 411(1993).

206. N. Kieda and G. L. Messing, *J. Mater. Res.* 13, 1660(1998).

207. J. G. Brennan, T. Siegrist, P. J. Carroll, S. M. Stuczynski, L. E. Brus, and M. L. Steigerwald, *J. Am. Chem. Soc.* 111, 4141(1989).

208. K. Osakada and T. Yamamoto, *J. Chem. Soc.* , *Chem. Commun.* 1117(1987).

209. M. L. Steigerwald and C. R. Sprinkle, *J. Am. Chem. Soc.* 109, 7200(1987).

210. Y. C. Kang, H. S. Roh, and S. B. Park, *Adv. Mater.* 12, 451(2000).

211. A. M. Testa, S. Foglia, L. Suber, D. Fiorani, Ll. Casas, A. Roig, E. Molins, J. M. Grenéche, and J. Tejada, *J. Appl. Phys.* 90, 1534(2001).

212. Y. Wang and N. Herron, *J. Phys. Chem.* 91, 257(1987).

213. M. G. Bawendi, M. L. Steigerwald, and L. E. Brus, *Annu. Rev. Phys. Chem.* 41, 477(1990).

214. H. Masuda, K. Yasui, and K. Nishio, *Adv. Mater.* 12, 1031(2000).

215. M. A. Hines and P. Guyot-Sionnest, *J. Phys. Chem.* 100, 468(1996).

216. S. A. Majetich and C. Carter, *J. Phys. Chem.* 97, 8727(1993).

217. F. Seker, K. Meeker, T. F. Kuech, and A. B. Ellis, *Chem. Rev.* 100, 2505(2000).

218. S. T. Selvan, C. Bullen, M. Ashokkumar, and P. Mulvaney, *Adv. Mater.* 13, 985(2001).

219. B. O. Dabbousi, J. Rodriguez-Viejo, F. V. Mikulec, J. R. Heine, H. Mattoussi, R. Ober, K. F. Jensen, and M. G. Bawendi, *J. Phys. Chem.* B101, 9463(1997).

220. X. Peng, M. C. Schlamp, A. V. Kadavanich, and A. P. Alivisatos, *J. Am. Chem. Soc.* 119, 7019(1997).

4

一维纳米结构：
纳米线和纳米棒

4.1 引言

一维纳米结构有各种各样的名称，包括晶须、光纤或小纤维、纳米线和纳米棒。在许多情况下，纳米管和纳米线缆也被认为是一维纳米结构。由于具有中空形貌[1]，纳米管总是与其纳米尺度的主体材料相关联。碳纳米管得到广泛研究；但是氧化物纳米管表现出新的性能，在实际应用中具有更多的优点。作为功能陶瓷化合物，氧化钒已经应用于催化剂和电化学能量存储中。[1]利用碳纳米管[2]或长烷基链的胺分子为模板[3]，能够合成出氧化钒纳米管（VO_x – NTs）。VO_x – NTs 长度可在 0.5 ~ 15 μm 范围内改变，而外径可在 15 ~ 150 nm 范围内变化。[1]VO_x – NTs 具有柔韧结构，可促进各种交换反应。例如，VO_x – NTs 中插入的一元胺很容易被二元胺[4]、Na^+、K^+、Ca^{2+}、Sr^{2+}、Fe^{2+} 或 Co^{2+} 所取代。[5]应该指出，由于具备电化学插入/脱出锂离子的能力，VO_x – NTs 作为电池电极材料具有潜在应用前景。[6]VO_x–NTs 也可通过在其合成过程的水解步骤中加入氨来制备。[7]这些 VO_x–NTs 的直径可以达到 200 nm。氧化钛纳米管(TiO_2–NTs)是另外一种常见的氧化物纳米管，由于在热处理中比 VO_x–NTs 更加稳定，经常作为金属粒子催化剂的承载材料。[1]TiO_2–NTs 可以利用多孔氧化铝[8]或聚合物纤维[9]作为模板来制备。阳极氧化也用于制备 TiO_2–NTs。[10]这些纳米管的长度可以达到 10 μm，直径变化范围在 100~200 nm。直径约 10 nm 的超薄 TiO_2–NTs 可通过 NaOH 处理 TiO_2（锐钛矿或金红石型结构），再利用 HCl 处理的方法合成。[11]除了 VO_x–NTs 和 TiO_2–NTs 之外，还有许多种类的氧化物纳米管。碳纳米管通常作为模板用于合成各种纳米管，如 SiO_2、Al_2O_3[12]、MoO_3、RuO_2[13]或 ZrO_2[14]纳米管。尽管通常认为晶须及纳米棒要比纤维和纳米线短，但这种定义有些牵强附会。此外，在早期文献中提及直径介于几个纳米到几百微米的一维结构为晶须和纤维，然而在最近的文献中主要为直径不超过几百纳米的纳米线和纳米棒。阅读这个章节时会发现一个事实，对于一维纳米结构的许多基本理解和生长技术是基于晶须和纤维生长的早期工作，尽管那时不太重视纳米尺度。在本章中，尽管纳米线通常比纳米棒具有更大的长径比，一维结构的不同术语可交替使用。

许多技术已经用于合成和形成一维纳米结构材料，有些技术已被广泛研究，而其他一些技术却没有吸引太多的注意力。这些技术大致可分为四大类：

(1) 自发生长：

(a) 蒸发（或溶解）–冷凝。

(b) 气相（或溶液）–液相–固相（VLS 或 SLS）生长。

(c) 应力–诱导再结晶。

(2) 基于模板合成：

(a) 电镀和电泳沉积。

(b) 胶体分散、熔化或溶液填充。

(c) 化学反应转化。

(3) 静电纺丝。

(4) 光刻。

自发生长和基于模板合成法被认为是"自下而上"的方法，然而光刻是"自上而下"的技术。自发生长通常导致单晶纳米线或纳米棒沿着依赖于晶体结构和纳米线材料表面性质的择优晶体生长方向而形成。基于模板的合成大都产生多晶或甚至非晶产物。一维纳米结构材料的所有上述制备技术将在这一章中讨论，为了清楚起见，按照上述次序讨论。考虑到技术的成熟性，将简单地讨论光刻技术。类似于前面的章节，本章将覆盖纳米线、纳米棒、不同材料的纳米管，包括金属、半导体、聚合物和绝缘氧化物。本章重点阐述主要合成方法的基本原理。对于一些特殊材料的详细资料，读者可以参考关于一维纳米结构的合成、表征和应用的全面综述文章。[15]碳纳米管，作为纳米材料的特殊家族，值得特别关注，因此将在第 6 章详细讨论。

4.2 自发生长

自发生长是一个由吉布斯自由能或化学势减小所驱动的过程。吉布斯自由能的减小通常由相变、化学反应或应力释放来实现。对于纳米线或纳米棒的形成，要求各向异性生长，例如，沿着某一方向的晶体生长快于其他方向的生长。均匀尺寸纳米线沿其轴向具有相同的直径，这种纳米线可通过沿着某一方向晶体生长而其他方向没有生长的方式而获得。在自发生长过程中，对于特定的材料和生长条件，生长表面上的缺陷和杂质对决定最终产物形貌起到非常重要的作用。

4.2.1 蒸发(溶解)–冷凝生长

4.2.1.1 蒸发(溶解)–冷凝生长基本原理

蒸发–冷凝过程也称为气相–固相(VS)过程。然而本小节的讨论将不仅仅限于简单的蒸发–冷凝过程。不同前驱体之间的化学反应可能用于产生所需的材料。当然，也包括溶液中的纳米棒生长。通过自发生长的纳米线和纳米棒的合成，其驱动力是由再结晶或过饱和度减小所引起的吉布斯自由能的减小。通过蒸发–冷凝方法生长的纳米线和纳米棒是有很少缺陷的单晶。纳米线、纳米棒和纳米管可以通过蒸发–冷凝方法形成源于其中的各向异性生长。导致各向异性生长存在若干机制，例如：

（1）晶体中的不同晶面有不同的生长速率。例如，在具有金刚石结构的 Si 中，{111}面的生长速率小于{110}面的生长速率。

（2）在特定晶向上存在如螺形位错这样的缺陷。

（3）在特定晶面上存在由于杂质所引起的优先聚集或中毒。

在详细讨论由蒸发–冷凝法进行的各种纳米线生长之前，先回顾晶体生长的基本原理。通常认为晶体生长是非均相反应，典型的晶体生长过程按照以下顺序进行，如图 4.1 所示：

（1）生长物质从块体状态(如气相或液相)向生长表面的扩散。一般认为这个过程足够快，不是速率限制过程。

（2）生长物质在生长表面上的吸附和脱附。如果生长物质的过饱和度或浓度较低，这个过程可以是速率限制过程。

（3）吸附生长物质的表面扩散。在表面扩散过程中，吸附物质既可以与生长点结合，也可以逃离表面。

（4）吸附生长物质与晶体结构不可逆结合产生表面生长。当生长物质存在足够高的过饱和度或浓度时，这一步将成为速率限制过程，并决定生长速率。

（5）如果在生长过程中有化学副产物产生，副产物将从生长表面上脱附，这样可以使生长物质吸附到表面，生长过程将持续进行。

（6）化学副产物通过扩散离开表面，为继续生长腾出生长位置。

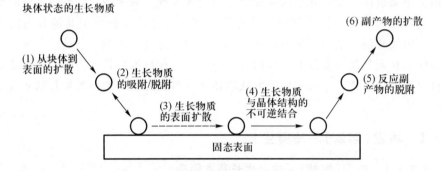

图 4.1　晶体生长通常被认为是非均相反应，典型的晶体生长过程
按照图示 6 个步骤进行。

对于大多数晶体生长，速率限制步骤既可以是生长表面的吸附/脱附过程（步骤（2））也可以是表面生长过程（步骤（4））。当步骤（2）成为速率限制步骤时，生长速率由冷凝速率 $J(\text{atoms}/(\text{cm}^2 \cdot \text{s}))$ 所决定，依赖于吸附到生长表面的生长物质的量，与气态中生长物质的蒸气压或浓度 P 成正比：

$$J = \alpha \sigma P_0 (2\pi mkT)^{-\frac{1}{2}}, \tag{4.1}$$

式中：α 为调节系数；$\sigma = (P - P_0)/P_0$，为气态生长物质的过饱和度；P_0 是温度 T 时晶体的饱和蒸气压；m 是生长物质的原子质量；k 是玻耳兹曼（Boltzmann）常数。α 是提供于生长表面的不断碰撞的生长物质分数，代表比表面性质。与低 α 的表面作比较，具有高调节系数的表面将有高生长速率。不同晶面具有调节系数的显著差异将导致各向异性生长。当生长物质的浓度很低时，吸附更可能成为速率控制步骤。对于一个给定的体系，生长速率随着生长物质浓度的增加而线性增加。进一步提高生长物质的浓度将导致从吸附限制到表面生长限制过程的转变。当表面生长成为速率限制步骤时，生长速率将变得不依赖于生长物质的浓度，如图 4.2 所示。气相生长物质的高浓度或高蒸气压将提高缺陷形成的几率，诸如杂质和层错。此外，高浓度可能导致在生长表面的二次成核甚至均匀形核，这将有效终止外延或单晶生长。

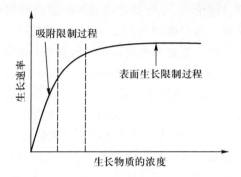

图 4.2　生长速率与反应物浓度之间的关
系。低浓度时，生长过程受到扩散的限制，
并随着反应物浓度的提高而呈线性增长；
高浓度时，表面反应成为限制步骤，此时
生长速率不受反应物浓度的影响。

生长表面上碰撞的生长物质可以用其停留时间 τ 和/或迁移到气相的扩散距离来描述。表面上生长物质的停留时间 τ_s 可用如下公式描述：

$$\tau_s = \frac{1}{\nu}\exp\left(\frac{E_{\mathrm{des}}}{kT}\right), \tag{4.2}$$

其中，ν 是吸附原子的振动频率（通常为 $10^{12}/\mathrm{s}$）。E_{des} 为生长物质迁移到气相中所需能量。生长物质停留在生长表面时，沿着表面扩散系数 D_s 扩散：

$$D_s = \frac{1}{2}a_0{}^2\nu\exp\left(\frac{-E_s}{kT}\right), \tag{4.3}$$

E_s 为表面扩散的活化能，a_0 为生长物质的尺寸。因此，生长物质从其进入位置开始的平均扩散距离 X 为

$$X = \sqrt{2D_s\tau_s} = \frac{1}{\sqrt{2}}a_0\exp\left(\frac{E_{\mathrm{des}}-E_s}{kT}\right). \tag{4.4}$$

显然，如果在晶体表面上平均扩散距离远大于两个生长点之间的距离，如台阶或扭折，则所有吸附的生长物质将进入晶体结构中，调节系数为 1。如果平均扩散距离远少于生长点之间的距离，则所有吸附原子将逃离到气相中，调节系数将为零。调节系数取决于脱附能量、表面扩散的活化能和生长点的密度。

当步骤(2)进行得足够快，表面生长即步骤(4)将成为速率限制过程。在第 2 章中已经讨论过，晶体中不同的晶面具有不同的表面能。给定晶体的不同晶面具有不同的原子密度，不同晶面上的原子具有不同的未饱和键数量（也称为断裂键或悬挂键），从而导致不同的表面能。这种表面能或断裂化学键数量的差异，导致了不同的生长机制和变化的生长速率。按照 Hartman 和 Perdok

发展的周期键链(PBC)理论[16]，基于给定晶面的断裂周期键链数量，所有晶面可以划分为三类：平面、台阶面和扭折面。断裂周期键链数量可以简单地理解为给定晶面上每个原子的断裂键的数量。首先回顾平面的生长机制。

对于平面，经典的分步生长理论由 Kossel、Stranski 和 Volmer 发展起来，也被称为 KSV 理论。[17]他们认为原子尺度上的晶面并不光滑、平整或连续，而这种不连续性是晶体生长的原因。为了说明这个分步生长机制，以简单立方晶体的{100}面为例，每个原子作为一个立方体，其配位数为6(6 个化学键合)，如图 4.3 所示。当一个原子吸附到表面，它在表面上随机扩散。当它扩散到能量较大的位置，将不可逆地进入晶体结构，从而导致表面生长。但是它也可能离开表面而回到气相中。在平面上，吸附原子可能遇到不同能量水平的不同位置。吸附到台阶上的原子将会与表面形成化学键，这种原子称为吸附原子，它处于热力学不稳定状态。如果一个吸附原子扩散到棱角位置，它将形成两个化学键并且变得稳定。如果一个原子进入棱角－扭折位置，将形成三个化学键。如果一个原子进入扭折位置，将形成四个化学键。棱角、棱角－扭折和扭折位置都视为生长位置，与这些位置结合的原子成为不可逆并导致了表面的生长。平面生长取决于这些台阶(或棱角)的增加。对于给定的晶面和生长条件，生长速率将取决于台阶密度。不一致的取向将导致台阶密度的增加，因此导致较高的生长速率。在吸附原子迁移到气相之前，台阶密度的提高可减少碰撞位置和生长位置之间的表面扩散距离，进而有利于吸附原子的不可逆结合。

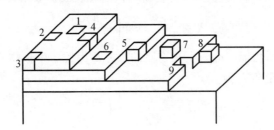

图 4.3　台 阶 生 长 机 制 示 意 图，以 简 单 立 方 的
{100}面为例，块体晶体中每个原子作为一个立方
体，其配位数为6(6 个化学键)。

这一生长机制的局限性在于当所有可利用的位置耗尽时生长位置的再生问题。Burton、Cabrera、Frank[18]提出螺形位错作为一个连续源产生生长位置，使台阶生长得以持续进行(如图 4.4 所示)。晶体生长按照螺线生长进行，这种晶体生长机制现在称为 BCF 理论。螺形位错的存在不仅确保生长表面的连续增加，而且还提高生长速率。在给定条件下，给定晶面的生长速率随着平行于生长方向的螺形位错密度的增加而提高。不同的晶面有不同的容纳位错能力。

在某些晶面上位错的存在能够导致各向异性生长，从而形成纳米线或纳米棒。

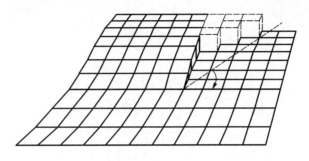

图 4.4 晶体的螺线生长示意图，称为 BCF 理论，即螺
形位错作为一个连续源产生生长位置，使台阶
生长得以持续进行。

在理解不同晶面上的不同生长速率和行为时，PBC 理论提供了一个不同的观点。[19,20]下面以一个简单立方晶体为例来说明如图 4.5 所示的 PBC 理论。[19]按照 PBC 理论，{100}面为平面（标记为 F-面），有一个贯穿这种表面的PBC，{110}面为台阶面（S-面），有两个 PBC。{111}面为扭折面（K-面），有三个 PBC。对于{110}表面，每个表面位置是一个台阶或棱角，因此任何位置吸附的撞击原子都将与晶体结合。对于{111}面，每个表面位置是扭折位置并将不可逆转地结合任何吸附到表面的原子。对于{110}和{111}面，上述生长称为随机添加机制，没有吸附原子可以逃脱到气相中。很显然，在立方晶体中{110}和{111}面的生长速率比{100}面的快。即 S-面和 K-面比 F-面有更快的生长速率。对于 S-面和 K-面，生长过程总是受到吸附限制的，因为这两种表面的调节系数为 1，全部碰撞原子将被俘获并结合到生长表面中。对于 F-面，因为调节系数在 0（没有生长）和 1（吸附限制）之间变化，主要依赖于可利用的扭折和台阶位置。

以上理论让人们可以较好地理解为什么有些晶面的晶体生长比其他面更快。然而，快速生长的晶面最后会消失，也就是具有高表面能的表面会消失。在热力学平衡晶体中，只有那些有低表面能的表面可能被保留下来，正如伍尔夫图所确定的。[21,22]因此，完全基于各个晶面不同生长速率而形成的高纵横比纳米线或纳米棒往往限于有特殊晶体结构的材料。一般来说，对于沿着纳米线或纳米棒的轴向连续生长，其他机制非常必要，如缺陷诱导生长和杂质抑制生长。

应当指出，对于各向异性生长，低过饱和度是必要的。理想的情况是，浓度高于生长表面的平衡浓度（饱和），但等于或低于其他非生长表面的浓度。低过饱和度对于各向异性生长是必要的，而适中饱和度有利于块状晶的生长，

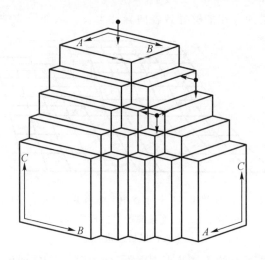

图 4.5　PBC 理论示意图。在简单立方结构中，{100} 面为
平面(标记为 F - 面)有一个贯穿这种表面的 PBC；{110}
面为台阶面(S - 面)，有两个 PBC；{111} 面为扭折面
(K - 面)，有三个 PBC。[P. Hartman and W. G. Perdok,
Acta Crystal. 8 ,49 (1955).]

高饱和度导致二次形核或均匀形核，最终形成多晶或粉末。

4.2.1.2　蒸发 – 冷凝生长

　　Sears[23]在 1955 年首先解释了通过轴向螺形位错诱导各向异性生长汞晶须(或
纳米线，直径约为 200 nm,长度为 1 ~ 2 mm)。在真空状态冷凝温度 – 50 ℃时，汞
晶须或纳米线通过简单的蒸发 – 冷凝法生长，过饱和度(定义为压强与平衡压强
之比)为 100 时，估计的轴向生长速度约为 1.5 μm/s。然而在整个轴向生长过程
中，晶须或纳米线的半径保持恒定，意味着不存在或可以忽略横向生长。在随
后的文章中，Sears[24]还表明可以通过蒸发 – 冷凝法合成其他材料的晶须，包括
锌、镉、银和硫化镉。实验条件随所涉及的材料而变化。生长温度从镉晶须的
250 ℃变化到银晶须的 850 ℃，饱和度从硫化镉的 2 变化到镉的 20。

　　随后，大量研究证实纳米线生长过程中轴向螺形位错的存在；但在大多数
情况下，各种技术包括电子显微镜和刻蚀，都未能揭示轴向螺形位错的存
在。[25]在蒸发 – 冷凝法生长的纳米线或纳米棒中观察到显微孪晶和堆垛层错，
可能是引起各向异性生长的原因。然而，许多其他研究表明在生长的纳米棒和
纳米线中根本不存在轴向缺陷。显然，纳米棒或纳米线的生长不一定由显微孪
晶所控制，但孪晶的形成对决定最终晶体形貌依然非常重要。[26]这种各向异性
生长也不可能用各向异性晶体结构来解释。显然还需要做更多的工作来了解蒸
发 – 冷凝法纳米线和纳米棒的生长。

另一个相关的问题是观察到的纳米线生长速率超过了利用方程式(4.1)计算的平面冷凝速率，这里假设调节系数为1。这意味着纳米线的生长速率快于到达生长表面的生长物质的速率。为了解释这种大幅度提高的晶须或纳米线的生长速率，提出了位错扩散理论。[27] 在这个模型中，快速生长速率解释如下。端部沉积物质有两种来源：从气相中直接冷凝的生长物质和从侧面迁移到生长端部的吸附生长物质。然而，吸附原子从侧面跨越边棱向端部生长表面的迁移是不可能的，因为对于这种迁移边棱起到能量势垒的作用。[28-30]

Wang 和他的同事[31] 报道了 300 torr 真空高温条件下蒸发商业金属氧化物，在放置于石英管式炉里的氧化铝基板上低温冷凝，获得各种半导体氧化物单晶纳米带的生长。氧化物包括六方纤锌矿晶体结构氧化锌(ZnO)、金红石结构的氧化锡(SnO_2)、C-稀土晶体结构的氧化铟(In_2O_3)、氯化钠立方结构的氧化镉(CdO)。这里将重点放在 ZnO 纳米带的生长来说明他们的发现，因为在所

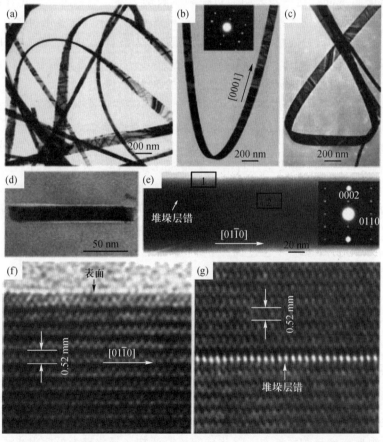

图 4.6　ZnO 纳米带的 SEM 和 TEM 显微图片。［Z. W. Pan, Z. R. Dai, and Z. L. Wang, *Science* 291, 1947 (2001).］

有四种氧化物中也发现类似的现象。图 4.6 显示了 ZnO 纳米带 SEM 和 TEM 照片。[31] 氧化锌纳米带的典型厚度及宽度/厚度比分别为 10 ~ 30 nm 和 5 ~ 10。观察到 [0001] 和 [0110] 两个生长方向。除了在平行于 [0110] 生长轴方向有一堆垛层错外，在整个纳米带中没有发现螺形位错。纳米带表面清洁，没有任何非晶相壳层。进一步 TEM 分析也表明纳米带的尖端不存在非晶球。上述观察表明了纳米带的生长不是 VLS 机制，这将在后面章节中讨论。纳米带的生长既不能归因于螺形位错诱导各向异性生长，也不能归因于杂质抑制生长。此外，这里提到的四种氧化物都有不同的晶体结构，因此也不可能将纳米带的生长直接与其晶体结构相关联。其他氧化物纳米带如单斜晶体结构 Ga_2O_3 和 PbO_2（金红石）也采用同样的技术合成。[32] 值得注意的是，纳米线和纳米带的形状可能取决于生长温度。早期的工作表明，不同温度下生长的单晶汞既可能是小片状，也可能是晶须形式。[23,33] CdS 丝带也可通过蒸发 – 冷凝方法生长。[24]

Kong 和 Wang[34] 进一步表明通过控制生长动力学，蜷缩单晶氧化锌纳米带能够形成左手螺旋纳米结构和纳米环。这种现象归因于自发极化和弹力引起的总能量的最小化。自发极化源于非中心对称的 ZnO 晶体结构。在（0001）面为主晶面的单晶纳米带中，在锌和氧占据的 ±（0001）表面上形成正和负离子电荷。图 4.7 显示合成态氧化锌螺旋纳米带的 SEM 形貌。[34]

Liu 等[35] 在高温下通过纳米粒子转化合成 SnO_2 纳米棒。纳米粒子是通过使用非离子性表面活性剂，以 $SnCl_4$ 反相微乳液化学合成而得到，粒子平均粒径为 10 nm，并高度团聚。SnO_2 纳米粒子可能为非晶。当在空气中加热到 780 ~ 820 ℃ 温度范围时，形成金红石结构单晶 SnO_2 纳米棒。纳米棒笔直，具有均匀的直径介于 20 ~ 90 nm，长度在 5 ~ 10 μm，取决于退火温度和时间。各种不同氧化物纳米线，如 ZnO、Ga_2O_3、MgO 和 CuO，通过这种蒸发 – 冷凝法合成。[36-38] 图 4.8 表现了在 500 ℃ 空气中加热铜线 4 h 得到的铜纳米线。[37] 此外，Si_3N_4 和 SiC 纳米线也可通过简单的高温加热这些材料的商业粉末而合成出来。[38]

在用蒸发 – 冷凝方法合成不同纳米线的过程中，化学反应和中间体化合物的形成起到重要的作用。还原反应往往是用来产生易挥发的沉积物前驱体，氢、水和碳常用做还原剂。例如，氢和水用于生长二元氧化物纳米线，如通过两步骤过程（还原和氧化）合成 Al_2O、ZnO 和 SnO_2 纳米线。[39,40] 硅纳米线可通过在还原环境中热蒸发一氧化硅而得到。[41] 简单加热 SiO 粉末到 1 300 ℃，以氩和 5% 氢气的混合气体为载气带出一氧化硅蒸气。在保持 930 ℃ 的硅基体（100）面上生长。制备态纳米线直径为 30 nm，由 20 nm 直径的硅核和 5 nm 的氧化硅壳所组成。硅核为氢气对一氧化硅的还原产物。氧化硅壳可能阻止了侧面生长，从而使得纳米线具有均一的直径。碳用于 MgO 纳米线的合成。[42]

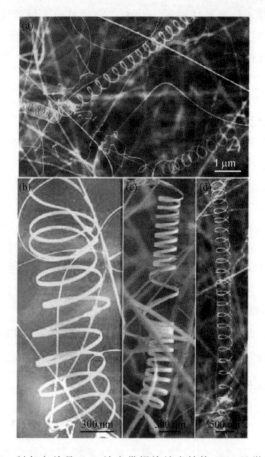

图 4.7　制备态单晶 ZnO 纳米带螺旋纳米结构 SEM 显微图片。纳米带典型宽度约为 30 nm，排列距离非常均匀。螺旋形为左手螺旋。[X. Y. Kong and Z. L. Wang, *Nano Lett.* 3, 1625 (2003).]

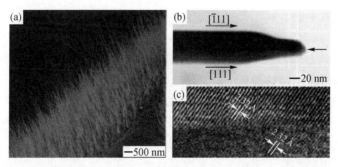

图 4.8　CuO 纳米线的(a)SEM 和(b)TEM 显微照片。CuO 纳米线通过在 500 ℃ 空气中加热铜线(直径为 0.1 mm)4 h 而制得。(c)电子衍射图像以及高分辨 TEM 分析表明，每个 CuO 纳米线都是双晶结构。[X. Jiang, T. Herricks and Y. Xia, *Nano Lett.* 2, 1333 (2002).]

众所周知，对于给定晶体的不同晶面，杂质具有不同吸附能力并将阻碍生长过程，但没有通过设计杂质的中毒作用并使用蒸发－冷凝法生长的纳米棒。杂质中毒仍然常常被列为原因之一，在合成纳米线和纳米棒过程中导致各向异性生长。

4.2.1.3 溶解－冷凝生长

溶解－冷凝过程不同于生长介质中的蒸发－冷凝。在溶解－冷凝过程中，生长物质首先溶解到溶剂或溶液中，然后在溶剂或溶液中扩散并沉积到表面，形成纳米棒或纳米线的生长。

Gates 等[43]通过溶解－冷凝方法制备了均匀的单晶硒纳米线。第一步，在 100 ℃用过量肼还原硒酸制备直径约为 300 nm 的非晶态硒球形胶体粒子的水溶液。当溶液冷却到室温，沉淀出三角结构纳米晶硒。第二步，在室温无光条件下进行老化，非晶硒胶体粒子溶解到溶液中，而硒晶粒长大。在这种固－溶－固转化中，各向异性生长决定了晶体硒的形貌，这归因于三角结构硒的无限制、螺旋链的一维特征。三角硒晶体主要沿[001]方向生长。[44]这种方法生长硒纳米线没有任何缺陷，如扭折和位错。

化学溶液法也用于合成晶态 Se_xTe_y 化合物纳米棒。[45]在含水介质中（在约 100 ℃回流），用过量肼还原硒酸和锑酸混合物[46]：

$$xH_2SeO_3 + yH_6TeO_6 + \left(x + \frac{3y}{2}\right)N_2H_4$$
$$\longrightarrow Se_xTe_y\ (s) + \left(x + \frac{3y}{2}\right)N_2\ (g) + \left(x + \frac{3y}{2}\right)H_2O. \tag{4.5}$$

在实验条件下通过均匀成核，很容易沉淀得到六方结构碲的纳米板。[47]可以推测通过以上还原反应得到的硒、碲原子，在碲纳米板种籽上沿着[001]方向生长成纳米棒。合成的纳米棒平均长度小于 500 nm，平均直径约为 60 nm，具有 SeTe 的化学计量成分和三角晶体结构，类似于 Se 和 Te 的情形。肼还可以促进从溶液中的金属粉末中直接生长出纳米棒；例如，利用 Zn 和 Te 金属粉末作为反应物、水合肼作为溶剂，通过溶剂热过程合成了直径为 30～100 nm 和长度为 500～1 200 nm 的单晶 ZnTe 纳米棒。[48]可以推测除了作为还原剂以外，肼还可以促进各向异性增长。

Wang 等在熔融的 NaCl 熔剂中合成了直径 40～80 nm、长度可达 150 μm 的单晶 Mn_3O_4 纳米线。[49]$MnCl_2$ 和 Na_2CO_3 和 NaCl 和壬苯基醚（NP－9）混合，并加热至 850 ℃。冷却后，通过蒸馏水水洗去除 NaCl。NP－9 用来防止以消耗纳米线为代价的小粒子形成。纳米线通过奥斯特瓦耳德熟化而生长，NP－9 可以降低系统的共晶温度，并能稳定较小的前驱体粒子。

通过溶液工艺，纳米线可以在作为种籽的异相纳米粒子之上非均相外延生长。Sun 等[50]以铂纳米粒子生长种籽，合成出直径在 30 ~ 40 nm 和长度约 50 μm 的晶体银纳米线。Ag 生长物质可以通过乙二醇还原硝酸银而得到，在溶液中加入表面活性剂如聚乙烯吡咯烷酮(PVP)可以实现各向异性生长。聚合物表面活性剂吸附在一些生长表面上，动力学阻碍(中毒)生长，最终形成均匀晶体银纳米线。透射电镜分析进一步表明，面心立方 Ag 纳米线的生长方向为 $[2\bar{1}\bar{1}]$ 和 $[01\bar{1}]$。图 4.9 表明溶液中利用 Pt 纳米粒子为生长种籽生长的 Ag 纳米线。[50]溶解 – 冷凝还可以在基板上生长纳米线。Govender 等在室温醋酸锌或甲酸锌和六亚甲基四胺溶液中，在玻璃基板上形成了 ZnO 纳米棒。[51]这些有刻面的纳米棒沿 $[0001]$ 方向(即沿 c 轴)优先生长，直径约为 266 nm，长度约为 3 μm。

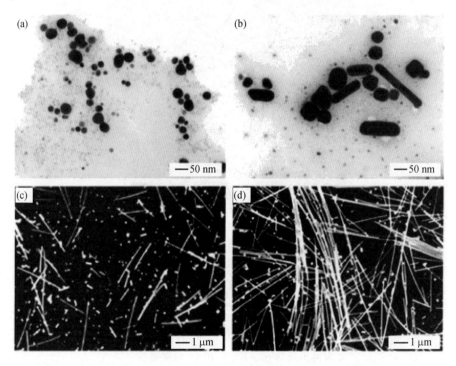

图 4.9　溶液中利用 Pt 纳米粒子为生长种籽生长的银纳米线的 SEM 显微图片。
[Y. Sun, B. Gates, B. Mayers, and Y. Xia, *Nano Lett.* 2, 165 (2002).]

　　纳米线也可以使用与合成纳米晶一样的方法来生长，即在存在调和有机物的条件下分解有机金属化合物。例如，Urban 和其合作者[52,53]通过 $BaTi[OCH(CH_3)_2]_6$ 溶液相分解的方法合成出直径 5 ~ 70 nm、长度大于 10 μm 的单晶 $BaTiO_3$ 纳米线。一个典型反应为，100 ℃条件下在 $BaTi[OCH(CH_3)_2]_6$ 与油酸的摩尔比为 10:1 的正十七烷溶液中加入过量的 30% 的 H_2O_2。然后将反应混合物加热至 280 ℃反应 6 h，生成纳米线聚合体组成的白色沉淀物。通过超声分馏水分和正己烷，获得分散良好的纳米线。图 4.10 显示了 $BaTiO_3$ 纳米线的 TEM 形貌和聚束电子衍射图案。[53]元素分析、X 射线衍射和电子衍射都表明，生长的纳米线是单晶钙钛矿结构的 $BaTiO_3$，其生长轴方向为[001]。应当指出，生长的纳米线直径和长度差别很大，没有办法控制均匀尺寸纳米线的生长。

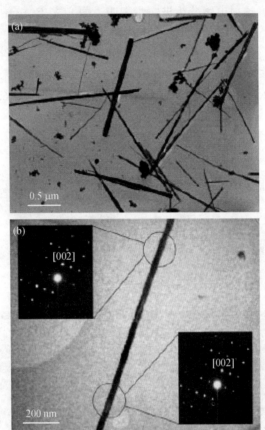

图 4.10　(a) $BaTiO_3$ 纳米线 TEM 图，表明主要反应
产物为纳米线且有少量(约 10%)的纳米粒子聚集
体。(b)单个 $BaTiO_3$ 纳米线 TEM 图以及两个会聚束
电子衍射图像。[J. J. Urban, J. E. Spanier, L. Ouyang,
W. S. Yun, and H. Park, *Adv. Mater.* 15, 423 (2003).]

水热生长是另一种由无机盐形成纳米棒的方法。在 130 ℃、一定压力和 pH 范围 3~11 的条件下，氯化镉($CdCl_2$)和钨酸钠($NaWO_4$)反应 5 h 直接合成出单斜晶体结构的 $CdWO_4$ 纳米棒。这种生长的 $CdWO_4$ 纳米棒直径为 20~40 nm、长度在 80~280 nm 范围。[54]纳米棒的生长归因于各向异性生长，但没有证实特殊的生长方向。Chen 等[55]将 TiO_2 粉末溶解在 130 ℃ 的 NaOH 水溶液

中，通过水热合成了 $H_2Ti_3O_7$ 纳米管。合成的产物为空心管，直径约 9 nm、长度从 100 nm 至几百 nm。

通过蒸发(溶液)-冷凝沉积的纳米线或纳米棒最有可能形成有刻面的形貌，特别是在液体介质中生长时一般比较短，具有较小的长径比。然而由于轴向缺陷诱导的各向异性生长，如螺形位错、显微孪晶和层错，或杂质中毒，可导致具有非常大长径比纳米线的生长。

4.2.2 气相(或溶液)-液相-固相(VLS 或 SLS)生长

4.2.2.1 VLS 和 SLS 生长的基本原理

在 VLS 生长中，将通常称为杂质或催化剂的第二相材料有目的地引入，以引导和限制在特定方向上或限定区域内的晶体生长。在生长过程中，催化剂通过自身形成液滴或与生长材料合金化来捕捉生长物质。生长物质在催化剂液滴表面富集，随后在生长表面沉淀导致一维生长。Wagner 等[56,57]在 40 多年前首次提出了 VLS 理论来解释无法用蒸发-冷凝的理论解释的实验结果和观察到的硅纳米线或晶须的生长。这些现象包括：

(1) 沿生长方向没有螺形位错或其他缺陷。

(2) 相对于其他低指数方向如硅 <110> 方向，<111> 方向是生长最慢的方向。

(3) 杂质总是必不可少。

(4) 在纳米线末端总是发现液体状小球体。

Wagner 在一篇经典的论文中，非常精炼地总结了实验细节、结果和 VLS 理论[58]，Givargizov[25]进一步详细阐述了关于 VLS 过程的实验观察、模型和理论。希望了解更多这一主题的读者，建议阅读这些文献。虽然近几年在这一领域进行了广泛研究，VLS 方法基本原理尚未发生大的变化。Wagner 在 40 多年前总结的 VLS 生长的必要条件[58]，对于现在的理解仍然有效：

(1) 催化剂或杂质与晶体材料必须形成液体溶液，以在沉积温度下生长。

(2) 在沉积温度下催化剂或杂质的分配系数必须小于 1。

(3) 小液滴上的催化剂或杂质的平衡蒸气压必须非常小。虽然催化剂的蒸发不会改变饱和液体组成，但它减少液滴的总体积。除非提供更多的催化剂，否则液滴体积会减小。因此，如果所有催化剂被蒸发掉，纳米线的直径将减少，生长最终停止。

(4) 催化剂或杂质必须是化学惰性。决不能与化学物质反应在生长室中形成副产物。

(5) 界面能发挥非常重要的作用。润湿特性影响生长的纳米线直径。对于给定量的液滴，小润湿角导致大的生长面积，产生大直径纳米线。

（6）对于化合物纳米线的生长，其中的一个组元可以作为催化剂。

（7）对于控制单向生长，固－液界面必须有明确晶体学限定。其中最简单的一种方法是选择一个有理想晶体取向的单晶基板。

在一个 VLS 生长中，这个过程可以用图 4.11 简单描述。首先蒸发生长物质，然后扩散和溶解到液滴中。液体表面具有大的调节系数，因此成为沉积的优先位置。液滴里饱和生长物质将在基板和液体之间的界面扩散和沉淀。沉淀过程首先形核，然后晶体生长。连续的沉淀或生长将分离基板和液滴，导致纳米线的生长。

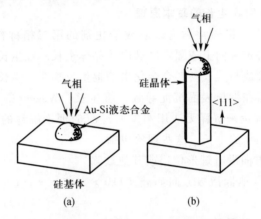

图 4.11　气－液－固生长主要步骤示意图：

(a)初始形核；(b)连续生长。

以金作为催化剂的硅纳米线生长为例来说明 VLS 生长的实验过程。在硅基底上溅射一层金薄层，高温下退火（高于硅－金共晶温度 385 ℃以上），这一温度通常与生长温度相同。在退火过程中，硅和金反应形成一个液态混合物，并在硅基体表面形成液滴。生长过程中，在生长温度下达到由二元相图所确定的平衡成分，如图 4.12 所示。当硅物质从源中蒸发出来并在液滴表面优

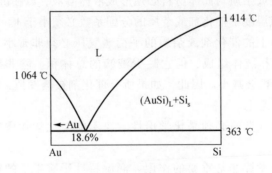

图 4.12　Au－Si 二元相图

先冷凝时，液滴中的硅将变成过饱和。随后，过饱和的硅从液－气界面扩散并在固－液界面处沉淀，导致硅的生长。生长将沿着垂直于固－液界面的方向单向进行。一旦生长物质吸附到液态表面，它会溶解到液态中。液态中的材料传输是扩散控制过程，并在实际等温条件下发生。在液滴和生长表面之间的界面处，晶体生长过程基本上和切克劳斯基(Czochraski)晶体生长一样。

晶体缺陷如螺形位错，对于 VLS 生长并不是必需的。然而界面处的缺陷可促进生长，降低所需的过饱和度。从上述讨论中可以明显看到，利用 VLS 方法的纳米线生长没有受到基体材料和催化剂类型的限制。纳米线可以是单晶、多晶或非晶，取决于基体和生长条件。

生长物质在液滴表面的优先吸附是可以理解的。对于理想或有缺陷的晶体结构，碰撞的生长物质将会沿表面扩散。在扩散过程中，生长物质可能会不可逆地进入生长位置(台阶、台阶－扭折或扭折)。在给定的时间内(停留时间)，如果生长物没有遇到优先生长位置，生长物质将返回到气相中。液体表面与理想或缺陷的晶体表面截然不同，可以看做是一个"粗糙"表面。粗糙表面完全由台阶、台阶－扭折或扭折点所组成。也就是整个表面上的每一个位置都能捕获到碰撞的生长物质。调节系数为 1。因此，通过 VLS 方法生长的纳米线或纳米棒的生长速率明显高于没有液态催化剂时的生长速率。Wagner 和 Ellis[59] 报道利用液体 Pt－Si 合金合成的硅纳米线的生长速度比 900 ℃ 下直接在硅基体上生长的纳米线快 60 多倍。除了作为气相中生长物质的捕集作用外，催化剂或杂质与生长物质形成的液滴还有可能起到异质反应或沉积过程中的催化剂作用。

正如第 2 章所讨论的，在给定条件下平衡蒸气压或溶解度依赖于表面能和率半径(或表面曲率)，满足 Kelvin 方程：

$$\ln\left(\frac{P}{P_0}\right) = -\frac{2\gamma\Omega}{kTr}, \tag{4.6}$$

其中，P 为曲面的蒸气压，P_0 为平面的蒸气压，γ 是表面能，Ω 是原子体积，r 是表面半径，k 是玻耳兹曼(Boltzmann)常数。对于纳米线的生长，如果生长过程中一直保持小平面的存在，则纳米线或纳米棒的纵向和横向生长速率各自由单个小平面的生长行为所决定。但是，如果纳米线是圆柱状，假设所有表面具有相同的表面能，则横向生长速率明显小于纵向生长速率。与平面状生长表面相比较，具有非常小半径(<100 nm)的凸表面(侧表面)将会有一个很高的蒸气压。对于生长表面的生长物质，其过饱和蒸气压或浓度远远低于细纳米线的凸表面的平衡蒸气压。对于均匀的高度晶化纳米线或纳米棒的生长，通常过饱和度保持较低水平，因此不会存在侧面生长。高过饱和度将导致其他面的生长，正如以前讨论的气－固生长一样。更高的过饱和度将产生生长表面上的二

次形核或非均匀形核，从而导致外延生长的终止。

图 4.13 对比了 Si 和 Ge 纳米线的轴向(V_{II})和横向($V_{\perp}$)生长速率，以及这些材料基体(如薄膜)的生长速率，以 SiH_4 和 GeH_4 为前驱体，大量金属(Au、Ag、Cu、Ni、Pd)作为催化剂。[60]这个图表明横向生长速率和基体生长速率实际上相同，然而在相同的条件下，对于 Si 和 Ge 纳米线，由 VLS 过程产生的轴向生长速率比 VS 过程产生的大 2 个数量级左右。

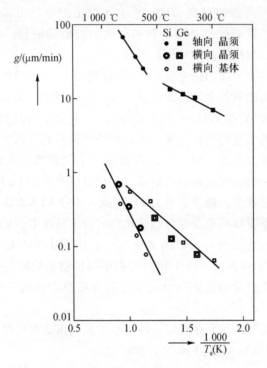

图 4.13　Si、Ge 纳米线轴向(V_{II})和横向($V_{\perp}$)生长速率以及基体(如薄膜)生长速率的比较，SiH_4 和 GeH_4 作为前驱体，大量金属(Au、Ag、Cu、Ni、Pd)作为催化剂。[G. A. Bootsma and H. J. Gassen, *J. Crystal Growth* 10,223 (1971).]

生长速率的提高，部分原因是在 VLS 生长中生长物质的冷凝表面积大于晶体生长的表面积。当生长表面为液滴和固体表面的界面时，冷凝表面是液滴和气相之间的界面。根据接触角，液体表面积可以是生长表面的几倍。

4.2.2.2　不同纳米线的 VLS 生长

Si 和 Ge 纳米线的生长已经被充分确定。[61-63]图 4.14 表明通过 VLS 方法生长的典型的 Si 纳米线。[62]虽然最初金用于 VLS 方法生长 Si 纳米线，其他催化剂在形成各种材料纳米线时也有效。例如，在相对高的生长温度 1 200 ℃下，Fe作为催化剂合成 Si 纳米线。[64,65]利用激光熔化或简单加热硅粉和 5% 铁的混合物，使其达到 1 200 ℃，这也是生长温度。纳米线的直径约为 15 nm，长度从几十到几百微米变化。约 2 nm 厚的非晶氧化硅层包覆在硅纳米线的外面。非晶氧化物层很可能是少量氧气渗入沉积室时形成的。

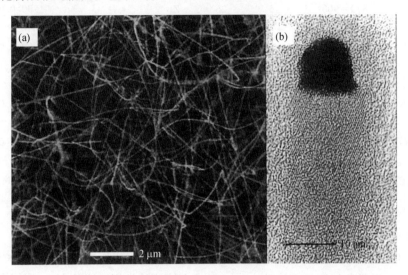

图 4.14　(a)由 VLS 方法制得的 Si 纳米线的场发射扫描电子显微图片；(b)直径 15 nm 的 Si 纳米线末端的 Si 点阵面和 Au 纳米团簇的高分辨透射电子显微图片。[J. Hu,T. W. Odom,and C. M. Lieber,*Acc. Chem. Res.* 32 ,435 (1999).]

　　化合物材料的纳米线也可以利用 VLS 方法生长出来。例如，Duan 和 Lieber[66]生长了半导体纳米线，如Ⅲ－Ⅴ材料 GaAs、GaP、GaAsP、InAs、InP、InAsP，Ⅱ－Ⅵ材料 ZnS、ZnSe、CdS、CdSe 以及Ⅳ－Ⅳ合金 SiGe。GaAs 纳米线利用金、银和铜作为催化剂生长，而所有其他纳米线以金作为催化剂生长。从表 4.1 中可以清楚地看到，大部分催化剂具有优先生长方向[111]，但 CdS沿[100]或[002]方向优先生长，CdSe 的生长方向为[110]。此外还注意到，所有生长的纳米线具有理想化学计量比。在一个实验中使用同样的 $(Si_{0.7}Ge_{0.3})_{0.95}Au_{0.05}$ 靶材，获得的 Si_xGe_{1-x} 合金纳米线的组成随沉积温度而变化，x 从 0.95 变化到 0.13。在生长纳米线中这种化学成分的变化可以这样解释，即两种纳米线各自的最佳生长温度有很大不同。图 4.15[66]显示 VLS 生长的半导体化合物纳米线的 SEM 形貌。作者进一步指出，在不存在详细相图的情况下能够选择 VLS 生长的催化剂，通过确定纳米线的组元可以溶于液相金属中，但不能形成比期望的纳米线相更稳定的固体化合物，也就是理想金属催化剂应该是物理活性的，但必须化学稳定或惰性。

表 4.1 合成单晶纳米线总结[66]。

材料	生长温度 /℃	最小直径 /nm	平均直径 /nm	结构	生长方向	组元比例
GaAs	800~1 030	3	19	ZB	<111>	1.00:0.97
GaP	870~900	3~5	26	ZB	<111>	1.00:0.98
$GaAs_{0.6}P_{0.4}$	800~900	4	18	ZB	<111>	1.00:0.58:0.41
InP	790~830	3~5	25	ZB	<111>	1.00:0.98
InAs	700~800	3~5	11	ZB	<111>	1.00:1.19
$InAs_{0.5}P_{0.5}$	780~900	3~5	20	ZB	<111>	1.00:0.51:0.51
ZnS	990~1 050	4~6	30	ZB	<111>	1.00:1.08
ZnSe	900~950	3~5	19	ZB	<111>	1.00:1.01
CdS	790~870	3~5	20	W	<100>, <002>	1.00:1.04
CdSe	680~1 000	3~5	16	W	<110>	1.00:0.99
$Si_{1-x}Ge_x$	820~1 150	3~5	18	D	<111>	$Si_{1-x}Ge_x$

4.2.2.3 纳米线尺寸的控制

VLS 方法生长的纳米线尺寸完全由催化剂液滴大小所决定。为了生长细纳米线，可以简单地减少液滴的大小。形成小液滴的常用方法是在生长基体上涂敷一层薄薄的催化剂，并在高温下退火。[67]退火过程中，催化剂与基体反应形成共晶溶液和进一步球化来减少总表面能。Au 作为催化剂和硅作为体基板就是一个典型的例子。可以通过基体上催化剂膜的厚度来实现对催化剂液滴尺寸的控制。一般情况下，较薄的膜形成较小的液滴，并在后续生长中形成小直径纳米线。例如，10 nm 厚 Au 薄膜生长出直径在 150 nm 的单晶锗纳米线，而 5 nm 厚 Au 薄膜生长出直径在 80 nm 的锗纳米线。[68]然而，进一步减少催化剂薄膜厚度并不能使锗纳米线的直径减少。[68]纳米线直径不再减少意味着采用薄膜时液滴存在最小尺寸。

可以通过在基体表面分散单一尺寸催化剂胶体的方法，而不是薄膜催化剂，来进一步减小纳米线的直径。[69,70]利用金胶体，通过激光催化合成法[63]生长出 GaP 纳米线。[70]氧化硅基体担载金胶体或纳米团簇，Ga 和 P 的反应物产生于激光熔融的 GaP 靶材。单晶 GaP 纳米线表现为[111]生长方向，EDAX 证实化学计量比为 1:0.94。GaP 纳米线直径决定于金纳米团簇催化剂的尺寸大小。Au 胶体粒子直径为 8.4 nm、18.5 nm 和 28.2 nm，由此获得的 GaP 纳米线直径分别为 11.4 nm、20 nm 和 30.2 nm。类似的技术应用到 InP 纳米线的生长中。[69]在生长过程中，控制生长基体为 500~600 ℃、氩气的流量为 100 cm^3/

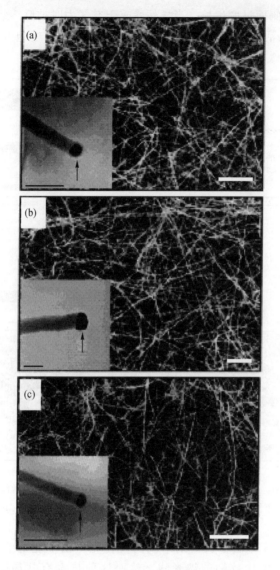

图 4.15　通过 VLS 法制得的半导体化合物纳米线的场
发射 SEM 显微图：(a)GaAs；(b)GaP；(c)GaAs$_{0.6}$P$_{0.4}$。
比例尺为 2 μm。[X. Duan and C. M. Lieber, *Adv. Mater.*
12,298 (2000).]

min、气压维持在 200 torr。熔融所使用的激光是波长为 193 nm 的 ArF 准分子
激光器。获得沿[111]方向生长的单晶 InP 纳米线。图 4.16 表明通过催化剂胶
体粒子尺寸和生长时间来控制纳米线直径和长度的一般概念。[69]详细分析还表
明在所有纳米线外层存在厚度为 2~4 nm 的非晶氧化层。非晶氧化层的存在解

释为非晶 InP 的侧面过度生长，当样品暴露于空气中时被后续氧化。侧面的过度生长不是催化活化的结果，而是体系中生长组分的过饱和蒸气浓度所造成的。

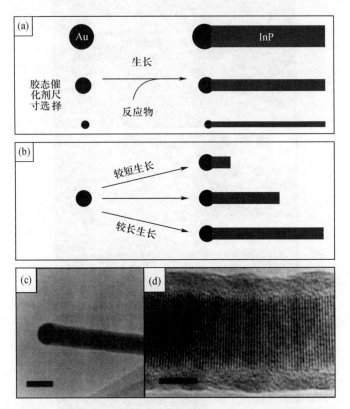

图 4.16　通过催化剂胶体粒子尺寸和生长时间来控制纳米线直径和长度的一般概念示意图。［M. S. Gudiksen, J. Wang, and C. M. Lieber, *J. Phys. Chem.* B105, 4062 (2001).］

由于通过 VLS 方法生长的纳米线的直径完全由催化剂液滴大小所控制，用较小液滴生长出比较细的纳米线。然而这种技术有其局限性。由方程式 (4.6) 可以知道，固态表面的平衡蒸气压依赖于表面曲率。溶质在溶剂中的溶解度也有同样的依赖关系。随着液滴尺寸的减少，溶解度将会提高。对于非常细纳米线的生长，要求非常小的液滴。然而具有很小半径的凸表面将会有很高的溶解度，因而必然产生气相中的高过饱和度。根据气－固生长机制，气相中的高过饱和度可能促进纳米线侧面的纵向生长。因此，可能形成一个圆锥形结构而不是大小均一的纳米线。此外，高过饱和度可导致气相中初始均匀形核或在纳米线表面的二次形核。

应当指出 VLS 方法的另一个特点。根据开尔文方程，在大的催化剂液滴中达到平衡溶解度和过饱和度要比在小液滴中容易。只有当生长物质浓度达到平衡溶解度以上时，纳米线的生长才能进行。当适当控制气相的浓度和过饱和度，保持小液滴蒸气压在平衡溶解度以下，则最细纳米线的生长将被终止。如果在高温下进行生长并长出很细的纳米线，则可观察到如图4.17所示的径向尺寸不稳定性。[25]这种不稳定性可由生长尖部的液滴大小和液滴中生长物质浓度的波动来解释。[25]这种不稳定性可能是合成非常细纳米线的另一种障碍，这可能需要更高的沉积温度。

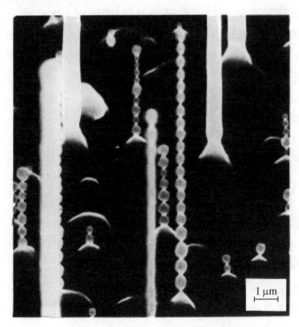

图 4.17　VLS 方法生长纳米线的径向尺寸不稳定。
［E. I. Givargizov, *Highly Anisotropic Crystals*, D. Reidel,
Dordrecht, 1986.］

通过 VLS 方法生长的纳米线直径由平衡条件下催化剂液滴的最小尺寸所决定。[58]获得小尺寸催化剂液滴的方法很简单。例如，通过控制压力和温度，激光熔融用于在热的基体上沉积催化材料形成纳米尺寸的团簇。[71]利用相似的方式，许多其他蒸发技术用于在基体上沉积纳米催化剂团簇来生长纳米线。

通过 VLS 方法生长的纳米线或纳米棒一般是圆柱状，即侧面没有小平面并具有均一的直径。切克劳斯基（Czochraski）和 VLS 方法的物理条件非常相似：生长过程非常接近于熔点或液－固平衡温度。表面可能会经历从小平面（光滑）向粗糙表面的过渡，即所谓的粗糙化转变。[72]在粗糙化转变温度以下表面是小平面，超过这一温度，表面原子的热运动克服了界面能并造成晶面的粗糙化。对于熔融体,只有一些有限的材料包括硅和铋可以生长出有小平面的单晶体。[73]然而,如果在侧面进行气-固(VS)体沉积,小平面可能进一步变化。在给定的温度下,虽然 VS 沉积速率远小于 VLS 生长速率,但在控制形态上仍然有效。由于两种机制的沉积速率差异随温度升高而减小,因此在高温度范围 VS 沉积将对形貌有很大的影响。需要注意,如果生长条件改变、催化剂蒸发或结合到纳米线中,则纳米线的直径可能改变。

4.2.2.4　前驱体和催化剂

正如蒸发-冷凝方法一样,许多前驱体用于 VLS 生长中。气态前驱体是方便的原料,如 SiCl₄ 用于合成硅纳米线。[67]通过加热至高温使固体蒸发是另一种常见的方法。[74]激光烧蚀固体靶材也是用于产生气态前驱体的一种方法。[63,75]为了促进固态前驱体的蒸发,形成中间化合物可能是一种合适的途径。例如,Wu 和 Yang[68]使用 Ge 和 GeI₄ 混合物为前驱体来生长 Ge 纳米线。前驱体通过形成挥发性化合物而蒸发,发生如下化学反应:

$$Ge(s) + GeI_4(g) \longrightarrow 2GeI_2(g). \tag{4.7}$$

GeI₂ 蒸气输送到生长室中,凝结进入催化剂(这里为 Au/Si)液滴中,并按照如下反应式分解:

$$2GeI_2(g) \longrightarrow Ge(L) + GeI_4(g). \tag{4.8}$$

其他前驱体也用于 VLS 生长的纳米线中,如氨水和乙酰丙酮镓用于 GaN 纳米棒[76]、闭合式-1,2-二碳代十二硼烷($C_2B_{10}H_{12}$)用于 B₄C 纳米棒[77]、甲基三氯硅烷用于 SiC 纳米棒[78]。

恒定氩气流中 900 ~ 925 ℃下加热 5 ~ 30 min 按 1:1 混合的 ZnO 和石墨粉,则在涂敷 Au(厚度范围为 2 ~ 50 nm)的硅基体上生长出 ZnO 纳米线。[79]生长的 ZnO 纳米线随初始 Au 涂层厚度而变化。对于 5 nm 厚 Au 涂层,纳米线的直径通常在 80 ~ 120 nm 范围,而长度在 10 ~ 20 μm 范围。对于 3 nm 厚 Au 涂层,则长出细纳米线其直径在 40 ~ 70 nm 范围,而长度在 5 ~ 10 μm 范围。长出的 ZnO 纳米线是单晶,优先生长方向为 <100>。ZnO 生长过程将不同于单质纳米线的生长。其过程包括高温(900 ℃ 以上)下利用石墨还原 ZnO 形成 Zn 和 CO。Zn 蒸气输送到基体,并与已经与硅反应形成二元 Au - Si 共晶液体的 Au 催化剂发生反应,在低温度下形成 Zn - Au - Si 合金液滴。随着液滴中的锌变为过饱和状态,形成晶体 ZnO 纳米线,可能经历低温 Zn 和 CO 的反应。上述过程很容易按如下反应理解:

$$ZnO + C \longleftrightarrow Zn + CO \tag{4.9}$$

这是一个在 900 ℃ 附近的可逆反应。[80]虽然存在少量的 CO,但不会明显改变相图,在缺少石墨的情况下没有 ZnO 纳米线的生长。

对于 VLS 生长的纳米线,不同的材料可用做催化剂。例如,使用铁作为催化剂来生长硅纳米线。[63]只要满足 Wagner 所描述的要求[58]，任何材料和混合物都可以用做催化剂。如 Au 和 Si 的混合物用于合成锗纳米线。[68]

使用传统直流电弧放电法合成单晶单斜结构氧化镓（$\beta - Ga_2O_3$）纳米线。[81]GaN 粉末与 5% 过渡金属粉末（Ni/Co = 1:1 和 Ni/Co/Y = 4.5:4.5:1）混合压制成有小孔的石墨阳极。在生长过程中，保持氩气和氧气比例为 4:1、总气压为 500 torr。合成的纳米线直径约为 33 nm，生长方向为[001]，在表面并没有非晶层。形成 Ga_2O_3 可能的化学反应为

$$2GaN + \left(\frac{3}{2} + x\right)O_2(g) \longrightarrow Ga_2O_3 + 2NO_x(g) \qquad (4.10)$$

在氩气流量为 130 sccm、气压为 200 torr 的条件下，820 ℃ 下蒸发 Ge 粉和 8% Fe 的混合物可生长出单晶 GeO_2 纳米线。[82]纳米线直径范围为 15 ~ 80 nm。虽然添加 Fe 作为催化剂来直接生长纳米线，但在纳米线尖端并没有发现球状物。作者认为 GeO_2 纳米线是通过其他机制生长的，而不是 VLS 方法。在实验过程中也注意到，并没有刻意将氧引入到系统中。氧可能泄漏到反应室中，并与 Ge 发生反应生产氧化锗。

催化剂也能原位引入。在这种情况下，生长的前驱体与催化剂混合，在高温下同时蒸发。当温度低于蒸发温度时达到过饱和，生长前驱体和催化剂都在基体表面上凝结。前驱体和催化剂的混合物在气相或基体表面上发生反应形成液滴。随后的纳米线生长按前面所讨论的那样进行。

Yu 等[83]报道了通过 VLS 方法合成非晶氧化硅纳米线。使用 246 nm 准分子激光器在 100 torr 氩气气流中熔化硅和 20%（质量分数）二氧化硅以及 8%（质量分数）Fe 的混合物。Fe 作为催化剂，生长温度为 1 200 ℃。纳米线的化学成分为 Si:O = 1:2，直径为 15 nm 均匀尺寸分布，长度可达数百微米。

使用元素铟作为催化剂，镓和氨反应制备 GaN 纳米线。[84]纳米线的直径在 20 ~ 50 nm 范围，长度可达几微米，它们是优先生长方向为 < 100 > 的高纯晶体。还应该指出，GaN 纳米线的生长必须以 Fe 作为催化剂。[85]然而以金作为催化剂时没有生长出 GaN 纳米线。[84]

也有报道以 NiO 和 FeO 作为催化剂生长出 GaN 纳米线。[86]固体镓与氨在 920 ~ 940 ℃ 反应。单晶 GaN 纳米线的直径为 10 ~ 40 nm，最长长度约为 500 μm，优先方向为[001]。认为在生长条件下，NiO 和 FeO 首先被还原成金属，金属与镓反应形成液滴，并通过 VLS 方法合成出 GaN 纳米线。

4.2.2.5 溶液–液态–固态生长

一般来讲，通过 VLS 方法生长纳米线时需要高温和真空。另一种溶液–液态–固态（SLS）方法由 Buhro 研究小组提出[87-89]，并首先在相对低温（≤203 ℃）条件下通过溶液相反应合成出 InP、InAs 和 GaAs 纳米线。SLS 方法类似于 VLS

理论。图 4.18 比较了这两个方法的差异及相似性。[87]发现纳米线为多晶或接近单晶,直径为 10 ~ 150 nm,长度可达几微米。下面以 InP 纳米线生长为例来说明 SLS 生长过程。使用的前驱体是典型的有机金属化合物 $In(t-Bu)_3$ 和 PH_3,与质子催化剂如 MeOH、PhSH、Et_2NH_2 或 $PhCO_2H$ 一起溶解到碳氢化合物溶剂中。溶液中,前驱体通过有机金属反应形成用于 InP 纳米线的 In 和 P 物质,这种反应常用于化学气相沉积中[90]:

$$In(t-Bu)_3 + PH_3 \longrightarrow InP + 3(t-Bu)H. \tag{4.11}$$

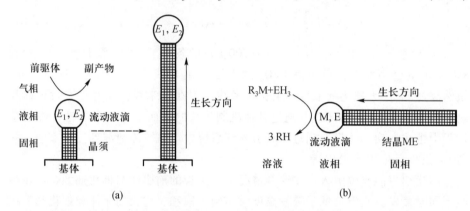

图 4.18　比较 (a) VLS 与 (b) SLS 生长技术之间的差别和相似性。[T. J. Trentler, K. M. Hickman, S. C. Goel, A. M. Viano, P. C. Gobbons, and W. E. Buhro, *Science* 270, 1791 (1995).]

In 金属作为液滴或催化剂在 InP 纳米线生长中发挥作用。In 在 157 ℃ 熔化形成液滴。假设 P 和 In 同时溶解在 In 液滴中,沉淀形成了 InP 纳米线。InP 纳米线的生长方向主要是 <111>,与 VLS 机制相类似。

Holmes 等[91]利用胶态催化剂控制 SLS 方法合成硅纳米线的直径。获得大量无缺陷、均匀、直径 4 ~ 5 nm、长度为几个微米的硅纳米线。将溶液加热和加压到临界点以上,利用直径为 2.5 nm 的烷基硫醇包覆金纳米团簇直接生长硅纳米线。由正己烷和二苯硅烷组成的溶液作为硅前驱体,加热至 500 ℃ 和加压至 200 ~ 270 bar。在上述生长条件下,二苯硅烷分解为硅原子。硅原子扩散并与金纳米团簇反应形成硅 – 金合金液滴。当硅浓度达到过饱和度时,硅从合金液滴中析出,形成了硅纳米线。要求超临界条件以利于形成合金液滴和促进硅的晶化。发现硅纳米线的生长方向依赖于压强。压强为 200 bar 时纳米线表现为[100]取向优势,而在 270 bar 时样品几乎完全沿[111]方向取向。在所有纳米线上都发现薄的氧化物或碳氢化合物覆盖层,然而无法知道覆盖层是否在生长期间或生长之后形成。与 VLS 方法一样,在 SLS 方法中纳米线的直径和长度可以通过控制催化剂液滴尺寸和生长时间来控制。图 4.19 表明了生长的

GaAs 纳米线直径与 In 催化剂纳米粒子尺寸之间的线性关系。[89]

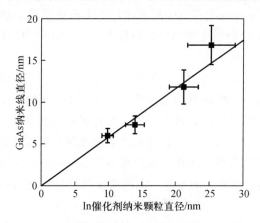

图 4.19 生长的 GaAs 纳米线直径与 In 催化剂
纳米粒子尺寸之间的线性关系。[H. Yu and
W. E. Buhro, *Adv. Mater.* 15,416 (2003).]

4.2.3 应力诱导再结晶

值得特别指出的是，应力诱导再结晶也可合成纳米线，但在纳米技术中它
并没有引起很大的关注。高温下在固体上施加压力可导致直径小到 50 nm 的晶
须或纳米线的生长。[92]实验结果表明，锡晶须的生长速度与外加压力成正比[92]，
当压力达到 7 500 psi 时生长速度可提高 4 个数量级[93]。这种纳米线或晶须的生
长是基于晶须上的位错[94]，生长从基底开始进行而不是在尖端进行[95]。金属纳
米棒的形成可能由于在金属薄膜和生长纳米线之间的表面上的局域生长，而在
其他方向上没有生长(纳米线侧面)。应当指出，在最近的纳米棒和纳米线生
长研究中，这种技术没有得到广泛的探究。

4.3 基于模板合成

基于模板的纳米结构材料的合成是一个非常通用的方法，可用于制备纳米
棒、纳米线以及聚合物、金属、半导体和氧化物的纳米管。[96]各种具有纳米尺
寸通道的模板用做纳米棒和纳米管生长的模板。最常用和商业化的模板是阳极
氧化铝膜[97]和辐射径迹蚀刻聚合物膜[98]。其他隔膜也用做模板，如纳米通道阵
列玻璃[99]、辐射径迹蚀刻云母[100]和介孔材料[101]、电化学腐蚀硅晶圆得到的多孔
硅[102]、沸石[103]和碳纳米管[104,105]。在硫酸、草酸或磷酸溶液中阳极氧化铝的薄片
制得均匀和平行的多孔结构氧化铝膜。[97,106]微孔按规则六角阵列排列，密度可

高达 10^{11} pores/cm^2。[107]制得的孔径范围从 10 nm ~ 100 μm。[107,108]利用核裂变碎片辐射厚度在 6 ~ 20 μm 的无孔聚碳酸酯薄片产生损伤径迹，然后化学蚀刻这些径迹成为小孔。[98]在辐射径迹蚀刻聚合物膜中，微孔尺寸均匀可小到 10 nm，但分布无序。孔密度可高达 10^9 pores/cm^2。

除了理想的微孔或通道大小、形态、尺寸分布和密度以外，模板材料必须符合一些要求。第一，模板材料必须符合加工条件。例如，在电化学沉积中，模板要求电绝缘。除模板的定向合成外，在合成和后续加工过程中模板材料应当是化学和热惰性的。第二，沉积材料或溶液必须润湿微孔的内壁。第三，对于纳米棒或纳米线的合成，沉积应从模板通道的底部或端部开始，从一面到另一面进行。然而对于纳米管的生长，沉积应该从孔壁向内进行。向内生长可能导致微孔的堵塞，因此在"实"纳米棒或纳米线的生长中应该避免。充分的表面弛豫在动力学上允许最大堆积密度，因此扩散限制过程比较适合。其他一些考虑因素包括纳米线或纳米棒是否容易从模板中取出和实验过程是否容易控制。

4.3.1 电化学沉积

电化学沉积，也称为电沉积，可以理解为一种特殊电解造成电极上固体物质的沉积。这种过程涉及：①外场作用下带电生长物质（通常为带正电荷的阳离子）在溶液中的定向扩散；②带电生长物质在生长或沉积表面上的还原过程，这个表面也作为电极。一般情况下，电化学沉积只适用于导电材料，如金属、合金、半导体和导电聚合物，因为在初始沉积以后，电极与沉积溶液被沉积物分开，电流必须穿过沉积物才能够使沉积过程持续下去。电化学沉积广泛用于制备金属涂层，这个过程也被称为电镀。[109]当沉积限于模板膜的微孔内部，就产生了纳米复合材料。如果去除模板膜，则形成纳米棒或纳米线。在详细讨论电化学沉积生长纳米棒之前，先简要回顾电化学基础。

在第 2 章，已经讨论过固态表面的电学特性。当一固体浸没在极性溶剂或电解质溶液时，将产生表面电荷。在电极和电解质溶液的界面，发生表面氧化或还原反应，伴随着电荷转移穿过界面，直至达到平衡。对于一个给定系统，电极电势或表面电荷密度由能斯特（Nernst）方程描述：

$$E = E_0 + \frac{RT}{n_i F} \ln(a_i), \qquad (4.12)$$

其中，E_0 是标准电极电势，或者当离子活度 a_i 为 1 时电极和溶液之间的电势差，F 是法拉第（Faraday）常数，R 是气体常数，T 是温度。当电解质溶液中电极电势比空的分子轨道能级更负（高）时，电子将会从电极转移到溶液，伴随着如图 4.20(a)所示的电极的溶解或还原。[110]如果电极电势比占位的分子轨道能级更正（低）时，电子将从电解质溶液转移到电极，电极上将会进行如图

4.20(b)所示的电解液离子的沉积或氧化。[110]当达到平衡时，反应将停止。

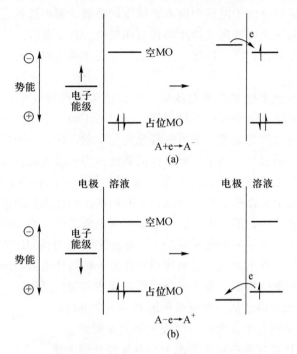

图 4.20　在溶液中样品 A 的(a)还原和(b)氧化过程。样品
A 的分子轨道分为占据率最高的轨道和空位数最多的轨道。
如图所示，这种对应关系分别近似对应于 A/A$^-$ 和 A$^+$/A 原
子对的 E$^{0\prime}$$_s$。［A. J. Bard and L. R. Faulkner,*Electrochemical*
Methods,John Wiley & Sons,New York,1980.］

　　当两个不同的电极材料浸渍在一个电解质溶液时，每个电极将与电解质溶
液建立平衡。如果有两个电极与外部电路连接，这种平衡将被破坏。因为不同
电极具有不同的电极电势，这种电极电势的差异将驱动电子从具有较高电势的
电极向低电势电极迁移。下面以浸渍在水溶液中的 Cu 和 Zn 电极为例来说明
电化学过程。[111]假设开始时在水溶液中的 Cu 和 Zn 离子活度都为 1，铜电极具
有一个比锌电极(－0.76 V)更正的电极电势(0.34 V)。在外电路，电子从负
电极(锌)流向正电极(铜)。在锌－溶液界面，发生下列电化学反应：

$$Zn \longrightarrow Zn^{2+} + 2e^-. \tag{4.13}$$

这个反应在界面产生电子，通过外电路流向另一个电极(Cu)。同时，Zn 电极
不断地溶解到溶液中。在铜－溶液的界面，发生还原反应并导致在电极上沉积
Cu，反应如下：

$$Cu^{2+} + 2e^- \longrightarrow Cu. \tag{4.14}$$

当新的平衡建立时这个自发过程将会结束。从能斯特方程可以看出，随着两个电化学反应的进行，由于溶液中铜离子活度的降低，铜电极的电势将减小，而锌电极的电势随溶液中锌离子活度的提高而提高。这个系统是原电池的一个典型例子，在此化学能转变为电能。当外电场作用于系统时，反应过程可以被改变甚至被逆转。

两个不同电极上施加外加电场时，电极电势可以被改变，因此在两个电极－溶液界面的电化学反应可以被逆转，电子从正的一个电极向更负的一个电极流动。这个过程称为电解，把电能转化为化学能，这是一个广泛应用于能量存储和材料加工的过程。用于电解过程的系统称为电解电池；在这个系统中与电源正极相连的电极是阳极，发生氧化反应，而与电源负极相连的电极是阴极，发生还原反应并伴随沉积。因此，有时电解沉积也称为阴极沉积。

在一个电解池中，不一定阳极一定溶解到电解液中，并沉积相同的材料到阴极上。在电极上发生的电化学反应(不论是阳极或阴极)决定于系统中材料的相对电极电势。在电解池中贵金属通常作为一种惰性电极。一个典型的电解过程由一系列步骤所构成。每个步骤可以是速率－限制过程：

(1) 物质通过溶液从一个电极传输到另一个电极。

(2) 化学反应发生在电极－溶液之间的界面处。

(3) 电子转移发生在电极表面上，并流经外部电路。

(4) 其他表面反应，如吸附、脱附或再结晶。

电化学沉积用于制备金属、半导体和导电聚合物纳米线，导电材料纳米线的生长是一种自蔓延的过程。[112]一旦小波动形成小棒，棒或线的生长将持续下去，这是由于纳米线尖端部和相反电极之间的距离比两个电极间的距离更短，因此电场和电流密度都很大。生长物质更有可能沉积到纳米线尖端，形成纳米线的连续生长。然而，这个方法很难应用到实际纳米线的合成中，因为它很难控制生长。因此，具有理想孔道的模板用于电化学沉积法纳米线的生长中。图4.21表明利用电化学沉积法基于模板生长纳米线的常见装置。[113]模板固定在阴极上，随后沉浸到沉积溶液中。阳极与阴极平行放置在沉积溶液里。当施加外电场时，阳离子向阴极扩散并还原，导致模板为孔内纳米线的生长。当施加恒定电场时，该图显示了不同沉积阶段的电流密度。Possin[100]报道了在辐射径迹蚀刻云母微孔内电化学沉积形成各种金属纳米线。Williams 和 Giordano[114]生长直径小于 10 nm 的银纳米线。利用标称微孔直径为 10~200 nm 的恒电位电化学模板合成不同的金属纳米线，包括 Ni、Co、Cu 和 Au，并发现纳米线是真正的微孔复制品。[115]Whitney 等[113]通过在径迹刻蚀模板中电化学沉积金属的方法制备了镍和钴纳米线阵列。Zhang 等在阳极氧化铝模板上使用脉冲电沉积方法生长了单晶锑纳米线。[116]脉冲电沉积法也可制备单晶和多晶的超导铅纳米线。[117]出乎意料的是，单晶铅纳米线生长需要比多晶纳米线更大的偏离平衡条件(更大过电压)。Klein 等[118]在阳极氧化铝模板上电沉积合成半导体纳米棒，包括 CdSe 和 CdTe，Schönenberger 等[119]则在多孔聚碳酸酯中电化学合成了导电聚吡咯。图 4.22 显示了在模板中电化学沉积生长的金属纳米线 SEM 图片。[116]

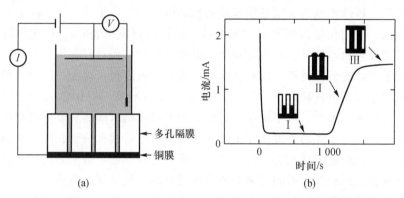

图 4.21　利用电化学沉积法基于模板生长纳米线的常见装置。(a)沉积纳米线时电极排列示意图。(b)电流－时间关系曲线，在孔径为 60 nm 的聚碳酸酯模板中沉积 Ni，电压为 －0.1 V。[T. M. Whitney, J. S. Jiang, P. C. Searson, and C. L. Chien, *Science* 261, 1316 (1993).]

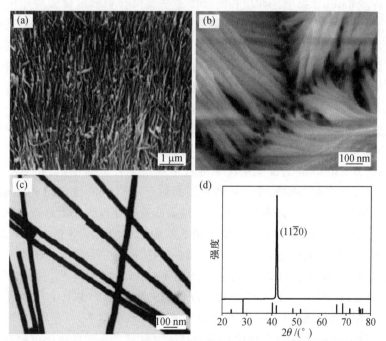

图 4.22　(a)锑纳米线阵列一般形貌的场发射 SEM 图片。(b)场发射 SEM 显示模板填充程度以及纳米线的高度变化。(c)表现单个纳米线形貌的 TEM 图片。(d)锑纳米阵列的 XRD 谱图；唯一的衍射峰表明所有纳米线具有相同的取向。[Y. Zhang, G. Li, Y. Wu, B. Zhang, W. Song, and L. Zhang, *Adv. Mater.* 14, 1227 (2002).]

使用电化学沉积法也可以制备中空金属纳米管。[120,121]对于金属纳米管的生长，模板的孔壁首先需要化学衍生化，使金属优先沉积到孔壁而不是电极底部。这样的孔壁表面化学特性通过固定硅烷分子来实现。例如，阳极氧化铝模板的微孔表面用氰基硅烷覆盖，随后电化学沉积导致金纳米管的生长。[122]

化学电解过程也用于制备纳米线或纳米棒。[120,123-125]化学镀层实际上是一种化学沉积，利用化学试剂从周围相中镀一层材料到模板表面。[126]电化学沉积和化学沉积最大的差异是，前者沉积始于电极底部和沉积材料必须导电，而后者并不要求导电的沉积材料，沉积从孔壁开始并向内进行。因此，一般来说，电化学沉积导致导电材料形成"实"的纳米棒或纳米线，而化学沉积往往生长出中空纤维或纳米管。对于电化学沉积，纳米线或纳米棒的长度可以用沉积时间来控制，而纳米管的长度则完全依赖于沉积孔道或微孔长度，往往与模板厚度相同。沉积时间的变化会导致不同的纳米管管壁厚度。沉积时间的增加产生厚壁纳米管，延长沉积时间可能形成实的纳米棒。但是延长沉积时间并不能完全保证形成实纳米棒。例如，聚苯胺管不能闭合，即使延长聚合时间。[127]

注意到，与"实"的金属纳米棒或纳米线相比较，甚至可以使用电化学沉积形成一般聚合物纳米管。在模板微孔内部聚合物的沉积或凝固始于表面并向内进行。Martin[128]提出了在生长的聚阳离子型聚合物和沿聚碳酸酯模板孔壁的阴离子位置之间的静电吸引力来解释这一现象。此外，尽管单体有高度溶解性，但是聚合物的聚阳离子形式是完全不溶的。因此，需要一个憎溶剂成分使得能在微孔表面形成沉积。[129,130]此外，通过微孔的单体扩散可能受到限制，微孔内单体可能迅速枯竭。聚合物在微孔内的沉积将停止，入口成为瓶颈。图4.23显示了这种聚合物纳米管的SEM图片。[131]

虽然许多研究小组报道了在聚碳酸酯膜上生长均匀尺寸的纳米棒和纳米线，Schönenberger等[119]报道碳酸酯膜的孔道直径并不总是均匀的。他们使用标称直径在10~200 nm的聚碳酸酯膜通过电解法生长金属包括Ni、Co、Cu和Au纳米线以及聚吡咯纳米线。从纳米线的恒定电位生长和SEM形貌研究中，他们得出结论：微孔通常不是具有恒定横截面的圆柱形状，而是雪茄状。对于标称直径为80 nm的微孔进行分析，微孔的中部被加宽了3倍。图4.24显示了在聚碳酸酯膜上通过电化学沉积生长的一些这种非均匀尺寸金属纳米线。[119]

利用AAM模板，可以合成半导体纳米线和纳米棒阵列，例如CdSe和CdTe。[46]碲化铋(Bi_2Te_3)纳米线阵列可以作为一个好例子说明电化学沉积法合成化合物纳米线阵列。Bi_2Te_3是具有特殊兴趣的热电材料，Bi_2Te_3纳米线阵列在热-电能量转换方面将会提供较高的品质因数。[47,48]通过电化学沉积在阳极氧化铝模板内生长出了多晶和单晶的Bi_2Te_3纳米线阵列。[49,50]Sander及其合作者[50]通过电化学沉积方法在相对于Hg/Hg_2SO_4参比电极-0.46 V的条件下，使用

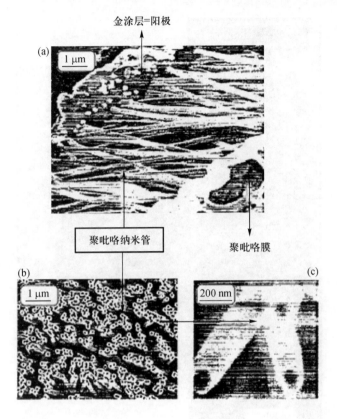

金涂层=阳极

聚吡咯纳米管

聚吡咯膜

图 4.23 聚合体纳米管的 SEM 图片。[L. Piraux,S. Dubois,and S. Demoustier-Champagne,*Nucl. Instrum. Meth. Phys. Res.* B131,357 (1997).]

含有 0.075 M Bi 和 0.1 M Te 的 1 M HNO_3 溶液，合成出直径小到约 25 nm 的 Bi_2Te_3 纳米线阵列。得到的 Bi_2Te_3 纳米线阵列为多晶，后续熔化-再结晶未能形成单晶 Bi_2Te_3 纳米线阵列。最近，通过电化学沉积方法生长出了单晶 Bi_2Te_3 纳米线阵列，使用含有 0.035 M Bi $(NO_3)_3 \cdot 5H_2O$ 和 0.05 M $HTeO_2^+$ 的溶液，而后者是通过在 5 M HNO_3 中溶解 Te 粉制得的。图 4.25 和图 4.26 为 SEM 图片和 XRD 谱，表现 Bi_2Te_3 纳米线阵列的横截面和它们的晶体取向。高分辨 TEM 和电子衍射以及 XRD 揭示了[110]方向为 Bi_2Te_3 纳米线的优先生长方向。单晶纳米线或纳米棒阵列也可通过严格控制初始沉积而获得。[51]与此类似，大面积 Sb_2Te_3 纳米线阵列也通过基于模板的电化学沉积法成功获得，但是生长的纳米线为多晶且没有清晰的优先生长方向。[52]

　　超声辅助模板电沉积法是一种合成单晶纳米棒阵列的有效方法。例如，利用这种方法合成了直径范围在 50～200 nm、化学计量成分为(Cu:S=1:1)的单晶 p 型半导体硫化铜纳米棒阵列。[53]使用的电解液为将 $Na_2S_2O_3$ (400 mM) 和

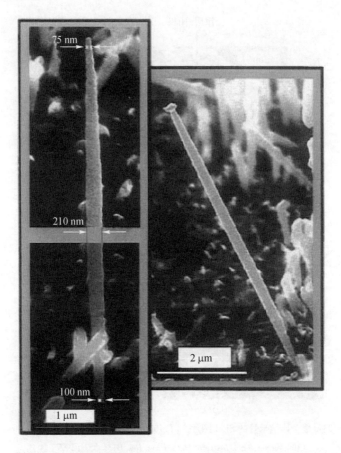

图 4.24　聚碳酸酯膜上电化学沉积生长的非均匀尺寸金属纳米线的
SEM 图片。[C. Schönenberger, B. M. I. van der Zande, L. G. J. Fokkink,
M. Henny, C. Schmid, M. Krüger, A. Bachtold, R. Huber,
H. Birk, and U. Staufer, *J. Phys. Chem.* B 101, 5497 (1997).]

$CuSO_4$ (60 mM) 溶解到去离子水中。酒石酸 (75 mM) 用于保持溶液的 pH 值低于 2.5。液态 GaIn 用做工作电极, Pt 螺旋棒作为对电极。CuS 的电沉积在恒电压下进行, 电化学沉积槽全部沉积在装有水的超声振荡器中。显著的高电流意味着电解液中物质传输过程的低阻力。[54]

4.3.2　电泳沉积

　　电泳沉积技术已经得到了广泛研究, 特别是在胶态分散体中陶瓷和有机陶瓷材料的阴极薄膜沉积。[132-134] 电泳沉积在以下几个方面与电化学沉积不同: 首先, 电泳沉积法沉积物不需要导电。其次, 胶态分散体中的纳米粒子通常由静电或静电－空间机制来稳定。正如前面章节所讨论的, 当分散在极性溶剂或电

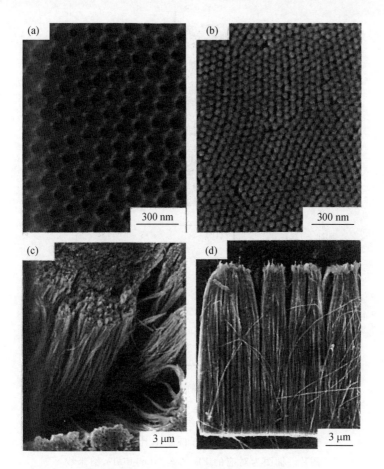

图 4.25　AAM 模板和 Bi_2Te_3 纳米线阵列的 SEM 图片。(a)AAM 的典
型 SEM 图片。(b) Bi_2Te_3 纳米线阵列表面(腐蚀时间为 5 min)。(c)
Bi_2Te_3 纳米线阵列表面(腐蚀时间为 15 min)。(d) Bi_2Te_3 纳米线阵列
横截面(腐蚀时间为 15 min)。[C. Jin, X. Xiang, C. Jia, W. Liu, W. Cai,
L. Yao, and X. Li, *J. Phys. Chem.* B108, 1844 (2004).]

解质溶液中,纳米粒子表面通过一个或多个以下机制带有电荷:①优先溶解;
②电荷或带电物质的沉积;③优先还原;④优先氧化;⑤带电物质如聚合物的
吸附。在溶剂或溶液里,带电表面将通过静电引力吸引带有相反电荷的物质
(通常称为抗衡离子)。静电力、布朗运动和渗透力的结合将导致一个所谓的
双层结构形成,正如在第 2 章已经详细讨论并用图 2.13 示意。该图描述了带
正电荷粒子的表面,负离子(抗衡离子)和正离子(表面电荷决定离子)浓度分
布和电势分布的剖面图。抗衡离子浓度随与粒子表面距离的增大而逐渐减小,
而正电荷离子浓度逐渐增加。因此,电势随距离的增大而减小。粒子表面附

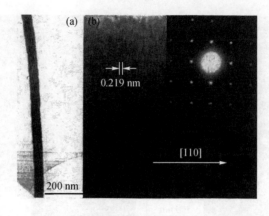

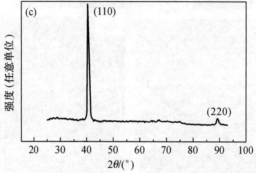

图 4.26 单晶 Bi_2Te_3 纳米线的 TEM 图片和 XRD
谱。同一个纳米线的 (a) TEM 图片和 (b) HRTEM
图片。插图为对应的 ED 图案。(c) Bi_2Te_3 纳米线
阵列的 XRD 谱 (电沉积时间为 5 min)。[C. Jin,
X. Xiang, C. Jia, W. Liu, W. Cai, L. Yao, and X. Li,
J. Phys. Chem. B108, 1844 (2004).]

近，电势线性减小，该区被称为 Stern 层。在 Stern 层以外，电势呈指数关系减
少，在 Stern 层和电势为零点之间的区域称为扩散层。在静电稳定化的经典理
论中，Stern 层和扩散层称为双层结构。

对胶态体系或溶胶施加外电场，带电粒子响应电场而产生运动，如图
4.27 所示。[138]这种类型的运动被称为电泳。由于部分溶剂或溶液与带电粒子紧
密结合，当带电粒子运动时，粒子周围的溶剂或溶液将一同运动。紧密结合的
液体层和其余液体的分界面称为滑移面。滑移面上的电位称为 Zeta 电位。Zeta
电位在确定胶态分散体或溶胶稳定性时是一个重要的参数；通常需要大于约
25 mV 的 Zeta 电位来稳定系统。[135]Zeta 电位取决于许多因素，如粒子表面电荷
密度、溶液中的抗衡离子浓度、溶剂极性和温度。球形粒子周围的 Zeta 电位

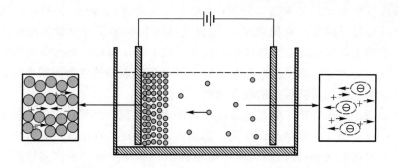

图 4.27　电泳示意图。对胶态体系或溶胶施加外电场，带电纳米粒子
或纳米团簇响应电场而产生运动，而抗衡离子向相反的方向运动。

可以描述为[136]

$$\zeta = \frac{Q}{4\pi\varepsilon_r a(1 + \kappa a)},\qquad (4.15)$$

而

$$\kappa = \left(\frac{e^2 \sum n_i z_i^2}{\varepsilon_r \varepsilon_0 kT}\right)^{1/2}.$$

其中，Q 为粒子电荷量，a 为相对于外部切变面的粒子半径，ε_r 为介质的相对介电常数，n_i 和 z_i 分别为体系中的体浓度和第 i 个离子的价态。值得注意的是，在稀释系统中一个带正电荷的表面产生一个正的 Zeta 电位，但是高浓度抗衡离子可能形成一个异号的 Zeta 电位。

纳米粒子在胶态分散体或溶胶中的迁移量 μ 取决于液体介质的介电常数 ε_ρ、纳米粒子的 Zeta 电位 ζ 以及流体的粘度 η。已经提出几种形式的关系式，如休克尔（Hückel）方程[136]：

$$\mu = \frac{2\varepsilon_r\varepsilon_0\zeta}{3\pi\eta}.\qquad (4.16)$$

双层稳定化和电泳是广泛研究的主题。读者可以在有关溶胶 – 凝胶工艺[137-139]及胶态分散体方面的书籍中发现更多的详细信息。[136,140]

电泳沉积简单利用带电粒子的定向运动，使来自胶态分散体或溶胶中的固体粒子富集到电极表面上生长出薄膜。如果粒子带正电荷（更确切地讲，具有正的 Zeta 电位），则在阴极上发生固态粒子的沉积，否则将沉积在阳极上。在电极上，表面电化学反应会产生或接收电子。在生长表面的沉积物上，双电层结构坍塌而粒子凝结。关于生长表面上粒子的沉积行为没有太多的资料，相信存在表面扩散和弛豫。一旦粒子凝结，将会形成相对强的吸引力，包括两个粒子间化学键的形成。从胶态分散体或溶胶中通过电泳沉积生长的薄膜或块状结构实际上是纳米粒子的堆积体。这种薄膜或块状结构是多孔的，即内部有空隙。通常堆积密度定义为固体分数（也称为压块密度），均小于74%，这是均匀尺寸球形粒子的最高堆积密度。[141]通过电泳沉积的薄膜或块状结构的压块密度强烈依赖于溶胶或胶态分散体中的粒子浓度、Zeta电位，外加电场和粒子表面之间反应动力学。缓慢反应和纳米粒子缓慢到达表面使得在沉积表面有充分的粒子弛豫，因而可获得高的堆积密度。

许多理论提出并用于解释电泳沉积时的表面过程。沉积表面或电极上的电化学过程很复杂，并随体系而变化。然而，总的来说，在电泳沉积过程中电流的存在表明在电极和/或沉积表面上发生还原和氧化反应。在许多情况下，电泳沉积生长的薄膜或块状物是绝缘体。然而，薄膜或块状物是多孔的，而微孔表面像纳米粒子表面一样是可以带电的，因为表面电荷依赖于固态材料和溶液。此外，微孔充满溶剂或溶液，含有平衡离子和电荷决定离子。在生长表面和底电极之间的电传导可以通过表面传导或溶液传导进行。

Limmer等[142-144]结合溶胶－凝胶制备及电泳沉积生长不同氧化物的纳米棒，包括各种复合氧化物，如锆钛酸铅和钛酸钡。在他们的方法中，传统的溶胶－凝胶工艺用于合成各种溶胶。适当控制溶胶制备，形成具有理想化学计量组成的纳米粒子，并通过适当调整pH值和溶剂中的均匀分散实现静电稳定化。当施加外加电场时，这些静电稳定的纳米粒子将作出响应，向阴极或阳极方向移动并沉积其上，这取决于纳米粒子的表面电荷（更确切地讲，Zeta电位）。在约1.5V/cm的电场下利用辐射径迹蚀刻聚碳酸酯膜，生长出直径在40～175 nm范围、厚度相当于模板厚度的10 μm长的纳米线。这些材料包括锐钛型TiO_2、非晶态SiO_2、钙钛矿结构钛酸铅$BaTiO_3$和$Pb(Ti,Zr)O_3$、层状结构钙钛矿$Sr_2Nb_2O_7$。溶胶电泳沉积生长的纳米棒是多晶或非晶。这种技术的优势之一是能够合成复合氧化物和具有理想化学计量组成的有机－无机混合物。图4.28显示了$Pb(Zr,Ti)O_3$纳米棒形貌和X射线衍射谱。[142]另一个优点是适用于各种材料[145]；图4.29显示了SiO_2、TiO_2、$Sr_2Nb_2O_7$和$BaTiO_3$纳米棒[143]。

Wang等[146]利用电泳沉积由胶体溶胶形成ZnO纳米棒。ZnO胶体溶胶制备是利用NaOH水解醋酸锌酒精溶液并添加少量硝酸锌作为黏合剂。在10～400 V的电压下，这种溶液沉积到阳极氧化铝模板的微孔中。结果发现，低电压形成致密的实心纳米棒，而较高电压导致空心管的形成。提出的机制为高电压引起阳极氧化铝介质击穿，使其成为和阴极一样的带电体。ZnO纳米粒子和孔壁之间的静电吸引导致管的形成。

Miao等[147]通过模板电化学诱导溶胶－凝胶沉积法制备了单晶TiO_2纳米线。二氧化钛电解质溶液利用Natarajan和Nogami[148]发明的方法制备，即将钛粉末溶解到H_2O_2和NH_4OH的水溶液中，并形成TiO^{2+}离子簇。当外加外电场时，TiO^{2+}离子簇扩散到阴极，进行水解和缩聚反应，并导致非晶TiO_2凝胶纳米棒

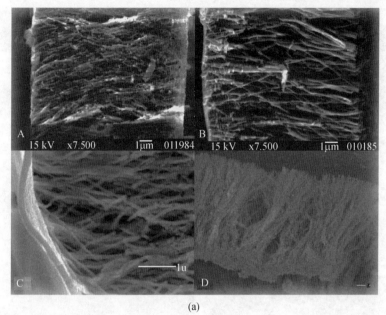

(a)

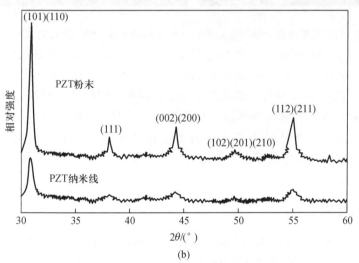

(b)

图 4.28 (a)纳米棒的 SEM 显微图;(b)利用模板溶胶－凝胶电泳沉积法生长的 Pb(Zr,Ti)O$_3$ 纳米棒的 X 射线衍射谱。[S. J. Limmer, S. Seraji, M. J. Forbess, Y. Wu, T. P. Chou, C. Nguyen, and G. Z. Cao, *Adv. Mater.* 13, 1269 (2001).]

的沉积。在 240 ℃ 空气中热处理 24 h 后,合成出直径为 10 nm、20 nm 和 40 nm,长度在 2～10 μm 范围的锐钛矿结构单晶 TiO$_2$ 纳米线。然而,没有证实晶体取向轴的存在。这里形成的单晶二氧化钛纳米棒不同于 Martin 课题组

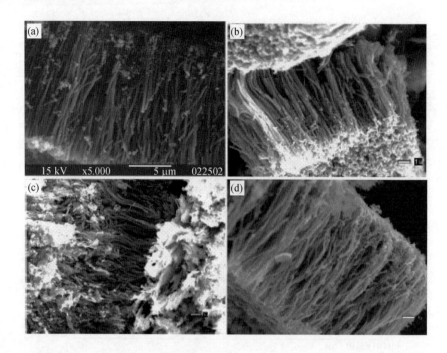

图 4.29　利用模板溶胶－凝胶电泳沉积法生长的纳米棒 SEM 显微图。(a) SiO$_2$；
(b) TiO$_2$；(c) Sr$_2$Nb$_2$O$_7$；(d) BaTiO$_3$。〔S. J. Limmer, S. Seraji, M. J. Forbess, Y. Wu,
T. P. Chou, C. Nguyen, and G. Z. Cao, *Adv. Func. Mater.* 12, 59 (2002).〕

所报道的。[149]这里单晶 TiO$_2$ 的形成是通过非晶相在高温结晶得到的，而通常认为纳米晶 TiO$_2$ 粒子外延聚集形成单晶纳米棒。虽然通过聚集纳米晶粒子没有形成大的单晶，已经出现关于两种纳米晶粒子外延聚集的相关报道[150]。图4.30 显示了利用模板电化学诱导溶胶－凝胶沉积法生长的单晶纳米 TiO$_2$ 纳米棒的显微图片。[147]

4.3.3　模板填充

　　直接填充法是合成纳米线和纳米管最简单和通用的方法。最常见的是将液态前驱体或前驱体混合物填充到微孔中。模板填充需要关注以下几个方面。第一，孔壁应有良好润湿性，以保证前驱体和或前驱体混合物能够渗透和完全填充。对于低温条件下的填充，孔壁的表面通过引入单层有机分子能够容易改性为亲水性或疏水性。第二，模板材料应当是化学惰性。第三，凝固过程中能够控制收缩。如果孔壁和填充材料之间的黏结力很弱或凝固始于中心，或者从孔的末端或均匀进行，则最有可能形成实心纳米棒。但是，如果黏结力很强，或凝固始于界面并向里面进行，则最有可能形成中空纳米管。

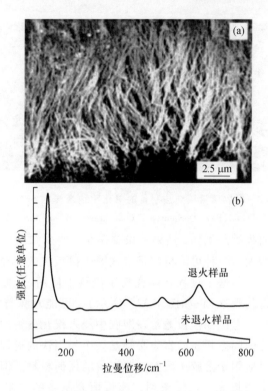

图 4.30　利用模板电化学诱导溶胶 – 凝胶沉积
法生长的单晶纳米 TiO₂ 纳米棒的显微图片。

[Z. Miao, D. Xu, J. Ouyang, G. Guo, Z. Zhao, and

Y. Tang, *Nano Lett.* 2, 717 (2002).]

4.3.3.1　胶态分散体填充

　　Martin 和他的同事[149,151]研究了利用胶态分散体简单填充模板形成各种
氧化物纳米棒和纳米管。利用适当的溶胶 – 凝胶工艺制备胶态分散体。模
板填充就是把模板在稳定的溶胶中放置一段时间。当模板微孔表面进行适
当改性后对溶胶有良好的润湿性时,毛细管力驱动溶胶进入毛孔。在微孔
充满溶胶后,从溶胶中抽出模板,在高温处理前进行干燥。高温处理有两
个目的:去除模板以获得直立纳米棒和致密化溶胶 – 凝胶衍生的毛坯纳米
棒。图 4.31 显示通过溶胶 – 凝胶模板填充法制备的 TiO₂ 和 ZnO 纳米棒的
SEM 显微图。[149]

　　在前面章节中,已讨论了溶胶 – 凝胶工艺,了解到典型溶胶中含有体积分
数高达 90 % 或更高的溶剂。[137]虽然毛细管力可确保胶态分散体完全填充到模板
的微孔内,但填充到微孔内的固态物质可能非常少。经干燥和随后的热过程,
将会发生很大的收缩。然而,结果表明,与模板微孔尺寸相比较,大部分纳米

图 4.31　通过溶胶－凝胶模板填充法制备的氧化物纳米棒的 SEM 显微图：（a）ZnO；（b）TiO$_2$。[B. B. Lakshmi, P. K. Dorhout, and C. R. Martin, *Chem. Mater.* 9, 857 (1997).]

棒仅仅发生少量的收缩。例如，结果意味着存在一些未知的机制，使微孔内部固态物质的浓度增大。一种可能机制是溶剂通过模板扩散，导致固态物质沿模板微孔内表面增多，而这一过程在陶瓷粉浆浇铸中使用。[152]通过对这种溶胶填充模板形成纳米管的观察（正如图 4.32[149]所示），可能意味着实际上会存在这样一个过程。但是，考虑到模板通常在溶胶中浸入仅几分钟的时间，因此通过模板的扩散和微孔内固态物质的富集必须是一个相当快的过程。这是一个非常通用的方法，可以应用于溶胶－凝胶工艺制备的任何材料。但是，缺点是难以保证模板微孔完全被填充。也注意到，模板填充制备的纳米棒通常多晶或非晶。也有例外出现，当纳米棒的直径小于 20 nm 时，制备了单晶 TiO$_2$ 纳米棒。[149]

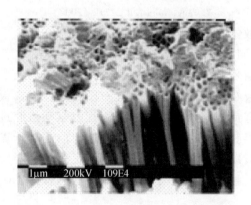

图 4.32　不完全填充模板形成的中空 V$_2$O$_5$ 纳米管。[B. B. Lakshmi, P. K. Dorhout, and C. R. Martin, *Chem. Mater.* 9, 857 (1997).]

4.3.3.2　熔融和溶液填充

金属纳米线可以通过在模板中填充熔融金属来合成。[26,153]一个例子是通过压力注射熔融的铋金属进入到阳极氧化铝模板的纳米孔道中来制备铋纳米线。[154]阳极氧化铝模板脱气后在 325 ℃(Bi 的 T_m = 271.5 ℃)浸入液体铋中，然后以约 4 500 psi 高压的氩气注入液体 Bi 到模板的纳米孔道中，持续 5 h。获得了直径为 13 ~ 110 nm 和横径比为几百的铋纳米线。单个纳米线为单晶体。当暴露到空气时铋纳米线很容易被氧化。48 h 后观察到约 4 nm 厚度的非晶氧化层。4 周后，直径为 65 nm 的铋纳米线完全被氧化。其他金属纳米线，如 In、Sn 和 Al，以及半导体 Se、Te、GaSb 和 Bi_2Te_3，都可以通过注射熔融液体到阳极氧化铝模板制备。[25]

填充包含所需单体和聚合剂的单体溶液到模板微孔中并聚合单体溶液，获得聚合物纤维。[155-158]聚合物在孔壁上优先形核和生长，正如在前面章节中讨论电化学沉积生长导电聚合物纳米线或纳米管一样，聚合物管在短沉积时间内可以形成。Cai 等[159]使用这种技术合成了聚合物纤维。

同样，通过溶液技术合成了金属和半导体纳米线。例如，Han 等[160]在介孔氧化硅模板中合成了 Au、Ag 和 Pt 纳米线。在介孔模板中填充适合的金属盐(如 $HAuCl_4$)水溶液，经过干燥和 CH_2Cl_2 处理后，样品在氢气流下还原，将盐转换成纯金属。Chen 等将 Cd 和 Mn 盐的水溶液填充到介孔氧化硅模板的微孔中，干燥样品并与 H_2S 气体反应，将其转化为(Cd,Mn)S。[161]Matsui 等[162]将 $Ni(NO_3)_2$酒精溶液填充到模板中，干燥并在 150 ℃ NaOH 溶液中进行水热处理，在碳包覆阳极氧化铝膜上生长了 $Ni(OH)_2$纳米棒。

4.3.3.3　化学气相沉积

一些研究人员利用化学气相沉积(CVD)作为一种手段来合成纳米线。Leon 等通过 Ge_2H_6气体扩散到介孔二氧化硅并加热生长出 Ge 纳米线。[163]他们认为前驱体与模板中残余的表面羟基基团反应，形成 Ge 和 H_2。Lee 等[164]使用了铂金属有机化合物填充到介孔氧化硅模板微孔中，然后在 H_2/N_2 气流下产生 Pt 纳米线。

4.3.3.4　离心沉积

离心力辅助模板填充纳米团簇是另外一种廉价的大量生产纳米棒阵列的方法。图 4.33 显示尺寸均匀和单向排列的锆钛酸铅(PZT)纳米棒阵列的 SEM 图片。[165]这种纳米棒阵列生长是通过 1 500 rpm 转速，60 min 离心转动填充 PZT 溶胶的聚碳酸酯膜而获得的。样品附着在石英玻璃上，在空气中加热到 650 ℃ 60 min。其他氧化物纳米棒阵列包括二氧化硅和二氧化钛，也用这种方法生长。离心的优势是适用于任何胶态分散体系，包括那些对电解质敏感的纳米团簇或分子组成物。然而，为了生长出纳米线阵列，离心力必须大于两种纳米粒子或纳米团簇之间的斥力。

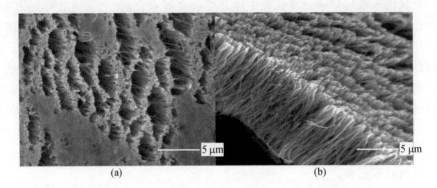

图 4.33　锆钛酸铅（PZT）纳米棒阵列的（a）俯视和（b）侧视 SEM 图片。这种纳米棒阵列生长是通过 1 500 rpm 转速，60 min 离心转动填充 PZT 溶胶的聚碳酸酯膜而获得的。样品附着在石英玻璃上，在空气中加热到 650 ℃ 60 min。［T. L. Wen, J. Zhang, T. P. Chou, S. J. Limmer, and G. Z. Cao, *J. Sol-Gel Sci. Technol.* 33, 193 – 200(2003).］

4.3.4　通过化学反应转换

　　纳米棒或纳米线也可以使用可消耗的模板来合成。[166]使用模板定向反应可以合成或制备化合物纳米线。首先制备出由组成元素构成的纳米线或纳米棒，然后与含有所需元素的化学药品反应形成最终产品。Gates 等[167]将三角结构单晶硒纳米线与 $AgNO_3$ 水溶液室温反应转换成单晶 Ag_2Se 纳米线。首先制备的三角结构硒纳米也是通过溶液合成法制备的。[43]硒纳米线与 $AgNO_3$ 水溶液反应时可以分散在水中或在 TEM 栅网上。发生下列化学反应：

$$3Se\,(s) + 6Ag^+\,(aq) + 3H_2O \longrightarrow 2Ag_2Se\,(s) + Ag_2SeO_3\,(aq) + 6H^+\,(aq).$$

$$(4.17)$$

　　这些产物都有准确的化学计量组成，无论四方（低温相）或正交结构（高温相，块体相变温度为 133 ℃）的纳米线都是单晶体。另外注意到，直径大于 40 nm 的纳米线倾向于正交结构。模板的结晶度和形态都被高保真保留。其他化合物纳米线可以通过类似办法将硒纳米线与所需化学试剂反应合成。例如，Bi_2Se_3 纳米线可以通过 Se 纳米线和 Bi 蒸气反应制备。[168]

　　通过挥发性金属卤化物或氧化物与前期获得的碳纳米管反应，可以合成直径为 2 ~ 30 nm、长度达 20 μm 的实心碳化物纳米棒，如图 4.34 所示。[169,170]在合成氮化硅和氮化硼纳米棒时，碳纳米管作为去除的模板。[171]直径为 4 ~ 40 nm 的氮化硅纳米棒通过碳纳米管和一氧化硅蒸气在 1 500 ℃ 氮气气流中反应来制备[172]：

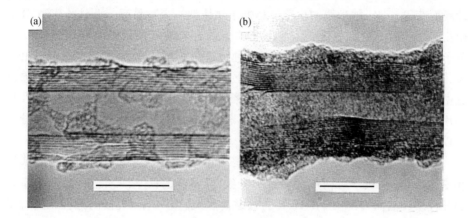

图 4.34 通过挥发性金属卤化物或氧化物与前期获得的碳纳米管反应合成直径为 2～30 nm、长度达 20 μm 的实心碳化钛纳米棒 TEM 显微图。(a)反应前的碳纳米管；(b)碳化钛。比例尺为 10 nm。[E. W. Wong, B. W. Maynor, L. D. Burns, and C. M. Lieber, *Chem. Mater.* 8, 2041 (1996).]

$$3SiO(g) + 3C(s) + 2N_2(g) \longrightarrow Si_3N_4(s) + 3CO(g). \qquad (4.18)$$

在氧化铝坩埚中 1 500 ℃加热硅和二氧化硅的固态混合物产生一氧化硅。观察到全部碳纳米管转化为氮化硅纳米棒。

通过氧化金属锌纳米线制备 ZnO 纳米线。[173]第一步，利用阳极氧化铝膜作为模板，电沉积制备没有优先晶体取向的多晶锌纳米线；第二步，在 300 ℃空气中对锌纳米线进行氧化 35 h，产生直径为 15～90 nm、长度达 50 μm 的多晶 ZnO 纳米线。虽然 ZnO 纳米线嵌入到阳极氧化铝膜中，可选择性地溶解氧化铝模板获得直立的纳米线。

通过填充分子前驱体，$(NH_4)_2MoS_4$ 和 $(NH_4)_2Mo_3S_{13}$ 混合物溶液进入氧化铝模板微孔内，制备出长度约为 30 μm、外径为 50 nm、壁厚为 10 nm 的 MoS_2 中空纳米管。然后将填充分子前驱体的模板加热到高温，分子前驱体热分解为 MoS_2。[174]

有趣的是，某些聚合物和蛋白质也能引导金属或半导体纳米线的生长。例如，Braun 等[175]报道了利用 DNA 作为模板矢量生长长度为 2 μm、直径为 100 nm 的银纳米棒的两步骤工艺。CdS 纳米线通过聚合物控制生长制备出来。[176]对于合成 CdS 纳米线，镉离子较好地分布在聚丙酰胺基体中。将含有 Cd^{2+} 离子的聚合物在 170 ℃乙二胺中与硫脲(NH_2CSNH_2)进行溶剂热处理，导致聚丙烯酰胺的退化。然后从溶剂中过滤获得直径为 40 nm、长度达 100 μm、优先取向方向为 [001] 的单晶 CdS 纳米线。

金属纳米线如钯纳米线，可以通过在单个 DNA 分子上化学沉积薄的钯连续膜而获得。[177]Pd 纳米线的比电导率低于块体钯一个数量级。此外，DNA 分子硬化时在高温下更为稳定。为了制备均匀的金属纳米线，溅射是在悬浮 DNA 分子上包覆金属的另外一种方法。[178]这种方法能够在 TEM 中视觉控制聚焦电子束，获得的纳米线直径非常细——小于 10 nm。在 Seidel 等完成的另外一项研究中，DNA 模板用于制备纳米尺寸的贵金属团簇。[179]作者研究了反应物如 Pt 盐和用于团簇生长的还原剂的最佳浓度。利用 Pt(Ⅱ)混合物黏结双链 DNA 分子可以抑制团簇的聚集。

DNA 模板也可以用于制备由吡咯烷酮包覆 Fe_2O_3、$CoFe_2O_3$ 纳米粒子或聚赖氨酸 Au 纳米粒子所构成的磁性纳米线。[180]得到的铁基纳米结构表现出室温超导性质，然而 $CoFe_2O_3$ 在 10 K 为铁磁性。人们对 DNA 模板的磁性也进行了研究。当沉积到氧化硅表面之后，模板表现出相当高的磁性。

除了利用 DNA 单分子外，Keren 等最近报道了利用 DNA 框架分子为模板合成自组织碳纳米管场发射晶体管。[181]DNA 分子之外，由 80% DNA 和 20% 十六烷吡啶基团（PVPy-20）组成的 DNA 混合物也能作为模板合成一维纳米材料，例如 CdSe 纳米棒，它表现出正电并具有强烈的线性极化光致发光现象。

通过滚环扩增（RCA）可以制备出具有重复序列基元的 DNA 分子。[182]此外，利用自组织过程可以合成由三个双螺旋 DNA 构成的新型 DNA 纳米结构模板。[183]图 4.35 显示 DNA 模板的二维点阵高分辨原子力显微图片。[183]三螺旋 DNA 分子瓦自组织进入点阵或细丝中，可以作为模板用于制备其他纳米材料，如银纳米线。[184]获得的银纳米线证实具有高传导性和均匀宽度。其他 DNA 模板包括 DNA 纳米管，是利用三交叉 DNA 分子瓦作为基本构筑单元制备得到的。[185]这些纳米管直径约为 25 nm，长度达 20 μm。DNA 纳米管可以进一步金属化以形成金属纳米结构，用于分子尺度器件的相互连接。

线性 λ-DNA 分子可以伸展和排列形成平行或交叉图案，通过化学沉积钯工艺制备 1 维平行或 2 维交叉的金属纳米线阵列。[186]完全伸展的 DNA 分子也可用做模板，在 Si 片上合成聚苯胺纳米线阵列。[187]溶液中聚苯胺/DNA 混合物形成后可以屏蔽 DNA 分子上的电荷，这将阻碍这些伸展的或固定的 DNA 分子的团聚。

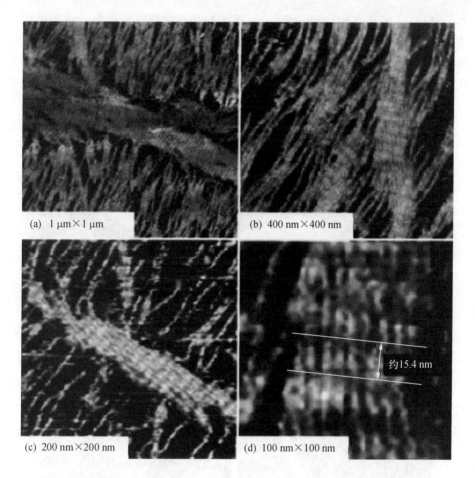

(a) 1 μm×1 μm

(b) 400 nm×400 nm

约15.4 nm

(c) 200 nm×200 nm

(d) 100 nm×100 nm

图 4.35 (a)~(d) 2D–3HB 分子瓦的 AFM 图片。图片扫描尺寸：(a)1 μm × 1 μm；(b) 400 nm ×400 nm；(c) 200 nm×200 nm；(d)100 nm×100 nm。2D–3HB 分子瓦清晰可见，瓦的平均长度约为 15.4 nm。[S. H. Park,R. Barish,H. Li,J. H. Reif,G. Finkelstein, H. Yan,and T. H. LaBean,*Nano Lett.* 5,693 (2005).]

4.4 静电纺丝

静电纺丝，也称为静电纤维加工技术，最初研发用于合成超细聚合物纤维。[188,189]静电纺丝使用电场力产生纳米尺度直径的聚合物纤维。通过静电纺丝获得的聚合物纳米纤维在光、微电子、防护服和药物释放系统中具有广泛应用。当聚合物溶液或熔化表面的电场力克服表面张力，引起电荷射流并被喷射出来时发生静电纺丝。当射流干燥或凝固时，带有电荷的纤维被保留下来。带有电荷的纤维能够被电场力控制和加速，然后以薄板或其他有用几何形状收

141

集。超过 30 多种直径在 40 ~ 500 nm 范围的聚合物纤维通过静电纺丝成功合成出来。[190,191]纤维形貌依赖于过程参数，包括溶液浓度、施加电场强度和前驱体溶液供给速率。近年来，静电纺丝广泛研究用于合成超细有机 – 无机杂化纤维。[192 - 194]例如，在强电场下通过针孔喷射含有聚乙烯吡咯烷酮(PVP)和

图 4. 36　(a)TiO$_2$/PVP 复合纳米纤维的 TEM 图片。通过电纺丝含有 0. 03 g/mL PVP 和 0. 1 g/mL Ti(O^{i}Pr)$_4$ 的乙醇溶液制备得到。(b)同一个样品在 500 ℃煅烧 3 h 后的 TEM 图片。(c)、(d)锐钛矿纳米纤维的 TEM 图片，制备条件除前驱体溶液外其余一样，(c)含有 0. 025 g/mL Ti(O^{i}Pr)$_4$，(d)含有 0. 15 g/mL Ti(O^{i}Pr)$_4$。(e)、(f)分别对应在(c)、(d)中样品的高倍率 SEM 图片。所有 SEM 研究中都没有利用喷金处理样品。[D. Li and Y. Xia, *Nano Lett.* 3, 555 (2003).]

四异丙氧基钛的酒精溶液，形成了非晶 TiO_2/PVP 复合纳米纤维，如图 4.36 所示。[194] 在 500 ℃ 空气中热解 PVP，依赖于过程参数，获得直径在 20 ~ 200 nm 范围的多孔 TiO_2 纤维。最近 Haoqing Hou 和 Darrell H. Reneker 碳化静电纺丝聚丙烯腈纳米纤维，以此作为基体生长多壁碳纳米管。[195] 在纳米管的尖部存在金属粒子，这是管生长过程中的催化剂。

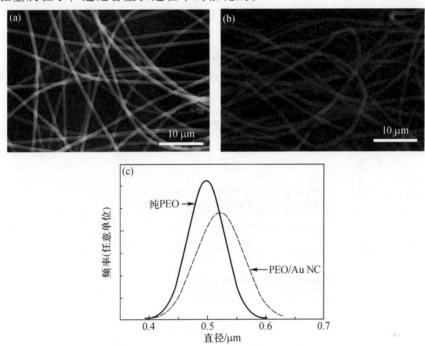

图 4.37　SEM 显微图片：(a)静电纺丝 PEO 纤维；(b)静电纺丝 PEO/Au NC 纤维；(c)它们的直径分布。[M. Bashouti,W. Salalha,M. Brumer,E. Zussman,and E. Lifshitz,*Chem. Phys. Chem.* 7,102（2006）.]

　　静电纺丝不仅是制备纳米纤维的有效方法，也是将其他纳米材料如纳米粒子与纳米纤维结合的一种技术。[196 - 202] 静电纺丝已经应用于制备含有 Au 纳米粒子一维阵列的聚合物纳米纤维中。[203] 利用半晶体聚合物聚环氧乙烷（PEO）作为模板控制纳米粒子在纳米尺度上集成。图 4.37 显示了由纯聚环氧乙烷（PEO）和 PEO/Au NC 静电纺丝纤维的 FEM - SEM 图片及其直径分布。利用 PEO 溶液静电纺丝 CdS 量子线制备出镶嵌同轴粒子线的纳米纤维。[204] 此外，这些纳米纤维在一个回转轮上收集，由于静电场形成了一维纳米绳索。这些有序量子线展现出线性极化，作为偏振光源具有潜在的应用前景。静电纺丝也可以应用于合成核－壳纳米结构，在生物医药领域具有潜在应用，如不稳定生物试剂保护和药物持续输送。[205]

4.5 光刻

光刻代表合成纳米线的另外一种途径。各种技术用于制备纳米线，如电子束光刻[206,207]、离子束光刻、扫描隧道显微镜光刻、X射线光刻、电脑探针光刻和近场光子光刻[208]。可以容易地制备出直径小于10 nm、长径比为100的纳米线。在这里仅以Yin等[209]报道的单晶硅纳米线合成为例，说明一般方法和得到的产物。图4.38概括了合成单晶硅纳米线的步骤。[209]用透明人造橡胶如聚二甲基硅氧烷(PDMS)制作相移掩模，暴露到紫外线光源下，则纳米尺度的特征将

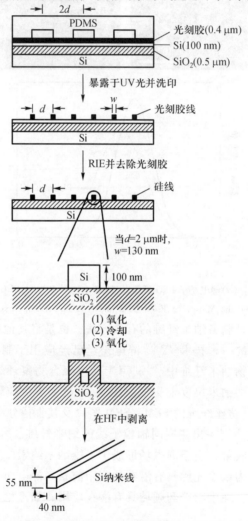

图4.38 制备单晶硅纳米线的步骤示意图。[Y. Yin, B. Gates, and Y. Xia, *Adv. Mater.* 12, 1426 (2000).]

被限定在光刻胶薄膜内。将通过掩模的光调制到近场，这样在 PDMS 上的浮雕结构图案的边缘产生一系列空值强度。因此，在光刻胶薄膜内产生了纳米尺度特征，利用反应离子刻蚀或湿法刻蚀方法将图形转入衬底。通过轻微过腐蚀使硅纳米结构与衬底分离。图 4.39 显示了利用这样的近场光刻蚀制备出的硅纳

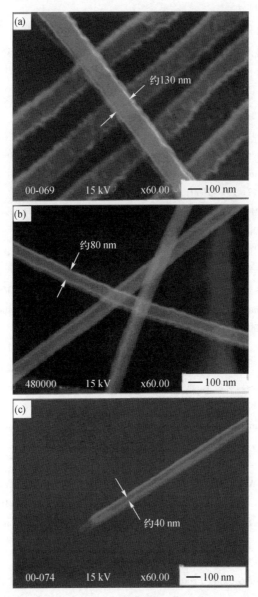

图 4.39　硅纳米结构的 SEM 图片。近场光刻蚀技术制备，利用反应离子刻蚀将图形转换到硅中，在 850 ℃空气中使硅氧化约 1 h，最后在氢氟酸溶液中剥离。［Y. Yin, B. Gates, and Y. Xia, *Adv. Mater.* 12, 1426 (2000).］

米结构的 SEM 图片，接着利用反应离子刻蚀将图形转换到硅中，在 850 ℃空气中使硅氧化约 1 h，最后在氢氟酸溶液中剥离。[209]

4.6 总结

本章总结了制备一维纳米结构的基本原理和一般方法。针对一个给定的基本原理，可以利用许多不同的方法去实现。但是本章没有介绍所有的合成方法。由于篇幅限制，只包含了通常使用合成技术相关的重要原理和概念。

■ 参考文献

1. G. R. Patzke, F. Krumeich, and R. Nesper, *Angew. Chem. Int. Ed.* 41, 2446 (2002).

2. P. M. Ajayan, O. Stephan, P. Redlich, and C. Colliex, *Nature* 375, 564 (1995).

3. H. -J. Muhr, F. Krumeich, U. P. Schônholzer, F. Bieri, M. Niederberger, L. J. Gauckler, and R. Nesper, *Adv. Mater.* 12, 231 (2000).

4. F. Krumeich, H. -J. Muhr, M. Niederberger, F. Bieri, M. Reinoso, and R. Nesper, *Mater. Res. Soc. Symp. Proc.* 581, 393 (2000).

5. J. M. Reinoso, H. - J. Muhr, F. Krumeich, F. Bieri, and R. Nesper, *Helv. Chim. Acta* 83, 1724 (2000).

6. A. Dobley, K. Ngala, S. Yang, P. Y. Zavalij, and M. S. Whittingham, *Chem. Mater.* 13, 4382 (2001).

7. K. S. Pillai, F. Krumeich, H. - J. Muhr, M. Niederberger, and R. Nesper, *Solid State Ionics* 141 – 142, 185 (2001).

8. S. M. Liu, L. M. Gan, L. H. Liu, W. D. Zhang, and H. C. Zeng, *Chem. Mater.* 14, 1391 (2002).

9. R. A. Caruso, J. H. Schattka, and A. Greiner, *Adv. Mater.* 13, 1577 (2001).

10. D. Gong, C. A. Grimes, O. K. Varghese, W. Hu, R. S. Singh, Z. Chen, and E. C. Dickey, *J. Mater. Res.* 16, 3331 (2001).

11. T. Kasuga, M. Hiramutsu, A. Hoson, T. Sekino, and K. Niihara, *Adv. Mater.* 11, 1307 (1999).

12. B. C. Satishkumar, A. Govindaraj, E. M. Vogl, L. Baumallick, and C. N. R. Rao, *J. Mater. Res.* 12, 604 (1997).

13. B. C. Satishkumar, A. Govindaraj, M. Nath, and C. N. R. Rao, *J. Mater. Chem.* 10, 2115 (2000).

14. C. N. R. Rao, B. C. Satishkumar, and A. Govindaraj, *Chem. Commun.* 16, 1581 (1997).

15. Y. Xia, P. Yang, Y. Sun, Y. Wu, B. Mayers, B. Gates, Y. Yin, F. Kim, and H. Yan, *Adv. Mater.* 15, 353 (2003).

16. P. Hartman and W. G. Perdok, *Acta Cryst.* 8, 49 (1955).

17. A. W. Vere, *Crystal Growth: Principles and Progress*, Plenum, New York, 1987.

18. W. Burton, N. Cabrera, and F. C. Frank, *Phil. Trans. Roy. Soc.* 243, 299 (1951).

19. P. Hartman and W. G. Perdok, *Acta Crystal.* 8, 49 (1955).

20. P. Hartman, *Crystal Growth: An Introduction*, North Holland, *Amsterdam*, 1973.

21. C. Herring, *Structure and Properties of Solid Surfaces*, University of Chicago, Chicago, IL, 1952.

22. W. W. Mullins, Metal Surfaces: Structure Energetics and Kinetics, *Am. Soc. Met.* Metals Park, OH, 1962.

23. G. W. Sears, *Acta Metal.* 3, 361 (1955).

24. G. W. Sears, *Acta Metal.* 3, 367 (1955).

25. E. I. Givargizov, *Highly Anisotropic Crystals*, D. Reidel, Dordrecht, 1986.

26. G. Bogels, H. Meekes, P. Bennema, and D. Bollen, *J. Phys. Chem.* B103, 7577 (1999).

27. W. Dittmar and K. Neumann, *Growth and Perfection of Crystals*, eds. , R. H. Doremus, R. W. Roberts, and D. Turnbull, John Wiley, New York, p. 121, 1958.

28. R. L. Schwoebel and E. J. Shipsey, *J. Appl. Phys.* 37, 3682 (1966).

29. R. L Schwoebel, *J. Appl. Phys.* 40, 614 (1969).

30. Z. Y. Zhang and M. G. Lagally, *Science* 276, 377 (1997).

31. Z. W. Pan, Z. R. Dai, and Z. L. Wang, *Science* 291, 1947 (2001).

32. Z. L. Wang, *Adv. Mater.* 15, 432 (2003).

33. M. Volmer and I. Estermann, *Z. Physik* 7, 13 (1921).

34. X. Y. Kong and Z. L. Wang, *Nano Lett.* 3, 1625 (2003).

35. Y. Liu, C. Zheng, W. Wang, C. Yin, and G. Wang, *Adv. Mater.* 13, 1883 (2001).

36. Y. Yin, G. Zhang, and Y. Xia, *Adv. Func. Mater.* 12, 293 (2002).

37. X. Jiang, T. Herricks and Y. Xia, *Nano Lett.* 2, 1333 (2002).

38. Y. Zhang, N. Wang, S. Gao, R. He, S. Miao, J. Liu, J. Zhu, and X. Zhang, *Chem. Mater.* 14, 3564 (2002).

39. E. G. Wolfe and T. D. Coskren, *J. Am. Ceram. Soc.* 48, 279 (1965).

40. S. Hayashi and H. Saito, *J. Cryst. Growth* 24/25, 345 (1974).

41. W. Shi, H. Peng, Y. Zheng, N. Wang, N. Shang, Z. Pan, C. Lee, and S. Lee, *Adv. Mater.* 12, 1343 (2000).

42. P. Yang and C. M. Lieber, *Science* 273, 1836 (1996).

43. B. Gates, Y. Yin, and Y. Xia, *J. Am. Chem. Soc.* 122, 12582 (2000).

44. B. Wunderlich and H. – C. Shu, *J. Cryst. Growth* 48, 227 (1980).

45. B. Mayers, B. Gates, Y. Yin, and Y. Xia, *Adv. Mater.* 13, 1380 (2001).

46. A. A. Kudryavtsev, *The Chemistry and Technology of Selenium and Tellurium*, Collet's. London, 1974.

47. B. Gates, Y. Yin, and Y. Xia, *J. Am. Chem. Soc.* 122, 582 (1999).

48. Y. Li, Y. Ding, and Z. Wang, *Adv. Mater.* 11, 847 (1999).

49. W. Wang, C. Xu, G. Wang, Y. Liu and C. Zheng, *Adv. Mater.* 14, 837 (2002).

50. C. Jin, X. Xiang, C. Jia, W. Liu, W. Cai, L. Yao, and X. Li, *J. Phys. Chem.* B108, 1844 (2004).

51. K. Govender, D. S. Boyle, P. O'Brien, D. Brinks, D. West and D. Coleman, *Adv. Mater.* 14, 1221 (2002).

52. J. J. Urban, W. S. Yun, Q. Gu, and H. Park, *J. Am. Chem. Soc.* 124, 1186 (2002).

53. J. J. Urban, J. E. Spanier, L. Ouyang, W. S. Yun, and H. Park, *Adv. Mater.* 15, 423 (2003).

54. H. W. Liao, Y. F. Wang, X. M. Liu, Y. D. Li, and Y. T. Qian, *Chem. Mater.* 12, 2819 (2000).

55. Q. Chen, W. Zhou, G. Du and L. – M. Peng, *Adv. Mater.* 14, 1208 (2002).

56. R. S. Wagner and W. C. Ellis, *Appl. Phys. Lett.* 4, 89 (1964).

57. R. S. Wagner, W. C. Ellis, K. A. Jackson, and S. M. Arnold, *J. Appl. Phys.* 35, 2993 (1964).

58. R. S. Wagner, *Whisker Technology*, ed. A. P. Levitt, Wiley, New York, 1970.

59. R. S. Wagner and W. C. Ellis, *Tans. Metal. Soc. AIME* 233, 1053 (1965).

60. G. A. Bootsma and H. J. Gassen, *J. Cryst. Growth* 10, 223 (1971).

61. C. M. Lieber, *Solid State Commun.* 107, 106 (1998).

62. J. Hu, T. W. Odom, and C. M. Lieber, *Acc. Chem. Res.* 32, 435 (1999).

63. A. M. Morales and C. M. Lieber, *Science* 279, 208 (1998).

64. D. P. Yu, Z. G. Bai, Y. Ding, Q. L. Hang, H. Z. Zhang, J. J. Wang, Y. H. Zou, W. Qian, G. C. Xoing, H. T. Zhou, and S. Q. Feng, *Appl. Phys. Lett.* 72, 3458 (1998).

65. D. P. Yu, C. S. Lee, I. Bello, X. S. Sun, Y. Tang, G. W. Zhou, Z. G. Bai, and S. Q. Feng, *Solid State Commun.* 105, 403 (1998).

66. X. Duan and C. M. Lieber, *Adv. Mater.* 12, 298 (2000).

67. E. I. Givargizov, *J. Vac. Sci. Technol. B* 11, 449 (1993).

68. Y. Wu and P. Yang, *Chem. Mater.* 12, 605 (2000).

69. M. S. Gudiksen, J. Wang, and C. M. Lieber, *J. Phys. Chem.* B105, 4062 (2001).

70. M. S. Gudiksen and C. M. Lieber, *J. Am. Chem. Soc.* 122, 8801 (2000).

71. T. Dietz, M. Duncan, M. Liverman, and R. E. Smalley, *J. Chem. Phys.* 73, 4816 (1980).

72. H. N. V. Temperley, *Proc. Combridge Phil. Soc.* 48, 683 (1952).

73. K. A. Jackson, *Growth and Perfection of Crystals*, John Wiley and Sons, New York, 1958.

74. Y. Wang, G. Meng, L. Zhang, C. Liang and J. Zhang, *Chem. Mater.* 14, 1773 (2002).

75. Y. Q. Chen, K. Zhang, B. Miao, B. Wang and J. G. Hou, *Chem. Phys. Lett.* 358, 396 (2002).

76. K. – W. Chang and J. – J. Wu, *J. Phys. Chem.* B106, 7796 (2002).

77. D. Zhang, D. N. McIlroy, Y. Geng and M. G. Norton, *J. Mater. Sci. Lett*, 18, 349 (1999).

78. I. – C. Leu, Y. – M. Lu and M. – H. Hon, *Mater. Chem. Phys.* 56, 256 (1998).

79. M. H. Huang, Y. Wu, H. Feick, N. Tran, E. Weber, and P. Yang, *Adv. Mater.* 13, 113 (2001).

80. D. R. Askkeland, *The Science and Engineering of Materials*, PWS, Boston, MA, 1989.

81. Y. C. Choi, W. S. Kim, Y. S. Park, S. M. Lee, D. J. Bae, Y. H. Lee, G. – S. Park, W. B. Choi, N. S. Lee, and J. M. Kim, *Adv. Mater.* 12, 746 (2000).

82. Z. G. Bai, D. P. Yu, H. Z. Zhang, Y. Ding, Y. P. Wang, X. Z. Gai, Q. L. Hang, G. C. Xoing and S. Q. Feng, *Chem. Phys. Lett.* 303, 311 (1999).

83. D. P. Yu, Q. L. Hang, Y. Ding, H. Z. Zhang, Z. G. Bai, J. J. Wang, Y. H. Zou, W. Qian, G. C. Xoing, and S. Q. Feng, *Appl. Phys. Lett.* 73, 3076 (1998).

84. C. C. Chen and C. C. Yeh, *Adv. Mater.* 12, 738 (2000).

85. X. F. Duan and C. M. Lieber, *J. Am. Chem. Soc.* 122, 188 (2000).

86. X. Chen, J. Li, Y. Cao, Y. Lan, H. Li, M. He, C. Wang, Z. Zhang, and Z. Qiao, *Adv. Mater.* 12, 1432 (2000).

87. T. J. Trentler, K. M. Hickman, S. C. Goel, A. M. Viano, P. C. Gobbons, and W. E. Buhro, *Science* 270, 1791 (1995).

88. W. E. Buhro, *Polyhedron* 13, 1131 (1994).

89. H. Yu and W. E. Buhro, *Adv. Mater.* 15, 416 (2003).

90. M. J. Ludowise, *J. Appl. Phys.* 58, R31 (1985).

91. J. D. Holmes, K. P. Johnston, C. Doty, and B. A. Korgel, *Science* 287, 1471 (2000).

92. J. Franks, *Acta Metal.* 6, 103 (1958).

93. R. M. Fisher, L. S. Darken, and K. G. Carroll, *Acta Metal.* 2, 368 (1954).

94. J. D. Eshelby, *Phys. Rev.* 91, 775 (1953).

95. S. E. Koonce and S. M. Arnold, *J. Appl. Phys.* 24, 365 (1953).

96. G. Z. Cao and D. W. Liu, (Review Article), *Adv. Coll. Inter. Sci.* 136, 45 (2008).

97. R. C. Furneaux, W. R. Rigby, and A. P. Davidson, *Nature* 337, 147 (1989).

98. R. L. Fleisher, P. B. Price, and R. M. Walker, *Nuclear Tracks in Solids*, University of California Press, Berkeley, CA, 1975.

99. R. J. Tonucci, B. L. Justus, A. J. Campillo, and C. E. Ford, *Science* 258, 783 (1992).

100. G. E. Possin, *Rev. Sci. Instrum.* 41, 772 (1970).

101. C. Wu and T. Bein, *Science* 264, 1757 (1994).

102. S. Fan, M. G. Chapline, N. R. Franklin, T. W. Tombler, A. M. Cassell, and H. Dai, *Science* 283, 512 (1999).

103. P. Enzel, J. J. Zoller, and T. Bein, *Chem. Commun.* 633 (1992).

104. C. Guerret-Piecourt, Y. Le Bouar, A. Loiseau, and H. Pascard, *Nature* 372, 761 (1994).

105. P. M. Ajayan, O. Stephan, P. Redlich, and C. Colliex, *Nature* 375, 564 (1995).

106. A. Despic and V. P. Parkhuitik, *Modern Aspects of Electrochemistry* Vol. 20, Plenum, New York, 1989.

107. D. AlMawiawi, N. Coombs, and M. Moskovits, *J. Appl. Phys.* 70, 4421 (1991).

108. C. A. Foss, M. J. Tierney, and C. R. Martin, *J. Phys. Chem.* 96, 9001 (1992).

109. J. B. Mohler and H. J. Sedusky, *Electroplating for the Metallurgist, Engineer and Chemist*, Chemical Publishing Co., Inc. New York, 1951.

110. A. J. Bard and L. R. Faulkner, *Electrochemical Methods*, John Wiley and Sons, New York, 1980.

111. J. W. Evans and L. C. De Jonghe, *The Production of Inorganic Materials*, Macmillan, New York, 1991.

112. F. R. N. Nabarro and P. J. Jackson, *Growth and Perfection of Crystals*, eds. R. H. Doremus, B. W. Roberts, and D. Turnbull, John Wiley, New York, p. 13, 1958.

113. T. M. Whitney, J. S. Jiang, P. C. Searson, and C. L. Chien, *Science* 261, 1316 (1993).

114. W. D. Williams and N. Giordano, *Rev. Sci. Instrum.* 55, 410 (1984).

115. B. Z. Tang and H. Xu, *Macromolecules* 32, 2569 (1999).

116. Y. Zhang, G. Li, Y. Wu, B. Zhang, W. Song, and L. Zhang, *Adv. Mater.* 14, 1227 (2002).

117. G. Yi and W. Schwarzacher, *Appl. Phys. Lett.* 74, 1746 (1999).

118. J. D. Klein, R. D. Herrick, II, D. Palmer, M. J. Sailor, C. J. Brumlik and C. R. Martin *Chem. Mater.* 5, 902 (1993).

119. C. Schönenberger, B. M. I. van der Zande, L. G. J. Fokkink, M. Henny, C. Schmid, M. Krüger, A. Bachtold, R. Huber, H. Birk, and U. Staufer, *J. Phys. Chem.* B 101, 5497 (1997).

120. C. J. Brumlik, V. P. Menon, and C. R. Martin, *J. Mater. Res.* 268, 1174 (1994).

121. C. J. Brumlik and C. R. Martin, *J. Am. Chem. Soc.* 113, 3174 (1991).

122. C. J. Miller, C. A. Widrig, D. H. Charych, and M. Majda, *J. Phys. Chem.* 92, 1928 (1988).

123. C. – G. Wu and T. Bein, *Science* 264, 1757 (1994).

124. P. M. Ajayan, O. Stephan, and Ph. Redlich, *Nature* 375, 564 (1995).

125. W. Han, S. Fan, Q. Li, and Y. Hu, *Science* 277, 1287 (1997).

126. G. O. Mallory and J. B. Hajdu (eds.), *Electroless Plating: Fundamentals and Applications*, American Electroplaters and Surface Finishers Society, Orlando, FL, 1990.

127. C. R. Martin, *Chem. Mater.* 8, 1739 (1996).

128. C. R. Martin, *Science* 266, 1961 (1994).

129. C. R. Martin, *Adv. Mater.* 3, 457 (1991).

130. J. C. Hulteen and C. R. Martin, *J. Mater. Chem.* 7, 1075 (1997).

131. L. Piraux, S. Dubois, and S. Demoustier-Champagne, *Nucl. Instrum. Meth. Phys. Res.* B131, 357 (1997).

132. I. Zhitomirsky, *Adv. Colloid Interf. Sci.* 97, 297 (2002).

133. O. O. Van der Biest and L. J. Vandeperre, *Annu. Rev. Mater. Sci.* 29, 327 (1999).

134. P. Sarkar and P. S. Nicholson, *J. Am. Ceram. Soc.* 79, 1987 (1996).

135. J. S. Reed, *Introduction to the Principles of Ceramic Processing*, John Wiley and Sons, New York, 1988.

136. R. J. Hunter, *Zeta Potential in Colloid Science: Principles and Applications*, Academic Press, London, 1981.

137. C. J. Brinker and G. W. Scherer, *Sol-Gel Science: the Physics and Chemistry of Sol-Gel Processing*, Academic Press, San Diego, CA, 1990.

138. A. C. Pierre, *Introduction to Sol-Gel Processing*, Kluwer, Norwell, MA, 1998.

139. J. D. Wright and N. A. J. M. Sommerdijk, *Sol-Gel Materials: Chemistry and Applications*, Gordon and Breach, Amsterdam, 2001.

140. D. H. Everett, *Basic Principles of Colloid Science*, The Royal Society of Chemistry, London, 1988.

141. W. D. Callister, *Materials Science and Engineering: An Introduction*, John Wiley and Sons, New York, 1997.

142. S. J. Limmer, S. Seraji, M. J. Forbess, Y. Wu, T. P. Chou, C. Nguyen, and G. Z. Cao,

Adv. Mater. 13, 1269 (2001).

143. S. J. Limmer, S. Seraji, M. J. Forbess, Y. Wu, T. P. Chou, C. Nguyen, and G. Z. Cao, *Adv. Func. Mater.* 12, 59 (2002).

144. S. J. Limmer and G. Z. Cao, *Adv. Mater.* 15, 427 (2003).

145. G. Z. Cao, (Invited Feature Article), *J. Phys. Chem.* B108, 19921 (2004).

146. Y. C. Wang, I. C. Leu and M. N. Hon, *J. Mater. Chem.* 12, 2439 (2002).

147. Z. Miao, D. Xu, J. Ouyang, G. Guo, Z. Zhao, and Y. Tang, *Nano Lett.* 2, 717 (2002).

148. C. Natarajan and G. Nogami, *J. Electrochem. Soc.* 143, 1547 (1996).

149. B. B. Lakshmi, P. K. Dorhout, and C. R. Martin, *Chem. Mater.* 9, 857 (1997).

150. R. L. Penn and J. F. Banfield, *Geochim. Cosmochim. Ac.* 63, 1549 (1999).

151. B. B. Lakshmi, C. J. Patrissi and C. R. Martin, *Chem. Mater.* 9, 2544 (1997).

152. J. S. Reed, *Introduction to Principles of Ceramic Processing*, Wiley, New York, 1988.

153. C. A. Huber, T. E. Huber, M. Sadoqi, J. A. Lubin, S. Manalis and C. B. Prater, *Science* 263, 800 (1994).

154. Z. Zhang, D. Gekhtman, M. S. Dresselhaus, and J. Y. Ying, *Chem. Mater.* 11, 1659 (1999).

155. W. Liang and C. R. Martin, *J. Am. Chem. Soc.* 112, 9666 (1990).

156. S. M. Marinakos, L. C. Brousseau, III, A. Jones, and D. L. Feldheim, *Chem. Mater.* 10, 1214 (1998).

157. P. Enzel, J. J. Zoller, and T. Bein, *Chem. Commun.* 633 (1992).

158. H. D. Sun, Z. K. Tang, J. Chen, and G. Li, *Solid State Commun.* 109, 365 (1999).

159. Z. Cai, J. Lei, W. Liang, V. Menon, and C. R. Martin, *Chem. Mater.* 3, 960 (1991).

160. Y. – J. Han, J. M. Kim, and G. D. Stucky, *Chem. Mater.* 12, 2068 (2000).

161. L. Chen, P. J. Klar, W. Heimbrodt, F. Brieler, and M. Fröba, *Appl. Phys. Lett.* 76, 3531 (2000).

162. K. Matsui, T. Kyotani, and A. Tomita, *Adv. Mater.* 14, 1216 (2002).

163. R. Leon, D. Margolese, G. Stucky, and P. M. Petroff, *Phys. Rev. B* 52, R2285 (1995).

164. K. – B. Lee, S. – M. Lee and J. Cheon, *Adv. Mater.* 13, 517 (2001).

165. T. L. Wen, J. Zhang, T. P. Chou, S. J. Limmer, and G. Z. Cao, *J. Sol-Gel Sci. Technol.* 33, 193 – 200 (2005).

166. C. – G. Wu and T. Bein, *Science* 264, 1757 (1994).

167. B. Gates, Y. Wu, Y. Yin, P. Yang, and Y. Xia, *J. Am. Chem. Soc.* 123, 11500 (2001).

168. Y. Xia, *Lecture Note of SPIE Short Course* 496, 7 July 2002.

169. H. Dai, E. W. Wong, Y. Z. Lu, S. Fan, and C. M. Lieber, *Nature* 375, 769 (1995).

170. E. W. Wong, B. W. Maynor, L. D. Burns, and C. M. Lieber, *Chem. Mater.* 8, 2041 (1996).

171. W. Han, S. Fan, Q. Li, B. Gu, X. Zhang, and D. Yu, *Appl. Phys. Lett.* 71, 2271 (1997).

172. A. Huczko, *Appl. Phys.* A70, 365 (2000).

173. Y. Li, G. S. Cheng, and L. D. Zhang, *J. Mater. Res.* 15, 2305 (2000).

174. C. M. Zelenski and P. K. Dorhout, *J. Am. Chem. Soc.* 120, 734 (1998).

175. E. Braun, Y. Eichen, U. Sivan, and G. Ben-Yoseph, *Nature* 391, 775 (1998).

176. J. Zhan, X. Yang, D. Wang, S. Li, Y. Xie, Y. Xia, and Y. Qian, *Adv. Mater.* 12, 1348 (2000).

177. J. Richter, M. Mertig, W. Pompe, I. Mönch, and H. K. Schackert, *Appl. Phys. Lett.* 78 (2001).

178. M. Remeika and A. Bezryadin, *Nanotechnology* 16, 1172 (2005).

179. R. Seidel, L. C. Ciacchi, M. Weigel, W. Pompe, and M. Mertig, *J. Phys. Chem. B* 108, 10801 (2004).

180. J. M. Kinsella, and A. Ivanisevic, *Langmuir* 23, 3886 (2007).

181. K. Keren, R. S. Berman, E. Buchstab, U. Sivan, and E. Braun, *Science* 302, 1380 (2003).

182. S. Beyer, P. Nickels, and F. C. Simmel, *Nano Lett.* 5, 719 (2005).

183. S. H. Park, R. Barish, H. Li, J. H. Reif, G. Finkelstein, H. Yan, and T. H. LaBean, *Nano Lett.* 5, 693 (2005).

184. H. Yan, S. H. Park, G. Finkelstein, J. H. Reif, and T. H. LaBean, *Science* 301, 1882 (2003).

185. D. Liu, S. Ha Park, J. H. Reif, and T. H. LaBean, *PNAS* 101, 717 (2004).

186. Z. Deng and C. Mao, *Nano Lett.* 3, 1545 (2003).

187. Y. Ma, J. Zhang, G. Zhang, and H. He, *J. Am. Chem. Soc.* 126, 7097 (2004).

188. A. Frenot and I. S. Chronakis, *Current Opin. Coll Interf. Sci.* 8, 64 (2003).

189. D. H. Reneker and I. Chun, *Nanotechnology* 7, 216 (1996).

190. H. Fong, W. Liu, C. S. Wang, and R. A. Vaia, *Polymer* 43, 775 (2002).

191. J. A. Mathews, G. E. Wnek, D. G. Simpson, and G. L. Bowlin, *Biomacromolecules* 3, 232 (2002).

192. G. Larsen, R. Velarde-Ortiz, K. Minchow, A. Barrero, and I. G. Loscertales, *J. Am. Chem. Soc.* 125, 1154 (2003).

193. H. Dai, J. Gong, H. Kim, and D. Lee, *Nanotechnology* 13, 674 (2002).

194. D. Li and Y. Xia, *Nano Lett.* 3, 555 (2003).

195. H. Hou and D. H. Reneker, *Adv. Mater.* 16, 69 (2004).

196. J. Doshi and D. H. Reneker, *J Electrostat* 35, 151 (1995).

197. A. Formhals, US Patent No. 1, 975, 504.

198. R. Sen, B. Zhao, D. Perea, M. E. Itkis, M. Hu, J. Love, E. Bekyarova, and R. C. Haddon, *Nano Lett.* 4, 459 (2004).

199. F. Ko, *et al.*, *Adv. Mater.* 15, 1161 (2003).

200. M. Wang, H. Singh, A. Hatton, and G. C. Rutledge, *Polymer* 45, 5505 (2004).

201. C. Shao, H. Y. Kim, J. Gong, B. Ding, D. R. Lee, and S. J. Park, *Mater. Lett.* 57, 1579 (2003).

202. Q. B. Yang, D. M. Li, Y. L. Hong, C. Wang, S. L. Qiu, and Y. Wei, *Synth. Met.* 137, 973 (2003).

203. G. – M. Kim, A. Wutzler, H. – J. Radusch, G. H. Michler, P. Simon, R. A. Sperling, and

W. J. Parak, *Chem. Mater.* , 17 , 4949 (2005).

204. M. Bashouti, W. Salalha, M. Brumer, E. Zussman, and E. Lifshitz, *Chem. Phys. Chem.* 7, 102 (2006).

205. Y. Zhang, Z. – M. Huang, X. Xu, C. T. Lim, and S. Ramakrishna, *Chem. Mater.* 16 , 3406 (2004).

206. K. Kurihara, K. Iwadate, H. Namatsu, M. Nagase, and K. Murase, *J. Vac. Sci. Technol.* B13, 2170 (1995).

207. H. I. Liu, D. K. Biegelsen, F. A. Ponce, N. M. Johnson, and R. F. Pease, *Appl. Phys. Lett.* 64, 1383 (1994).

208. Y. Xia, J. A. Rogers, K. E. Paul and G. M. Whitesides, *Chem. Rev.* 99, 1823 (1999).

209. Y. Yin, B. Gates, and Y. Xia, *Adv. Mater.* 12, 1426 (2000).

5

二维纳米结构：薄膜

5.1　引言

　　薄膜沉积在近一个世纪以来成为广泛研究的主题，并且形成和改进了很多制备薄膜的方法。其中很多技术广泛应用于工业中，而这些技术又为沉积技术的发展和改进提供了强大的推动力。有许多优秀教材和专著可以利用。[1-3] 本章将简要介绍薄膜生长的基本原理，总结薄膜沉积的典型成熟的实验方法。薄膜生长方法通常分为两类：气相沉积和基于液相的生长。前一种方法包括蒸发、分子束外延生长（MBE）、溅射、化学气相沉积（CVD）和原子层沉积（ALD）。后一种方法包括如电化学沉积、化学溶液沉积（CSD）、朗缪尔－布洛杰特（Langmuir – Blodgett）薄膜制备和自组装单层膜（SAM）制备。

　　薄膜沉积主要为非均匀过程，包括非均匀化学反应、蒸发、生长表面上的吸附和脱附、非均匀成核和表面生长。此外，大多数薄膜沉积和表征都是在真空条件下进行的。因此，本章在讨论薄膜沉积和生长的各种方法的细节之前，简要介绍非均匀成核的基本知识以及真空科学与技术。相关的非均匀成核的其他方面以及真空问题将与各种沉积方法结合讨论。

5.2　薄膜生长的基本原理

薄膜生长与所有相变一样，包含基体和生长表面上的形核和长大过程。形核过程在决定最终薄膜的结晶度和微观结构中起到非常重要的作用。在纳米尺度厚度的薄膜沉积中，初始形核过程尤为重要。薄膜形成时的形核过程是非均匀成核，它的能垒和临界形核尺寸在第3章已经做了简单介绍。然而，那仅限于最简单情况下的讨论。假定初始晶核尺寸和形状只依赖于体积吉布斯自由能的变化，源于过饱和度和杨氏方程所决定的表面和界面能的共同作用，没有考虑薄膜或者晶核与基体的其他相互作用。实际上，薄膜与基体的相互作用在决定最初形核和薄膜生长中起到非常重要的作用。大量的试验观察发现存在三种基本的形核模式：

（1）岛状或沃尔默－韦伯(Volmer－Weber)生长。

（2）层状或弗兰克－范德米为(Frank－van der Merwe)生长。

（3）岛－层状或斯特兰斯基－克拉斯托努夫(Stranski－Krastonov)生长。

图5.1说明薄膜生长时初始形核的这三种基本模式。岛状生长发生在生长物质彼此间的结合力大于其与基体间的结合力时。绝缘体如碱卤化物、石墨、云母基体上的许多金属体系，在初始薄膜沉积时就表现为这种类型的形核模

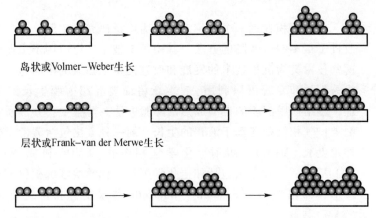

岛状或Volmer–Weber生长

层状或Frank–van der Merwe生长

岛–层状或Stranski-Krastonov生长

图5.1　薄膜生长初期形核的三种基本模式示意图(当生长物质之间的结合力大于其与基体之间的结合力时出现岛状生长)。

式。后续生长导致岛状薄膜合并形成连续薄膜。层状生长与岛状生长完全相反，即生长物质与基体间的结合力远远大于其他结合力。在沉积第二层之前，第一层完整的单层膜已经形成。层状生长模式最重要的例子就是单晶薄膜的外延生长法。岛－层状生长是居于岛状和层状生长之间的一种生长模式。这种生长模式通常与应力相关，在晶核或薄膜形成时出现。

在第 3 章中已得到临界晶核尺寸 r^* 和对应的能垒 ΔG^*，由方程式(3.47)和式(3.49)给出，叙述如下：

$$r^* = \frac{2\pi\gamma_{vf}}{\Delta G_v} \frac{\sin^2\theta\cos\theta + 2\cos\theta - 2}{2 - 3\cos\theta + \cos^3\theta}, \tag{5.1}$$

$$\Delta G^* = \frac{16\pi\gamma_{vf}}{3(\Delta G_v)^2} \frac{2 - 3\cos\theta + \cos^3\theta}{4}, \tag{5.2}$$

对岛状生长，接触角必须大于零，即 $\theta > 0°$。根据杨氏方程可以得到

$$\gamma_{sv} < \gamma_{fs} + \gamma_{vf}. \tag{5.3}$$

如果沉积时不能润湿基体或者 $\theta = 180°$ 时，形核就是均匀成核。对于层状生长，沉积时完全湿润基体，接触角等于 $0°$，相应的杨氏方程变为

$$\gamma_{sv} = \gamma_{fs} + \gamma_{vf}. \tag{5.4}$$

最重要的层状生长是单晶薄膜沉积，无论是均相外延生长(沉积的薄膜与基体具有相同的晶体结构和化学组成)，还是非均相外延生长(沉积的薄膜与基体晶体结构具有相近的匹配关系)。均相外延生长是基体的简单延伸，这样实际上基体与沉积薄膜之间不存在界面，也没有形核过程。尽管沉积物与基体有不同的化学组成，但生长物质依然与基体完美地结合在一起。因为化学组成的不同，沉积物与基体晶格常数也会不同。这种不同通常会导致在沉积物中出现应力，而应力又是导致岛－层状生长的常见原因之一。

岛－层状生长有些复杂，并与原位形成应力相关。最初的沉积可能按照层状生长模式进行。当基体与沉积物的晶格不匹配时，沉积产生弹性应变，同时形成应变能。随着沉积层数的增加，会产生更多的应力和应变能。假定没有塑性弛豫，这种应变能与沉积物的量成比例。因此，吉布斯自由能变化应该包含应变能，方程式(5.2)也应该做相应的修正：

$$\Delta G^* = \frac{16\pi\gamma_{vf}}{3(\Delta G_v + \omega)^2} \frac{2 - 3\cos\theta + \cos^3\theta}{4}, \tag{5.5}$$

式中，ω 是单位体积沉积物中由于应力产生的应变能。因为 ΔG_v 的符号为负，ω 的符号为正，所以形核时总的能垒会增加。当应力超过临界点时应变能不能释放出来，沉积物中单位面积应变能就会大于 γ_{vf}，此时允许在初始沉积层上形核。在这种情况下，基体的表面能超过沉积物表面能与基体－沉积物之间界面能的总和，即

$$\gamma_{sv} > \gamma_{fs} + \gamma_{vf}. \tag{5.6}$$

需要注意，会存在其他情况，如总体积吉布斯自由能可能发生变化。例如：有裂纹台阶和螺形位错的基体上的初始沉积或形核可导致应力释放，这样会增加总吉布斯自由能。结果是初始形核的能垒被降低，临界形核尺寸也会变小。基体电荷或杂质通过表面、静电和化学能以相似的方式影响 ΔG^*。

需要注意，上述形核模式和机理适用于单晶、多晶、非晶的沉积以及无机、有机和杂化物的沉积。无论是单晶、多晶还是非晶的沉积，都决定于沉积条件和基体。沉积温度和生长物质的碰撞速率是两个最重要因素，简要归纳如下。

（1）单晶薄膜的生长最为困难，要求：①具有严格晶格匹配的单晶基体；②清洁的基体表面以防止二次形核；③高生长温度以确保生长物质具有足够的迁移率；④生长物质低碰撞速率以确保生长物质具有充分时间发生表面扩散并合并到晶体结构中，以及在后续生长物质到达之前的结构弛豫。

（2）非晶薄膜沉积时通常发生：①低生长温度条件下，生长物质没有足够的表面迁移率；②当生长物质迁移到生长表面的流量非常大时，生长物质没有足够的时间找到低能量的生长位置。

（3）多晶薄膜的生长条件介于单晶生长和非晶薄膜沉积之间。一般来说，沉积温度要适中以确保沉积物质具有合理的表面迁移率，以及沉积物质的碰撞流量要适当高一些。

图 5.2 作为一个例子给出了化学气相沉积法制备单晶、多晶和非晶硅薄膜

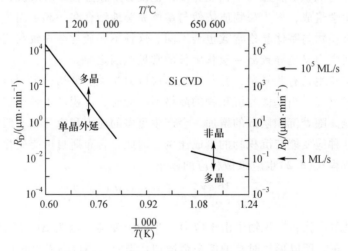

图 5.2　化学气相沉积法制备单晶、多晶和非晶硅薄膜的生长条件。［J. Bloem, *Proceedings of the Seventh Conference on CVD*, eds. T. O. Sedgwick and H. Lydtin,（ECS PV 79 - 73）,p. 41,1979.］

的生长条件。[4]以上的讨论适合于单元素薄膜。存在杂质、添加剂以及多组元材料的体系中的生长过程较为复杂。

外延生长是一个非常特殊的过程，它是在单晶基体或种籽顶部上的单晶体的形成或生长。外延生长可以进一步划分为均相外延和非均相外延。均相外延是在基体上生长薄膜，两者都是同一种材料。均相外延生长主要用于制备高质量薄膜或者在生长薄膜中引入掺杂剂。非均相外延生长是指薄膜和基体不是同一种材料的情况。均相与非均相外延生长薄膜的最明显区别之一就是薄膜与基体之间的晶格匹配。均相外延生长时薄膜与基体间没有晶格失配。相反，非均相外延生长时薄膜与基体间会出现晶格失配。晶格失配也称为错配，由如下公式给出：

$$f = \frac{a_s - a_f}{a_f}, \qquad (5.7)$$

式中 a_s 是基体无应变晶格常数，a_f 是薄膜无应变晶格常数。如果 $f > 0$，则薄膜受到拉应力作用；如果 $f < 0$，则薄膜受到压应力作用。在应变薄膜中产生应变能 E_s：

$$E_s = 2\mu_f \frac{1+v}{1-v} \varepsilon^2 hA, \qquad (5.8)$$

式中，μ_f 是薄膜的剪切模量，v 是泊松比（对大多数材料来说 $v < 1/2$），ε 是平面或者横向应变，h 是厚度，A 是表面积。应变能随着膜厚而增大。无论是在基体与薄膜间错配相对较小而产生应变，还是错配很大形成位错，都会有应变能产生。图 5.3 示意地说明晶格匹配的均相外延生长薄膜和基体，以及应变和

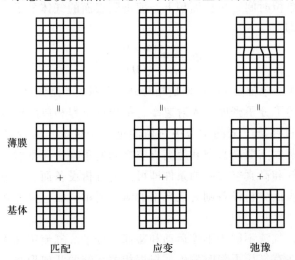

图 5.3 晶格匹配的均相外延生长薄膜和基体，以及应变和弛豫的非均相外延结构示意图。

弛豫的非均相外延结构。均相外延和非均相外延法薄膜生长都是很成熟的技术并有广泛的应用,特别是在电子工业中。

5.3 真空科学

大多数薄膜的沉积和处理是在真空下进行的。此外,几乎所有薄膜的表征也都在真空下进行。虽然关于真空的文献很丰富,但有必要对相关的主题作简要讨论,特别是对薄膜沉积和表征中经常遇到的概念进行介绍,如平均自由程、流体区域以及压力和温度对它们的影响。如果读者希望了解更多真空的基本原理及技术细节,可以参阅相关文献。[5-7]

在气相中,气体分子之间以及与容器壁之间不断地连续运动和碰撞。气体压力是气体分子向器壁动量传递的结果,是真空技术中最广泛引用的体系变量。分子连续碰撞之间的平均运动距离称为平均自由程,是依赖于压力的气体重要性质,定义为

$$\lambda_{mfp} = \frac{5 \times 10^{-3}}{P}, \tag{5.9}$$

式中,λ_{mfp} 是平均自由程,单位是 cm;P 是压强,单位是 torr。当压强低于 10^{-3} torr 时,在薄膜沉积或者表征系统中实际上只存在气体分子与真空室壁之间的碰撞,也就是气体分子间不发生碰撞。

薄膜沉积时气体冲击流量是对分子与表面冲击或碰撞频率的测量,它是最重要的参数。因为对于薄膜沉积来说,只有分子与生长面发生碰撞才能对生长过程有作用。单位时间、单位面积上,撞击到表面的气体分子数量定义为气体冲击通量 Φ,即

$$\Phi = \frac{3.513 \times 10^{22} P}{\sqrt{MT}}, \tag{5.10}$$

式中:P 是压强,单位是 torr;M 是相对分子质量;T 是温度。

图 5.4 概述了分子密度、入射速率、平均自由程和单层形成时间随压力的变化关系。[5] 通过在接下来的章节中所做的进一步讨论,读者将会明白在薄膜沉积过程中,蒸发需要高真空和超高真空之间的条件,而溅射和低压化学气相沉积则满足中等和高真空之间的条件即可。就分析设备而言,电子显微镜需要高真空条件,表面分析设备则有最严格的清洁要求,而且只能在超高真空条件下进行操作。

需要注意,气流不同于不停运动和碰撞的分子。气流定义为系统中气体的净定向运动,在有气压下降时发生。根据相关系统的几何形状、压力、温度和气体类型,气流划分为 3 个区域:分子流、中间流和粘滞流。自由分子流出现

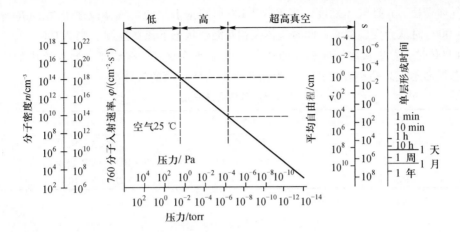

图 5.4　总结分子密度、分子入射速率、平均自由程和单层形成时间随压力的变化
关系。[A. Roth, *Vacuum Technology*, North-Holland, Amsterdam, 1976.]

在低气体密度或者高真空下，即分子间碰撞的平均自由程大于系统尺寸，且仅
发生在分子与器壁碰撞时。在高压下，因为平均自由程变小，此时分子间碰撞
将起主导作用，气流处于粘滞流区域。在自由分子流和粘滞流之间，有一个过
渡区域：中间流。上述气流可以用克努森（Knudsen）数 K_n 来定义：

$$K_n = \frac{D}{\lambda_{mfp}}, \tag{5.11}$$

式中，D 是系统的特征尺寸，也就是管道直径；λ_{mfp} 是气体平均自由程。图
5.5 表现管道不同气流区域中系统尺寸与压力的函数关系，而表 5.1 总结了对
应于气流区域的克努森数的范围。

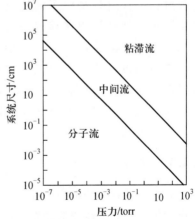

　　粘滞流有些复杂，可以进一步划分为
层流、湍流和过渡流。在气体流速较低时，
气流是层流，可以看到层状、平行的流线，
没有垂直方向上的流速，气体内部的混合
只有扩散实现。在这种气流中，气体 – 器
壁界面上的流速为零，随着远离界面而流
速逐渐增大，在有流动的管道中心到达速
度的最大值。气流行为可以用所谓的雷诺
（Reynolds）数 Re 来定义，当气体在管道中
流动时 Re 下式给出：

$$Re = \frac{Dv\rho}{\eta}, \tag{5.12}$$

式中，D 是管道直径，v 是气流速度，ρ 是

图 5.5　管道不同气流区域中系统尺寸与
压力的函数关系（表 5.1 总结了对应于气
流区域的克努森（Knudsen）数的范围）。

气体密度，η 是气体黏度。当 $Re < 2\,100$ 时对应着层流。气体流速很大，($Re > 4\,000$)时就会变成湍流，此时气体在相互混合状态下保持连续。当 $2\,100 < Re < 4\,000$ 时，发生从层流向湍流的转变，也就是转变流。在湍流、转变流中的固态界面附近总是存在层流，因为粘滞摩擦迫使表面的气体减速。

表 5.1　气流区域总结。

气 流 区 域	克努森数	$DP/(\text{cm} \cdot \text{torr})$
分子流	$K_n < 1$	$DP < 5 \times 10^{-3}$
中间流	$1 < K_n < 110$	$5 \times 10^{-3} < DP < 5 \times 10^{-1}$
粘滞流	$K_n > 110$	$DP > 5 \times 10^{-1}$

D 是系统的特征尺寸，P 是压力。

扩散是气体中的一种传质机制，也会发生在液体和固体中。扩散是从高浓度区域向低浓度区域的原子或分子的运动，因此会增加系统的熵。另外一种机制是对流，是大量气体的流动过程。对流产生于重力、离心力、电力和磁力的作用。在高压薄膜沉积中对流起到重要作用。例如，在热基体表面上的低密度较热气体将上升，而高密度较冷气体将会由此产生空缺。这种情况经常在冷壁 CVD 反应器中遇到。

5.4　物理气相沉积(PVD)

PVD 是将生长物质从一个源或靶材向基体转移并沉积其上形成薄膜的一种过程。该过程是原子的传递，通常没有化学反应的发生。已经形成了将生长物质从靶材中转移出去的多种方法。沉积物厚度可以从几个埃变化到几毫米。通常这些方法可以划分为两类：蒸发和溅射。在蒸发过程中，生长物质通过加热的方法从源中转移出去。在溅射过程中，原子或分子通过气态离子的轰击(等离子体)从固态靶材中转移出去。根据用于源或者靶材原子或分子激发的特殊技术以及沉积条件，每类方法又可以进一步划分为多种方法。

5.4.1　蒸发

蒸发是最简单的沉积方法，也被证实是最为实用的沉积简单薄膜的方法。尽管 150 年前就已经知道蒸发法可以制备薄膜[8]，但是直到 50 多年前真空技术实现工业化后才获得了大规模应用[9]。很多有关蒸发法制备薄膜的优秀书籍及评论文章已经出版了。[10]典型的蒸发系统如图 5.6 所示。这个系统由蒸发所需材料的蒸发源和以适当距离朝向蒸发源的基体所组成。蒸发源和基体都位于真空室中。在沉积过程中，基体可以被加热、施加偏压或者旋转。通过简单加热原料使其温度升高，可以产生所期望的原材料蒸气压，气相中的生长物质浓度也可以通过改变源的温度和载气流量来控制。某一元素的平衡蒸气压可以用如下方法估算：

$$\ln P_e = \frac{-\Delta H_e}{RT} + C, \quad (5.13)$$

式中，ΔH_e 是摩尔蒸发热，R 是气体常数，T 是温度，C 是一个常数。然而化合物的蒸发更为复杂，这是因为化合物有可能经历化学反应，如热解、分解和分离，并导致高温蒸发过程中气相组成与源物质组分的差异。

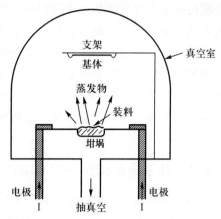

图 5.6　安装在真空室中的由蒸发材料的蒸发源和距此一定距离的基体所构成的典型的蒸发系统。

蒸发速率决定于所选材料：

$$\Phi_e = \frac{\alpha_e N_A (P_e - P_h)}{\sqrt{2\pi mRT}}, \quad (5.14)$$

式中 Φ_e 是蒸发速率；α_e 是蒸发系数，它的取值范围是 $0 \sim 1$；N_A 是阿伏加德罗常数；P_e 是蒸气压；P_h 是作用于源物质的流体静压；m 是摩尔质量；R 是气体常数；T 是温度。当以元素或化合物的混合物作为源物质生长复合膜时，气相中的化学组分很可能与源物质的不同。调整源物质的组成或者摩尔比例或许有用。然而，随着蒸发过程的进行，源物质的组分也可能发生改变，因为某一元素的蒸发速率可能比其他元素的快，从而导致这一元素首先沉积。结果是气相成分将发生变化。对于多组元体系，蒸镀薄膜的化学成分可能不同于源物质成分，并随膜厚而变化。因此，通常很难用蒸发法沉积复合膜。

用蒸发法沉积薄膜是在低压($10^{-10} \sim 10^{-3}$ torr)下完成的，在到达生长表面之前，气相中的原子或分子彼此间不会发生碰撞，因为平均自由程与蒸发源到基体距离相比非常大。原子或分子从蒸发源到生长基体的输送是沿直线进行的，因此它们所覆盖的范围相对较小，很难获得大面积均匀薄膜。为了克服这个缺点，采用了一些特殊的解决办法，包括：①利用多源代替单一点源；②旋转基板；③将蒸发源和基板都装载在一个球面上；④将上述方法组合起来使用。

除了用电阻热蒸发源物质以外，也发展了其他技术，并且得到了很多的关注和普及。例如，将激光束用于蒸发材料。被蒸发材料的吸收特性决定所选用激光的波长。为了获得多种情况下需要使用的高能量密度，通常使用脉冲激光束。这个沉积过程通常称为激光烧蚀。激光烧蚀被证明是一种很有效的沉积复合膜的技术，包括诸如高 T_c 的超导膜等复合金属氧化物膜。激光烧蚀的最大优点之一就是可以控制气相成分。原则上可以控制气相成分使其与源物质的成分一样。激光烧蚀的缺点包括体系的设计复杂，不是经常能够找到蒸发所需的激光波长，以及低能量转换效率。电子束蒸发是另外一种技术，但是局限于源物质必须是具有导电性的。电子束蒸发的优点包括由于能量密度高而可以大范围地控制蒸发速率以及低污染等。电弧蒸发通常是用来蒸发导电性源物质的另一种方法。

5.4.2 分子束外延生长(MBE)

分子束外延生长(MBE)可以视为生长单晶薄膜中的一种特殊蒸发方法，在约 10^{-10} torr 的超高真空下可以高度控制多源蒸发。[11-13]除了超高真空系统以外，MBE 通常还有实时表征结构和化学性质的能力，包括反射高能电子衍射(RHEED)、X 射线光电子谱(XPS)、俄歇电子谱(AES)。其他分析设备也可以设置在沉积室或者独立的分析室中，生长的薄膜可以从生长室转移到分析室而不暴露到周围环境中。超高真空系统和各种结构及化学表征设备通常使MBE 反应器的价格很容易超过 1 百万美元。

在 MBE 中，从单源或者多源中蒸发出来的原子或分子，在这样低的气压下不能在气相中彼此间相互作用。尽管一些气态蒸发源用于 MBE 中，但大多数分子束还是由加热置于源容器的固态材料而产生，这种容器称为泄流室或克努森容器。许多泄流室与基板呈放射状排布，如图 5.7 所示。源材料普遍通过电阻加热升温到所需要的温度。原子或者分子的平均自由程(约 100 m)远远超过沉积室中蒸发源与基板间的距离(一般约为 30 cm)。原子或者分子撞击到单

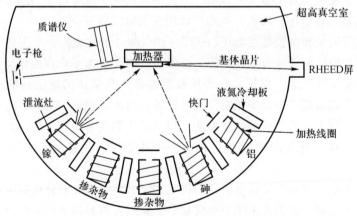

图 5.7 泄流室中基体放射状排布示意图。

晶基体上导致期望的外延生长薄膜的形成。极端清洁环境、缓慢生长速率和独立控制各源材料蒸发，这些确保在单原子层次上精确制备纳米结构和纳米材料。超高真空环境能够消除杂质和污染，这样可以容易地获得高纯薄膜。独立地控制各种源材料蒸发，使得在确定时间内精确控制沉积物的化学成分成为可能。缓慢的生长速率保障足够的表面扩散和弛豫，因此可以将任何晶体缺陷的形成保持在最低水平。

MBE 的主要特性有：

① 低生长温度(例如 550 ℃下生长 GaAs 膜)限制了扩散并保持超突变界面，这对形成二维纳米结构或多层结构(例如量子壁)非常重要。

② 低生长速率确保良好控制的二维生长(通常为 1 μm/h 生长速率)。通过控制单原子水平的生长可以得到非常光滑的表面和界面。

③ 相对于其他薄膜生长技术所具有的简单的生长机制，有助于更好地理解单独控制源材料蒸发过程。

④ 多种原位分析能力为理解和改良工艺过程提供了非常宝贵的信息。

5.4.3 溅射

溅射就是利用高能离子将原子或者分子从作为一个电极的靶材中轰击出来，然后将它们沉积到作为另一个电极的基体表面上。尽管已经形成了不同的溅射技术，但溅射过程的基本原理基本上相同。图 5.8 说明了直流(DC)和射频(RF)溅射系统的原理。[1]下面以直流放电为例来说明工艺过程。在一个典型的溅射室中作为电极的靶材和基体相向放置。将一种惰性气体(通常为氩气)，以几个到 100 mtorr 的气压引入到系统中，用于引发和维持放电过程。当引入几千 V/cm 的电场或直流电压作用于电极时，在电极间引燃电弧并持续下去。

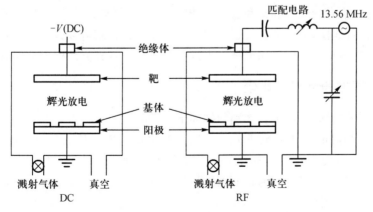

图 5.8　直流、射频溅射系统工作原理示意图。[M. Ohring, *The Materials Science of Thin Films*, Academic Press, San Diego, CA, 1992.]

自由电子将被电场加速，获得足够的能量并电离氩气原子。气体的密度或压力不能太低，否则电子不会与气相中的氩气原子发生碰撞，而是直接撞击到阳极上。然而，如果气体的密度或压力太高，电子就不会在撞击气态原子并使其电离的过程中获得足够的能量。在放电中形成的正离子 Ar^+ 轰击阴极（靶材），通过动量转移将中性靶原子喷射出来。这些原子经过放电沉积到相对的电极（生长薄膜的基体）上。除生长物质之外，如中性原子、其他负电荷物质在电场作用下也会对基体和生长薄膜表面进行轰击。

对于绝缘薄膜的沉积，在两个电极之间加一个交变电场产生等离子。常用的射频频率范围在 5 ~ 30 MHz 之间。不过，联邦通信委员会选择 13.56 MHz 频率的等离子体工艺并被广泛采用。射频溅射的关键是靶材自偏压为负电位，与直流靶材的行为相似。这种负值靶材自偏压是电子比离子更易运动和难于伴随电场周期性变化的结果。为了防止同时溅射生长薄膜或基体，溅射靶材必须是绝缘体并且与 RF 发生器是电容性耦合。这种电容将具有较低 RF 阻抗并允许在电极上形成一个直流偏压。

应当注意，在薄膜工艺技术和系统中所用到的等离子体类型，通常是低于大气压力下部分电离气体所得到的。大多数情况下，这些等离子体是非常弱电离的，电离化比例在 $10^{-5} ~ 10^{-1}$。尽管上面的讨论集中在溅射法薄膜沉积上，但是等离子体和辉光放电也广泛应用于其他薄膜工艺中，如等离子体蚀刻。[14]这方面的例子包括等离子体增强化学气相沉积（PECVD）、离子镀和反应离子蚀刻（RIE）。以等离子为基础的薄膜工艺不同于其他的薄膜沉积技术，如蒸发，因为等离子体过程不是热过程并且不能用热力学平衡来描述。

溅射多元素混合物或化合物不会导致靶材的成分变化，因此气相成分将会和靶材的一样，并在沉积过程中保持不变。为了提高或者改善沉积工艺而做了许多改进，从而产生了混合和改性的 PVD 工艺。例如，为了延长沉积物质在气相中的停留时间，在溅射过程中引入了磁场。这种溅射称为磁控溅射。为了形成化合物薄膜，反应气体也被引入到沉积室中，这种方法称为反应溅射。

5.4.4 蒸发和溅射的比较

蒸发和溅射的一些主要区别归纳如下：

① 沉积时的气压明显不同。蒸发时利用低气压，其范围一般在 $10^{-10} ~ 10^{-3}$ torr；而溅射需要相对高的气压，通常约为 100 torr。在蒸发室里面，分子或者原子彼此间不发生碰撞，而溅射过程中分子或者原子在到达生长表面之前彼此间会发生碰撞。

② 蒸发是一个可以用热力学平衡来描述的过程，而溅射则不是。

③ 蒸发过程中生长表面没有活性，而溅射过程中因为生长表面持续不断

地受到电子轰击，因而是高能量状态。

④ 蒸发制备的薄膜由大晶粒组成，而溅射制得的薄膜由较小晶粒组成并与基板有较好的结合。

⑤ 通过蒸发制备多组元体系是一个严峻的挑战，而溅射可以使靶材和薄膜的成分一致。

5.5 化学气相沉积(CVD)

CVD 是被沉积的挥发性化合物材料与其他气体进行化学反应的一种工艺，产生非挥发性的固体在适合的平面基体上以原子层次进行沉积。[1]CVD 工艺得到非常广泛的研究，并有很多文献描述[15-17]，这主要是因为它与固态微电子学密切相关。

5.5.1 典型的化学反应

由于 CVD 的多种特征，因而具有丰富的化学内容，涉及各种类型的化学反应。气相(均匀的)反应和表面(非均匀的)反应复杂地组合在一起。随着反应物温度及分压的提高，气相反应变得越来越重要。在超高浓度的反应物中气相反应占主导地位，这就导致了均匀形核。为了获得高质量薄膜的沉积，应该完全避免发生均匀形核。大量的各种化学反应可以分为以下几类：热解、还原、氧化、形成化合物、歧化反应和可逆转化，它们决定于所使用的前驱体和沉积条件。上述反应类型举例如下：

（A）高温热解或者热分解

$$SiH_4(g) \Longrightarrow Si(s) + 2H_2(g), \ 650 \ ℃, \tag{5.15}$$

$$Ni(CO)_4(g) \Longrightarrow Ni(s) + 4CO(g), \ 180 \ ℃. \tag{5.16}$$

（B）还原反应

$$SiCl_4(g) + 2H_2(g) \Longrightarrow Si(s) + 4HCl(g), \ 1\ 200 \ ℃, \tag{5.17}$$

$$WF_6(g) + 3H_2(g) \Longrightarrow W(s) + 6HF(g), \ 300 \ ℃. \tag{5.18}$$

（C）氧化反应

$$SiH_4(g) + O_2(g) \Longrightarrow SiO_2(s) + 2H_2(g), \ 450 \ ℃, \tag{5.19}$$

$$4PH_3(g) + 5O_2(g) \Longrightarrow 2P_2O_5(s) + 6H_2(g), \ 450 \ ℃. \tag{5.20}$$

（D）化合物形成

$$SiCl_4(g) + CH_4(g) \Longrightarrow SiC(s) + 4HCl(g), \ 1\ 400 \ ℃, \tag{5.21}$$

$$TiCl_4(g) + CH_4(g) \Longrightarrow TiC(s) + 4HCl(g), \ 1\ 000 \ ℃. \tag{5.22}$$

（E）歧化反应

$$2GeI_2(g) \Longrightarrow Ge(s) + GeI_4(g), \ 300 \ ℃. \tag{5.23}$$

（F）可逆转化

$$As_4(g) + As_2(g) + 6GaCl(g) + 3H_2(g) \Longrightarrow 6GaAs(s) + 6HCl(g), \quad 750 \ ℃.$$
$$(5.24)$$

CVD 工艺的化学多样性特征在沉积特定薄膜时进一步体现出来，可以使用不同的反应物或者前驱体以及利用不同的化学反应。例如，氧化硅薄膜可以利用不同的反应物按照如下化学反应中任何一种而得到[18-21]：

$$SiH_4(g) + O_2(g) \Longrightarrow SiO_2(s) + 2H_2(g), \tag{5.25}$$
$$SiH_4(g) + 2N_2O(g) \Longrightarrow SiO_2(s) + 2H_2(g) + 2N_2(g), \tag{5.26}$$
$$SiH_2Cl_2(g) + 2N_2O(g) \Longrightarrow SiO_2(s) + 2HCl(g) + 2N_2(g), \tag{5.27}$$
$$Si_2Cl_6(g) + 2N_2O(g) \Longrightarrow SiO_2(s) + 3Cl_2(g) + 2N_2(g), \tag{5.28}$$
$$Si(OC_2H_5)_4(g) \Longrightarrow SiO_2(s) + 4C_2H_4(g) + 2H_2O(g). \tag{5.29}$$

使用相同的前驱体和反应物，当反应物的比例和沉积条件发生变化时会沉积出不同的薄膜。例如，由 Si_2Cl_6 和 N_2O 的混合物可以沉积出二氧化硅和氮化硅薄膜，图 5.9 表现了二氧化硅、氮化硅的沉积速率与反应物比例和沉积条件的关系。[20]

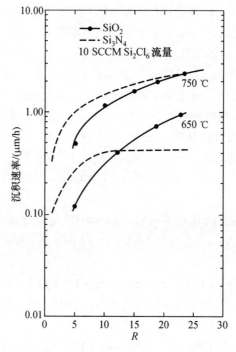

图 5.9　二氧化硅、氮化硅沉积速率随反应物
比例和沉积条件的变化关系。[R. C. Taylor and
B. A. Scott, *J. Electrochem. Soc.* 136, 2382(1989).]

5.5.2 反应动力学

尽管 CVD 是一个由化学动力学和输运现象控制的非平衡过程，但是平衡分析对理解 CVD 过程仍然有用。化学反应和相平衡决定了某一特定过程的可能性和达到的最终状态。在一给定体系中，通常包含多步骤复杂反应。目前只对那些具有工业重要性的体系进行了基本反应路径和动力学研究。以氢气还原氯代硅烷为例，来说明看似简单的体系中所包含的复杂反应路径和动力学以及沉积过程。在这个 Si – Cl – H 体系中，至少存在 8 种气体物质：$SiCl_4$、$SiCl_3H$、$SiCl_2H_2$、$SiClH_3$、SiH_4、$SiCl_2$、HCl 和 H_2。在沉积条件下处于平衡状态的这些 8 种气体由 6 个化学平衡方程所决定。利用现有的热力学数据，在总气压为一个大气压、Cl 和 H 的摩尔比 Cl/H = 0.01 的条件下，计算了与反应器温度存在函数关系的气相成分并在图 5.10 中给出。[22]

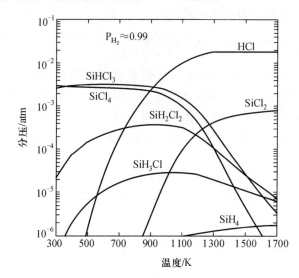

图 5.10 利用现有的热力学数据，在总气压为一个大气压、Cl 和 H 的摩尔比为 Cl/H = 0.01 的条件下计算得到与反应器温度存在函数关系的气相成分。[E. Sirtl, L. P. Hunt, and D. H. Sawyer, *J. Electrochem. Soc.* 121,919(1974).]

5.5.3 输运现象

输运现象在 CVD 过程中起到关键作用，包括控制薄膜前躯体到达基体和沉积之前影响需要和不需要的气相反应的发生。CVD 反应室的复杂几何构型和大温度梯度特征导致了各种各样的流动结构，这将会影响薄膜厚度、成分均匀性和纯度水平。[15]

在低压下操作的 CVD 反应器中，气体分子的平均自由程要比反应器的特征长度大 10 倍，气体分子之间不发生碰撞，气体的输运发生在自由分子流区域。对于大多数 CVD 系统，其特征压力是 0.01 atm 或略高，平均自由程远远大于系统的特征尺寸。此外，在大多数 CVD 的反应器中气流速度较慢，通常为几十厘米/秒，雷诺数一般小于 100，气流属于层流。结果是沉积过程中在生长表面附近形成一个厚度为 δ 的停滞边界层。在这个边界层中，生长物质的成分从块体材料浓度(P_i)降低到正在生长薄膜上的表面浓度(P_{i0})，生长物质在沉积到生长表面之前经过边界层中的扩散过程，正如在第 3 章所讨论并在图 3.6 中说明的那样。如果在典型 CVD 系统中的气体成分被适当稀释，可以适用于理想气体法则，通过边界层的气体或生长物质的扩散通量由下式给出：

$$J_i = D \frac{P_i - P_{i0}}{\delta RT}. \tag{5.30}$$

式中 D 是与温度和压力有关的扩散率：

$$D = D_0 \frac{P_0}{P} \left(\frac{T}{T_0} \right)^n. \tag{5.31}$$

其中，n 通过实验确定，约为 1.8。D_0 值是在标准温度 T_0(273 K)和压力(1 atm)下测得的 D 值，并决定于气体的结合。图 5.11 示出从 4 种不同的气态前驱体中沉积硅薄膜的沉积速率与温度的变化关系。[23]这个图也表现出在高温基体上硅薄膜沉积成为扩散－控制过程，然而在相对低温基体上表面反应是一种限制过程。

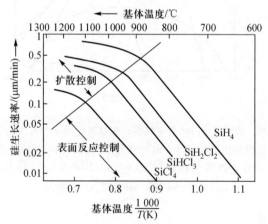

图 5.11　从 4 种不同的气态前驱体中沉积硅薄膜的沉积速率与温度的变化关系。[W. Kern, in *Microelectronic Materials and Processes*, ed. R. A. Levy, Kluwer, Boston, MA, p. 203, 1989.]

当生长速度较快、反应室气压较高时，生长物质通过边界层的扩散能够成为一个速率－限制过程。正如方程式(5.31)所示，气体扩散率与压力成反比，因此可以简单地通过降低反应器中的压力来提高通过边界层的气体扩散通量。为了获得大面积沉积薄膜，生长表面上的生长物质或者反应物的消耗可能导致薄膜的不均匀沉积。为了克服沉积薄膜中出现的这种非均匀性，设计出了各种反应室以改善通过边界层的气体－质量输运。例如，使用低气压和反应器腔室及基体底座的重新设计。

5.5.4 CVD 方法

根据使用的前驱体类型、沉积条件和为激活所期望的化学反应而引入系统的能量形式，出现了多种 CVD 方法和 CVD 反应器。例如：当有机金属化合物作为前驱体时，这个过程通常称为 MOCVD(即有机金属 CVD)；当等离子体用于促进化学反应时，这是一个等离子体增强 CVD 或 PECVD。还有许多其他改进的 CVD 方法，如 LPCVD(低压 CVD)、激光增强或辅助 CVD，以及气溶胶－辅助 CVD 或 AACVD。

化学气相沉积反应器一般分为热壁 CVD 和冷壁 CVD。图 5.12 描绘了几种常用的 CVD 反应器装置。热壁 CVD 反应器通常为管状，加热过程通过由反应器周围的电阻元件完成。[24]在典型的冷壁 CVD 反应器中，基体由石墨感应器直

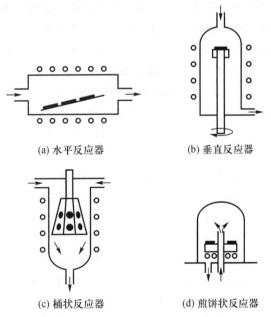

(a) 水平反应器   (b) 垂直反应器

(c) 桶状反应器   (d) 煎饼状反应器

图 5.12   几种常用的 CVD 反应器装置。

接加热，而室壁用空气或水冷却。[25]LPCVD 不同于传统的 CVD，通常使用低气压 0.5 ~ 1 torr；低气压会增大气态反应物的质量通量和在层状气流与基体之间边界层上形成的生成物量。在 PECVD 工艺中，等离子体在反应室内与 CVD 反应同时发生。一般来说，等离子体既可以通过频率范围在 100 kHz ~ 40 MHz 的射频场激发，气压在 50 mtorr ~ 5 torr 范围，也可以通过常见的 2.45 GHz 微波激发。微波能量通常与等离子体中电子的自然共振频率相耦合，而这种等离子体称为电子回旋共振（ECR）等离子体。[26]等离子体的引入大大提高了沉积速率，从而使薄膜生长在相对低的基体温度下完成。图 5.13 比较了有、无等离子体增强条件下的多晶硅薄膜生长速率。[27]MOCVD 也称为有机金属气相外延生长（OMVPE），它在气态前驱体的化学性质上不同于其他 CVD 过程，使用的是有机金属化合物。[28,29]激光也用于加强或

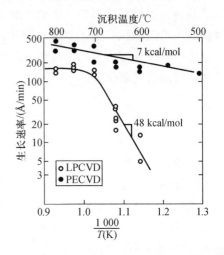

图 5.13　有、无等离子体增强作用下的多晶硅薄膜生长速率。［J. J. Hajjar, R. Reif, and D. Adler, *J. Electronic Mater.* 15,279(1986).］

者辅助化学反应或沉积，涉及两个机制：热解过程和光解过程。[30,31]在热解过程中，激光加热基体，使气体在其上面分解，并提高基体上的化学反应速率；而在光解过程中，激光光子用于直接分裂气相中的前驱体分子。气溶胶辅助 CVD 用于没有气态前驱体的体系，液态和固态前驱体的蒸气压也很低。[32-34]在这个过程中，液态前驱体雾化成液滴形式并被分散在载气中输送到沉积室。在沉积室内，前驱体液滴在基体上分解、反应和生长薄膜。

　　除了在平面基体上生长薄膜之外，对 CVD 方法进行了改进和发展，可以用气态前驱体在高度多孔的基体或者多孔介质内部沉积固相材料。两种最重要的沉积方法是电化学气相沉积（EVD）和化学气相渗透（CVI）。EVD 是一种在多孔基体上制备气密致密的固态电解质膜的方法。[35,36]研究最多的体系是在多孔氧化铝基体上沉积钇稳定的二氧化锆薄膜，用于固态氧化物燃料电池中以及作为致密膜。[35-38]在生长固态氧化物电解质膜的 EVD 工艺中，多孔基体隔离金属前驱体和氧源。通常情况下氯化物用做金属前驱体，而水蒸气、氧气、空气或它们的混合物作为氧的来源。最初，在基体微孔中这两种反应物相互扩散，只有当它们遇到时彼此反应沉积成相应的固态氧化物。当适当控制沉积条件时，固态沉积物可以在朝向金属前驱体的那一面的微孔入口处形成，并堵塞微孔。固态沉积物的位置主要决定于微孔内反应物的扩散速率以及沉积室内反应物的

浓度。在通常的沉积条件下，微孔内反应物分子的扩散处于克努森扩散区域，其中的扩散速率与相对分子质量的平方根成反比。氧前驱体扩散远快于金属前驱体，因此沉积通常发生在朝向金属前驱体的微毛入口处附近。如果沉积的固体是绝缘体，在微孔被沉积物堵塞时 CVD 沉积过程停止，这是由于两种反应物之间不再有直接的反应。但是对于固态电解质，尤其是离子－电子混合导体，沉积过程将会通过 EVD 继续进行，薄膜可以在暴露于金属前驱体蒸气的表面上生长。在这一过程中，在氧/薄膜界面处的氧和水被还原，氧离子在薄膜中迁移，而氧空位向相反的方向扩散，在薄膜/金属前驱体界面与金属前驱体发生反应并不断形成金属氧化物。

CVI 涉及多孔介质上固态产物的沉积，CVI 的首要关注点是填充多孔石墨和纤维网中的空隙，并制备为碳－碳复合材料。[39,40]以缩短沉积时间和实现均匀沉积为目的，开发了以下各种 CVI 技术用于渗透多孔基体：

（a）等温和等压渗透。

（b）热梯度渗透。[39]

（c）压力梯度渗透。[39]

（d）强制流动渗透。[41]

（e）脉冲渗透。[42]

（f）等离子体增强渗透。[41]

各种碳氢化合物已经用做 CVI 的前驱体，常用的沉积温度在 850～1 100 ℃ 范围，而沉积时间在 10～70 h 范围，这与其他气相沉积方法的沉积时间相比是很长的。沉积时间之所以很长，是因为较低的化学反应能力和气体扩散进入到多孔介质中。此外，随着多孔基体的内部固体沉积物的增多，气体扩散将逐步变慢。为了增强气体扩散引入了多种技术，其中包括强迫流动、热梯度和压力梯度。等离子体用于提高反应活性，然而在表面附近优先沉积导致了不均匀填充。由于气体在小孔隙中的扩散变得非常缓慢，所以完全填充较为困难并需要很长一段时间。

5.5.5　CVD 法制备金刚石薄膜

金刚石是一种在室温条件下的热力学亚稳相[43]，所以人造金刚石在高温高压下制备，并需要过渡金属催化剂如 Ni、Fe 和 Co 的存在。[44,45]金刚石薄膜的生长在低压力(等于或小于 1 atm)和低温(约 800 ℃)下进行，它不是一个热力学平衡过程，不同于其他 CVD 过程。关于低压气相中形成金刚石的最初报道是在 20 世纪 60 年代后期。[46,47]金刚石薄膜的典型 CVD 过程如图 5.14 所示[48]，可描述如下：烃(通常是甲烷)和氢气的混合气体导入到沉积室活化区，在那里活化能的引入使混合物中烃和氢分子发生离解并生成碳氢化合物自由基和氢原子。多种不同的活化方案在沉积金刚石薄膜时被证实是有效的，包括热丝、RF 和微波等离子体以及火焰。沉积物质抵达生长表面后将发生一系列表面反应[48]：

$$C_DH + H^{\cdot} \longrightarrow C_D^{\cdot} + H_2 , \qquad (5.32)$$

$$C_D^{\cdot} + {}^{\cdot}CH_3 \longrightarrow C_D\text{-}CH_3 , \qquad (5.33)$$

$$C_D^{\cdot} + C_xH_y \longrightarrow C_D\text{-}C_xH_y . \qquad (5.34)$$

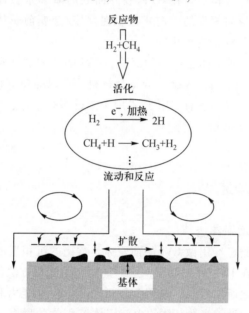

图 5.14 复合金刚石 CVD 过程中的主要因素示意图：流体或反应物进入反应器中，通过热或等离子体过程激活反应物，反应并输送物质到生长表面，以及表面化学反应沉积金刚石和其他形式的碳。[J. E. Butler and D. G. Goodwin, in *Properties, Growth and Applications of Diamond*, eds. M. H. Nazare and A. J. Neves, INSPEC, London, p. 262, 2001.]

反应式(5.32)是要激活表面位置，这是通过去除金刚石表面上与碳原子结合的氢原子而实现的。活化的表面位置既容易与碳氢自由基(反应式(5.33))结合，也容易与不饱和烃分子(如 C_2H_2，反应式(5.34))结合。已经证明，高浓度的氢原子是成功生长金刚石薄膜的一个关键因素，认为氢原子不断地从金刚石生长表面上带走石墨来确保金刚石的连续沉积。[47]利用氧气和乙炔在大气中燃烧产生火焰来沉积金刚石薄膜时，氧组元也被证明是很重要的。[49,50]其他碳氢化合物燃料包括乙烯、丙烯和甲基乙炔，都可以用做前驱体来生长金刚石薄膜。[51-54]

5.6 原子层沉积

原子层沉积(ALD)是一个独特的薄膜生长方法，与其他薄膜沉积方法明显不同。ALD 的最显著特征是自限制型生长本质，每次只有一个原子或分子层能够生长。因此，ALD 提供了真正在纳米或亚微米范围内控制薄膜厚度和表面平滑的最大可能性。关于 ALD 的优秀评论已经由 Ritala 和 Leskelä 出版。[55,56]在文献中，ALD 又称为原子层外延(ALE)、原子层生长(ALG)、原子层化学气相沉积(ALCVD)和分子层外延(MLE)。与其他薄膜沉积技术相比较，ALD 是一个相对较新的方法，并首先应用于 ZnS 薄膜的生长。[57]更多的出版物出现在 20 世纪 80 年代初的公开文献中。[58-60] ALD 可以视为一个化学气相沉积的特殊改进，或是气相自组装和表面反应的一种结合。在一个典型的 ALD 过程中，表面首先由化学反应所激活。当前驱体分子被引入到沉积室后，它们与表面活性物质反应并与基体形成化学键。由于前驱体分子之间不发生反应，在这个阶段只能沉积不超过一个分子层的厚度。接下来，与基体结合的前驱体分子单层膜再次由化学反应所激活。无论是相同的还是不同的前驱体分子，不断地被引入到沉积室中并与已经沉积的活性单层膜之间反应。重复上述步骤，以这种每次一层的方式沉积出更多的分子或原子层。

图 5.15 说明了利用 ALD 法生长二氧化钛薄膜的过程。在引入钛的前驱体四氯

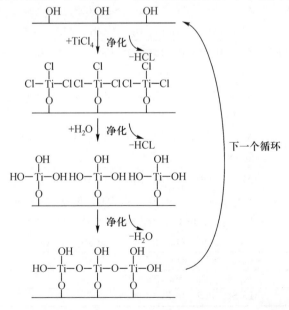

图 5.15　利用 ALD 法生长二氧化钛薄膜的主要反应及过程步骤。

化钛之前，基体首先要被羟基化。四氯化钛与基体表面的羟基发生缩合反应：

$$TiCl_4 + HO\text{-}Me \longrightarrow Cl_3Ti\text{-}O\text{-}Me + HCl, \tag{5.35}$$

式中 Me 代表金属或金属氧化物基体。当基体表面所有的羟基与四氯化钛发生反应后，反应将停止。然后清除气态副产品、HCl 和过量的前驱体分子，随后将水蒸气引入到该系统。三氯化钛团簇与基体表面经过表面水解反应形成化学结合：

$$Cl_3Ti\text{-}O\text{-}Me + H_2O \longrightarrow (HO)_3Ti\text{-}O\text{-}Me + HCl. \tag{5.36}$$

邻近水解的钛前驱体随后冷凝形成 Ti-O-Ti 连接：

$$(HO)_3Ti\text{-}O\text{-}Me + (HO)_3Ti\text{-}O\text{-}Me$$
$$\longrightarrow Me\text{-}O\text{-}Ti(HO)_2\text{-}O\text{-}Ti(HO)_2\text{-}O\text{-}Me + H_2O \tag{5.37}$$

从反应室中除去 HCl 副产品和过量水。一个周期化学反应结束后生长出一层 TiO_2 薄膜。在下一个周期中，表面羟基基团又会与钛前驱体分子反应。重复上述步骤，第二层及更多的 TiO_2 层可以通过非常精确的控制方式而被沉积出来。

经常把 ZnS 薄膜的生长作为经典例子来说明 ALD 过程的原理。$ZnCl_2$ 和 H_2S 作为前驱体。首先，$ZnCl_2$ 化学吸附于基体上，然后通入 H_2S 与 $ZnCl_2$ 反应，在基体上沉积出单层 ZnS，HCl 作为副产品被释放出来。ALD 沉积薄膜所涉及的大量前驱体材料和化学反应得到了研究。各种材料的薄膜包括各种氧化物、氮化物、氟化物、单质元素、Ⅱ–Ⅵ 和 Ⅲ–Ⅴ 族化合物，表 5.2 概括了用 ALD 沉积出来的外延、多晶或非晶形态的沉积物。[55,56]

表 5.2　ALD 法沉积的薄膜材料。[55,56]

Ⅱ–Ⅵ化合物	ZnS, ZnSe, ZnTe, $ZnS_{1-x}Se_x$, CaS, SrS, BaS, $SrS_{1-x}Se_x$, CdS, CdTe, MnTe, HgTe, $Hg_{1-x}Cd_xTe$, $Cd_{1-x}Mn_xTe$
Ⅱ–Ⅵ基荧光粉	ZnS：M(M = Mn, Tb, Tm), CaS：M(M = Eu, Ce, Tb, Pb), SrS：M(M = Ce, Tb, Pb, Mn, Cu)
Ⅲ–Ⅴ化合物	GaAs, AlAs, AlP, InP, GaP, InAs, $Al_xGa_{1-x}As$, $Ga_xIn_{1-x}As$, $Ga_xIn_{1-x}P$
氮化物	AlN, GaN, InN, SiN_x, TiN, TaN, Ta_3N_5, NbN, MoN, W_2N, Ti–Si–N
氧化物	Al_2O_3, TiO_2, ZrO_2, HfO_2, Ta_2O_5, Nb_2O_5, Y_2O_3, MgO, CeO_2, SiO_2, La_2O_3, $SrTiO_3$, $BaTiO_3$, $Bi_xTi_yO_z$, In_2O_3, In_2O_3：Sn, In_2O_3：F, In_2O_3：Zr, SnO_2, SnO_2：Sb, ZnO, ZnO：Al, Ga_2O_3, NiO, CoO_x, $YBa_2Cu_3O_{7-x}$, $LaCoO_3$, $LaNiO_3$
氟化物	CaF_2, SrF_2, ZnF_2
元素	Si, Ge, Cu, Mo, Ta, W
其他	La_2S_3, PbS, In_2S_3, $CuGaS_2$, SiC

选择合适的前驱体是成功设计 ALD 工艺的关键所在。表 5.3 概括了 ALD 前驱体的要求。[55,56]各种前驱体用于 ALD 中。例如，锌、硫元素首次用于 ALD 实验生长的 ZnS 薄膜中。[57]在 ALD 的首次演示之后不久，金属氯化物也开始用于研究。[61]金属有机化合物，包括有机金属化合物和金属醇盐也被广泛使用。对于非金属，简单氢化物几乎都被使用过：H_2O、H_2O_2、H_2S、H_2Se、H_2Te、NH_3、N_2H_4、PH_3、AsH_3、SbH_3和 HF。

表 5.3　ALD 前驱体需要满足的要求。[55]

要　求	评　述
挥发性	对于有效传输，在可实现的最大源温度下，大致的气压极限为 0.1 torr 最好为液态或气态
无自分解能力	可能破坏自限制薄膜生长机制
活跃和完成反应	确保表面反应的快速完成，因此缩短循环时间 产生高纯度薄膜 气相反应不存在问题
在薄膜或基体材料上无刻蚀	不存在其他反应路径 将阻碍薄膜生长
无薄膜的溶解	可能破坏自限制薄膜生长机制
副产物无反应性	避免腐蚀 副产物的再吸附可降低生长速率
足够的纯度	满足针对每个工艺的特殊要求
价廉	
易于合成和控制	
无毒和环境友好	

相对于其他气相沉积方法，ALD 有很多优点，特别是在以下几个方面：①精确控制薄膜厚度；②保形覆盖。能够精确控制薄膜厚度是由自限制过程本质决定的，薄膜的厚度可以通过计数反应周期数来实现数字化。保形覆盖是由于薄膜沉积不受反应区的非均匀气相分布和温度的影响。图 5.16 是在图案硅晶圆片上制得的 160 nm Ta(Al)N(C)薄膜的 X 射线衍射谱和横截面 SEM 照片。[62]该薄膜为多晶，显示出完整的保形性。沉积温度为 350 ℃，使用的前驱体是 $TaCl_5$、三甲基色氨酸铝(trimethylaluminum,TMA)和 NH_3。但是应该指出，只有前驱体的剂量和脉冲时间足以使其在所有表面、每个步骤中达到饱和状态，而且没有过量的前驱体发生分解，这样才能获得优异的保形覆盖。ALD 已经证明其在沉积多层结构或纳米薄片方面的能力，作为一个例子，图 5.17

表现为利用 ALD 技术在玻璃基体上制备纳米薄片。[63]

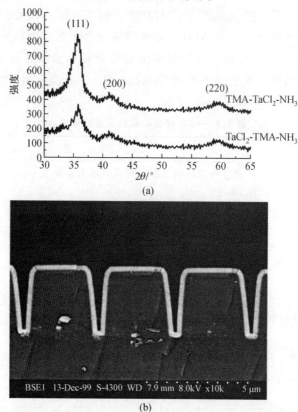

图 5.16　在图案硅晶圆片上制得的 160 nm Ta(Al)N(C)薄膜的(a)X 射线衍射谱和(b)横截面 SEM 照片。[P. Allén, M. Juppo, M. Ritala, T. Sajavaara, J. Keinonen, and M. Leskelä, *J. Electrochem. Soc.* 148, G566(2001).]

ALD 是一种用来生产大面积电致发光显示器的技术[64]，也是一种可能在未来用于制备微电子中所需非常薄的薄膜的技术[65]。然而，因为其沉积速度较慢，通常是 < 0.2 nm/周期(小于半个单层)，ALD 技术的许多其他潜在应用还不能让人满意。对于氧化硅沉积，完成一个周期的反应通常需要超过 1 min。[66,67] 最近很多尝试直接针对快速 ALD 沉积技术的发展。例如，非晶二氧化硅高保形层和氧化铝纳米薄层的沉积速率为 12 nm 或 >32 单层/每周期，该方法已被称为"交替层沉积"。[68] 这种在每个周期内的多层沉积方法的确切机制还不清楚，但明显不同于上面讨论的自限制型生长过程。在这个实验中使用的前驱体是 3 - 叔丁基硅烷醇，彼此间可以发生反应，因此这种生长不是自限制型生长。

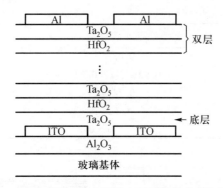

图 5.17　在 5 cm × 5 cm 玻璃基体上利用 ALD 制备纳米薄片的示意图：Al_2O_3
层作为一种离子能垒阻碍钠元素从钠石灰玻璃基体中扩散出来。[K. Kukli,
J. Ihanus, M. Ritala, and M. Leskelä, *Appl. Phys. Lett.* 68, 3737(1996).]

5.7　超晶格

　　这一章中的超晶格特指薄膜结构，是由单晶膜层周期性交替层叠组成的结构；但应该指出，专业术语超晶格最初用来描述均匀有序合金。复合膜超晶格能够表现出广泛的常规属性以及一些有趣的量子效应。当两个层都很厚时，将观察到块体材料的性能，这是由于有效混合物性能法则的频繁协同作用的结果。然而，当膜层非常薄时会出现量子效应，因为邻近薄层的载流子波函数将穿透能垒，并和其他载流子耦合。这样的结构大多是通过分子束外延方法而形成；然而，CVD 方法也能够形成超晶格。ALD 是一种独特的制备超晶格结构的技术。有机超晶格可以采用 LB 技术或自组装来形成，这将在后面的章节中讨论。表5.4 列出了一些半导体超晶格体系。[69]半导体超晶格可划分为成分超晶格和调制掺杂（选择性周期掺杂）超晶格。半导体超晶格的制备基本上是控制合成带隙结构，也被称为带隙工程。[70-72]Esaki 和 Tsu 作为先驱者在 20 世纪 70 年代合成出半导体超晶格薄膜。[73]图 5.18 是 $InGaO_3(ZnO)_5$ 超晶格结构的 TEM 图像。[74]

表 5.4　超晶格体系实例。[69]

膜　材　料	点阵错配度	沉　积　方　法
$GaAs - As_xGa_{1-x}As$	0.16%，$x = 1$	MBE，MOCVD
$In_{1-x}Ga_xAs - GaSb_{1-y}As_y$	0.61%	MBE
$GaSb - AlSb$	0.66%	MBE
$InP - Ga_xIn_{1-x}As_yP_{1-y}$		MBE
$InP - In_{1-x}Ga_xAs$	0%，$x = 0.47$	MBE，MOCVD，LPE
$GaP - GaP_{1-x}As_x$	1.86%	MOCVD
$GaAs - GaAs_{1-x}P_x$	1.79%，$x = 0.5$	MOCVD，CVD

膜 材 料	点阵错配度	沉 积 方 法
Ge – GaAs	0.08%	MBE
Si – Si$_{1-x}$Ge$_x$	0.92%，$x=0.22$	MBE，CVD
CdTe – HgTe	0.74%	MBE
MnSe – ZnSe	4.7%	MBE
PbTe – Pb$_{1-x}$Sn$_x$Te	0.44%，$x=0.2$	CVD

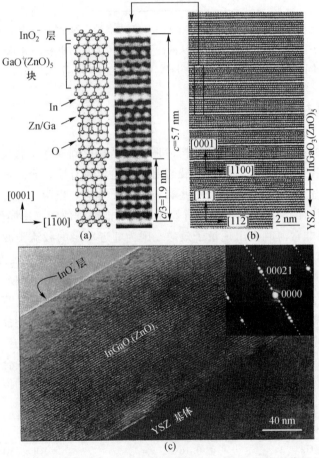

图 5.18　InGaO$_3$(ZnO)$_5$结构。(a)晶体结构示意图：HRTEM 点阵图像用于两者的比较。InO$_2^-$ 层(In^{3+} 离子占据八面体位置，由氧原子配位)和 GaO$^+$(ZnO)$_5$ 块体(Ga^{3+} 和 Zn^{2+} 离子共享三角双锥和四面体位置)沿 0001 方向以 1.9 nm(d_{0003})为一个周期交替堆垛。(b)和(c)通过反应固相外延生长于 YSZ(111)上的 InGaO$_3$(ZnO)$_5$ 薄膜的横截面 HRTEM 图片。InO$_2^-$ 层和 GaO$^+$(ZnO)$_5$ 块体的周期交替堆垛清晰可见，这也由电子衍射图片((c)中插图)所证实。在整个观察范围内是单晶体膜。最顶层膜是 InO$_2^-$ 层。[K. Nomura, H. Ohta, K. Ueda, T. Kamiya, M. Hirano, and H. Hosono, *Science* 300,1269(2003).]

迄今为止讨论的所有方法都是气相沉积方法。薄膜也可以通过湿化学过程来制备。有许多已经成熟的方法，例子包括电化学沉积、溶胶－凝胶工艺和自组装。与真空沉积的方法相比较，基于溶液的薄膜沉积方法具有很多优点（包括适度的工艺条件），因此这种方法可以应用并已广泛用于温度敏感材料的薄膜制备。适度的工艺条件也将形成无应力的薄膜。

5.8 自组装

自组装是一个通用的术语，用于描述一种过程，即在一定的外力例如化学反应、静电吸引和毛细管力的影响下，自发发生分子或者小单元如小颗粒的有序排列。本节将集中讨论由自组装方法形成分子单层或多层。一般情况下，化学键形成于组装分子和基体表面之间以及邻近层的分子之间。因此，这里的主要驱动力是总化学势的减少。第 7 章将进一步讨论纳米粒子和纳米线的自组装。目前已经研究了各种相互作用或力作为驱动力，用于以纳米对象为基本构建单元的自组装过程。

自组装单分子膜是通过将适合的基体浸入到含有表面活性剂的有机溶剂溶液中，分子自发聚集而形成的。[75,76]典型的自组装表面活性剂分子可分为三个部分，如图 5.19 所示。第一部分是首基，提供了大部分放热过程，即基体表面上的化学吸附。非常强的分子－基体间相互作用，使首基在基体表面特定位置上通过化学键与之形成明显的连接，如 Si－O 和 S－Au 共价键，以及 $-CO_2^- Ag^+$ 离子键。第二部分是烷基链，放出的热能与链之间的范德瓦耳斯相互作用相关，而与首基－基体间的化学吸附相比要小一个数量级。第三部分是链端官能度；这些在 SA 单层膜中的表面官能团在室温下是热无序的。自组装最重要的过程是化学吸附，相关能量为数十

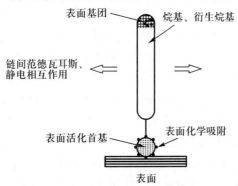

图 5.19 典型的自组装表面活性剂分子由三部分组成：表面基团、烷基或衍生化烷基和具有表面活性的首基。

kcal/mol（例如金表面的硫醇盐的能量为约 40 ~ 45 kcal/mol[77,78]）。由于首基与基体相互作用的放热作用，分子试图占据基体表面一切可以利用的结合位点，吸附的分子可能沿着表面扩散。一般情况下，尽管存在着很多缺陷，SA 单层膜可以认为是有序并具有类似二维晶体结构的紧密堆积分子聚集体。

自组装的驱动力包括静电力、疏水性和亲水性、毛细管力和化学吸附。在随后的讨论中将侧重于化学吸附在基板上的 SA 膜的形成。有几种类型的自组装方法用于制备有机单分子层，它们包括：①有机硅化物存在于羟基化的表面上，例如 SiO_2 存在于 Si 上，Al_2O_3 存在于 Al、玻璃等上[79-81]；②烷基硫醇存在于金、银、铜上[82-85]；③烷基硫化物存在于金上[86]；④烷基二硫化物存在于金上[87]；⑤醇和胺存在于铂上[86]；⑥羧酸存在于氧化铝和银上[88,89]。另一种自组装方法的分类可依据首基和基体之间形成的化学键类型，包括：①有机硅与羟基化基体（包括金属和氧化物）之间形成的 Si - O 共价键；②烷基硫醇、硫化物与贵金属如金、银、铂和铜之间形成的 S - Me 极性共价键；③羧酸、胺、醇与金属或离子化合物基体之间形成的离子键。

自组装的一个被广泛研究的重要应用，即在无机材料中引入各种所期望的官能团和表面化学。在合成和制备纳米结构和纳米材料中，特别是核 - 壳结构，自组装有机单分子膜广泛应用于将不同的材料连接在一起。

5.8.1　有机硅单分子层或硅烷衍生物

常见的烷基硅烷的分子式是 $RSiX_3$、R_2SiX_2 或 R_3SiX，其中 X 是氯或烷氧基，而 R 为碳链能够携带的不同的官能团，如胺或吡啶。Plueddemann 详细讨论了有机硅衍生物的相关化学内容。[90]通过硅烷衍生物与表面羟基化的基体如 SiO_2、TiO_2 之间的反应，可以很容易地形成单分子层。

常见的步骤，即将羟基化的表面浸入到溶液中（例如，约 $5 \times 10^{-3} M$）几分钟（例如 2 ~ 3 min），其中有机溶剂含有烷基氯代硅烷（例如 80/20 Isopar - G/CCl_4 的混合物）。对于具有较长烷基链的表面活性剂，需要的浸泡时间也较长。减少溶液中表面活性剂浓度会使形成一个完整单分子层所需的时间变长，正如图 5.20 所示，它代表了硬脂酸（$C_{17}H_{35}COOH$）在玻璃片上形成单分子层的结果。[91]形成一个完整单层的能力显然决定于基体，或者是单层分子和基体表面之间的相互作用。经过浸泡后，用甲醇、去离子水冲洗基体并干燥。硅烷衍生物的自组装一般需要有机溶剂，因为硅烷基团与水接触发生水解和缩合反应，从而导致聚集。一般情况下，烷氧基硅烷单分子膜本质上可能比烷基硫醇的单分子膜更加无序，因为烷氧基硅烷分子具有更大自由度去建立一个长程有序结构。对于具有一个以上的氯或烷氧基团的烷氧基硅烷，为了在相邻分子

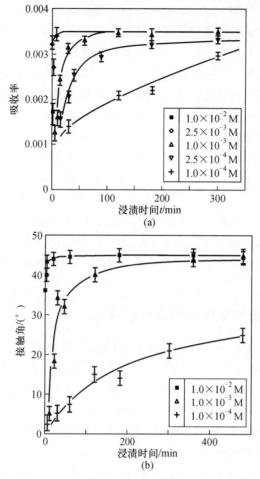

(a)

(b)

图 5.20 减少溶液中表面活性剂浓度会使形成一个完整单分子层所需
要的时间变长,正如在玻璃片上形成硬脂酸($C_{17}H_{35}COOH$)单分子层。

[S. H. Chen and C. F. Frank, *Langmuir* 5,978(1989).]

间形成如图 5.21 所示的硅 – 氧 – 硅键,在表面聚合时通常会有意地增加水分。

早在 20 世纪 60 年末就开始了有机
硅单分子膜在固定化酶中的应用研究。[92]
在制备 LB 薄膜时需要表面硅烷化以制
备疏水表面。[93]这也是有关常压下无机气
凝胶[94]和低介电常数多孔无机材料[95]制备
的研究内容。正如将在第 6 章讨论的,
氧化物 – 金属核 – 壳纳米结构的制备很
大程度上依赖于连接核与壳材料的有机

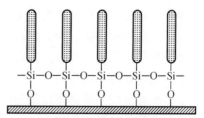

图 5.21 对于具有一个以上的氯或烷氧基团
的烷氧基硅烷,表面聚合可使相邻分子间形
成硅 – 氧 – 硅键,需要有意地增加水分。

183

单分子层的形成。例如，在制备硅－金核－壳纳米结构的常用方法中，氨化的有机硅作为一种功能基团通过自组装在氧化硅纳米粒子表面形成单分子层。其表面的胺基基团在溶液中吸引金纳米团簇，结果就形成了一个金的壳层。

使用 SA 薄膜的一个最终目标是构造含有官能团的多层膜，使其在层－层生长时具有有益的物理性能。这些功能基团包括电子施主或电子受主基团、非线性光学载色体、未成对自旋的一部分。构造一个 SA 多层膜时需要将单分子层表面改性为羟基化表面，从而通过表面凝结形成另一个 SA 单层。这种羟基化表面可以通过化学反应和非极性端基转换为羟基来得到。例子包括表面酯基团的还原、受保护表面羟基的水解、终端双键的硼氢化反应－氧化。[96,97]氧等离子体刻蚀后，将其浸入到去离子水中也可以有效地使表面羟基化。[98]按照相同的自组装程序，在活化的或者羟基化的单层上增加后续的单层，重复这个过程就可以构建多层膜。图 5.22 显示了这样一个 SA 多层结构。但是需要指出，在构建多层膜的过程中，随着薄膜厚度的增加，自组装单层的质量可能会迅速下降。[80,99]

5.8.2　烷基硫醇和硫化物的单分子层

自 1983 年开始，对 SA 体系的金表面烷基硫醇单分子层进行了广泛研究。[100]硫化合物可以与金[101,102]、银[84]、铜[103]和铂[86]的表面形成强化学键。当一个新鲜、清洁、亲水的金基体浸入到溶于有机溶剂的有机硫化物的稀溶液（例如 10^{-3} M）中，将会形成密堆和取向的单层膜。然而，浸泡时间对于烷基硫醇可以从几分钟变化到几个小时不等，或者对于硫化物和二硫化物的浸泡时间甚至长达数天。对于烷基硫醇单分子层的自组装，10^{-3} M 是在大多数实验工作中广泛使用的浓度，更高的浓度如 10^{-2} M 可以用于简单的烷基硫醇。虽然乙醇是大多数实验的首选溶剂，但其他溶剂也可以使用。选择溶剂的一个重要考虑因素是烷基硫醇衍生物的溶解度。Bain 等[101]指出，在形成烷基硫醇单分子层时溶剂的影响可以忽略。然而还是推荐使用不具有可进入二维体系趋势的那些溶剂，例如乙醇、四氢呋喃、乙腈等。

表 5.5 总结了各种首基对金基体表面上单分子层形成的影响。[104]他们研究了水和十六烷的前进接触角，以及使用椭率计测量的厚度。很显然，硫、磷与金表面强烈相互作用，形成了密堆有序的单层膜。应当指出，与硫醇和磷化氢相比较，使用异腈只能形成堆积状况较差的单分子层。在同一项研究中，他们进行了一次竞争性实验并得出结论认为，在研究的所有首基基团中硫醇基团与金表面具有最强的互相作用。

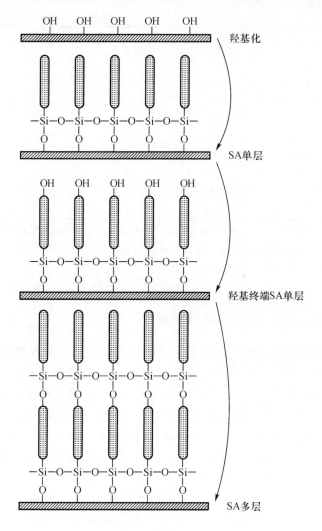

图 5.22　自组装多层结构形成过程示意图。

表 5.5　末端功能化烷基链从乙醇到金的吸附。[104]

	$\theta(H_2O)$[①]	$\theta(HD)$[②]	Thickness/Å Obsd[③]	Calcd[④]
$CH_3(CH_2)_{17}NH_2$	90	12	6	22 ~ 24
$CH_3(CH_2)_{16}OH$	95	33	9	21 ~ 23
$CH_3(CH_2)_{16}CO_2H$	92	38	7	22 ~ 24
$CH_3(CH_2)_{16}CONH_2$	74	18	7	22 ~ 24
$CH_3(CH_2)_{16}CN$	69	0	3	22 ~ 24
$CH_3(CH_2)_{21}Br$	84	31	4	28 ~ 31

	$\theta(H_2O)$[①]	$\theta(HD)$[②]	Thickness/Å Obsd[③]	Calcd[④]
$CH_3(CH_2)_{14}CO_2Et$	82	28	6	[⑧]
$[CH_3(CH_2)_9CC]_2Hg$	70	0	4	17 ~ 19
$[CH_3(CH_2)_{15}]_3P$[⑤]	111	44	21	21 ~ 23
$CH_3(CH_2)_{22}NC$	102	28	30	29 ~ 33
$CH_3(CH_2)_{15}SH$[⑥]	112	47	20	22 ~ 24
$[CH_3(CH_2)_{15}S]_2$	110	44	23	22 ~ 24
$[CH_3(CH_2)_{15}]_2S$[⑦]	112	45	20	22 ~ 24
$CH_3(CH_2)_{15}OCS_2Na$	108	45	21	24 ~ 26

注：①水的前进接触角。②十六烷的前进接触角。③按照 $n=1.45$，使用椭率数据计算得到。④假定链为密堆、贯穿延长和从法线到表面的倾斜角在 0° ~ 30° 之间。⑤乙腈吸附。⑥参考文献 105。⑦参考文献 106。⑧酯基团很大，无法形成一个密堆单层。

5.8.3　羧酸、胺、乙醇的单分子层

长链脂肪酸在氧化物[107,88]和金属[89]基体上的自发吸附和自排列是另一个广泛研究的自组装体系。最常用的首基基团包括 $-COOH$、$-OH$ 和 $-NH_2$，它们首先在溶液中离子化，然后与基体形成离子键。虽然首基基团与基体之间的相互作用在自组装过程中起到最重要的作用并决定 SA 单层产物的质量，但烷基链也发挥了重要作用。除了链间的范德瓦耳斯和静电相互作用外，烷基链可能会为首基基团的较好排列提供空间，在自组装过程中形成密堆 SA 单层或限制堆积和有序化，决定于烷基链的分子结构。[108,110]

SA 单分子层已经被研发用于表面化学改性、在表面上引入官基团、构造多层结构。SA 单分子层也被用于提高界面处的黏附力。[90]各种官基团也可以被纳入或部分取代表面活性剂分子中的烷基链。SA 单分子层也被用于合成和制备硅烷基团连接氧化物和胺连接金属的核 – 壳型纳米结构。[109]

自组装是薄膜合成的一种湿化学路线，主要是有机或无机 – 有机混合薄膜。这种方法通常用于通过形成单分子层的表面改性，通常称为自组装单分子层（SAM）。这种方法也被应用于组装纳米结构材料，如将纳米粒子组装成宏观尺度的有序结构，如阵列或光子带隙晶体。可以说，所有材料形成中的自发生长过程都可视为自组装过程，如单晶生长或薄膜沉积。在这些过程中，生长物质在低能量位置进行自组装。这里用于自组装的生长物质通常是原子。按自组装更传统的定义来讲，生长物质通常为分子。然而，纳米粒子或甚至微米尺寸的粒子也可用做自组装的生长物质。

5.9　朗缪尔－布洛杰特薄膜

朗缪尔－布洛杰特(Langmuir － Blodgett)膜(LB膜)是两性分子从气－液界面(通常为水－空气界面)转移到固体基体上形成的单层和多层膜,这一过程一般称为LB技术(LB技术)。[110]Langmuir首次系统地研究了在水－空气界面处的两性分子单层膜,第一个研究了长链羧酸在固体基体上沉积多层膜。[111]

在详细讨论LB膜之前,先简要回顾一下什么是两性分子。两性分子是指不溶于水的分子,它的一端是亲水性的,因此优先浸入水中;另一端是疏水性的,优先存在于空气中或非极性溶剂中。经典的两性分子的例子是硬脂酸 $C_{17}H_{35}CO_2H$。在这个分子中,长的烃尾 $C_{17}H_{35}$ － 是疏水性的,而羧酸首基基团 － CO_2H 是亲水性的。由于两性分子的一端是亲水性的而另一端为疏水性的,因此它们容易处于界面处,例如空气－水或水－油之间。这是它们被称为表面活性剂的原因。但是应该指出的是,两性分子在水中的溶解度取决于烷基链长度和亲水端强度的相互平衡。形成LB膜需要一定强度的亲水端。如果亲水端的强度太弱,则无法形成LB膜。但是,如果亲水端的强度太强,两性分子就易溶于水而无法形成一个单分子层。表5.6总结了不同首基基团的性质。[112]可溶性两性分子的浓度超过其临界胶束浓度时,可能会在水中形成胶束,这将在第6章的有序介孔材料合成中进一步讨论。

表5.6　不同官能团在形成 C_{16} －化合物 LB 膜中的作用。[112]

非常弱 (无膜)	弱 (不稳定膜)	强 (稳定膜)	非常强 (溶解)
烃 － CH_2I － CH_2Br － CH_2Cl － NO_2	－ CH_2OCH_3 － $C_6H_4OCH_3$ － $COOCH_3$	－ CH_2OH － $COOH$ － CN － $CONH_2$ － $CH = NOH$ － C_6H_4OH － CH_2COCH_3 － $NHCONH_2$ － $NHCOCH_3$	－ SO_3^- － OSO_3^- － $C_6H_4SO_4^-$ － NR_4^+

LB 技术是独一无二的，因为单分子层可以转移到许多不同的基体上。大多数 LB 沉积需要在亲水基体上以回缩模式转移单分子层。[113] 玻璃、石英和其他具有氧化表面的金属可作为基体，但最常用的基体还是具有二氧化硅表面的硅片。金是一种无氧化的基体，也常用来沉积 LB 膜。然而，金具有较高的表面能(约 1 000 mJ/m^2)，而且很容易被污染，这将会导致 LB 膜不光滑。基体表面的洁净度是高品质 LB 膜的关键。此外，有机两性分子的纯度非常重要，因为两性分子的任何污染都将被带入到单分子层中。

图 5.23 示出朗缪尔薄膜的形成，表示水 – 空气界面处的分子膜，一滴稀释的含有双性分子挥发性溶剂(如 CHCl$_3$)的溶液，在水槽的水 – 空气界面上展开。随着溶剂的蒸发，两性分子分散到界面处。栅栏移动并将分子压到水 – 气界面处；分子间距离减小而表面压力增大。可能会发生相变，即由"气态"到"液态"的转变。在液态下单分子层是连续的，与凝聚相比较，此时分子占据更大的面积。当栅栏进一步压缩薄膜时，可以看到第二个相变的发生，即从"液态"到"固态"的改变。在这个凝聚相中，分子紧密堆积并均匀取向。

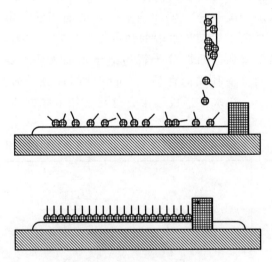

图 5.23　朗缪尔薄膜形成示意图：水 – 空气界面处的分
子膜，一滴稀释的含有双性分子挥发性溶剂(如 CHCl$_3$)
的溶液，在水槽的水 – 空气界面上展开。

通常用两种方法将单分子层从水 – 气界面转移到固体基体上。更传统的方法是垂直沉积，如图 5.24 所示。当基体穿过水 – 气界面的单分子层时，单分子层在脱出(回缩或上升)或浸入(浸泡或下沉)过程中被转移。当基体表面是亲水性，并且亲水性首基基团与表面发生相互作用时，单分子层在基体缩回时发生转移。但是，如果基体表面为疏水性的，疏水的烷基链与基体相互作用，单分子层将在基体浸入时发生转移。如果沉积过程发生在亲水性的基体上时，在第一次单分子层转移后它将变成疏水性，因此第二次单分子层的转移将发生在基板浸入时。重复这一过程就可以合成多层薄膜。图 5.25 表明薄膜厚度随着层数的增加而成比例增大。[114]

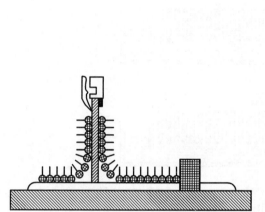

图 5.24　基体上形成 LB 膜的更为传统的垂直沉积方法。

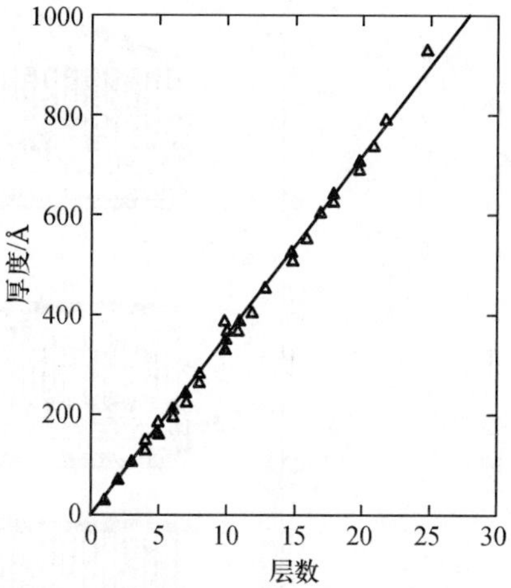

图 5.25　薄膜厚度随着层数的增加而成比例增大。[N. Tillman, A. Ulman, and T. L. Penner, *Langmuir* 5, 101 (1989).]

　　构造 LB 多层结构的另一种方法是水平提升，也称为谢弗（Schaefer）法。谢弗法在沉积非常刚性薄膜时很有用。此方法如图 5.26 所示，首先是在水 - 空气界面形成一个扁平的单分子层，一个平面基体水平放置在单层薄膜上面。当基体被提起并与水面分离时，单分子层就会转移到基体上。

　　热稳定性和有序 - 无序转变是 LB 膜实际应用中的两个重要问题。虽然在过去 20 年里已经做了大量的研究，但是许多问题仍未解决，对 LB 膜的结构和稳定性的理解仍然非常有限。

　　自组装和 LB 技术为设计和构造稳定的有机超晶格提供了可能性。例如，SA 技术可用于组装电子供体和电子受体基团，以明确的界限使其分离，这可以实现光激发条件下的电子交换。还可能实现构建，例如基于分子电子转移反应的电子移位寄存器内存的构建。[115]

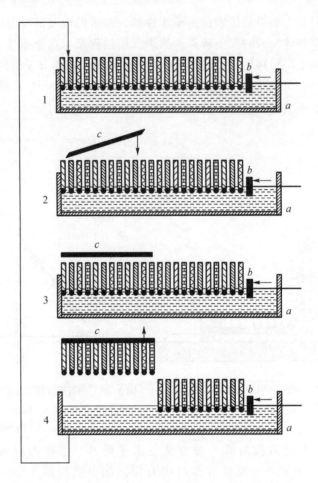

图 5.26 谢弗(Schaefer)法沉积非常刚性薄膜：首先在水 – 空气界面处形成扁平的单分子层，平面状基体水平放置在单层薄膜上面。

5.10 电化学沉积

电化学沉积或电沉积是一种非常成熟的薄膜生长方法。前面的章节中已讨论了使用这种方法生长纳米线，并介绍了这种工艺的一些基本知识。本节的重点将放在薄膜的沉积上。单质薄膜电沉积的关键参数可以划分为热力学和动力学的考虑。

正如前面章节所讨论的，金属电极的电化学势由能斯特(Nernst)方程给出：

$$E = E_0 + \frac{RT}{n_i F} \ln a_i \tag{5.38}$$

其中，E_0 为标准电极电势，或者是离子的活度系数 a_i 为 1 时的电极与溶液之间的电势差；F 为法拉第常数；R 为气体常数；T 是温度。能斯特方程描述一种平衡状态。当电极电势偏离平衡状态的值时，例如在外电场作用下，在金属电极或表面上即可以发生还原(导致固态沉积)反应，也可以发生氧化(固态的溶解)反应，这一过程将持续到新的平衡的建立。这个电势差称为超电势或过电压。小心控制超电势对于避免溶剂电解和杂质相沉积非常重要。电极电势相对于镀层金属 M 更负(高)，出现在比平衡电势更负的情况下。这种电势差称为超电势或过电压 η。此外，应该考虑溶液中的离子 M^{m+} 与溶剂或者复合形成配位体的相互作用。这些相互作用和其他因素如溶液的离子强度，必须仔细地控制。除了热力学因素外，还有许多动力学因素也会影响单质薄膜的沉积。电子转移反应速率，即氧化－还原反应动力学会影响沉积物的种类和形态。晶体的形核速率与过电压呈函数关系[116]，也会影响沉积物的种类。在扩散限制沉积过程中，溶质质量传输到电极表面的速率极大地影响所能达到的沉积速率。电解液搅拌系统可以减少扩散层厚度和有利于快速沉积，但最大稳定生长一般在溶质活度相对较高、高扩散系数(低溶液粘度)和低生长速率的溶液中出现。[117]溶剂化或者复杂化离子的溶解过程动力学影响电极表面金属离子的活性，并可能限制具有理想形态的沉积物的沉积速率。

合金和化合物的电沉积要复杂得多。[118-120]在合金和化合物的电沉积中，合金或化合物组分的平衡电势、溶液中离子活度、最终沉积物的稳定性都是重要的热力学考虑因素。对化合物 M_nN_m，在阴极上实现两种不同类型离子的同时沉积所必要的条件是

$$E_M + \eta^m = E_N + \eta^n, \tag{5.39}$$

其中 E_M 和 E_N 是 M 和 N 的各自平衡电势，η^m 和 η^n 是电沉积物 M 和 N 所需的各自的超电势。考虑到化合物或合金中金属 M 和 N 的活性取决于它们在溶液中的浓度、沉积物的热力学稳定性以及在沉积过程中经常变化等因素，因此控制沉积物的化学计量比非常困难。此外，控制离子强度和溶质浓度对于均匀沉积十分重要。

对于电沉积薄膜的生长，有几个实际问题应该在这里简要讨论：

(1) 虽然经常使用水溶液，但非水溶剂或熔融盐也时常使用。使用非水溶剂或熔融盐的一个主要原因是避免水的电解。

(2) 沉积物的电导率必须高于足以实现连续层沉积所要求的条件。因此，电沉积只适用于金属、半导体和导电聚合物膜的生长。

(3) 沉积过程可以在恒流或恒电位下进行，或以其他方式，如在脉冲电流或电压下进行。

(4) 后处理可用于提高沉积物的特性。

5.11　溶胶 – 凝胶薄膜

溶胶 – 凝胶工艺广泛应用于无机和有机 – 无机混合材料的合成，并能生产纳米粒子、纳米棒、薄膜和块体。前面章节已讨论了使用溶胶 – 凝胶工艺制备纳米粒子和纳米棒。第 3 章对溶胶 – 凝胶工艺作了总体介绍。如需更详细的资料，建议读者查阅 Brinker 和 Scherer[121]、Pierre[122]、Wright 和 Sommerdijk[123] 的优秀论著。Francis[124]发表了溶胶 – 凝胶法制备氧化物涂层的评论文章。这里将集中讨论一些相关的基本知识和形成溶胶 – 凝胶薄膜的方法。在溶胶 – 凝胶转变或凝胶化之前，溶胶是溶剂中高度稀释的纳米团簇悬浮体，溶胶 – 凝胶薄膜通常将溶胶涂覆到基体上而得到。虽然有很多方法可用于将液体涂覆到基体上，但是最好的选择取决于几个因素，包括溶液粘度、所需涂层厚度和涂覆速度。[125]溶胶 – 凝胶法沉积薄膜中最常用的方法是旋涂法和浸涂法[126,127]，喷涂和超声喷雾法也是经常使用的方法[128,129]。

在浸涂法中，基体浸入到溶液中并以恒定速度提拉。随着基体被向上提拉，将会带走一层溶液，粘滞曳力和重力共同决定了薄膜厚度 H[130]：

$$H = c_1 \sqrt{\frac{\eta U_0}{\rho g}} \tag{5.40}$$

其中，η 是粘度，U_0 是提拉速度，ρ 是溶胶涂层的密度，c_1 是常数。图 5.27

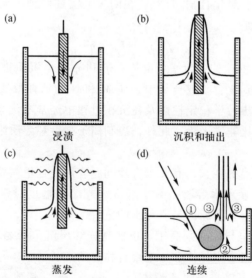

图 5.27　浸涂工艺的各个阶段：(a) ~ (c) 批处理，(d) 连续处理。[L. E. Scriven, in *Better Ceramics through Chemistry III*, eds. C. J. Brinker, D. E. Clark, and D. R. Ulrich, The Materials Research Society, Pittsburgh, PA, p. 717, 1988.]

表示浸涂工艺的各个阶段。[131]应当指出，该方程没有考虑溶剂蒸发和分散在溶胶中的纳米团簇之间的连续固化，如图 5.28 所示。[132]然而，厚度和涂层变量间的关系是相同的，并得到了实验结果的支持[133]，但比例常数不同。浸涂膜的厚度一般在 50 ~ 500 nm 范围，[134]但也有每个涂层约为 8 nm 的更薄的薄膜的报道。[135]

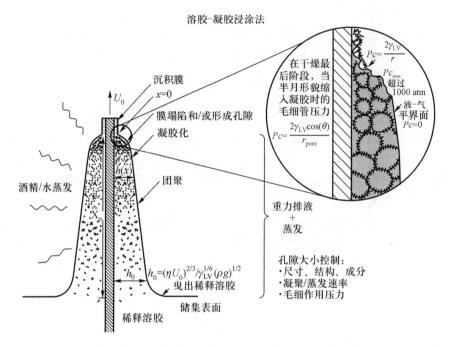

图 5.28　在浸涂过程中溶剂蒸发和溶胶中分散纳米团簇间连续固化之间的竞争过程
　　　　示意图。[C. J. Brinker and A. J. Hurd, *J. Phys. III*(Fr.)4 ,1231(1994).]

旋涂法经常用于在微电子学中沉积光刻胶和特种聚合物，并已得到很好研究。[136,137]一个典型的旋涂工艺包括四个阶段：将溶液或溶胶输送到基体中心、开始旋转、停止旋转和蒸发(各个阶段交叉重叠)。在液体输送到基体后，离心力驱使液体平铺在基体上(开始旋转)。多余的液体在旋转后从基体上脱落。当涂层不再流动时开始蒸发，进一步减小了薄膜厚度。当液体的黏度与剪切速率无关，且蒸发速率与位置无关时，就可以获得均匀的薄膜。旋转涂膜的厚度 H 由下式给出[138]：

$$H = \left(1 - \frac{\rho_A^0}{\rho_A}\right)\frac{3\eta e}{2\rho_A^0\omega^2}, \tag{5.41}$$

其中，ρ_A 是单位体积挥发性溶剂的质量，ρ_A^0 是单位体积初始质量，ω 是角速度，η 是液体的粘度，e 是与传质系数相关的蒸发速率。显然，从方程可以知道通过调节溶液性质和沉积条件可以控制薄膜厚度。

在溶胶－凝胶涂层的形成过程中，溶剂去除或涂层干燥与凝胶网络凝结和固化同时进行。竞争过程产生毛细管压力以及强制收缩诱导的应力，这些又带来多孔凝胶结构的坍塌，还可能带来最终薄膜中裂缝的形成。干燥速度在应力形成，尤其是在后期阶段裂缝形成中起着十分重要的作用，它取决于溶剂或挥发性成分扩散到涂层自由表面的速度和气体中水蒸气挥发出去的速度。

由于受迫收缩，在固化涂层的干燥过程中形成应力。固化后溶剂损失是溶剂浇铸聚合物涂层中一种常见的应力源，Croll 定义这种应力为[139,140]

$$\sigma = \frac{E(\sigma)(\phi_s - \phi_r)}{(1-\nu) \times 3(1-\phi_r)}. \tag{5.42}$$

其中，$E(\sigma)$ 是一种非线性弹性模量，ν 是涂层的泊松比，ϕ_s 和 ϕ_r 分别是在固化时和干燥后的溶剂体积分数。从方程可以看出，在固化时溶剂含量应尽量减少，以降低涂层中的应力。在溶胶－凝胶涂层形成过程中，干燥去除溶剂过程中限制缩合反应速率非常重要，这样固化时溶剂的体积分数可以保持很小。为释放应力，材料可以通过内部分子运动或变形来实现。当材料接近于弹性固体并且变形受与基体的结合力限制时，内部弛豫现象将会放缓。固化过程和与基体结合过程中无应力状态收缩局限于涂层厚度的方向上，这是平面拉应力的结果。开裂是应力释放的另一种形式。对溶胶－凝胶涂层，裂纹的形成将涂层厚度一般限制在 1 μm 以内。临界涂层厚度 T_c 定义为[141,142]

$$T_c = \frac{EG_c}{A\sigma^2}, \tag{5.43}$$

其中，E 是薄膜的杨氏模量，A 是一个量纲一的比例常数，G_c 是形成两个新裂纹表面所需能量。临界厚度的概念得到了实验报道的支持。例如，据报道，二氧化铈溶胶－凝胶薄膜的临界厚度为 600 nm，高于这个厚度就会形成裂纹。[143]

还应当注意到，溶胶－凝胶涂层通常是多孔和无定形态的。对于很多的应用，要求后续热处理以达到完全致密化，并由无定形态转变为晶态。溶胶－凝胶涂层与基体热膨胀系数的不搭配是另一个重要的应力源，溶胶－凝胶涂层中的残余应力可高达 350 MPa。[144]

有机－无机混合物是一种新型材料，它在自然界中不存在，可以通过溶胶－凝胶强制路线合成这些材料。[145,122]在纳米尺度上有机和无机组元可以彼此相互渗透。根据有机和无机组元之间的相互作用，混合物可以划分为两类：①混合物由有机分子、低聚物或嵌入无机基质的低相对分子质量聚合物组成，它们是由弱氢键或范德瓦耳斯力结合的；②有机和无机成分是由强共价键或部分共价化学键结合的。有机组分可以显著改善无机组分的力学性能。[146]当亲水性和疏水性平衡时孔隙度也可以得到控制。[147]具有新的光学[148,149]或电学[150]性能的混合物可以被调制出来。一些混合物展现出新的电化学反应以及特殊化学或生化反应性。[151,152]

孔隙度是溶胶－凝胶薄膜的另一个重要性质。虽然在许多应用中高温热处理用于消除孔隙，而剩余孔隙使溶胶－凝胶薄膜有许多应用，如作为催化剂基体、有机或生物成分的探测材料、太阳能电池的电极。孔隙本身也具有一些独特的物理特性，如低介电常数、低热导率等。有机分子如表面活性剂和嵌段聚合物已用于形成合成有序介孔材料的模板，这将是第 6 章讨论的另外一个主题。

还有许多其他化学溶液沉积（CSD）方法。上述讨论的基本原理普遍适用于其他 CSD 方法。例如，在干燥过程中的竞争过程、应力的形成、裂纹的形成与溶胶－凝胶薄膜中的相似。

5.12　总结

本章总结了薄膜沉积的各种方法，并做了简要讨论。虽然所有方法都可以制备出厚度小于 100 nm 的薄膜，但它们在不同程度上控制着薄膜厚度和表面光滑度。MBE 和 ALD 两者在单个原子水平上提供了最精确的沉积控制，得到最高质量的薄膜，然而受限于复杂的沉积设备和较慢的生长速率。自组装是另一种实现单个原子水平控制的方法，但一般仅限于有机或无机－有机混合薄膜的制备。

■ 参考文献

1. M. Ohring, *The Materials Science of Thin Films*, Academic Press, San Diego, CA, 1992.

2. J. L. Vossen and W. Kern, (eds.), *Thin Film Processes II*, Academic Press, San Diego, CA, 1991.

3. H. S. Nalwa (ed.), *Handbook of Thin Film Materials*, *Vol. 1: Deposition and Processing of Thin Films*, Academic Press, San Diego, CA, 2002.

4. J. Bloem, *Proceedings of the Seventh Conference on CVD*, eds. T. O. Sedgwick and H. Lydtin (ECS PV 79 - 73), p. 41, 1979.

5. A. Roth, *Vacuum Technology*, North-Holland, Amsterdam, 1976.

6. S. Dushman, *Scientific Foundations of Vacuum Techniques*, Wiley, New York, 1962.

7. R. Glang, in *Handbook of Thin Film Technology*, eds. L. I. Maissel and R. Glang, McGraw-Hill, New York, 1970.

8. M. Faraday, *Phil. Trans.* 147, 145(1857).

9. L. Holland, *Vacuum Deposition of Thin Films*, Chapman and Hall, London, 1957.

10. C. V. Deshpandey and R. F. Bunshah, in *Thin Film Processes II*, eds. J. L. Vossen and W. Kern, Academic Press, San Diego, CA, 1991.

11. M. A. Herman and H. Sitter, *Molecular Beam Epitaxy-Fundamentals and Current Status*, Springer-Verlag, Berlin, 1989.

12. E. Kasper and J. C. Bean(eds.), *Silicon – Molecular Beam Epitaxy I and II*, CRC Press, Boca Raton, FL, 1988.

13. E. H. C. Parker (ed.), *The Technology and Physics of Molecular Beam Epitaxy*, Plenum Press, New York, 1985.

14. J. A. Mucha and D. W. Hess, in *Introduction to Microlithography*, eds., L. F. Thompson, C. G. Willson, and M. J. Bowden, The American Chemical Society, Washington, DC, p. 215, 1983.

15. K. F. Jensen and W. Kern, in *Thin Film Processes II*, eds. J. L. Vossen and W. Kern, Academic Press, San Diego, CA, 1991.

16. K. L. Choy, *Prog. Mater. Sci.* 48, 57(2003).

17. P. Ser, P. Kalck, and R. Feurer, *Chem. Rev.* 102, 3085(2002).

18. N. Goldsmith and W. Kern, *RCA Rev.* 28, 153(1967).

19. R. Rosler, *Solid State Technol.* 20, 63(1977).

20. R. C. Taylor and B. A. Scott, *J. Electrochem. Soc.* 136, 2382(1989).

21. E. L. Jordon, *J. Electrochem. Soc.* 108, 478 (1961).

22. E. Sirtl, L. P. Hunt, and D. H. Sawyer, *J. Electrochem. Soc.* 121, 919 (1974).

23. W. Kern, in *Microelectronic Materials and Processes*, ed. R. A. Levy, Kluwer, Boston, MA, p. 203, 1989.

24. A. C. Adams, in *VLSI Technology*, 2nd edn., ed. S. M. Sze, McGraw-Hill, New York, 1988.

25. S. M. Sze, *Semiconductor Devices: Physics and Technology*, John Wiley and Sons, New York, 1985.

26. S. Matuso, *Handbook of Thin Film Deposition Processes and Techniques*, Noyes, Park Ridge, NJ, 1982.

27. J. J. Hajjar, R. Reif, and D. Adler, *J. Electronic Mater.* 15, 279(1986).

28. R. D. Dupuis, *Science* 226, 623(1984).

29. G. B. Stringfellow, *Organo Vapor-Phase Epitaxy: Theory and Practice*, Academic Press, New York, 1989.

30. R. M. Osgood and H. H. Gilgen, *Ann. Rev. Mater. Sci.* 15, 549(1985).

31. R. L. Abber, in *Handbook of Thin-Film Deposition Processes and Techniques*, ed., K. K. Schuegraf, Noyes, Park Ridge, NJ, 1988.

32. L. D. McMillan, C. A. de Araujo, J. D. Cuchlaro, M. C. Scott, and J. F. Scott, *Integ. Ferroelec.* 2, 351(1992).

33. C. F. Xia, T. L. Ward, and P. Atanasova, *J. Mater. Res.* 13, 173(1998).

34. P. C. Van Buskirk, J. F. Roeder and S. Bilodeau, *Integ. Ferroelec.* 10, 9(1995).

35. A. O. Isenberg, in *Electrode Materials and Processes for Energy Conversion and Storage*, eds. J. D. E. McIntyre, S. Srinivasan, and F. G. Will, *Electrochem. Soc. Proc.* 77 – 6, 572 (1977).

36. M. F. Carolan, and J. M. Michaels, *Solid State Ionics* 25, 207 (1987).

37. Y. S. Lin, L. G. J. de Haart, K. J. de Vries, and A. J. Burggraaf, *J. Electrochem. Soc.* 137, 3960 (1990).

38. G. Z. Cao, H. W. Brinkman, J. Meijerink, K. J. de Vries, and A. J. Burggraaf, *J. Am. Ceram. Soc.* 76, 2201 (1993).

39. W. V. Kotlensky, *Chem. Phys. Carbon* 9, 173 (1973).

40. P. Delhaes, in *Proceedings of Fourteenth Conference on Chemical Vapor Deposition*, *Electrochem. Soc. Proc.* 97 – 25, 486 (1997).

41. S. Vaidyaraman, W. J. Lackey, G. B. Freeman, P. K. Agrawal, and M. D. Langman, *J. Mater. Res.* 10, 1469 (1995).

42. P. Dupel, X. Bourrat, and R. Pailler, *Carbon* 33, 1193 (1995).

43. R. Berman, in *Physical Properties of Diamond*, ed. R. Berman, Clarendon Press, Oxford, p. 371, 1965.

44. H. P. Bovenkerk, F. P. Bundy, H. T. Hall, H. M. Strong, and R. H. Wentorf, *Nature* 184, 1094 (1959).

45. J. Wilks and E. Wilks, *Properties and Applications of Diamonds*, Butterworth-Heinemann, Oxford, 1991.

46. B. V. Derjaguin and D. V. Fedoseev, *Sci. Am.* 233, 102 (1975).

47. J. C. Angus, H. A. Will, and W. S. Stanko, *J. Appl. Phys.* 39, 2915 (1968).

48. J. E. Butler and D. G. Goodwin, in *Properties, Growth and Applications of Diamond*, eds. M. H. Nazare and A. J. Neves, INSPEC, London, p. 262, 2001.

49. L. M. Hanssen, W. A. Carrington, J. E. Butler, and K. A. Snail, *Mater. Lett.* 7, 289 (1988).

50. D. E. Rosner, *Annu. Rev. Mater. Sci.* 2, 573 (1972).

51. J. J. Schermer, F. K. de Theije, and W. A. L. M. Elst, *J. Cryst. Growth* 243, 302 (2002).

52. S. J. Harris, H. S. Shin, and D. G. Goodwin, *Appl. Phys. Lett.* 66, 891 (1995).

53. K . L. Yarina, D. S. Dandy, E. Jensen, and J. E. Butler, *Diamond Relat. Mater.* 7, 1491 (1998).

54. D. M. Gruen, *Annu. Rev. Mater. Sci.* 29, 211 (1999).

55. M. Ritala and M. Leskelä, in *Handbook of Thin Film Materials*, *Vol. 1: Deposition and Processing of Thin Films*, ed. H. S. Nalwa, Academic Press, San Diego, CA, p. 103, 2002.

56. M. Ritala and M. Leskelä, *Nanotechnology* 10, 19 (1999).

57. T. Suntola and J. Antson, US Patent No. 4, 058, 430, 1977.

58. M. Ahonen and M. Pessa, *Thin Solid Films* 65, 301 (1980).

59. M. Pessa, R. Mäkelä, and T. Suntola, *Appl. Phys. Lett.* 38, 131 (1981).

60. T. Suntola and J. Hyvärinen, *Ann. Rev. Mater. Sci.* 15, 177 (1985).

61. T. Suntola, J. Antson, A. Pakkala, and S. Lindfors, *SID 80 Dig.* 11, 108(1980).

62. P. Allén, M. Juppo, M. Ritala, T. Sajavaara, J. Keinonen, and M. Leskelä, *J. Electrochem. Soc.* 148, G566(2001).

63. K. Kukli, J. Ihanus, M. Ritala, and M. Leskelä, *Appl. Phys. Lett.* 68, 3737(1996).

64. T. Suntola and M. Simpson(eds.), *Atomic Layer Epitaxy*, Blackie, London, 1990.

65. A. I. Kingon, J. P. Maria, and S. K. Streiffer, *Nature* 406, 1032(2000).

66. J. D. Ferguson, A. W. Weimer, and S. M. George, *Appl. Surf. Sci.* 162 – 163, 280(2000).

67. S. Morishita, W. Gasser, K. Usami, and M. Matsumura, *J. Non-Cryst. Solids* 187, 66(1995).

68. D. Hausmann, J. Becker, S. Wang, and R. G. Gordon, *Science* 298, 402(2002).

69. L. Esaki, in *Symposium on Recent Topics in Semiconductor Physics*, eds. H. Kamimura and Y. Toyozawa, World Scientific, Singapore, 1982.

70. F. Capasso, *Science* 235, 172(1987).

71. F. Capasso and S. Datta, *Physics Today* 43, 74(1990).

72. H. Ichinose, Y. Ishida, and H. Sakaki, *JOEL News* 26E, 8(1988).

73. L. Esaki and R. Tsu, *IBM J. Res. Dev.* 14, 61(1970).

74. K. Nomura, H. Ohta, K. Ueda, T. Kamiya, M. Hirano, and H. Hosono, *Science* 300, 1269 (2003).

75. W. C. Bigelow, D. L. Pickett, and W. A. Zisman, *J. Coll. Interf. Sci.* 1, 513(1946).

76. W. A. Zisman, *Adv. Chem. Ser.* 43, 1, (1964).

77. L. H. Dubois, B. R. Zegarski, and R. G. Nuzzo, *Proc. Natl. Acad. Sci.* 84, 4739(1987).

78. L. H. Dubois, B. R. Zegarski, and R. G. Nuzzo, *J. Am. Chem. Soc.* 112, 570(1990).

79. R. Maoz and J. Sagiv, *Langmuir* 3, 1045(1987).

80. L. Netzer and J. Sagiv, *J. Am. Chem. Soc.* 105, 674(1983).

81. N. Tillman, A. Ulman, and T. L. Penner, *Langmuir* 5, 101(1989).

82. I. Rubinstein, S. Teinberg, Y. Tor, A. Shanzer, and J. Sagiv, *Nature* 332, 426(1988).

83. G. M. Whitesides and P. E. Laibinis, *Langmuir* 6, 87(1990).

84. A. Ulman, *J. Mater. Ed.* 11, 205(1989).

85. L. C. F. Blackman, M. J. S. Dewar, and H. Hampson, *J. Appl. Chem.* 7, 160(1957).

86. E. B. Troughton, C. D. Bain, G. M. Whitesides, R. G. Nuzzo, D. L. Allara, and M. D. Porter, *Langmuir* 4, 365(1988).

87. R. G. Nuzzo, F. A. Fusco, and D. L. Allara, *J. Am. Chem. Soc.* 109, 2358(1987).

88. H. Ogawa, T. Chihera, and K. Taya, *J. Am. Chem. Soc.* 107, 1365(1985).

89. N. E. Schlotter, M. D. Porter, T. B. Bright, and D. L. Allara, *Chem. Phys. Lett.* 132, 93(1986).

90. E. P. Plueddemann, *Silane Coupling Agents*, Plenum Press, New York, 1982.

91. S. H. Chen and C. F. Frank, *Langmuir* 5, 978(1989).

92. H. H. Weetall, *Science* 160, 615(1969).

93. R. R. Highfield, R. K. Thomas, P. G. Cummins, D. P. Gregory, J. Mingis, J. B. Hayter, and O. Schärpf, *Thin Solid Films* 99, 165(1983).

94. S. S. Prakash, C. J. Brinker, A. J. Hurd, and S. M. Rao, *Nature* 374, 439(1995).

95. S. Seraji, Y. Wu, M. J. Forbess, S. J. Limmer, T. P. Chou, and G. Z. Cao, *Adv. Mater.* 12, 1695(2000).

96. R. Maoz and J. Sagiv, *Langmuir* 3, 1045(1987).

97. N. Tillman, A. Ulman, and T. L. Penner, *Langmuir* 5, 101(1989).

98. T. P. Chou and G. Z. Cao, *J. Sol-Gel Sci. Technol.* 27, 31(2003).

99. L. Netzer, R. Iscovici, and J. Sagiv, *Thin Solid Films* 99, 235(1983).

100. R. G. Nuzzo and D. L. Allara, *J. Am. Chem. Soc.* 105, 4481(1983).

101. C. D. Bain, E. B. Troughton, Y. T. Tao, J. Evall, G. M. Whitesides, and R. G. Nuzzo, *J. Am. Chem. Soc.* 111, 321(1989).

102. M. D. Porter, T. B. Bright, D. L. Allara, and C. E. D. Chidsey, *J. Am. Chem. Soc.* 109, 3559(1987).

103. K. R. Stewart, G. M. Whitesides, H. P. Godfried, and I. F. Silvera, *Surf. Sci.* 57, 1381(1986).

104. C. D. Bain, J. Evall, and G. M. Whitesides, *J. Am. Chem. Soc.* 111, 7155(1989).

105. N. Tillman, A. Ulman, and T. L. Penner, *Langmuir* 5, 101(1989).

106. L. Netzer, R. Iscovici, and J. Sagiv, *Thin Solid Films* 100, 67(1983).

107. D. L. Allara and R. G. Nuzzo, *Langmuir* 1, 45(1985).

108. D. Y. Huang and Y. T. Tao, *Bull. Inst. Chem. Acad. Sinica* 33, 73(1986).

109. L. M. Liz – Marzán, M. Giersig, and P. Mulvaney, *J. Chem. Soc. Chem. Commun.* , 731(1996).

110. A. Ulman, *An Introduction to Ultrathin Organic Films: From Langmuir – Blodgett to Self – Assembly*, Academic Press, San Diego, CA, 1991.

111. G. L. Gaines, *Insoluble Monolayers Liquid – Gas Interfaces*, Interscience, New York, 1966.

112. N. K. Adam, *The Physics and Chemistry of Surfaces*, 3rd edn. Oxford University Press, London, 1941.

113. I. R. Peterson, G. Veale, and C. M. Montgomery, *J. Coll. Interf. Sci.* 109, 527(1986).

114. N. Tillman, A. Ulman, and T. L. Penner, *Langmuir* 5, 101(1989).

115. J. J. Hopfield, J. N. Onuchic, and D. N. Beratan, *Science* 241, 817(1988).

116. E. B. Budevski, in *Comprehensive Treatise of Electrochemistry*, Vol. 7, eds. B. E. Conway, J. O'M . Bockris, E. Yeagers, S. U. M. Khan, and R. E. White, Plenum, New York, p. 399, 1983.

117. D. Elwell, *J. Cryst. Growth* 52, 741(1981).

118. G. F. Fulop and R. M. Taylor, *Annu. Rev. Mater. Sci.* 15, 197(1985).

119. K. M. Gorbunova and Y. M. Polukarov, in *Advances in Electrochemistry and Electrochemical Engineering*, Vol. 5, eds. C. W. Tobias and P. Delahay, Wiley, New York, p. 249, 1967.

120. A. R. Despic, in *Comprehensive Treatise of Electrochemistry*, Vol. 7, eds. B. E. Conway, J. O ' M. Bockris, E. Yeagers, S. U. M. Khan, and R. E. White, Plenum, New York, p. 451, 1983.

121. C. J. Brinker and G. W. Scherer, *Sol – Gel Science: The Physics and Chemistry of Sol – Gel*

Processing, Academic Press, San Diego, CA, 1990.

122. A. C. Pierre, *Introduction to Sol-Gel Processing*, Kluwer, Norwell, MA, 1998.

123. J. D. Wright and N. A. J. M. Sommerdijk, *Sol-Gel Materials*, Gordon and Breach Science Publishers, Amsterdam, 2001.

124. L. F. Francis, *Mater. Manufac. Proc.* 12, 963(1997).

125. E. D. Cohen, in *Modern Coating and Drying Technology*, eds., E. D. Cohen and E. B. Gutoff, VCH, New York, p. 1, 1992.

126. C. J. Brinker, A. J. Hurd, and K. J. Ward, in *Ultrastructure Processing of Advanced Ceramics*, eds. L. L. Hench and D. R. Ulrich, John Wiley and Sons, New York, p. 223(1988).

127. C. J. Brinker, A. J. Hurd, P. R. Schunk, G. C. Frye, and C. S. Ashley, *J. Non-Cryst. Solids* 147 – 148, 424(1992).

128. P. Hinz and H. Dislicj, *J. Non-Cryst. Solids* 82, 411(1986).

129. P. Marage, M. Langlet, and J. C. Joubert, *Thin Solid Films*, 238, 218(1994).

130. R. P. Spiers, C. V. Subbaraman, and W. L. Wilkinson, *Chem. Eng. Sci.* 29, 389(1974).

131. L. E. Scriven, in *Better Ceramics through Chemistry III*, eds. C. J. Brinker, D. E. Clark, and D. R. Ulrich, The Materials Research Soceity, Pittsburgh, PA, p. 717, 1988.

132. C. J. Brinker and A. J. Hurd, *J. Phys. III*(Fr.) 4, 1231(1994).

133. M. Guglielmi, P. Colombo, F. Peron, and L. M. Degliespoti, *J. Mater. Sci.* 27, 5052(1992).

134. S, Sakka, K. Kamiya, K. Makita, and Y. Yamamoto, *J. Non-Cryst. Solids* 63, 223(1984).

135. J. G. Cheng, X. J. Meng, J. Tang, S. L. Guo, J. H. Chu, M. Wang, H. Wang, and Z. Wang. *J. Am. Ceram. Soc.* 83, 2616(2000).

136. A. G. Emslie, F. T. Bonner, and G. Peck, *J. Appl. Phys.* 29, 858(1958).

137. D. Meyerhofer, *J. Appl. Phys.* 49, 3993(1978).

138. D. E. Bomside, C. W. Macosko, and L. E. Scriven, *J. Imaging Technol.* 13, 122(1987).

139. S. G. Croll, *J. Coatings Technol.* 51, 64(1979).

140. S. G. Croll, *J. Appl. Polymer Sci.* 23, 847(1979).

141. F. F. Lange, in *Chemical Processing of Advanced Materials*, eds. L. L. Hench and J. K. West, John Wiley and Sons, New York, p. 611, 1992.

142. M. S. Hu, M. D. Thouless, and A. G. Evans, *Acta Metallurgica* 36, 1301(1988).

143. A. Atkinson and R. M. Guppy, *J. Mater. Sci.* 26, 3869(1991).

144. T. J. Garino and M. Harrington, *Mater. Res. Soc. Symp. Proc.* 243, 341(1992).

145. C. Sanchez and F. Ribot, *New J. Chem.* 18, 1007(1994).

146. A. Morikawa, Y. Iyoku, M. Kakimoto, and Y. Imai, *J. Mater. Chem.* 2, 679(1992).

147. K. Izumi, H. Tanaka, M. Murakami, T. Degushi, A. Morita, N. Toghe, and T. Minami, *J. Non-Cryst. Solids* 121, 344(1990).

148. D. Avnir, D. Levy, and R. Reisfeld, *J. Phys. Chem.* 88, 5956(1984).

149. B. Dunn and J. I. Zink, *J. Mater. Chem.* 1, 903(1991).

150. S. J. Kramer, M. W. Colby, J. D. Mackenzie, B. R. Mattes, and R. B. Kaner, in *Chemical*

Processing of Advanced Materials, eds. L. L. Hench and J. K. West, Wiley, New York, p. 737, 1992.

151. L. M. Ellerby, C. R. Nishida, F. Nishida, S. A. Yamanaka, B. Dunn, J. S. Valentine, and J. I. Zink, *Science* 255, 1113(1992).

152. P. Audebert, C. Demaille, and C. Sanchez, *Chem. Mater.* 5, 911(1993).

6

特殊纳米材料

6.1　引言

　　在前面的章节中，已经介绍了合成和制备各种纳米结构和纳米材料包括纳米颗粒、纳米线、薄膜的基础知识和常规方法。然而，有一些重要的纳米材料由于其合成的独特性，没有在这些讨论中被提及，如碳富勒烯和碳纳米管、有序介孔材料、氧化物－金属核－壳结构。此外，由纳米尺寸构建单元组成的块体材料，如纳米晶陶瓷和纳米复合材料，迄今没有讨论。在本章中，将讨论这些特殊纳米材料的合成。对于一些独特的纳米材料，如碳富勒烯和碳纳米管，将对它们进行简单介绍，它们的特殊结构和性质也列入讨论中。所有讨论都十分通俗，但给出了详细的参考资料，以便读者在需要时可以很容易地找到相关文献，从而有更多的了解。

6.2 碳富勒烯和纳米管

碳是一种独特的材料，在石墨形态下可以是一个很好的金属导体，金刚石形态下是宽带隙的半导体，而与氢气反应时是一种聚合物。碳提供了表现全部纳米结构类型的材料实例，从零维纳米粒子的富勒烯，到一维纳米线的碳纳米管，到二维层状各向异性材料石墨，到以富勒烯分子为基础构建单元的三维块体材料固态富勒烯。在本节中，将简要讨论富勒烯、富勒烯晶体和碳纳米管的合成及一些性能。欲了解更多有关碳富勒烯和碳纳米管的碳科学或详细研究信息，读者可以查阅优秀的评论文章和书籍，如由 Dresselhaus[1,2] 编著的书籍和提供的参考文献。

6.2.1 碳富勒烯

碳富勒烯通常指的是由 60 个碳原子组成的对称二十面体的分子[3]，但也包括大分子量富勒烯 $C_n(n>60)$。大分子量富勒烯的例子有 C_{70}、C_{76}、C_{78}、C_{80}，以及更大质量的富勒烯，它们具有不同的几何结构[4-6]，例如 C_{70} 是对称的橄榄球形。图 6.1 显示出了一些富勒烯分子的结构和几何形状。[7]在碳分子族系中命名富勒烯这样的名称，是因为这些分子与富勒（Fuller）所设计和建造的圆顶建筑物相似[8]，然而巴克明斯特富勒烯（buckminster fullerene）或巴克球（bucky-

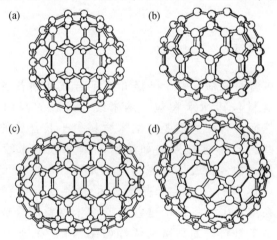

图 6.1 （a）二十面体 C_{60} 分子；（b）橄榄球形 C_{70} 分子；（c）延伸的橄榄球形 C_{80} 分子；（d）二十面体 C_{80} 分子。[M. S. Dresselhaus and G. Gresselhaus, *Annu. Rev. Mater. Sci.* 25 ,487(1995).]

ball)的名称是特指 C_{60} 分子，它是在富勒烯族系中研究得最多的，需要更多关于其结构和性能的讨论。

C_{60} 中的 60 个碳原子位于规则去顶二十面体的顶点，C_{60} 中的每个碳位置间等效。在 C_{60} 中最临近的 2 个碳原子平均间距(1.44 Å)[9] 几乎与石墨中碳原子间距 (1.42 Å)相同。在 C_{60} 中每个碳原子与其他碳原子呈三角形连接在一起，这与石墨中的连接方式一样，在规则去顶二十面体上的大多数面是六角形。在每个 C_{60} 分子中有 20 个六角形面和另外 12 个五角形面，一个分子直径为 7.10 Å。[3,10] 虽然 C_{60} 中的每个碳原子等效于其他碳原子，但每一个原子的 3 个键是不等效的。每一个碳原子有 4 个价电子用于形成 3 个化学键，有两个单键和一个双键。六角形面由单、双键交替而成，而五角形面仅由单键构成。此外，单键的长度为 1.46 Å，超过了平均键长 1.44 Å，而双键较短，长度为 1.40 Å。[11,12] 其他富勒烯分子结构可以看做是在不违反欧拉定理(Euler's theorem)的前提下，改变 C_{60} 结构中六角形面的数目而得到，欧拉定理表明一个由六角形和五角形组成的封闭表面，其五角形数量严格限定为 12 个而六角形数量可以是任意的。[13] 例如，C_{70} 结构可以设想为，在 C_{60} 分子的赤道平面周围添加 5 个六角形带，并垂直于 5 次轴中的一个。

富勒烯通常使用石墨电极间的电弧放电法合成，大约 200 torr 的氦气氛条件，由 Krätschmer 及其同事在 1990 年首次演示。[14] 在电极之间接触点处产生的热量使碳蒸发并形成烟尘和富勒烯，它们在反应器的水冷壁上凝结。放电产生的碳烟灰中含有高达约 15% 的富勒烯：C_{60}(约 13%)和 C_{70}(约 2%)。从烟尘中进一步分离出富勒烯，这是根据它们的质量，采用液相色谱和使用一种如甲苯的溶剂而完成的。但是，对于富勒烯的生长机理还没有一个明确的认识。富勒烯化学是一个非常活跃的研究领域，这是由于 C_{60} 分子所具有的独特性以及各种不同的化学反应能力。[15,16]

6.2.2 富勒烯衍生晶体

在固态时，富勒烯分子通过较弱的分子间力晶化成晶体结构，每个富勒烯分子充当晶体相的基本组成单元。例如，C_{60} 分子晶化成面心立方(FCC)结构，晶格常数为 14.17 Å，$C_{60} - C_{60}$ 间距为 10.02 Å。[17] 分子在室温条件下几乎三维自由旋转，正如核磁共振(NMR)方法所证实。富勒烯的晶体形式通常称为富勒体(fullerites)。[18] 单晶体既可以在溶剂如 CS_2 和甲苯的溶液中生长，也可以用真空升华的方法获得，而升华的方法可以长出更好晶体，成为经常选用的方法。[19]

6.2.3 碳纳米管

有许多关于碳纳米管合成及其物理性能的优秀评论和书籍[20-23]，因此在本节中，只简要介绍合成碳纳米管的基本原理和常规方法。存在单壁碳纳米管（SWCNT）和多壁碳纳米管（MWCNT）。最基本的碳纳米管是单壁结构，可以通过图 6.2 来理解。[1]在这个图中，可以看到石墨烯片层上的点 O 和点 A，在晶体学上等效，其中 X 轴与蜂窝点阵的一侧平行。点 O 和点 A 可用矢量 $C_h = na_1 + ma_2$ 连接起来，其中 a_1 和 a_2 是石墨烯片层蜂窝点阵的单位矢量。下一步可以从 O 点、A 点画出 C_h 的垂线，得到直线 OB 和 AB'。如果将 OB 和 AB' 重叠，可以得到碳原子的圆柱体，在其两端适当盖上半个富勒烯就构成了碳纳米管。这样的单壁碳纳米管是由整数 (n,m) 唯一确定的。然而，从实验的角度来看，用直径 $d_t = C_h/\pi$ 和手性角 θ 来表示每一个碳纳米管更为方便。根据手性角，单壁碳纳米管可以有三个基本的几何形状，即 $\theta = 30°$ 扶手椅形，$\theta = 0°$ 锯齿形，$0 < \theta < 30°$ 手性，如图 6.3 所示。[24]

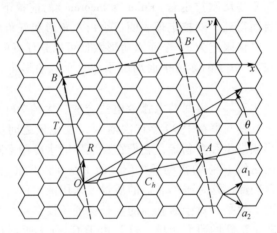

图 6.2　手性矢量 OA 或 $C_h = na_1 + ma_2$ 由碳原子蜂窝点阵上的单位矢量 a_1 和 a_2 定义，手性角 θ 与锯齿轴相关。沿着锯齿轴方向，$\theta = 0°$。也可以看到点阵矢量 $OB = T$ 为一维纳米管单胞。旋转角 ψ 和平移 τ（未标出）构成碳纳米管的基本对称操作 $R = (\psi \mid \tau)$。此图由 $(n,m) = (4,2)$ 构成。矩形 $(OAB'B)$ 面积为一维纳米管单胞面积。［M. S. Dresselhaus, $Annu.\ Rev.\ Mater.\ Sci.\ 27$, 1 (1997)．］

多壁碳纳米管由多个同轴单壁管嵌套而成。碳原子在多壁碳纳米管六角形网络中的排列往往呈螺旋面，从而形成了手性管。[31]然而，碳原子在形成多壁碳纳米管的每个独立的圆柱面之间似乎没有特别的排列，而石墨的层面彼此以 $ABAB$ 方式堆垛。换言之，一个特定的多壁碳纳米管通常由不同螺旋性或没有螺旋性的圆柱管混合构成，因而类似于乱层石墨。多壁碳纳米管的典型外径

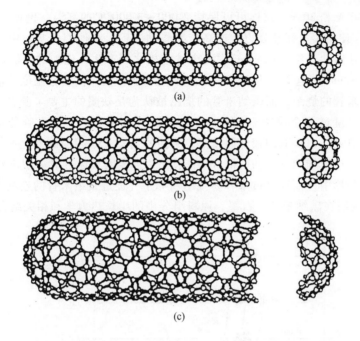

图 6.3 单壁碳纳米管的模型示意图，纳米管轴垂直于(a)$\theta = 30°$
方向(扶手椅形(n,n)纳米管)；(b) $\theta = 0°$方向(锯齿形$(n,0)$纳
米管)；(c) $0° < \theta < 30°$的 OB 方向(见图 6.2)[手性(n,m)纳米
管]。图中实际纳米管对应值为(a)(5,5)、(b)(9,0)和(c)(10,
5)。[M. S. Dresselhaus, G. Dresselhaus, and R. Saito, *Carbon* 33,883
(1995).]

尺寸为 2 ~ 20 nm，内径为 1 ~ 3 nm，长度为 1 ~ 100 nm。管间距为 0.340 nm，
这比石墨的晶面间距稍大。

碳纳米管可用电弧蒸发[25]、激光烧蚀[26]、热解[27]、PECVD[28] 和电化学方
法[29-30]来制备。碳纳米管首次合成由 Iijima 在 1991 年使用碳阴极电弧放电来完
成。[31]然而实验发现单壁碳纳米管是在 1993 年[32,33]，而在 1996 年发现了一条更
有效的合成路线，即激光蒸发石墨制备单壁碳纳米管的有序阵列[34]，为定量实
验研究碳纳米管提供了新的机会。

在大多数情况下形成的碳纳米管，需要有一个"开放式端口"，这样来自
气相的碳原子可以连贯地沉积和进入到结构中。嵌套的多壁碳纳米管生长可以
通过同轴边缘之间紧张的"唇 – 唇"结合而稳定，而大幅度振动也使得新的
原子可以接近。总之，开放端口的维持，既可以由一个高电场，也可以利用有
序终止时熵的反作用或金属簇的存在来完成。

电弧放电中电场的存在可以促进碳纳米管的生长。[35,37]只有电流流过大的负
电极时，才可以形成纳米管。通常阴极沉积速率约为 1 mm/min，电流和电压

分别为 100 A 和 20 V，这样可以保持 2 000 ~ 3 000 ℃ 的高温。例如，Ebbesen 和 Ajayan[36] 使用碳电弧蒸发以生产高产率碳纳米管。在他们的实验中，电弧等离子体是在惰性气氛（例如 He）中两个碳电极之间产生，施加的直流电流密度约为 150 A/cm^2，电压约为 20 V。电弧放电实验中的极高生长温度可能引起生长的碳纳米管的烧结，而碳纳米管的烧结被认为是缺陷的主要来源。[37]

　　加入少量过渡金属粉末如 Co、Ni 或 Fe，有利于单壁纳米管的生长。[32,33] Thess 等[34] 在约 1 200 ℃ 的较低温度下，通过冷凝激光蒸发的碳催化剂混合物的方法获得高产率均匀直径的 (10,10) 纳米管。合金团簇通过退火使不利的结构进入到六角形中，而这反过来容易接纳新原子并促进直纳米管的连续生长。图 6.4 举例说明在碳纳米管、石墨、原料组分中的生长热力学和相关结合能。[18]

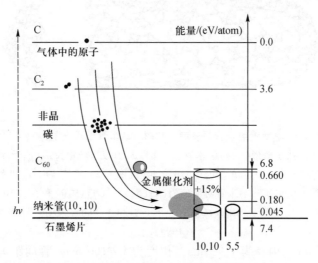

图 6.4　"食物链"表明 Ni/Co 团簇如何吃掉它遇到的任何碳材料，并将消化的碳喂送到纳米管的生长端部。纵轴表示纳米管生长中消耗的不同形式的每个碳原子的内聚能。卷曲石墨烯片使之成为圆柱形 (10,10) 管所消耗的能量仅为 0.045 eV，或者形成任意直径为 d 的管消耗 0.08 eV·nm^2/ d^2。管弹性伸长 15% 则需在石墨烯的每个原子上增加约 0.66 eV 的作用。[R. E. Smalley and B. I. Yakobson, *Solid State Commun.* 107, 597(1998).]

　　最早碳纳米管阵列生长的证实是通过在镶嵌 Fe 纳米粒子的介孔二氧化硅上采用化学气相沉积法完成的。[38] 研究发现垂直排列的碳纳米管的直径、生长速度和密度依赖于催化剂的尺寸。[39] 等离子体诱导充分排列的碳纳米管可以在等高表面上生长，生长方向总是垂直于所处基体表面，如图 6.5 所示。[40] 直线排列主要由等离子体环境下施加于基体表面的电气自偏电场所引起。结果发现，关闭等离子体可以有效消除直线排列机制，导致从等离子体生长的直纳米管到热生长的"曲"纳米管之间的平稳转变，如图 6.6 所示。[40]发现直流偏置可以促进碳纳米管阵列的形核和生长。[41]

应当指出，碳纳米管的催化生长机制与第 4 章中所讨论的纳米线或纳米棒 VLS 生长机制相类似。Baker 和 Harris 提出了碳纤维催化生长模式。[42]碳原子溶解到金属液滴中，然后扩散到生长表面并沉积下来，导致碳纳米管的生长。催化生长提供了新的优点；使用标准的光刻技术[43,44]可以相对容易地制备有图案的碳纳米管膜，并且在有、无基板的条件下都可以生长出碳纳米管阵列。[45,46]化学气相沉积生长碳纳米管的方法，辅以过渡金属催化剂，也可以作为大规模生产的方法。[47]化学气相沉积方法还可以使碳纳米管在更低的温度下生长，如 700 ℃ 或 800 ℃。[48,49]直接生长出来的碳纳米管的结晶性通常较差，但可以通过氩气气氛下的热处理（温度在 2 500 ~ 3 000 ℃）来解决这个问题。[50]

对于催化生长，提出了两种模型来解释实验观察到的现象——底部生长和尖端生长，它们最初用于解释碳丝催化生长。[51]这两种模型都可以用来解释碳纳米管的生长。对于 PECVD 和热解生长情形，通常发现催化粒子存在于尖端，

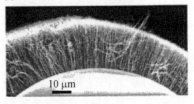

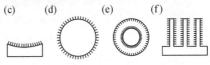

图 6.5　(a) SEM 显微图片表现在直径为 125 μm 的光学纤维表面上生长的放射状纳米管。(b) 特写图片显示生长于纤维上的纳米管保形垂直特性。(c) ~ (f) 为非平面、复杂表面的例子，在此纳米管能够垂直于局域表面而保形生长。[C. Bower, W. Zhu, S. Jin, and O. Zhou, *Appl. Phys. Lett.* 77, 830(2000).]

因此用尖端生长模型解释。[52-55]底部生长模型用于解释以铁为催化剂的热化学气相沉积方法垂直排列的碳纳米管生长。[56-59]然而，实验结果表明，碳纳米管阵列的垂直生长不一定遵循底部生长模型。[60]碳纳米管阵列生长可能按照底部生长和尖端生长两种模型进行，这取决于沉积方法中所使用的催化剂和基体。此外，前驱体分子扩散进入到位于碳纳米管底部的催化剂中将会变得很困难，特别是在高密度、大长度（高达 100 μm）碳纳米管中。然而，对于这个问题还没有进行研究。

在碳纳米管生长的另一种机制中，假定碳纳米管始终是封端的。[61]形核发

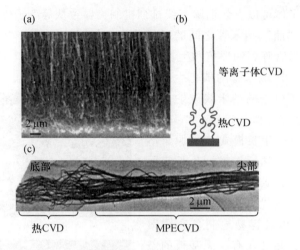

图 6.6 (a)SEM 显微图片和(b)示意图,表现由交替使用等离子体和热过程而制备的直状/弯曲状碳纳米管结构(2 min 的等离子过程之后进行 70 min 的热过程),表明场诱导排列作用和基本生长机理。(c)TEM 显微图片显示纳米管束,其上部分为直状而下部分为弯曲状。[C. Bower, W. Zhu, S. Jin, and O. Zhou, *Appl. Phys. Lett.* 77,830(2000).]

生在气相生长碳纤维的活性位置上,而生长包括 C_2 二聚体在碳纳米管顶端五角形区域附近的吸收。后续重构将形成一个额外碳六角形,它加入纳米管中并导致管的生长。

几乎在所有的合成方法中,发现碳纳米管总是与其他碳材料共存,如无定形碳和碳纳米粒子。纯化通常是必需的,用于分离碳纳米管与其他实体。三种基本方法用于纯化:气相、液相和插入法。[62]气相纯化方法是利用氧化过程去除碳纳米管中的纳米粒子和无定形碳。[63,64]气相纯化过程也往往会燃烧掉许多碳纳米管,特别是直径较小的纳米管。液相纯化方法是利用高锰酸钾处理去除纳米粒子和其他不需要的碳物质。[65]这种方法保留了大部分的碳纳米管,与气相纯化方法相比具有较高产率,但长度较短。碳纳米粒子和其他碳物质可以与 $CuCl_2$-KCl 反应而被插入,而碳纳米管不会被插入,因为它们具有封闭的笼形结构。后续的化学反应可以去除插入的物质。[66]

碳纳米管的性能得到了广泛研究。Langer 等[67]首先研究了碳纳米管的输运性能,而进一步测试由许多研究小组完成。[68-70]碳纳米管是硬质和鲁棒(robust)结构的良好候选材料,因为石墨中碳-碳键是自然界中最强键之一。TEM 观察表明,碳纳米管是柔韧性的,弯曲时不会被折断。[71]碳纳米管的热导性可能很高,因为金刚石和石墨(面)的热导性能非常高[72],而单个碳纳米管的热导性又远远高于石墨和块体碳纳米管。[73]碳纳米管具有广泛的潜在应用。如催化作用[74]、储存氢和其他气体[75]、生物电池电极[76]、量子电阻[77]、纳米电子和机械设备[78]、电子场发射尖端[79]、扫描探针尖端[80]、流量传感器[81]和纳米复合材料[82]。

6.3 微孔和介孔材料

根据国际纯粹与应用化学联合会(IUPAC)的分类[83]，多孔固体依据其直径可分为三类：微孔材料($d < 2$ nm)，介孔材料(2 nm $< d < 50$ nm)和巨孔材料($d > 50$ nm)。几乎所有的沸石及其衍生物都是微孔的，而表面活性剂为模板介孔材料，大多数干凝胶和气凝胶是介孔材料。在本节中，将简要介绍这些介孔和微孔材料以及各自的合成技术。有许多的优秀评论文章覆盖这一领域。[84,85]

6.3.1 有序介孔结构

有序介孔材料是以自组装表面活性剂为模板，并在其周围同步进行溶胶－凝胶凝结过程来制备的。介孔材料可以有许多重要的技术应用，如载体、吸附剂、分子筛或纳米级化学反应器。这种材料具有均匀尺寸和形状的微孔，直径在 3 nm 到几十纳米范围，长度达到微米级，而且往往有一个非常大的孔体积（高达 70% ）和非常高的比表面积（ > 700 m^2/g ）。在详细讨论有序介孔材料的合成之前，简要介绍一下表面活性剂和胶束的形成。

表面活性剂是有机分子，由两个具有不同极性的部分所组成。[86]一个部分是烃链（通常称为聚合物的尾部），它是无极性的，因此有疏水性和亲油性；而另一部分是极性和亲水性（通常称为亲水首部）。由于这样的分子结构，表面活性剂往往在溶液表面或者水与碳氢化合物溶剂的界面处富集，使亲水首部可以转向水溶液中，从而减少表面或界面能。这种浓度偏析是自发进行且热力学有利的。表面活性剂分子通常可以划分为 4 大类，称为阴离子、阳离子、非离子和两性表面活性剂，对此简要讨论如下：

（1）典型的阴离子表面活性剂是通式为 R － SO$_3$Na 的磺化合物和通式为 R － OSO$_3$Na 的硫酸盐化合物，其中 R 为一个由 11～21 个碳原子组成的烷基链。

（2）阳离子表面活性剂通常由一个烷基疏水尾部和一个甲基铵离子化合物首部所组成，首部如十六烷基三甲基溴化铵（CTAB）、C$_{16}$H$_{33}$N(CH$_3$)$_3$Br 和十六烷基三甲基氯化铵（CTAC）、C$_{16}$H$_{33}$N(CH$_3$)$_3$Cl。

（3）非离子表面活性剂在溶解于溶剂时不分解成离子，不同于阴离子和阳离子表面活性剂的情况。其亲水首部是一个极性基团如乙醚、R － O － R、酒精、R － OH、羰基、R － CO － R、胺和 R － NH － R。

（4）两性表面活性剂的性质类似于非离子表面活性剂或离子表面活性剂，例如甜菜碱和磷脂。

当表面活性剂溶解到溶剂中形成溶液时，溶液的表面能将迅速减小并与浓度增加呈线性关系。这种减小是由于表面活性剂分子在溶液表面的优先富集和有序排列，即亲水首部进入水溶液中并/或远离非极性溶液或空气。然而，这种减小在达到临界浓度时就会停止，进一步增加表面活性剂浓度，表面能仍保持不变，如图 6.7 所示。这幅图也表明，溶液表面能随一般有机或无机溶质的加入而发生变化。图 6.7 中的临界浓度称为临界胶束浓度（CMC）。浓度低于 CMC 时，表面能减小的原因是由于表面活性剂分子浓度增加而形成的表面覆盖面积的增大。在 CMC 时，表面活性剂分子将完全覆盖表面。高于 CMC 时，进一步增加表面活性剂分子将会导致相偏析和胶体团聚或胶束的形成。[87]最初的胶束是球形并单个分散在溶液中，随着表面活性剂浓度的进一步提高，胶束会转变成圆柱形。继续增加表面活性剂浓度会导致圆柱形胶束的有序平行六角形堆积形式。在高浓度时，将形成层状胶束。在更高的浓度时将成形成反向胶束。图 6.8 为在高于 CMC 时不同表面活性剂浓度下形成的各种胶束的图示。

胶束，特别是圆柱形胶束的六角形或立方堆积形式用做模板，通过溶胶－凝胶工艺合成有序介孔材料。[88]这种新的材料类型最早报道于 1992 年。[89,90]首次合成的有序介孔材料被命名为 MCM－41 和 MCM－48。MCM－41 是一种具有六角排列一维微孔、直径介于 1.5~10 nm 的硅酸铝，而 MCM－48 是一种具有三维微孔体系、直径为 3 nm 数量级的硅酸铝。应当指出，介孔材料 MCM－41 和 MCM－48 的无机部分为非晶态硅酸铝。

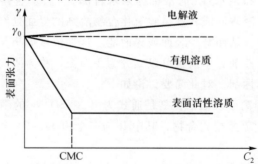

图 6.7　不同溶质对溶液表面张力的影响。表面活性剂或表面活性分子更倾向于分布在表面，导致随着浓度增加直至达到临界胶束浓度（CMC），表面张力下降。进一步增加表面活性剂浓度，将不会减小表面张力。

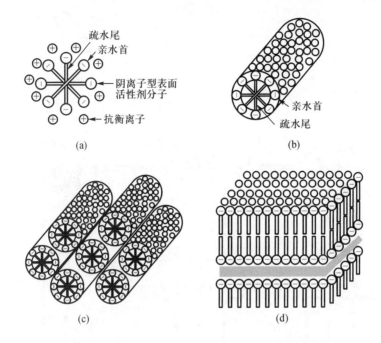

图6.8 (a) 表面活性剂的浓度高于 CMC 时，形成球形胶束。(b) 表面活性剂浓度进一步提高时，形成单个圆柱形胶束。(c) 再提高表面活性剂浓度，形成六方堆积柱形胶束。(d) 当表面活性剂浓度继续提高时，形成层状胶束。

这种工艺概念简单，可以简要说明如下。具有一定长度的表面活性剂分子溶解到极性溶剂中，其浓度超过 CMC，大部分情形在这种浓度时形成圆柱形胶束的六边形或立方形堆垛形式。与此同时，所需氧化物的前驱体以及其他必要的化学品如催化剂也溶解到相同的溶剂中。在溶液内部，几种过程同时进行。表面活性剂偏析和胶束形成，而在胶束周围同时进行氧化物前驱体的水解和缩合，如图 6.9 所示。

合成介孔材料简单而新颖的方法是蒸发 – 诱导自组装（EISA），由 Brinker 研究组所介绍。[91]这种 EISA 技术能够以薄膜、纤维或粉体等各种形式快速形成具有图案的多孔或纳米复合材料。自组装是在没有外部干预的情况下，通过非共价相互作用的材料的自发组织过程。典型的由疏水和亲水部分构成的两性表面活性剂分子或聚合物能够经历这种过程，并组织成清晰的超级分子聚集体。当水溶液中的表面活性剂浓度超过临界胶束浓度（CMC）时，它们聚集成胶束。进一步提高表面活性剂浓度，将导致胶束自组织成为周期性的六角、立方或层状介观相。形成薄膜介观相的简单方法是溶胶 – 凝胶浸涂法。这个方法使用由氧化硅和表面活性剂组成的均匀溶液，溶剂为乙醇/水，浓度 $C_0 \ll CMC$。接

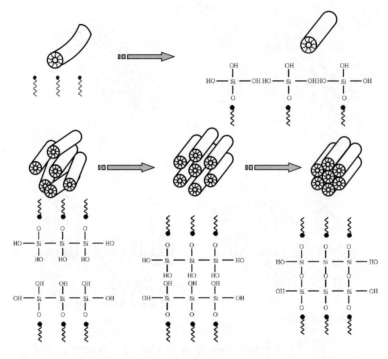

图 6.9 介孔材料形成过程示意图。表面活性剂分子形成六方堆积柱形
结构，同时在胶束周围无机前驱体通过水解和缩合反应形成框架。

下来，由于乙醇的优先蒸发，沉积膜在水、非挥发性表面活性剂和氧化硅物质
中浓缩形成，如图 6.10 所示。逐渐增加表面活性剂浓度导致氧化硅表面活性
剂胶束的形成，并进一步组织成液晶介观相。介观相起源于已经存在的、初期
的氧化硅表面活性剂介观结构，这个结构作为晶核最终导致快速形成相对于基
体表面的高度取向的薄膜介观相。如图 6.10(b)所示，通过最初的乙醇／水／表
面活性剂的摩尔比的变化，可以按照不同的成分轨迹实现不同的最终介观结
构。例如，十六烷基三甲基溴化铵(CTAB)用于验证一维六角和立方、三维六
角和层状氧化硅－表面活性剂介观结构的形成。[92-94]

　　各种有机分子包括表面活性剂和嵌段共聚物，用于形成有序介孔材
料。[95-98]除了氧化硅和硅酸铝以外，各种氧化物可以形成有序介孔结构。[99-105]已
经完成了大量有关合成有序介孔复合金属氧化物的研究工作[99,106,107]，这也称为
混合金属氧化物，它们拥有许多重要的物理性质，有利于广泛应用，特别是作
为现代化工产业中的非均相催化剂。在合成有序介孔复合金属氧化物中，最大
的挑战与利用溶胶－凝胶法合成复合金属氧化物纳米粒子和纳米线是一样的，
那就是确保通过异质凝结形成均匀理想的化学计量组成。在前面讨论过的所有
的一般性考虑在这里也适用。然而，这里的情况更加复杂，因为溶液中表面活

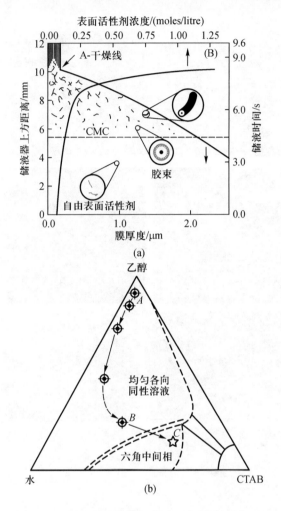

图 6.10 （a）由可溶性氧化硅、表面活性剂、乙醇和水组成的复合流体，浸涂过程中形成稳定膜的示意图。（b）浸涂过程中，在乙醇/水/CTAB相图中的近似成分轨迹。[C. J. Brinker, Y. Lu, A. Sellinger, and H. Fan, *Adv. Mater.* 11, 579(1999).]

性剂的存在会使水解和缩合反应动力学变得复杂。有些表面活性剂将充当催化剂以促进水解和缩合反应。溶液中相对较大表面活性剂分子和胶束的存在，将对扩散过程产生空间效应。虽然所有这些表面活性剂的影响存在于单一金属氧化物介孔材料的合成中，但是某一特定表面活性剂对不同前驱体具有不同程度的影响。因此，表面活性剂对有序介孔复合金属氧化物形成过程中水解和缩合反应的影响，应予以认真考虑。表 6.1 总结了一些介孔复合氧化物的物理性能，图 6.11 表现各种介孔材料的 TEM 图像。[99]

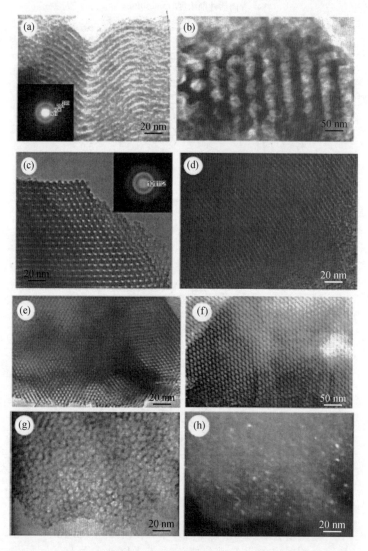

图 6.11　二维六角介孔材料 TEM 图片：(a)、(b) TiO_2，(c)、(d) ZrO_2，(e) Nb_2O_5，(f) $SiAlO_{3.5}$。(a)、(d) 沿着 [110] 晶轴观测，(b)、(c)、(e)、(f) 沿着 [001] 晶轴观测。(a) 和 (c) 中的插图是获得图像区域内的选区电子衍射图。(g) 介孔 TiO_2 薄片样品的明场 TEM 图像。(h) 同一介孔 TiO_2 薄片样品同一区域的暗场 TEM 图像。图像中亮点对应于 TiO_2 纳米晶。利用 200 kV JEOL－2000 型号仪器获得 TEM 图像。全部样品都是在 400℃ 空气中煅烧 5 h，以去除聚合物表面活性剂物质。[P. D. Yang，D. Y. Zhao，D. I. Margoless，B. F. Chemelka，and G. D. Stucky, *Nature* 396，152（1998）.]

表 6.1　介孔复合金属氧化物的物理性能。

氧化物	孔径/nm	BET 表面积/(m²/g)	BET 表面积/(m²/cm³)	孔隙率/%
SiAlO$_{3.5}$	6	310	986	59
Si$_2$AlO$_{5.5}$	10	330	965	55
SiTiO$_4$	5	495	1 638	63
Al$_2$TiO$_5$	8	270	1 093	59
ZrTiO$_4$	8	130	670	46
ZrW$_2$O$_8$	5	170	1 144	51

　　铟锡氧化物(ITO)是一种光学透明和电子电导复合氧化物,被用于进行介孔结构形成的研究。[108]在制备介孔 ITO 时,主要障碍是控制水解和缩合反应之间的竞争,这可以通过使用杂氮三环复合物作为前驱体以降低水解动力学来实现。在惰性氮气氛下,将醋酸铟和异丙醇锡按照理想的化学计量比溶解到超过10 倍物质的量的三乙醇胺中。将约 10%(体积分数)的干燥甲酰胺加入溶液中以降低粘度。溶液混合 4 h 后,以 CTAB 与金属浓度的摩尔比为 3.5∶1 添加到溶液中,用 4 M 氢氧化钠调节 pH 至 8。在过滤出产品之前,将该混合物在80 ℃下静置 96 h。由此产生的 In∶Sn 摩尔比为 1∶1 的 ITO 粉末,其比表面积高达 273 m²/g,氮吸附等温线确定其孔径约为 2 nm。XRD 分析表明,在一定温度下煅烧以后形成了 ITO 晶体,TEM 图像显示蠕虫洞形貌。然而,在无水加压小球上测得的室温电导率平均值为 $\sigma = 1.2 \times 10^{-3}$ S/cm,这比相同条件下ITO 薄膜的电导率大约低了 3 个数量级。

　　此外,通过各种表面改性包括包覆、嫁接和自组装,可以在有序介孔材料中引入物理和化学性能。[109-115]

　　典型的介孔材料以粉末(或块体介孔材料)和薄膜形式存在。块体介孔材料由宏观尺寸晶粒(高达几百微米)组成。在每一个晶粒中,存在晶体学有序介孔结构,但是所有晶粒都是随机堆积的。这阻碍了介孔结构的扩散进入,从而限制了有序介孔材料的实际应用。一些研究团队已经成功调整介孔薄膜使其与基板表面大面积平行,或在微孔道内实现调整。[116-121]但是,由于微孔是水平排列于基板表面而不是理想的垂直排列,这将会限制进入孔洞的能力。许多努力用于实现介孔二氧化硅与基板表面的垂直排列(即闭塞微孔),但这样做需要在小样品尺寸上施加一个强磁场,在实际操作中非常受限。[122]导向或分层结构的介孔材料的合成也有报道。[123-125]

　　由于在环境和医药领域中的应用,最近介孔材料受到极大的关注。[126]例如,介孔氧化硅是非常引人注目的材料,这是由于其具有的生物活性和药物控制释放中的潜在应用。溶液和基体可能对磷灰石的形核和晶化产生影响。[127]溶液的pH、温度、离子浓度决定获得的磷酸钙的类型和沉淀。[128]硅烷醇基团和孔隙率导致磷灰石层的形成。由硅烷氧和硅烷醇基团组成的介孔 MCM - 41 是潜在的生物活性材料，这是由于其高孔隙率和大比表面积(>1 000 m^2/g)圆柱形介孔的六角排列形式。[129]然而，单纯的 MCM - 41 并不表现出生物活性。在 MCM - 41 中磷灰石层的形核过程非常慢，在试管化验的 2 个月后依然没有生物活性信号出现。需要加入一些缺陷产生物质以加速这个过程。在 MCM - 4 中加入玻璃体后，类磷灰石层在其表面上生长。这种 MCM - 41 和玻璃体的复合材料表现出生物活性。另一种激活 MCM - 41 的方法是通过水热过程掺杂磷。[130]掺杂磷的MCM - 41 表现出生物活性以及作为药物载体的能力。

一些介孔材料作为生物活性玻璃(BGs)与活骨组织化学结合，并开展了临床应用研究。[131,132]通过提高 BGs 的比表面积和孔的体积，可以加速羟基碳酸磷灰石的动力学沉积过程。同时提高 BGs 的骨形成能力。利用嵌段聚合物作为模板，已经制备出高有序介孔玻璃体(MBGs)。[133]与传统的 BGs 相比较，MBGs的生物活性得到大幅度提高。在 Izquierdo-Barba 等的研究中，证实了磷酸钙的形核与生长过程是模仿介孔生物陶瓷中活骨矿物成熟过程。[134]图 6.12 表现介孔生物玻璃 SiO_2(摩尔分数为58%) - CaO(摩尔分数为36%) - P_2O_5(摩尔分数为6%)的高有序结构。孔隙是由 $p6mm$ 对称单胞按照二维六角排列的有序结构。这种介孔结构形成沿 c 轴的平行通道阵列(见图 6.12(c))，与传统溶胶 - 凝胶玻璃相比，具有大比表面积和高孔隙率。

6.3.2　无序介孔结构

介孔结构可以通过各种不同方法得到。其中包括滤取相分离玻璃[135]，在酸性电解质中薄金属箔的阳极氧化[136]、辐射径迹蚀刻[137]和溶胶 - 凝胶工艺[138]。在本节中，将集中讨论溶胶 - 凝胶衍生介孔材料。根据干燥过程中去除溶剂的应用条件，可得到两种类型的介孔材料。一种是干凝胶，在室温条件下去除溶剂。另一种是气凝胶，是指具有非常高孔隙率和比表面积的介孔材料，一般采用超临界干燥。干凝胶和气凝胶都具有高孔隙率，典型的平均孔径为几个纳米。然而，气凝胶具有更高的孔隙率，为75% ~99%，而干凝胶的典型孔隙率为50%，也可能会小于1%。

干凝胶：通过溶胶 - 凝胶工艺形成多孔结构在概念上简单易懂。在溶胶 - 凝胶工艺中，前驱体分子经过水解和缩合反应，从而形成纳米团簇。老化过程将使这种纳米团簇形成凝胶，它是由溶剂和固体的三维渗透网络所构成。当溶剂在后续干燥过程中被去除时，由于毛细管力(P_c)的作用而使凝胶网络部分坍塌，由拉普拉斯方程给出[139]：

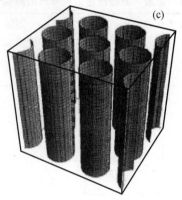

图 6.12　介孔生物活性玻璃 TEM 图及傅里叶转化图。(a) 沿[001]方向观测；(b) 沿[100]方向观测；(c) 沿介孔结构 c 轴方向平行排列孔道阵列示意图。[I. Izquierdo-Barba, D. Arcos, Y. Sakamoto, O. Terasaki, A. Lopez-Noriega, and M. Vallet-Regi, *Chem. Mater.* 20, 3191(2008).]

$$P_c = -\gamma_{LV}\cos\theta\left(\frac{1}{R_1} + \frac{1}{R_2}\right) \tag{6.1}$$

式中 γ_{LV} 是气-液界面的表面能，θ 是液体在固体表面上的润湿角，R_1 和 R_2 是弯曲液-气表面的主曲率半径。对于一个球形界面，$R_1 = R_2$。由于毛细管力作用驱动的固体凝胶网络的坍塌会造成孔隙度和比表面积的损失。然而，这样一种过程一般不会导致致密结构的形成。这是因为凝胶网络的坍塌将促进表面凝结并造成凝胶网络的强化。当凝胶网络强度达到足以抵御毛细管力的作用时，凝胶网络的坍塌将停止，孔隙将被保留下来。尽管在动力学和凝胶网络强度上存在明显差异，在溶胶经过老化变成凝胶，以及凝胶化之前溶剂蒸发形成膜时也会发生类似的过程。表 6.2 列出了由溶胶-凝胶法合成的多孔氧化物的一些性能。[140] 通常溶胶-凝胶法合成的多孔材料的孔径范围从亚纳米至几十个纳米，孔径取决于溶胶-凝胶工艺条件和后续热处理。对于特定体系，较高的热处理温度造成大的孔径。最初的孔径很大程度上取决于溶胶中形成纳米团簇的尺寸，以及这些纳米团簇如何堆积起来。在二氧化硅体系中可以获得最小的孔隙。当硅醇盐前驱体以酸作为催化剂进行水解和缩合时，将形成二氧化硅线链。这种线性结构二氧化硅链在溶剂被去除后几乎完全坍塌，从而形成较为致密的材料。当基体作为催化剂时，将会形成一种高度分支的纳米团簇结构，随后形成高孔隙材料。有机组分也往往被纳入到凝胶网络中以利于孔径和孔隙率。例如，烷基链被纳入到二氧化硅凝胶网络，形成相对致密的有机－氧化硅混合物。当有机成分发生热解时得到多孔结构。应当指出，尽管孔隙尺寸分布相对狭窄，由溶胶－凝胶工艺形成的多孔结构是无序的，并且孔隙是扭曲的。

表 6.2　溶胶－凝胶衍生多孔材料的结构性质。[140]

材料	烧结温度/℃	烧结时间/h	孔径/nm	孔隙率/%	BET 表面积/(m^2/g)
γ – AlOOH	200	34	2.5	41	315
γ – Al_2O_3	300	5	5.6	47	131
	500	34	3.2	50	240
	550	5	6.1	59	147
	800	34	4.8	50	154
θ – Al_2O_3	900	34	5.4	48	99
α – Al_2O_3	1 000	34	78	41	15
TiO_2	300	3	3.8	30	119
	400	3	4.6	30	87
	450	3	3.8	22	80
	600	3	20	21	10
CeO_2	300	3	2	15	41
	400	3	2	5	11
	600	3		1	1
Al_2O_3 – CeO_2	450	3	2.4	39	164
	600	3	2.6	46	133
Al_2O_3 – TiO_2	450	3	2.5	38 ~ 48	220 ~ 260
Al_2O_3 – ZrO_2	450	5	2.6	43	216
	750	5	2.6	44	179
	1 000	5	$\geqslant 20$		

气凝胶：首次制备于 20 世纪 30 年代早期[141]，从 20 世纪 60 年代开始研究

其各种应用。[142,143]气凝胶化学及其应用在一篇很好的综述文献中进行了总结。[144]通常湿凝胶被老化一段时间后增强了凝胶网络，然后在高压容器中使溶剂的温度和压力达到超临界点以上，此时从凝胶网络中去除溶剂。在超临界点以上，固体和液体之间的差别消失，这样毛细管力不再存在。其结果是，凝胶网络的高孔隙结构得以保留。这样制备的气凝胶的孔隙度可高达99%，而表面积超过1 000 m²/g。超临界干燥过程，包括在温度和压力都高于溶剂临界点的压力容器中加热湿凝胶，以及在保持温度高于临界点的条件下通过减小压力而缓慢排除液相的过程。图6.13表现了利用二氧化碳溶剂的两种常见超临界干燥路径，表6.3列出了一些常见溶剂的临界点参数。[145]

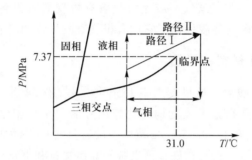

图6.13 CO₂可能存在的超临界干燥途径实例。有两种实际途径：①提高压力至溶剂超临界点以上，然后加热样品至超临界温度以上，同时保持压力值不变；②室温提高压力至蒸气压以上，然后通过加热同时提高温度和压力。

表6.3 常用溶剂临界点参数。[145]

溶　　剂	分　子　式	T_c/℃	P_c/MPa
水	H_2O	374.1	22.04
二氧化碳	CO_2	31.0	7.37
氟利昂116	$(CF_3)_2$	19.7	2.97
丙酮	$(CH_3)_2O$	235.0	4.66
氧化氮	N_2O	36.4	7.24
甲醇	CH_3OH	239.4	8.09
乙醇	C_2H_5OH	243.0	6.3

　　所有可以利用溶胶－凝胶工艺合成为湿凝胶的材料，都可以通过超临界干燥形成气凝胶。除了SiO_2气凝胶外，其他被普遍研究的无机气凝胶的例子为TiO_2[146]、Al_2O_3[147]、Cr_2O_3[148]和混合的氧化硅－氧化铝[149]。为了降低实现超临界条件所需的温度和压力，溶剂交换得到了广泛应用。高孔隙结构也可采用环境干燥而得到。有两种方法可以防止凝胶网络的原始孔隙结构的坍塌。一种方

法是消除毛细管力，这是利用超临界干燥的基本概念，已在前面讨论过。另一种方法是控制凝胶网络的巨大毛细管力和小机械强度之间的不平衡，这样可以在去除溶剂时使凝胶网络强大到足以抵抗毛细管力。有机成分被纳入无机凝胶网络，以改变氧化硅凝胶网络的表面化学性质，从而最大限度地减少毛细管力和防止凝胶网络的坍塌。有机成分可以通过与有机前驱体中的有机组元的共聚合作用而被引入[150,151]，或通过溶剂交换的自组装过程而被引入[152]。有机成分被纳入到氧化硅凝胶网络形成环境条件下的高孔隙氧化硅，其孔隙度为75%或更高，比表面积为1 000 m²/g。有机气凝胶可以通过有机前驱体聚合及后续超临界干燥老化湿凝胶而制得。最广泛研究的有机气凝胶是间苯二酚甲醛（RF）和甲醛（MF）气凝胶。[153,154]碳气凝胶是由热解有机气凝胶得到的，通常热解温度在500 ℃以上。碳气凝胶保留了它们有机气凝胶母体的高表面积和孔容。[155]

6.3.3　晶态微孔材料：沸石

沸石是晶态硅酸铝，最早发现于1756年。[156,157]有34种天然沸石和近100种合成沸石。沸石具有分子尺度均匀孔隙尺寸的三维框架结构，典型孔径为0.3 ~ 1 nm，孔容在0.1 ~ 0.35 cc/g范围。沸石具有广泛的应用，如用做催化剂、吸附剂和分子筛。沸石在许多已出版的综述文章和书籍中得到介绍。[158-160]各种沸石结构和明确名称的详细资料已在文献中做了总结。[161-163]现简要说明如下。

沸石成分为 $M_{2/n}O \cdot Al_2O_3 \cdot xSiO_2 \cdot yH_2O$（$n$ = 移动阳离子的价态，M^{n+}，$x \geqslant 2$），它们由 TO_4 四面体（T = 四面体原子，即 Si、Al）组成，每一个氧原子被相邻四面体所共享，从而导致所有沸石框架内 O/T 比率等于2。[164]空间框架由4角连接 TO_4 四面体而构成。当沸石由无缺陷纯二氧化硅制得时，顶角处的每个氧原子由2个 SiO_4 四面体所共有，电荷保持平衡。当硅被铝所取代时，碱金属离子如 K^+、Na^+，碱土金属离子如 Ba^{2+}、Ca^{2+}，以及质子 H^+ 通常被引入以保持电荷平衡。这样形成的框架相对开放，其特点是存在通道和腔体。孔隙尺寸和通道系统维度是由 TO_4 四面体的排列所决定的。更具体地说，孔隙大小取决于环的尺寸，环是连接不同数目的 TO_4 四面体或 T 原子所组成的。一个 8 - 环指定为由 8 个 TO_4 四面体所组成的环而且是小孔开口（直径为 0.41 nm），一个 10 - 环为中等环（0.55 nm），而一个 12 - 环为大环（0.74 nm），环可以自由弯曲。根据不同环的连接或排列，形成不同的结构或孔隙开口，如笼、通道、链和薄片。图6.14表示一些亚单元，它们中间每个交叉点代表一个 TO_4 四面体。[163]在这个图中，n - 环也包含其定义的亚单元的面。例如，钙霞石笼状亚单元定义为 6 个 4 - 环和 5 个 6 - 环，并命名为 $[4^6 6^5]$ 笼。用于笼的系统命名法也用于描述通道、链和薄片。不同框架的形成决定于各亚单元的堆积和/或堆积次序。有 133 种已经被证实的沸石框架类型。图 6.15 图示了两种沸石框架：SOD 和 LTA 框架类型。[163]

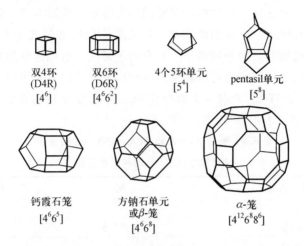

双4环
(D4R)
$[4^6]$

双6环
(D6R)
$[4^6 6^2]$

4个5环单元
$[5^4]$

pentasil单元
$[5^8]$

钙霞石笼
$[4^6 6^5]$

方钠石单元
或 β-笼
$[4^6 6^8]$

α-笼
$[4^{12} 6^8 8^6]$

图 6.14 在几种沸石框架类型中的亚单元和笼结构；每个交点代表一个 TO_4 四面体，T 为金属（如硅或铝）。[L. B. McCusker and C. Baerlocher, in *Introduction to Zeo-lite Science and Practice*, 2nd edn., eds. H. van Bekkum, E. M. Flanigen, P. A. Jacobs, and J. C. Jansen, Elsevier, Am-sterdam, p. 37, 2001.]

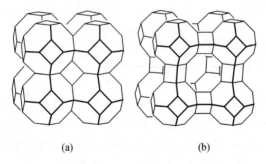

(a)   (b)

图 6.15 (a) SOD 框架类型，具有 β 体心立方排列或方钠石笼状结构（见图 6.12）。(b) LTA 框架类型，具有连接单个 8 - 环的 α - 笼状结构（在中心处形成方钠石笼）的简单立方排列。[L. B. McCusker and C. Baerlocher, in *Introduction to Zeolite Science and Practice*, 2nd edn., eds. H. van Bekkum, E. M. Flanigen, P. A. Jacobs, and J. C. Jansen, Elsevier, Amsterdam, p. 37, 2001.]

沸石通常采用水热合成技术来制备。[165,166]典型的合成过程包括使用水、氧化硅源、氧化铝源、矿化剂和结构导向剂。氧化硅的来源很多，包括硅胶、烟雾硅胶、沉淀二氧化硅、硅醇盐。常见的铝来源包括钠铝酸钠、勃姆石、氢氧化铝、硝酸铝和矾土。常见的矿化剂是羟基离子 OH^- 和氟离子 F^-。结构导向剂是可溶性有机物质，如季铵离子，它有助于形成二氧化硅框架并最终驻留在晶内空隙中。碱金属离子也可以在结晶过程中发挥结构导向作用。表 6.4 列出了沸石 Na – A 和 TPA – ZSM – 5 的反应物、合成温度和物理化学性质。[166]图 6.16 给出了一些沸石的 SEM 图片。[166]

表 6.4　沸石 Na – A 和 TPA – ZSM – 5 的合成
混合物(摩尔比)、物理和化学性能。[166]

材料和性能	Na – A	TPA – ZSM – 5
SiO_2	1	1
Al_2O_3	0.5	< 0.14
Na_2O	1	0.16
TPA_2O	—	0.3
H_2O	17	49
T/℃	< 100	> 150
孔结构	3D，通过窗口连接的笼结构	2D，交叉孔道
密度/$(g \cdot cm^{-3})$	1.28	1.77
孔容/$(cm^3 \cdot g^{-1})$	0.37	0.18
晶格稳定性	Na^+，H_2O	TPA^+
Si/Al 比值	1	0.12
布朗斯特活性(Bronsted activity)	低	高
亲和力	亲水	疏水

合成物对试剂类型、添加顺序、混合程度、结晶温度、时间和成分敏感。在合成过程中发生许多复杂化学反应和有机 – 无机相互作用。根据混合物的组成、反应的程度以及合成温度，至少可以产生四种类型的液体[166]：

（1）仅由分子、单体和离子物质组成的上清液。

（2）由具有开放式结构的非晶团簇(也称为分散低密度凝胶)组成的溶胶或胶体。

（3）由具有致密结构的非晶团簇(也称为分离高密度凝胶)组成的溶胶或胶体。

（4）由亚稳结晶态的固体粒子(也称为固相)组成的溶胶或胶体。

从这些体系中通过成核和结晶形成沸石。为了从分子水平理解晶体生长机制和了解晶体构建单元，开展了各种研究工作。[165,166]在沸石的生长中至少存在

图 6.16　SEM 图片显示沸石的晶体特征。(a) 单晶沸石 A、(b)方沸石、(c)钠沸石；(d)聚集体沸石 L、(e)典型针状发光沸石、(f)Nu – 10。[J. C. Jansen, in *Introduction to Zeolite Science and Practice*, 2nd edn., eds. H. van Bekkum, E. M. Flanigen, P. A. Jacobs, and J. C. Jansen, Elsevier, Amsterdam, p. 180, 2001.]

三种类型的晶体构建单元：①四面体单体物质被认为是主要的构建单元；②二级构建单元是晶态构建单元；③笼形化合物是沸石成核和结晶的构建单元。两种最近的合成模型概述如下。图 6.17 说明 Burkett 和 Davis 提出的 TPA – Si – ZSM – 5 合成的结构方向和晶体生长机制。[167]在合成过程中，无机 – 有机复合团簇首先通过搭接无机和有机成分的疏水水和作用球体而形成，随后释放规整水分以建立有利的范德瓦耳斯相互作用。这种无机－有机复合团簇是沸石晶体初始形核和后续生长的生长物质。形核过程是通过这些团簇的外延聚集而发生的，然而晶体生长是由同样物质扩散到生长表面并以逐层生长机制而进行的。另一种机制，称为"纳米板"假设[168]，建立在上面所讨论的机制上。不同的是，无机－有机复合团簇首先通过外延聚集形成"纳米板"。这种"纳米板"与其他"纳米板"聚集成更大的板，如图 6.18 所示。[168]

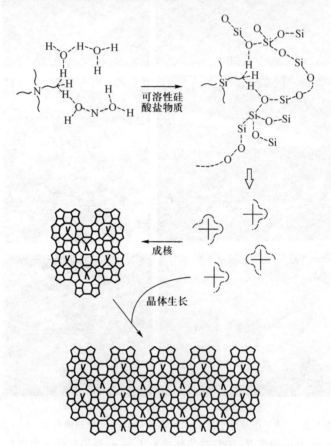

图 6.17　结构导向晶体生长机制。利用 TPA$^+$ 作为结构导向剂，合成纯氧化硅 ZSM－5 沸石有机－无机复合材料。[S. L. Burkett and M. E. Davis, *J. Phys. Chem.* 98, 4647(1994).]

结构导向剂的作用：不同的有机分子作为结构导向剂被引入相同的合成混合物中，可以形成具有完全不同晶体结构的沸石。例如，当 N,N,N－三甲基金刚烷氢氧化铵作为结构导向剂时形成 SSZ－24 沸石，然而使用四丙基氢氧化铵作为结构导向剂时产生 ZSM－5 沸石。此外，结构导向剂的选择可能会影

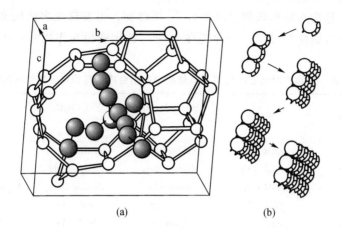

(a)   (b)

图 6.18 "纳米板"假设:(a) 包含一个 TPA 阳离子的前
驱体;(b) 由前驱体单元聚集形成纳米板示意图。[C. E. A.
Kirschhock, R. Ravishankar, L. van Looveren, P. A. Jacobs, and J.
A. Martens, *J. Phys. Chem*. B103,4972(1999).]

响合成速率。[169]

结构导向剂的几何形状对合成沸石的几何形状有直接影响。例如,SSZ -
26 是一种 10 - 环和 12 - 环孔隙交叉形成的沸石[170],使用螺旋桨烷基结构导向
剂先验设计合成出来。[171]已经实验证明并通过分子力场计算得到,SSZ - 26 的
孔隙部分的几何形状与有机结构导向分子的几何形状非常完美匹配,一个结构
导向分子处于通道交叉点位置。[172]ZSM - 18 是一种包含三元环的硅酸铝沸石[173],
它是使用分子模型设计出来的结构导向剂来合成的。[174]在沸石笼和有机结构导
向剂之间存在完美的对应关系。

杂环原子的作用:使用相同的结构导向剂时,如果在合成混合物中加入少
量的四面体阳离子,如 Al、Zn、B 等,将产生极大的作用并导致沸石结构显
著不同。[175]表 6.5 对一些体系做了对比。[157]例如,当其他合成参数保持一致,使
用四乙基铵阳离子 TEA^+ 作为结构导向剂,当 SiO_2 与 Al_2O_3 的比例大于 50 时形
成 ZSM - 12。当添加少量的氧化铝时,形成沸石 β。进一步添加氧化铝使
SiO_2/Al_2O_3 比例达到 15,就会合成出 ZSM - 20。用 Si^{4+} 取代合成混合物中的二
价和三价四面体阳离子,导致负电荷的沸石框架,这将与有机结构导向剂的阳
离子和无机阳离子如碱金属离子形成更强的配位结合。此外,阳离子 - 氧键长
度和阳离子 - 氧 - 阳离子键角的改变将对构建单元的形成产生很大的影响。[176]

碱金属阳离子的作用:在基本条件下绝大多数沸石合成需要碱金属阳离子
的存在。[177]水溶液中小浓度的碱金属阳离子可以显著提高石英的溶解速率,是
去离子水中速率的 15 倍。[178,179]人们普遍认为,碱金属阳离子的存在可以加速

高-二氧化硅沸石的形核和晶体生长。[177,180]然而，也发现太多的碱金属离子可能会导致与有机结构导向剂产生竞争，与二氧化硅相互作用并产生层状结构产物。[181]

表6.5　铝、硼和锌对沸石或利用有机结构导向剂合成的其他化合物结构的影响。[157]

有机试剂	SiO_2	SiO_2/Al_2O_3 < 50	SiO_2/B_2O_3 < 30	SiO_2/ZnO < 100
$C_8H_{20}N$	ZSM – 12	Zeolite Beta	Zeolite Beta	VPI – 8
$C_{16}H_{32}N_4$	ZSM – 12	Zeolite Beta	Zeolite Beta	VPI – 8
$C_{13}H_{24}N^*$	ZSM – 12	Mordenite	Zeolite Beta	Layered Mater.
$C_{13}H_{24}N^*$	SSZ – 24	SSZ – 25	SSZ – 33	—
$C_{13}H_{24}N^*$	SSZ – 31	Mordenite	SSZ – 33	VPI – 8
$C_{12}H_{20}N$	SSZ – 31	SSZ – 37	SSZ – 33	—

* 表示具有不同的分子结构。

有机-无机杂化沸石：Yamamoto等[182]最近成功合成有机框架的有机-无机杂化沸石，这是通过亚甲基基团部分取代晶格氧原子而形成的。这种杂化型沸石与包含悬挂有机基团的沸石明显不同。[183]使用亚甲基桥联有机硅烷作为硅源，为含有机基团的沸石材料提供了网络结构，形成几种沸石相，如 MFI 和 LTA 结构。在这种杂化的沸石中，一些硅氧烷键 Si – O – Si 被亚甲基框架 Si – CH_2 – Si 所取代。

6.4　核-壳结构

在第3章中，已讨论了非均相外延半导体核-壳结构的合成。虽然"核"和"壳"的化学成分不同，但是它们具有相似的晶体结构和点阵常数。因此，在生长的纳米尺寸粒子(核)表面上的壳物质形成是不同化学成分的粒子生长的一种外延。而本章节中介绍的核-壳结构与之有较大不同。首先，"核"和"壳"具有完全不同的晶体结构。例如，一个可以是单晶，而另一个是非晶。第二，"核"和"壳"的物理性能通常也明显不同；一个可能是金属，而另一个是绝缘体。第三，在每个核-壳结构中"核"和"壳"的合成工艺也有很大的不同。虽然涂覆、自组装、气相沉积等方法均可以获得核-壳结构，本节主要讨论新型金属-氧化物、金属-聚合物以及氧化物-聚合物体系的核-壳结构。在接下来的讨论中，将不包括组装在纳米粒子表面的分子单层结构。聚合物单层通常用于诱导扩散控制的生长并稳定纳米粒子，相关内容已经在第3章中介绍。分子单层的自组装是在前面章节中讨论的一个主题。

6.4.1 金属－氧化物结构

以金－二氧化硅核－壳结构为例来说明工艺路线。[184,185]由于金在溶液中不能形成氧化物钝化层，金表面对于氧化硅没有足够的静电吸引力，因此氧化硅层不能在此表面上直接生长。此外，在金表面通常吸附有机分子层以防止粒子团聚。这些稳定剂还会使金表面出现疏玻性。多种硫代烷烃和氨基烷烃衍生物可用于稳定金纳米粒子。[186]然而，对于核－壳结构的形成，稳定剂不仅要在表面形成一层膜以稳定金纳米粒子，还要能与氧化硅壳相互结合。一种途径是使用在两端具有两种功能的有机稳定剂。一端可以与金粒子连接，而另一端与氧化硅相连接。连接氧化硅最简单的方法是使用硅烷链。[187]3－氨丙基三甲氧基硅烷(APS)是目前最为广泛使用的连接金"核"与氧化硅"壳"的配位剂。

图 6.19 表现制备金－氧化硅核－壳结构的主要步骤：其中有三个典型步骤。第一步是制备具有理想粒子尺寸和尺寸分布的金"核"。第二步是通过引入有机单层膜使金粒子表面从疏玻性变为亲玻性。第三步包括氧化物壳的沉积。在第一步成熟的制备工艺中[184,185]，使用柠檬酸钠还原方法首先制备金胶态分散体[188]，形成稳定的胶体溶液，其中金粒子尺寸约为 15 nm，分散度为 10%。

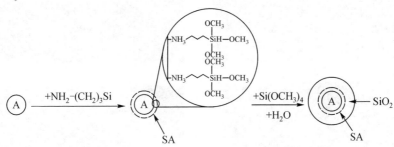

图 6.19 形成金－氧化硅核－壳结构的主要步骤：①形成单一尺寸金粒子；②通过自组织引入单层有机分子，对金纳米粒子表面进行改性；③沉积氧化硅壳层。[L. M. Liz－Marzán, M. Giersig, and P. Mulvaney, *Langmuir* 12，4329 (1996).]

在第二步中，将新鲜的 APS 水溶液(2.5 mL，1 mM)加入到 500 mL 的金胶体溶液中，用力搅拌 15 min。在金粒子表面就会形成全包覆的 APS 单层膜。在这一过程中，随着硅烷醇的加入，原来吸附的负电荷的柠檬酸盐被 APS 分子所取代。这一过程是在金胺较大配位常数驱动下进行的。水溶液中 APS 分子的硅烷基团发生快速水解并转变成硅烷醇基团，这些基团与其他基团发生缩合反应形成三维网状结构。但是，在低浓度下缩合反应速率极其缓慢。[187]另外需要注意，在金粒子表面 APS 的自组装过程中，pH 要维持在氧化硅等电位点之上，约为 $2\sim3$[189]，这样可使硅烷醇基团带负电荷。此外，pH 应确保金纳米粒子适当的负表面电荷，这样可使带正电荷的氨基基团吸引至金表面。

在第三步中，缓慢减小 0.54%（质量分数）硅酸钠溶液的 pH 值至 $10\sim11$，从而获得氧化硅溶胶，将此溶胶添加到金胶态溶液中（使 pH 达到约 8.5），强力搅拌至少 24 h。在表面改性的金纳米粒子表面上形成了 $2\sim4$ nm 厚的二氧化硅层。在这一步中，通过控制溶液的 pH 值来改变缩合或聚合反应，从而在金粒子周围形成一层薄而致密、相对均匀的二氧化硅层。[189,190] 将核 - 壳纳米结构放入乙醇溶液并通过控制生长条件，可使二氧化硅薄层进一步生长，在这样的过程中扩散成为主导，通常称之为斯德博（Stöber）方法。[191] 图 6.20 为表现金 - 二氧化硅核 - 壳结构的 TEM 图片。[185]

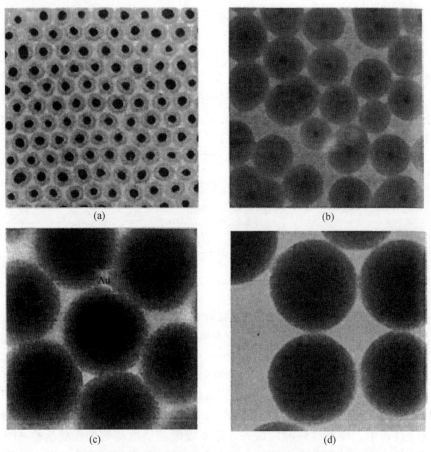

图 6.20　氧化硅包覆金粒子 TEM 图片。在 4∶1 乙醇/水溶液中利用 TES 在 15 nm Au 粒子周围外延生长氧化硅壳层而制得。壳层厚度为（a）10 nm、（b）23 nm、（c）58 nm 和（d）83 nm。[L. M. Liz - Marzán, M. Giersig, and P. Mulvaney, *Langmuir* 12, 4329(1996).]

6.4.2　金属－聚合物结构

乳化聚合反应是制备金属－聚合物核－壳结构广泛使用的一种方法。[192]例如，银－聚苯乙烯/甲基丙烯酸酯核－壳结构通过油酸中苯乙烯/甲基丙烯酸的乳化聚合反应而制得。在这个体系中，银粒子由一层均匀、清晰可辨的壳层所包覆，其厚度在 2～10 nm 之间。[193]通过改变单体浓度很容易控制包覆层厚度。在高浓度氯化物溶液中的蚀刻测试表明聚合物壳层具有较强的保护作用。

制备金属－聚合物核－壳结构的另一种方法是基于隔膜合成方法。[194-196]在这一方法中，首先通过真空渗滤将金属粒子沉积并排列于隔膜的孔道中，然后在孔道内进行导电聚合物的聚合反应，如图 6.21 所示。[196]使用孔径为 200 nm 的多孔氧化铝模板沉积金纳米粒子，$Fe(ClO_4)_3$ 用做聚合物引发剂并注入模板上方。在模板下方滴加几滴吡咯或者 N－甲基吡咯。单体分子以气态扩散至孔道中，与引发剂接触并形成聚合物。聚合物优先沉积在金纳米粒子表面。通过聚合时间可以控制聚合物壳层厚度，很容易做到在 5～100 nm 范围内变化。但是，过长的聚合时间将会导致核－壳结构的聚集。图 6.22 表现金－聚吡咯和复合聚甲基吡咯/聚吡咯的核－壳结构。[196]

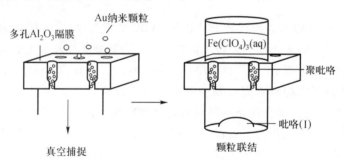

图 6.21　金属－聚合物核－壳结构制备步骤示意图。［S. M. Marinakos, D. A. Shultz, and D. L. Feldheim, *Adv. Mater.* 11,34(1999).］

6.4.3　氧化物－聚合物纳米结构

聚合物包覆氧化物粒子的合成途径可划分为两种主要类型：在粒子表面发生聚合或吸附到粒子表面。[197,198]基于聚合的方法，包括单体吸附到粒子表面，后续聚合[194,195,199]以及乳液聚合[192,193]。在单体的吸附及聚合过程中，可以通过加入引发剂或者氧化物自身来促进聚合反应。例如，聚二乙烯基苯（PDVB）包覆的铝水合氧化物改性二氧化硅粒子的制备，可以使用偶联剂如 4－乙烯基吡啶或 1－乙烯基－2－吡咯烷酮预处理氧化硅粒子，随后混合二乙烯基苯和自由基聚合引发剂而制得。[200]类似的方法可以用于合成聚苯乙烯氯化物（PVBC）、

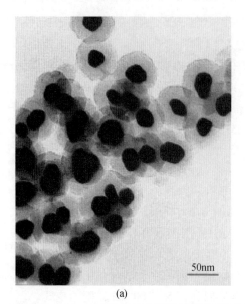
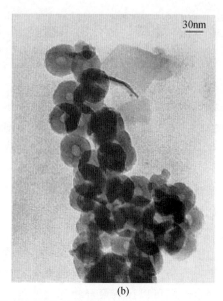

(a)   (b)

图 6.22　金 – 聚吡咯和复合聚甲基吡咯/聚吡咯的核 – 壳结构的 TEM 图片：（a）约 30 nm 直径包覆聚吡咯的金粒子；（b）用 0.002 M $K_4[Fe(CN)_6]$ 和 0.1 M KCN 去除 Au 以后的聚合物壳层。[S. M. Marinakos, D. A. Shultz, and D. L. Feldheim, *Adv. Mater.* 11, 34(1999).]

共聚物 PDVB – PVBC 壳层以及 PDVB 和 PVBC 的双壳层。[201] 氧化物纳米粒子的表面也可以引发吸附单体的聚合。例如，许多金属氧化物粒子上的聚乙烯壳层就是通过这种方法形成。[199,202] 聚吡咯包覆 $\alpha – Fe_2O_3$、SiO_2 和 CeO_2 的制备，通过将氧化物暴露于乙醇和水混合物中的吡咯聚合介质中，并加热至 100 ℃ 而制得。[202] 进一步发现，聚合物壳层厚度可通过改变核与聚合物溶液的接触时间来控制，还取决于无机核的组成以及溶液中的添加剂。图 6.23 是聚吡咯包覆二氧化硅的 TEM 图片。[202] 无机纳米粒子上的聚合物层也可以通过乳液聚合而获得。

自组装已得到广泛的研究，自组装得到的薄膜聚合物层可从溶液中将聚合

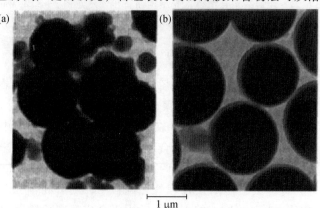

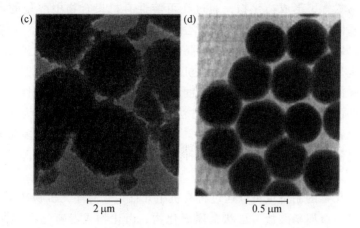

图 6.23　TEM 图片。聚吡咯包覆(a)和(b)CuO、(c)NiO、(d)SiO$_2$粒子。这些粒子制备中都使用同样质量的金属氧化物(1.0 mg·cm^{-3})、吡咯(0.039 g·cm^{-3})和乙醇(5%)，在(b)中使用0.001 6 g·cm^{-3}的 PVA，其他情况都没有 PVA。[C.L. Huang and E. Metijevic,*J. Mater. Res.* 10,1327(1995).]

物吸附到胶粒表面而使颗粒稳定。这在第 2、3 章中进行了简单的介绍，这也可以形成静电自组装中的电解质多层膜。

6.5　有机–无机杂化物

有机–无机杂化物是指有机和无机组元在纳米尺度上相互渗透，形成的三维网状物。这种有机–无机杂化物在文献中也被称为 Ormosils(有机改性硅酸盐)或 Ormocers(有机改性陶瓷)。杂化物通常分为两类：①由镶嵌于无机基体中的有机分子、低聚物或者低分子量聚合物组成的杂化物，它们由弱氢键或范德瓦耳斯力连接；②有机和无机组元以共价键连接的杂化物。第一类杂化物可看做是分子水平上的纳米复合材料，有机组元物理地嵌入在无机基体中；然而第二类杂化物可以看做是一个大分子，有机和无机组元通过真实的化学键相连接。

6.5.1　第一类杂化物

目前已有一些成熟的方法合成第一类杂化物，包括可溶性有机聚合物中醇盐的水解和缩合，在常规溶剂中混合醇盐和有机物化合物，将有机化合物浸渗到多孔氧化物凝胶中。这三种方法已经广泛用于制备各种有机–无机杂化物。例如，将有机染料嵌入到无机溶胶–凝胶基体中，如二氧化硅、硅酸铝和过渡金属氧化物[206,207]，形成杂化物，通过在可溶性有机聚合物中醇盐的水解缩合形成无机基体中的聚合物，如聚 N – 乙烯基吡咯烷酮 – 二氧化硅[208]和聚异丁烯酸甲酯 – 二氧化硅[209]。在常规溶剂中混合醇盐和有机组元使有机和无机组元同时凝胶化也是一种方法，可以确保有机与无机成分相互渗透形成三维网络。但是在水解和冷凝过程中防止有机成分的相偏析和沉淀是具有挑战性的问题，需要进行一些前驱体改性。[210]利用这一方法合成了各种以二氧化硅为基体加入有机物的杂化物，如聚对苯撑、聚苯胺。[211]将有机组元渗透到高度多孔无机凝胶网络中，是制备第一类杂化物的另一种方法，如聚甲基丙烯酸甲酯 – 二氧化硅杂化物。[212]

有序杂化物的制备也可以通过将有机组元插入到有序无机物基体中，例如黏土硅酸盐、金属磷酸盐、层状金属氧化物、卤化物或者硫化物。[213]例如，烷基胺可以嵌入到氧化钒的壳层之间，这是通过在 n – 丙醇中水解和缩合 $VO(OPr^n)_3$ 而获得的。[214]插层材料将在 6.6 节中进一步讨论。

6.5.2　第二类杂化物

第二类杂化物由有机和无机组元化学结合而组成，实际上不同于纳米复合材料。一般来说，这种杂化物是通过有机和无机前驱体同时水解和聚合而得到的。无机前驱体指无机盐如 $SiCl_4$、$ErCl_3$，有机盐如 $Cd(acac)_2$ 和醇盐如 $Al(OR)_3$ 和 $Ti(OR)_4$，其中 R 表示烷基。在无机前驱体中所有与金属阳离子配位的基团都是可水解的，即在水解和缩合过程中容易被羟基和/或含氧基团所取代。有机前驱体中至少含有一种不能水解的配位基团，如 $Si(OR)_3R'$ 和 $Si(OR)_2R'_2$，也就是有机烷氧硅烷。这些不能水解的有机基团称为有机侧基。对于有机烷氧硅烷，如果在每个硅原子上附有多于一种的有机侧基，则不可能形成三维网状结构。存在其他形式的有机前驱体，其中不可水解有机基团连接两个硅原子。这种有机物基团称为桥基。这种有机烷氧硅烷如图 6.24 所示。[215,216]由于金属与碳之间的键合在溶胶凝胶过程中非常稳定且不发生水解，与前驱体相连的有机基团 R′将与金属阳离子直接结合形成无机溶胶 – 凝胶网状物。形成这种杂化物的典型水解和缩合反应描述如下，以二氧化硅基杂化物为例：

$$Si(OR)_4 + 4H_2O \Longrightarrow Si(OH)_4 + 4HOR, \qquad (6.2)$$

$$Si(OR)_3R' + 3H_2O \Longrightarrow Si(OH)_3R' + 3HOR, \qquad (6.3)$$

$$Si(OH)_4 + Si(OH)_3R' \Longrightarrow (OH)_3Si - O - Si(OH)_2R', \qquad (6.4)$$

$$Si(OH)_3R' + Si(OH)_3R' \Longrightarrow R'(OH)_2Si - O - Si(OH)_2R'. \qquad (6.5)$$

需要注意，虽然有机烷氧硅烷是合成氧化物 – 有机物杂化材料最有用和广泛使用的有机金属系列，但是其他有机金属也可以用于缩合有机 – 无机杂化

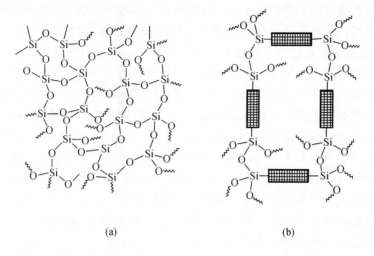

(a)   (b)

图 6.24 无机物和杂化物的结构比较：（a）具有可水解有机配位体
的氧化硅网络；（b）桥连 2 个 Si 原子有机基团的有机烷氧硅烷例子。
在这个结构中，有机和无机组元化学连接形成单相材料。[K. Shea,
D. A. Loy, and O. Webster, *J. Am. Chem. Soc.* 114, 6700(1992).]

物的合成中。[217]例如，丁烯基链与 Sn 原子连接直接形成 C-Sn 键。

不论是物理吸附还是化学键合，有机组元与无机基体之间的结合不仅引入
也在改善诸多物理性能。有机组元的存在将对溶胶－凝胶过程及最终微观结构
产生显著影响。有机基团可以具有催化作用，促进水解和缩合反应。长链有机
配位可能引入空位扩散能垒或者提高溶胶粘度，导致扩散限制过程的形成。依
赖于引入到体系中的有机组元的性质和数量，即使不通过高温热处理也能形成
高孔隙[218]或相对致密杂化物[219,220]。通过结合高孔隙与相对致密结构，可以得到
独特的微观结构。[221]虽然几乎全部有机－无机杂化物都是通过水解－缩合过程
来制备，但事实证明非水解溶胶－凝胶过程也能够合成杂化物。[222]Brinker 和其
同事们的研究表明，使用蒸发诱导自组装方法也可以合成具有有序纳米结构的
有机－无机杂化物。[223-226]

6.6 插层化合物

插层化合物是一种特殊的材料。插入是指可移动客体物质(原子、分子或
离子)可逆地插入到宿主晶体晶格中，这种晶格是具有适当尺寸点阵空位的相
互连接的体系，同时完整地保留宿主晶格的结构完整性。[227]插层反应通常在室
温条件下发生。许多宿主晶格结构可以发生这种低温反应。[228]但是层状宿主晶
格及其插层反应被广泛研究的部分原因是由于其结构的适应性，以及通过自由

调整层间距适应嵌入客体的几何形状的能力。在这一节中，仅就一些插层化合物作简单概括。更多详细讨论，读者可以查阅有关无机插层化合物的一些文献。[227]虽然宿主薄片的化学成分和晶体结构不同，但它们都是以通过很强的层内共价键和弱的层间相互作用为特征。层间弱相互作用包括范德瓦耳斯力，或者层间异号电荷间的静电引力。各种宿主点阵都可以与多种客体物质反应并形成插层。例如宿主点阵可以是金属硫化物、金属卤化物、金属磷化物、金属氧化物、金属磷酸盐、磷酸氢盐、磷酸盐、石墨、层状的黏土矿物。客体材料包括金属离子、有机分子、有机金属分子。当客体物质进入到宿主点阵中后，将会发生很多结构变化。图 6.25 显示了客体物质插入后层状宿主晶格基体的主要几何变化：①层间距的变化；②层与层之间堆垛方式的变化；③在低客体浓度时可能形成阶段中间相。作为一个例子，图 6.26 表现结构及层间距随磷酸氢锆有机链长度的变化关系。[230]

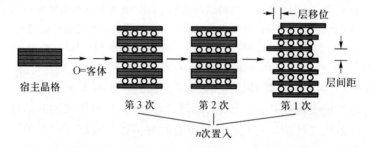

图 6.25　客体物质嵌入后，层状宿主晶格基体的主要几何变化：①层间距的变化；②层与层之间堆垛方式的变化；③在低客体浓度时可能形成阶段中间相。［R. Schöllhorn, in *Chemical Physics of Intercalation*, eds. A. P. Legrand and S. Flandrois, Plenum, New York, NATO Ser. B172, 149(1987).］

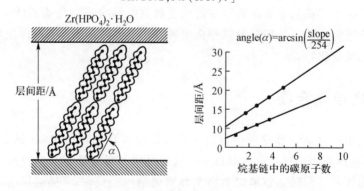

图 6.26　图示结构及层间距随磷酸氢锆有机链长度的变化关系。
［U. Costantino, *J. Chem. Soc. Dalton Trans.*, 402(1979).］

合成插层化合物的方法很多。[227,231]最常用和最简单的方法是客体物质与宿主晶格直接反应制得。从 V_2O_5 和 LiI 形成 $Li_xV_2O_5(0 \leqslant x \leqslant 1)$ 是这种制备方法的典型例子。[232]对于直接反应，插层反应剂必须是宿主晶体的很好的还原剂。离子交换是用一种客体离子取代插层化合物中的另一种客体离子的方法，这为插入不能直接嵌入的大离子提供了一种途径。[233]选择合适的溶剂或电解液，可以通过宿主结构的絮凝化和再絮凝而有助于离子交换反应。[234]电插入是另一种方法，此时宿主晶格作为电化学池的阴极。[235]

6.7 纳米复合材料和纳米晶材料

广泛研究纳米复合材料和纳米晶材料的主要目的是提高其物理性能。[236,237]纳米复合材料是指至少由两相组成的、其中一相分散于另一个所谓基体的相中并形成三维网状结构的材料；而纳米晶材料通常是单相多晶材料。由于小尺寸粒子的大比表面积和短扩散距离，粒子尺寸的减小可以显著提高复合材料和多晶材料的致密度。研磨或粉碎等传统的制备小粒子的方法可能会在粒子表面引入杂质。这种杂质可以作为烧结助剂，并可能形成共晶液体而引入到液相烧结中。研磨或粉碎还可能对粒子表面造成破损和缺陷，提高粒子的表面能，这也有利于材料的致密化。其他制备纳米尺寸粉末的方法如溶胶－凝胶法、柠檬酸盐燃烧，将产生高纯度、低表面缺陷粒子。正如将在第 8 章简要讨论的，霍尔－佩奇关系式表明在微米尺度内材料的机械性能与粒子尺寸的平方根成反比。但是机械性能和粒子尺寸之间并不完全符合霍尔－佩奇关系式。在纳米尺度内需要更多的研究，以建立对尺寸依赖关系的更好理解。显然，与大晶粒块体材料相比，在纳米复合材料和纳米晶多晶材料中表面或晶界对于决定机械性能起到了非常重要的作用。

纳米复合材料和纳米晶材料并不局限于烧结纳米尺寸粉体而得到的块体材料。通过气相化学反应在多孔基体中的固相沉积是一种成熟的技术，称之为化学气相渗透，用于合成复合材料。[238-240]离子注入是一种多用途而高效的技术，用于合成镶嵌于各种宿主材料邻近表面区域的纳米级团簇和晶体。Meldrum 及其同事总结了这种合成技术和材料的主要特点。[241]Caseri 总结了聚合物/金属或聚合物/半导体纳米复合材料。[242]Terrones 总结了碳纳米管复合材料的大量研究工作。[20]前面章节中讨论的各种纳米结构材料，包括这里提到的材料，可以完全归类于纳米复合材料或纳米晶材料。例如，第一类有机－无机杂化物可以认为是一种有机－无机纳米复合材料，金属纳米线填充阳极氧化铝膜是金属－陶瓷复合材料。

最近纳米复合材料吸引了人们越来越多的研究兴趣，着重于它们在能量转换和存储系统中的应用，如可充电锂离子电池。例如，将 Si 均匀分散在宿主基体中(如炭黑[243])是一种有效的方法，可以减小 Li 离子嵌入/脱出过程中的体积急剧变化。碳不仅是一种导电剂，也是用于分散 Si 的柔软宿主基体。[243]此外，由于 Li 可以嵌入到碳中，碳对容量也有贡献。[244]因此，Si – C 复合材料表现出比裸碳材料更高的容量，也比无基体 Si 电极具有更好的循环稳定性。[245] Shu 等利用化学气相沉积法合成了笼状 CNTs/Si 复合材料。[246]在这种结构中，Si 粒子包裹在由弯曲碳纳米管(CNTs)构成的笼中。CNTs 提高导电性并被固态电解质界面(SEI)膜所覆盖，有利于电极循环稳定性的提高。Si – C 复合材料也可以通过在碳气溶胶中分散纳米晶 Si 而得到。[245]这种类型的 Si – C 复合材料释放出约 2 000 mAh/g(以 $C/10$ 速率)的首次放电容量以及 50 个循环后接近于常值的 1 450 mAh/g 容量。

此外，具有其他复杂结构的复合材料可以用于负极材料，以提高容量和循环稳定型。具有 Si/石墨/CNTs 结构的复合材料由球磨技术制备得到。[244]这种制备方法在 MWCNT 中产生结构缺陷并导致 MWCNT 变短。结构缺陷有利于存储，而较短 MWCNT 促进 Li 的扩散。[247]由于多壁碳纳米管(MWCNT)具有的显著滞留性[248,249]和良好导电性[250]，将其加入到 Si/石墨复合材料中。此外，MWCNT 网络可以坚固地包裹片状石墨粒子，可以进一步减缓体积变化效果。Lee 等制备了碳包覆纳米 Si 分散于氧化物/石墨中的复合材料。[251]石墨和非活性氧化物充当弹性基体。碳包覆不仅抑制与电解质和石墨粒子表面的副反应，也能够增强 Si 与石墨之间的电接触。

除 Si – C 复合材料之外，Sn – C 纳米复合材料也表现出作为负极材料的优异电化学性能。Sn 具有非常大的理论容量(994 mAh/g)，即 1 mol Sn 可以存储 4.4 mol 的 Li。[252]但是 Sn 电极表现出较差的循环性。提高循环稳定性的一种方法是将 Sn 分散于作为缓冲物的碳基体中。Guo 等最近制备了 Sn – C 复合材料，将 Sn 纳米粒子镶嵌于介孔硬质碳球中。[253]由于纳米 Sn 诱导 SEI 膜的沉积，初始库仑效率(充电容量与放电容量比值)明显提高。Kumar 等报道了 Sn 填充碳纳米管，这是通过水热还原过程和 NaBH₄ 还原过程合成的。[254]图 6.27 表现

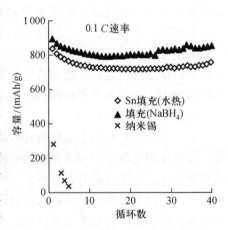

图 6.27 纳米锡和锡填充碳纳米管的循环性能。利用水热还原和 NaBH₄ 还原过程制备了锡填充碳纳米管。[T. P. Kumar, A. M. Stephan, P. Thayananth, V. Subramanian, S. Enganathan, N. G. Renganathan, N. Muniyandi, and M. Raghavan, *J. Power Sources* 97 – 98,118(2001).]

纳米 Sn 和 Sn 填充碳纳米管的循环性能。[254]与无基体 Sn 和 MWBT 比较，容量和循环稳定性都得到提高。

氧化锡的电化学性能也可以通过与碳材料形成复合材料而提高。碳材料作为缓冲基体可以阻碍纳米粒子团聚并增强电接触；同时也释放额外容量。[255-259]Du 等报道的工作中，多晶 SnO_2 纳米管在 CNTs 上逐层生长。[260]这些纳米管电极由于具有大比表面积而表现出大的可逆容量。利用氢硫基醋酸辅助湿化学一步法[261]或超临界一氧化碳/甲醇溶液的氧化过程[262]，SnO_2 也可以分散到多壁 CNTs 中。各种过渡金属氧化物也能够与碳材料形成纳米复合材料。除了作为分散宿主材料的缓冲基体外，碳在这里主要用于提高电极的导电性。Tu 的研究组利用水热条件下碳化网络结构和球形 NiO 的方法，合成了 NiO – C 复合材料。[263]碳填充到多孔 NiO 中稳定此结构，并提高 NiO 基体的导电性。与 NiO 类似，CoO 理论容量为 715 mAh/g，而 Co_3O_4 的理论容量为 1 100 mAh/g。[264]由 CoO 和 Co_3O_4 组成的纳米氧化钴能与介孔碳球形成复合材料。除了阻碍纳米粒子团聚作用外，该多孔碳提供良好电导和缓冲空间。这种电极在 30 个循环后释放 550 mAh/g 的容量。

6.8　反转蛋白石

反转蛋白石是三维有序大孔（3DOM）材料，由于在光学、电学、磁性材料、生物材料、催化剂载体和能量转换/存储系统中的应用而吸引了极大的兴趣。[266-273]制备反转蛋白石的概念较为简单：用溶液或气相化学前驱体渗透密堆积胶态晶体模板（CCT），然后采用热处理、溶剂萃取或化学刻蚀方法去除模板（图 6.28）。得到的几何体即反转蛋白石，这是密堆积球形胶体所构成的天然蛋白石晶体的反转复制。有关反转蛋白石的合成、表征和应用已经在一些综述文章中很好地总结，包括 2001 年《先进材料》（Advanced Materials）的专刊集中报道光子晶体结构。[274-278]

制备反转蛋白石的第一步就是制备模板——一种具有足够间隙空间的胶态晶体，以利于后续前驱体的渗透。通常使用单分散球体作为胶态晶体的构建单元。在制备 CCT 中，最常用的胶体包括直径范围从几十纳米到几百微米的

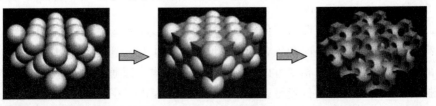

图 6.28　利用胶态晶体模板制备反转蛋白石的一般步骤。

聚苯乙烯（PS）[279,280]、聚甲基丙烯酸甲酯（PMMA）[281,282]和氧化硅球体。单分散球形胶体能够聚集成各种几何体，包括 FCC、BCC、无规 HCP 和金刚石结构。在这些几何体中，FCC 是能量上最有利的排列。[283]当获得薄膜或成形粒子形态的胶态晶体模板后，用液态前驱体渗透 CCT，随后凝固前驱体并去除模板。大量具有反转蛋白石结构的氧化物和金属，可以通过不同的渗透工艺如溶胶 – 凝胶法、原子层沉积、电沉积和金属熔化合成出来。

各国研究者已经将反转蛋白石结构与各种化学组成结合到一起，在许多领域取得了开创性成果，例如，得益于周期性结构的光子晶体，以及得益于相互连接大孔隙而具有大表面积的电池电极。例如，一些 Li 离子电池电极材料如 V_2O_5、$LiNiO_2$ 和 SnO_2，利用 CCT 方法将这些物质制备成具有反转蛋白石结构的材料。[284]这种 3DOM 结构提供电化学嵌入的高表面积和连续的网络结构，因而显著提高了电池电极材料的电化学性能。

反转蛋白石通常用于光子晶体。将光敏液晶渗透到反转蛋白石结构薄膜中，合成出可调带隙的光子晶体。[285]它们的光学性能可通过液晶光子诱导相变和电场而得到控制。光辐照下的光学性能改变体现了光子诱导相变，而它受到温度和光强的影响。在这些晶体中，利用紫外光形成的图像在没有偏光器或其他辅助材料的情况下可以被存储和显示。

CCT 方法也用于制备具有 FCC 密堆积三维阵列的大孔隙钴材料，其孔径约为 300 nm。[286]研究了这种材料的磁性能如交换偏置和矫顽力。交换偏置归因于反铁磁性的 CoO，它有可能形成于样品暴露到外界环境时。矫顽力不随温度而单调改变。

利用胶态氧化硅晶体作为模板以及苯酚和甲醛为碳源，制备孔径可调（孔径范围 10～100 nm）的有序多孔碳。[287]这种多孔碳可以用于容纳 Pt(50) – Ru(50)合金催化剂，可商业化应用于直接甲醇燃料电池（DMFC）中。研究表明多孔碳中孔隙越小，甲醇氧化的催化活性就越好。图 6.29 表现孔径分别为 25 nm、68 nm、245 nm 和 512 nm 的多孔碳复制品的 SEM 图片。在 DMFC 中，Pt(50) – Ru(50)合金填充到这些多孔碳中作为催化剂。由于大的表面积，多孔碳担载的催化剂阳极性能得到显著地提高。孔径约为 25 nm 的多孔碳担载的 Pt – Ru 合金表现出最高的催化活性，它的能量密度在 30 ℃ 和 70 ℃ 下分别约为 58 mW/cm^2 和 167 mW/cm^2。

反转蛋白石结构能够与其他纳米结构结合，形成新型复合材料以利于性能提高。通过毛细管力将向列液晶（LCs）填充到 SiO_2 反转蛋白石膜中。[288]按照液晶的热或光子诱导等温相变可以控制光子能带结构，即通过 LC 分子取向变化而控制。因此反射峰的位置可以通过 LCs 的排列变化而控制。此外，静电逐层自组织方法用于制备由三维有序大孔氧化硅反转蛋白石和光敏偶氮苯组成的一

图 6.29　SEM 图片。(a) C-25；(b) C-68；(c) C-245；(d) C-512。[G. S. Chai, S. B. Yoon, J.-S. Yu, J.-H. Choi, and Y.-E. Sung, *J. Phys. Chem.* B108,7074(2004).]

种复合材料。[289]偶氮苯单层在不影响抑制频带的情况下，可以提高疏水性反转蛋白石的光控润湿性。Ergang 等介绍了一种新型合成方法，结合了胶态晶体模板、电氧化沉积和溶胶-凝胶方法，将聚亚苯基氧化物(PPO)或硫化 PPO(SP-PO)包覆到三维有序大孔碳上，并用钒醇盐凝胶渗透这种多孔碳。[290]这些三维贯通复合材料能够作为三维电化学电池、超级电容器或传感器。

6.9　生物诱导纳米材料

由于蛋白质的高有序结构，生物材料能够用于合成具有均匀尺寸和形状以及可预期空间分布的纳米结构，包括粒子、棒和管。[291]利用偶联剂如氨基酸、多肽和配位功能化 DNA，可以控制生长过程。[292]但是这些生物分子不能特殊识别给定的材料。然而具有特殊表面的蛋白质如针对无机物的遗传工程化蛋白质(GEPIs)，能够结合特殊纳米材料并控制形貌和均匀度。[291]例如，纳米尺寸金晶体的形貌可以由 GEPIs 改变。利用著名的法拉第技术制备了直径 12 nm 的单分散金纳米粒子。[293]只要金的浓度和温度都很低，则在纳米粒子形成过程中 GEPIs 就能够与金表面相互作用。能够观察到金胶体从浅黄色变成红色。另外，粒子形貌从截角八面体变为平面、三角或假六方体形态。[294]金纳米粒子也能够镶嵌到 GBP1 包覆聚苯乙烯的表面上。利用高真空沉积技术可以清楚地观察到纳米粒子的分布，这种技术使得调整贡献量成为可能。[295]除了 GEPIs 外，多肽也可以调整金粒子为相似形貌。但是这种过程在沸腾和酸性条件下才能发生。[291]此外，利用多肽可以将通常发生相偏析的不同无机物结合到一起。通过自、共组织过程，一些生物材料如蛋白质和氨基酸的序列也能够促进生物分子成为有序纳米结构。

6. 10　总结

本章讨论了在前面 3 个章节中没有包括的各种特殊纳米材料。本章讨论的大部分材料在自然界中不存在。每一种材料都具有独特的物理性能及其潜在应用。这种前景使得这些材料成为活跃的学术研究领域。虽然不知道不久的将来会出现什么类型的新的人造材料，但可以肯定的是，具有更多未知物理性能的人造材料将会不断增加。

■ 参考文献

1. M. S. Dresselhaus, *Annu. Rev. Mater. Sci.* 27, 1(1997).

2. M. S. Dresselhaus, G. Dresselhaus, and P. C. Eklund, *Science of Fullerenes and Carbon Nanotubes*, Academic Press, San Diego, CA, 1996.

3. H. W. Kroto, J. R. Heath, S. C. O'Brien, R. F. Curl, and R. E. Smalley, *Nature* 318, 162 (1985).

4. F. Dierderich and R. L. Whetten, *Acc. Chem. Res.* 25, 119(1992).

5. K. Kikuchi, N. Nakahara, T. Wakabayashi, S. Suzuki, H. Shiromaru, Y. Miyake, K. Saito, I Ikemoto, M. Kainosho, and Y. Achiba, *Nature* 357, 142(1992).

6. D. E. Manolopoulos and P. W. Fowler, *Chem. Phys. Lett.* 187, 1(1991).

7. M. S. Dresselhaus and G. Gresselhaus, *Annu. Rev. Mater. Sci.* 25, 487(1995).

8. R. B. Fuller, in *The Artifacts of R. Buckminster Fuller: A Comprehensive Collection of His Designs and Drawings*, ed. W. Marlin, Garland, New York, 1984.

9. W. I. F. David, R. M. Ibberson, J. C. Matthewman, K. Prassides, T. J. S. Dennis, J. P. Hare, H. W. Kroto, R. Taylor, and D. R. M. Walton, *Nature* 353, 147(1991).

10. P. W. Stephens, L. Mihaly, P. L. Lee, R. L. Whetten, S. M. Huang, R. Kane, F. Deiderich, and K. Holczer, *Nature* 351, 632(1991).

11. J. E. Fischer, P. A. Heiney, A. R. McGhie, W. J. Romanow, A. M. Denenstein, J. P. McCauley, Jr., and A. B. Smith III, *Science* 252, 1288(1991).

12. J. E. Fischer, P. A. Heiney, and A. B. Smith Ⅲ, *Acc. Chem. Res.* 25, 112(1992).

13. M. S. Dresselhaus, G. Dresselhaus, and P. C. Eklund, *J. Mater. Res.* 8, 2054(1993).

14. W. Krätschmer, L. D. Lamb, K. Fostiropoulos, and D. R. Huffman, *Nature* 347, 354 (1990).

15. R. Taylor and D. R. M. Walton, *Nature* 363, 685 (1993)

16. G. A. Olaf, I. Bucsi, R. Aniszfeld, and G. K. S. Prakash, *Carbon* 30, 1203 (1992).

17. A. R. Kortan, N. Kopylov, S. Glarum, E. M. Gyorgy, A. P. Ramirez, R. M. Fleming, F. A. Thiel, and R. C. Haddon, *Nature* 355, 529 (1992).

18. R. E. Smalley and B. I. Yakobson, *Solid State Commun.* 107, 597 (1998).

19. R. L. Meng, D. Ramirez, X. Jiang, P. C. Chow, C. Diaz, K. Matsuishi, S. C. Moss, P. H. Hor, and C. W. Chu, *Appl. Phys. Lett.* 59, 3402 (1991).

20. M. Terrones, *Annu. Rev. Mater. Res.* 33, 419 (2003).

21. P. J. F. Harris, *Carbon Nanotubes and Related Structures*, *New Materials for the Twenty-First Century*, Cambridge University Press, Cambridge, 1999.

22. K. Tanaka, T. Yamabe, and K. Fukui, *The Science and Technology of Carbon Nanotubes*, Elsevier, Amsterdam, 1999.

23. R. Saito, G. Dresselhaus, and M. S. Dresselhaus, *Physical Properties of Carbon Nanotubes*, Imperial College Press, London, 1998.

24. M. S. Dresselhaus, G. Dresselhaus, and R. Saito, *Carbon* 33, 883 (1995).

25. T. W. Ebbesen, *Annu. Rev. Mater. Sci.* 24, 235 (1994).

26. T. Guo, P. Nikolaev, A. Thess, D. T. Colbert, and R. E. Smalley, *J. Phys. Chem.* 55, 10694 (1995).

27. M. Endo, K. Takeuchi, S. Igarashi, K. Kobori, M. Shiraishi, and H. W. Kroto, *J. Phys. Chem. Solids* 54, 1841 (1993).

28. O. Gröning, O. M. Kuttel, Ch. Emmenegger, P. Gröning, and L. Schlapbach, *J. Vac. Sci. Technol.* B18, 665 (2000).

29. W. K. Hsu, J. P. Hare, M. Terrones, H. W. Kroto, D. R. M. Walton, and P. J. F. Harris, *Nature* 377, 687 (1995).

30. W. K. Hsu, M. Terrones, J. P. Hare, H. Terrones, H. W. Kroto, and D. R. M. Walton, *Chem. Phys. Lett.* 262, 161 (1996).

31. S. Iijima, *Nature* 354, 56 (1991).

32. S. Iijima and T. Ichihashi, *Nature* 363, 603 (1993).

33. D. S. Bethune, C. H. Kiang, M. S. de Vries, G. Gorman, R. Savoy, J. Vazquez, and R. Beyers, *Nature* 363, 605 (1993).

34. A. Thess, R. Lee, P. Nikolaev, H. Dai, P. Petit, J. Robert, C. Xu, Y. H. Lee, S. G. Kim, A. G. Rinzler, D. T. Colbert, G. E. Scuseria, D. Tomanek, J. E. Fischer, and R. E. Smalley, *Science* 273, 483 (1996).

35. R. E. Smalley, *Mater. Sci. Eng.* B19, 1 (1993).

36. T. W. Ebbesen and P. M. Ajayan, *Nature* 358, 220 (1992).

37. D. T. Colbert, J. Zhang, S. M. McClure, P. Nikolaev, Z. Chen, J. H. Hafner, D. W. Owens,

P. G. Kotula, C. B. Carter, J. H. Weaver, A. G. Rinzler, and R. E. Smalley, *Science* 266, 1218(1994).

38. W. Z. Li, S. S. Xie, L. X. Qian, B. H. Chang, B. S. Zou, W. Y. Zhou, R. A. Zhano, and G. Wang, *Science* 274, 1701(1996).

39. Y. C. Choi, Y. M. Shin, Y. H. Lee, B. S. Lee, G. S. Park, W. B. Choi, N. S. Lee, and J. M. Kim, *Appl. Phys. Lett.* 76, 2367(2000).

40. C. Bower, W. Zhu, S. Jin, and O. Zhou, *Appl. Phys. Lett.* 77, 830(2000).

41. S. H. Tsai, C. W. Chao, C. L. Lee, and H. C. Shih, *Appl. Phys. Lett.* 74, 3462(1999).

42. R. T. K. Baker and P. S. Harris, *Chem. Phys. Carbon* 14, 83(1978).

43. J. Kong, H. T. Soh, A. M. Cassell, C. F. Quate, and H. Dai, *Nature* 395, 878(1998).

44. S. Fan, M. G. Chapline, N. R. Franklin, T. W. Tombler, A. M. Cassell, and H. Dai, *Science* 283, 512(1999).

45. W. Z. Li, S. S. Xie, L. X. Qian, B. H. Chang, B. S. Zou, W. Y. Zhou, R. A. Zhao, and G. Wang, *Science* 274, 1701(1996).

46. M. Terrones, N. Grobert, I. Olivares, I. P. Zhang, H. Terrones, K. Kordatos, W. K. Hsu, J. P. Hare, P. D. Townsend, K. Prassides, A. K. Cheetham, H. W. Kroto, and D. R. M. Walton, *Nature* 388, 52(1997).

47. C. Laurent, E. Flahaut, A Peigney, and A. Rousset, *New J. Chem.* 22, 1229(1998).

48. X. Y. Liu, B. C. Huang, and N. J. Coville, *Carbon* 40, 2791(2002).

49. W. Qian, H. Yu, F. Wei, Q. Zhang, and Z. Wang, *Carbon* 40, 2961(2002).

50. M. Endo, K. Takeuchi, S. Igarashi, K. Kobori, M. Shiraishi, and H. W. Kroto, *J. Phys. Chem. Solids* 54, 1841(1993).

51. R. T. K. Baker, *Carbon* 27, 315(1989).

52. Z. F. Ren, Z. P. Huang, J. W. Xu, J. H. Wang, P. Bush, M. P. Siegal, and P. N. Provencio, *Science* 282, 1105(1998).

53. H. Murakami, M. Hirakawa, C. Tanaka, and H. Yamakawa, *Appl. Phys. Lett.* 76, 1776(2000).

54. Y. Chen, D. T. Shaw, and L. Guo, *Appl. Phys. Lett.* 76, 2469(2000).

55. D. C. Li, L. Dai, S. Huang, A. W. H. Mau, and Z. L. Wang, *Chem. Phys. Lett.* 316, 349(2000).

56. S. Fan, M. G. Chapline, N. R. Franklin, T. W. Tombler, A. M. Cassell, and H. Dai, *Science* 283, 512(1999).

57. C. J. Lee and J. Park, *Appl. Phys. Lett.* 77, 3397(2000).

58. Z. W. Pan, S. S. Xie, B. H. Chang, C. Y. Wang, L. Lu, W. Liu, W. Y. Zhou, and W. Z. Li, *Nature*, 394, 631(1998).

59. Z. F. Ren, Z. P. Huang, J. W. Xu, J. H. Wang, P. Bush, M. P. Siegal, and P. N. Provencio, *Science* 282, 1105(1998).

60. M. Tanemura, K. Iwata, K. Takahashi, Y. Fujimoto, F. Okuyama, H. Sugie, and V. Filip,

J. Appl. Phys. 90, 1529(2001).

61. M. Endo and H. W. Kroto, *J. Phys. Chem.* 96, 6941(1992).

62. T. W. Ebbessen, in *Carbon Nanotubes: Preparation and Properties*, ed. T. W. Ebbessen, CRC Press, Boca Raton, FL, p.139, 1997.

63. S. C. Tsang, P. J. F. Harris, and M. L. H. Green, *Nature* 362, 520(1993).

64. P. M. Ajayan, T. W. Ebbessen, T. Ichihashi, S. Iijima, K. Tanigaki, and H. Hiura, *Nature* 362, 522(1993).

65. H. Hiura, T. W. Ebbessen, and K. Tanigaki, *Adv. Mater.* 7, 275(1995).

66. F. Ikazaki, S. Oshima, K. Uchida, Y. Kuriki, H. Hayakawa, M. Yumura, K. Takahashi, and K. Tojima, *Carbon* 32, 1539(1994).

67. L. Langer, L. Stockman, J. P. Heremans, V. Bayot, C. H. Olk, C. Van Haesendonck, Y. Bruynseraede, and J. P. Issi, *J. Mater. Res.* 9, 927(1994).

68. W. A. de Heer, A. Chatelain, and D. Ugarte, *Science* 270, 1179(1995).

69. Y. Nakayama, S. Akita, and Y. Shimada, *Jpn. J. Appl. Phys.* 34, L10(1995).

70. M. Terrones, W. K. Hsu, A. Schilder, H. Terrones, N. Grobert, J. P. Hare, Y. Q. Zhu, M. Schwoerer, K. Prassides, H. W. Kroto, and D. R. M. Walton, *Appl. Phys.* A66, 307 (1998).

71. P. M. Ajayan, O. Stephan, C. Colliex, and D. Trauth, *Science* 265, 1212(1994).

72. R. S. Ruoff and D. C. Lorents, *Carbon* 33, 925(1995).

73. P. Kim, L. Shi, A. Majumdar, and P. L. McEuen, *Phys. Rev. Lett.* 87, 215502(2001).

74. A. C. Dillon, *Nature* 386, 377(1997).

75. G. E. Gadd, *Science* 277, 933(1997).

76. P. J. Briffo, K. S. M. Santhanam, and P. M. Ajayan, *Nature* 406, 586(2000).

77. S. Frank, P. Poncharal, Z. L. Wang, and W. A. de Heer, *Science* 280, 1744(1998).

78. P. G. Collins, A. Zettl, H. Bando, A. Thess, and R. E. Smalley, *Science* 278, 100(1997).

79. W. A. de Heer, A. Chetalain, and D. Ugarte, *Science* 270, 1179(1996).

80. H. J. Dai, J. H. Halfner, A. G. Rinzler, D. T. Colbert, and R. E. Smalley, *Nature* 384, 147 (1996).

81. S. Ghosh, A. K. Sood, and N. Kumar, *Science* 299, 1042(2003).

82. H. D. Wagner, O. Lourie, Y. Feldman, and R. Tenne, *Appl. Phys. Lett.* 72, 188(1998).

83. K. S. W. Sing, D. H. W. Everett, R. A. Haul, L. Moscou, J. Pierotti, J. Rouquerol, and T. Siemieniewska, *Pure Appl. Chem.* 57, 603(1985).

84. G. J. de A. A. Soler-ILLia, C. Sanchez, B. Lebeau, and J. Patarin, *Chem. Rev.* 102, 4093 (2002).

85. A. Galarneau, F. Di Renzo, F. Fajula, and J. Vedrine(eds.), *Zeolites and Mesoporous Materials at the Dawn of the 21st Century*, Elsevier, Amsterdam, 2001.

86. A. Berthod, *J. Chim. Phys.* (Fr.)80, 407(1983).

87. K. L. Mittal and E. J. Fendler(eds.), *Solution Behavior of Surfactants*, Plenum Press, New

York, 1982.

88. A. Corma, *Chem. Rev.* 97, 2373(1997).

89. C. T. Kresge, M. E. Leonowicz, W. J. Roth, J. C. Vartulli, and J. S. Beck, *Nature* 359, 710 (1992).

90. J. S. Beck, J. C. Vartuli, W. J. Roth, M. E. Leonowicz, C. T. Kresge, K. D. Schmitt, C. T. W. Chu, D. H. Olson, E. W. Sheppard, S. B. McCullen, J. B. Higgins, and J. L. Schlenker, *J. Am. Chem. Soc.* 114, 10834(1992).

91. C. J. Brinker, Y. Lu, A. Sellinger, and H. Fan, *Adv. Mater.* 11, 579(1999).

92. M. Ogawa, *Chem. Commun.* 1149(1996).

93. Y. Lu, R. Ganguli, C. Drewien, M. Anderson, C. Brinker, W. Gong, Y. Guo, H. Soyez, B. Dunn, M. Huang, and J. Zink, *Nature* 389, 364(1997).

94. P. J. Bruinsma, A. Y. Kim, J. Liu, and S. Baskaran, *Chem. Mater.* 9, 2507(1997).

95. P. T. Tanev and T. J. Pinnavaia, *Science* 267, 865(1995).

96. S. Forster and M. Antonietti, *Adv. Mater.* 10, 195(1998).

97. D. Zhao, J. Feng, Q. Huo, N. Melosh, G. H. Fredrickson, B. F. Chmelka, and G. D. Stucky, *Science* 279, 548(1998).

98. A. Sayari and S. Hamoudi, *Chem. Mater.* 13, 3151(2001).

99. P. D. Yang, D. Y. Zhao, D. I. Margoless, B. F. Chemelka, and G. D. Stucky, *Nature* 396, 152(1998).

100. D. M. Antonelli and J. Y. Ying, *Chem. Mater.* 8, 874(1996).

101. Z. R. Tian, W. Tong, J. Y. Wang, N. G. Duan, V. V. Krishnan, and S. L. Suib, *Science* 276, 926(1997).

102. A. Sayari and P. Liu, *Microporous Mater.* 12, 149(1997).

103. P. V. Braun, P. Oscar, and S. I. Stupp, *Nature* 380, 325(1996).

104. N. Ulagappan and C. N. R. Rao, *Chem. Commun.* 1685(1996).

105. F. Schüth, *Chem. Mater.* 13, 3184(2001).

106. M. Mamak, N. Coombs, and G. Ozin, *Adv. Mater.* 12, 198(2000).

107. U. Ciesla, S. Schacht, G. D. Stucky, K. K. Unger, and F. Schuth, *Angew. Chem. Int. Ed. Engl.* 35, 541(1996).

108. T. T. Emons, J. Li, and L. F. Nazar, *J. Am. Chem. Soc.* 124, 8516(2002).

109. T. Asefa, C. Yoshina-Ishii, M. J. MacLachlan, and G. A. Ozin, *J. Mater. Chem.* 10, 1751(2000).

110. A. Stein, B. J. Melde, and R. C. Schroden, *Adv. Mater.* 12, 1403(2000).

111. S. H. Tolbert, T. E. Schaeffer, J. Feng, P. K. Hansma, and G. D. Stucky, *Chem. Mater.* 9, 1962(1997).

112. M. Templin, A. Franck, A. Du Chesne, H. Leist, Y. Zhang, R. Ulrich, V. Schädler, and U. Wiesner, *Science* 278, 1795(1997).

113. J. Liu, Y. Shin, Z. Nie, J. H. Chang, L.-Q. Wang, G. E. Fryxell, W. D. Samuels, and

G. J. Exarhos, J. *Phys. Chem.* A104, 8328(2000).

114. X. Feng, G. E. Fryxell, L. Q. Wang, A. Y. Kim, and J. Liu, *Science* 276, 923(1997).

115. J. Liu, X. Feng, G. E. Fryxell, L. Q. Wang, A. Y. Kim, and M. Gong, *Adv. Mater.* 10, 161(1998).

116. I. A. Aksay, M. Trau, S. Manne, I. Honma, N. Yao, L. Zhou, P. Fenter, P. M. Eisenberger, and S. M. Gruner, *Science* 273, 892(1996).

117. A. S. Brown, S. A. Holt, T. Dam, M. Trau, and J. W. White, *Langmuir* 13, 6363(1997).

118. Y. Lu, R. Ganguli, C. A. Drewien, M. T. Anderson, C. J. Brinker, W. Gong, Y. Guo, H. Soyez, B. Dunn, M. H. Huang, and J. I. Zink, *Nature* 389, 364(1997).

119. J. E. Martin, M. T. Anderson, J. Odinek, and P. Newcomer, *Langmuir* 13, 4133(1997).

120. H. Yang, N. Coombs, I. Sokolov, and G. A. Ozin, *Nature* 381, 589(1996).

121. H. Yang, A. Kuperman, N. Coombs, S. Mamiche-Afara, and G. A. Ozin, *Nature* 379, 703 (1996).

122. A. Firouzi, D. J. Schaefer, S. H. Tolbert, G. D. Stucky, and B. F. Chmelka, *J. Am. Chem. Soc.* 119, 9466(1997).

123. H. W. Hillhouse, T. Okubo, J. W. van Egmond, and M. Tsapatsis, *Chem. Mater.* 9, 1505 (1997).

124. H. P. Lin, S. B. Liu, C. Y. Mou, and C. Y. Tang, *Chem. Commun.* 583(1999).

125. S. J. Limmer, T. L. Hubler, and G. Z. Cao, *J. Sol-Gel Sci. Technol.* 26, 577(2003).

126. M. P. Kapoor and S. Inagaki, *Chem. Mater.* 14, 3509(2002).

127. I. Izquierdo-Barba, L. Ruiz-González, J. C. Doadrio, J. M. González-Calbet, and M. Vallet-Regí, *Solid State Sci.* 7, 983(2005).

128. M. M. Pereira, A. E. Clark, and L. L. Hench, *J. Sol-Gel Sci. Technol.* 7, 59(1996).

129. P. Horcajada, A. Rámila, K. Boulahya, J. González-Calbet, and M. Vallet-Regí, *Solid State Sci.* 6, 1295(2004).

130. M. Vallet-Regí, I. Izquierdo-Barba, A. Rámila, J. Pérez-Pariente, F. Babonneau, and J. M. González-Calbet, *Solid State Sci.* 7, 233(2005).

131. L. L. Hench, *J. Am. Ceram. Soc.* 81, 1705(1998).

132. L. L. Hench and J. M. Polak, *Science* 295, 1014(2002).

133. X. Yan, C. Yu, X. Zhou, J. Tang, and D. Zhao, *Angew. Chem. Int. Ed.* 43, 5980 (2004).

134. I. Izquierdo-Barba, D. Arcos, Y. Sakamoto, O. Terasaki, A. Lopez-Noriega, and M. Vallet-Regi, *Chem. Mater.* 20, 3191(2008).

135. H. Tanaka, *J. Non-Cryst. Solid* 65, 301(1984).

136. M. P. Thomas, R. R. Landham, E. P. Butler, D. R. Cowieseon, E. Burlow, and P. Kilmartin, *J. Membrane Sci.* 61, 215(1991).

137. R. L. Fleisher, P. B. Price, and R. M. Walker, *Nuclear Tracks in Solids*, University of California Press, Berkeley, CA, 1975.

138. S. S. Prakash, C. J. Brinker, and A. J. Hurd, *J. Non-Cryst. Solids* 188, 46(1995).

139. F. A. L. Dullien, *Porous Media*, *Fluid Transport and Pore Structure*, Academic Press, New York, 1979.

140. A. J. Burggraaf, K. Keizer, and B. A. van Hassel, *Solid State Ionics 32/33*, 771(1989).

141. S. S. Kistler, *Nature* 127, 741(1931).

142. J. Fricke(ed.), Aerogels, Springer, Berlin, 1986.

143. R. W. Pekala and L. W. Hrubesh(guest editors), *J. Non-Cryst. Solids* 186(1995)

144. A. C. Pierre and G. M. Pajonk, *Chem. Rev.* 102, 4243(2002).

145. D. W. Matson and R. D. Smith, *J. Am. Ceram. Soc.* 72, 871(1989).

146. G. Dagan and M. Tomkiewicz, *J. Phys. Chem.* 97, 12651(1993).

147. T. Osaki, T. Horiuchi, T. Sugiyama, K. Susuki, and T. Mori, *J. Non-Cryst. Solids* 225, 111(1998).

148. A. E. Gash, T. M. Tillotson, J. H. Satcher, Jr., L. W. Hrubesh, and R. L. Simpson, *J. Non-Cryst. Solids* 285, 22(2001).

149. C. Hernandez and A. C. Pierre, *J. Sol-Gel Sci. Technol.* 20, 227(2001).

150. D. L. Ou and P. M. Chevalier, *J. Sol-Gel Sci. Technol.* 26, 657(2003).

151. G. Z. Cao and H. Tian, *J. Sol-Gel Sci. Technol.* 13, 305(1998).

152. S. S. Prakash, C. J. Brinker, A. J. Hurd, and S. M. Rao, *Nature* 374, 439(1995).

153. R. W. Pekala, *J. Mater. Sci.* 24, 3221(1989).

154. K. Barral, *J. Non-Cryst. Solids* 225, 46(1998).

155. H. Tamon, H. Ishizaka, T. Yamamoto, and T. Suzuki, *Carbon* 37, 2049(1999).

156. J. L. Schlenker and G. H. Kuhl, *Proc. Ninth Int. Zeolite Conf.*, eds. R. von Ballmoos, J. B. Higgins, and M. M. Treacy, Butterworth-Heinemann, Boston, MA, p. 3, 1993.

157. M. M. Helmkamp and M. E. Davis, *Annu. Rev. Mater. Sci.* 25, 161(1995).

158. J. V. Smith, *Chem. Rev.* 88, 149(1988).

159. J. M. Newsam, *Science* 231, 1093(1986).

160. H. van Bekkum, E. M. Flanigen, P. A. Jacobs, and J. C. Jansen(eds.), *Introduction to Zeolite Science and Practice*, 2nd edn., Elsevier, Amsterdam, 2001.

161. Ch. Baerlocher, W. M. Meier, and D. H. Olson(eds.), *Atlas of Zeolite Framework Types*, Elsevier, Amsterdam, 2001.

162. W. M. Meier and D. H. Olson, *Atlas of Zeolite Structure Types*, Butterworth-Heinemann, Boston, MA, 1992.

163. L. B. McCusker and C. Baerlocher, in *Introduction to Zeolite Science and Practice*, 2nd edn., eds. H. van Bekkum, E. M. Flanigen, P. A. Jacobs, and J. C. Jansen, Elsevier, Amsterdam, p. 37, 2001.

164. M. E. Davis, *Ind. Eng. Chem. Res.* 30, 1675(1991).

165. C. S. Cundy and P. A. Cox, *Chem. Rev.* 103, 663(2003).

166. J. C. Jansen, in *Introduction to Zeolite Science and Practice*, 2nd edn., eds. H. van Bek-

kum, E. M. Flanigen, P. A. Jacobs, and J. C. Jansen, Elsevier, Amsterdam, p. 180, 2001.

167. S. L. Burkett and M. E. Davis, *J. Phys. Chem.* 98, 4647(1994).

168. C. E. A. Kirschhock, R. Ravishankar, L. van Looveren, P. A. Jacobs, and J. A. Martens, *J. Phys. Chem.* B103, 4972(1999).

169. T. V. Harris and S. I. Zones, *Stud. Surf. Sci. Catal.* 94, 29(1994).

170. S. I. Zones, M. M. Olmstead, and D. S. Santilli, *J. Am. Chem. Soc.* 114, 4195(1992).

171. S. I. Zones and D. S. Santilli, in *Proc. Ninth Int. Zeolite Conf.*, edn. R. von Ballmoos, J. B. Higgins, and M. M. J. Treacy, Butterworth-Heinemann, Boston, MA, p. 171, 1993.

172. R. F. Lobo, M. Pan, I. Chan, S. I. Zones, P. A. Crozier, and M. E. Davis, *J. Phys. Chem.* 98, 12040(1994).

173. S. L. Lawton and W. J. Rohrbaugh, *Science* 247, 1319(1990).

174. K. D. Schmitt and G. J. Kennedy, *Zeolites* 14, 635(1994).

175. R. Szostak, *Handbook of Molecular Sieves*, Van Nostrand Reinhold, New York, 1992.

176. C. A. Fyfe, H. Gies, G. T. Kokotailo, B. Marler, and D. E. Cox, *J. Phys. Chem.* 94, 3718(1990).

177. M. Goepper, H. X. Li, and M. E. Davis, *J. Chem. Soc. Chem. Commun.* 22, 1665 (1992).

178. P. M. Dove and D. A. Crerar, *Geochim. Cosmochim. Acta* 54, 955(1990).

179. P. Brady and J. V. Walther, *Chem. Geol.* 82, 253(1990).

180. J. B. Higgins, in *Reviews in Mineralogy: Silica Polymorphs*, Vol. 29, ed. P. H. Ribbe, the Mineral. Soc. Am., Washington, DC, 1994.

181. S. I. Zones, *Microporous Mater.* 2, 281(1994).

182. K. Yamamoto, Y. Sakata, Y. Nohara, Y. Takahashi, and T. Tatsumi, *Science* 300, 470 (2003).

183. C. W. Jones, K. Tsuji, and M. E. Davis, *Nature* 393, 52(1998)

184. L. M. Liz-Marzán, M. Giersig, and P. Mulvaney, *J. Chem. Soc. Chem. Commun.* 731 (1996).

185. L. M. Liz-Marzán, M. Giersig, and P. Mulvaney, *Langmuir* 12, 4329(1996).

186. R. J. Puddephatt, *The Chemistry of Gold*, Elsevier, Amsterdam, 1978.

187. E. P. Plueddermann, *Silane Coupling Agents*, 2nd edn., Plenum, New York, 1991.

188. B. V. Enüstün and J. Turkevich, *J. Am. Chem. Soc.* 85, 3317(1963).

189. R. K. Iler, *The Chemistry of Silica: Solubility, Polymerization, Colloid and Surface Properties, and Biochemistry*, John Wiley and Sons, New York, 1979.

190. C. J. Brinker and G. W. Scherer, *Sol-Gel Science: The Physics and Chemistry of Sol-Gel Processing*, Academic Press, San Diego, CA, 1990.

191. W. Stöber, A. Fink, and E. Bohn, *J. Colloid. Interf. Sci.* 26, 62(1968).

192. W. D. Hergeth, U. J. Steinau, H. J. Bittrich, K. Schmutzler, and S. Wartewig, *Prog. Coll.*

Polym. Sci. 85, 82(1991).

193. L. Quaroni and G. Chumanov, *J. Am. Chem. Soc.* 121, 10642(1999).

194. S. M. Marinakos, L. C. Brousseau, A. Jones, and D. L. Feldheim, *Chem. Mater.* 10, 1214(1998).

195. S. M. Marinakos, J. P. Novak, L. C. Brousseau, A. B. House, E. M. Edeki, J. C. Feldhaus, and D. L. Feldheim, *J. Am. Chem. Soc.* 121, 8518(1999).

196. S. M. Marinakos, D. A. Shultz, and D. L. Feldheim, *Adv. Mater.* 11, 34(1999).

197. F. Caruso, *Adv. Mater.* 13, 11(2001).

198. C. H. M. Hofman-Caris, *New J. Chem.* 18, 1087(1994).

199. R. Partch, S. G. Gangolli, E. Matijevic, W. Cai, and S. Arajs, *J. Coll. Interf. Sci.* 144, 27(1991).

200. H. T. Oyama, R. Sprycha, Y. Xie, R. E. Partch, and E. Matijevic, *J. Coll. Interf. Sci.* 160, 298(1993).

201. R. Sprycha, H. T. Oyama, A. Zelenzev, and E. Matijevic, *Coll. Polym. Sci.* 273, 693 (1995).

202. C. L. Huang and E. Metijevic, *J. Mater. Res.* 10, 1327(1995).

203. A. Ulman, *An Introduction of Ultrathin Organic Films: From Langmuir-Blodgett to Self-Assembly*, Academic Press, San Diego, CA, 1991.

204. J. H. Fendler, *Nanoparticles and Nanostructured Films: Preparation, Characterization and Application*, Wiley-VCH, Weinhein, 1998.

205. D. C. Blackley, *Polymer Lattices: Science and Technology*, 2nd edn., Vol. 1, Chapman and Hall, London, 1997.

206. D. Avnir, D. Levy, and R. Reisfeld, *J. Phys. Chem.* 88, 5956(1984).

207. D. Levy, S. Einhorn, and D. J. Avnir, *J. Non-Cryst. Solids* 113, 137(1989).

208. M. Toki, T. Y. Chow, T. Ohnaka, H. Samura, and T. Saegusa, *Polym. Bull.* 29, 653 (1992).

209. B. E. Yodas, *J. Mater. Sci.* 14, 1843(1979).

210. B. M. Novak and C. Davies, *Macromolecules* 24, 5481(1991).

211. F. Nishida, B. Dunn, E. T. Knobbe, P. D. Fuqua, R. B. Kaner, and B. R. Mattes, *Mater. Res. Soc. Symp. Proc.* 180, 747(1990).

212. R. Reisfeld, D. Brusilovsky, M. Eyal, E. Miron, Z. Bursheim, and J. Ivri, *Chem. Phys. Lett.* 160, 43(1989).

213. E. Ruiz-Hitchky, *Adv. Mater.* 5, 334(1993).

214. N. Gharbi, C. Sanchez, J. Livage, J. Lemerle, L. Nejem, and J. Lefebvre, *Inorg. Chem.* 21, 2758(1982).

215. K. Shea, D. A. Loy, and O. Webster, *J. Am. Chem. Soc.* 114, 6700(1992).

216. R. J. P. Corriu, J. J. E. Moreau, P. Thepot, and C. M. Wong, *Chem. Mater.* 4, 1217 (1992).

217. C. Bonhomme, M. Henry, and J. Livage, *J. Non-Cryst. Solids* 159, 22(1993).

218. W. G. Fahrenholtz, D. M. Smoth, and D. W. Hua, *J. Non-Cryst. Solids* 144, 45(1992).

219. B. Yoldas, *J. Sol-Gel Sci. Technol.* 13, 147(1998).

220. C. M. Chan, G. Z. Cao, H. Fong, M. Sarikaya, T. Robinson, and L. Nelson, *J. Mater. Res.* 15, 148(2000).

221. S. Seraji, Y. Wu, M. J. Forbess, S. J. Limmer, T. P. Chou, and G. Z. Cao, *Adv. Mater.* 12, 1695(2000).

222. J. N. Hay and H. M. Raval, *Chem. Mater.* 13, 3396(2001).

223. C. J. Brinker, Y. F. Lu, A. Sellinger, and H. Y. Fan, *Adv. Mater.* 11, 579(1999).

224. Y. Lu, R. Ganguli, C. Drewien, M. Anderson, C. J. Brinker, W. Gong, Y. Guo, H. Soyez, B. Dunn, M. Huang, and J. Zink, *Nature* 389, 364(1997).

225. A. Sellinger, P. M. Weiss, A. Nguyen, Y. Lu, R. A. Assink, W. Gong, and C. J. Brinker, *Nature* 394, 256(1998).

226. Y. Lu, H. Fan, A. Stump, T. L. Ward, T. Rieker, and C. J. Brinker, *Nature* 398, 223 (1999).

227. D. O'Hare, in *Inorganic Materials*, eds. D. W. Bruce and D. O'Hare, John Wiley and Sons, New York, p. 165, 1991.

228. R. Schöllhorn, *Angew Chem. Int. Ed. Engl.* 19, 983(1980).

229. R. Schöllhorn, in *Chemical Physics of Intercalation*, eds. A. P. Legrand and S. Flandrois, Plenum, New York, NATO Ser. B172, 149(1987).

230. U. Costantino, *J. Chem. Soc. Dalton Trans.*, 402(1979).

231. D. W. Murphy, S. A. Sunshine, and S. M. Zahurak, in *Chemical Physics of Intercalation*, eds. A. P. Legrand and S. Flandrois, Plenum, New York, NATO Ser. B172, 173(1987).

232. D. W. Murphy, P. A. Christian, F. J. Disalvo, and J. V. Waszczak, *Inorg. Chem.* 24, 1782(1985).

233. R. Clement, *J. Am. Chem. Soc.* 103, 6998(1981).

234. L. F. Nazar and A. J. Jacobson, *J. Chem. Soc. Chem. Commun.*, 570(1986).

235. R. Schöllhorn, *Physics of Intercalation Compounds*, Springer-Verlag, Berlin, 1981.

236. R. W. Siegel, S. K. Chang, B. J. Ash, J. Stone, P. M. Ajayan, R. W. Doremus, and L. Schadler, *Scripta Mater.* 44, 2063(2001).

237. J. P. Tu, N. Y. Wang, Y. Z. Yang, W. X. Qi, F. Liu, X. B. Zhang, H. M. Lu, and M. S. Liu, *Mater. Lett.* 52, 452(2002).

238. W. V. Kotlensky, *Chem. Phys. Carbon* 9, 173(1973).

239. S. Vaidyaraman, W. J. Lackey, G. B. Freeman, P. K. Agrawal, and M. D. Langman, *J. Mater. Res.* 10, 1469(1995).

240. P. Dupel, X. Bourrat, and R. Pailler, *Carbon* 33, 1193(1995).

241. A. Meldrum, R. F. Haglund, Jr., L. A. Boatner, and C. W. White, *Adv. Mater.* 13, 1431(2001).

242. W. Caseri, *Macromol. Rapid Commun.* 21, 705(2000).

243. H. Li, X. J. Huang, L. Q. Chen, Z. G. Wu, and Y. Liang, *Electrochem. Solid-State Lett.* 2, 547(1999).

244. Y. Zhang, X. G. Zhang, H. L. Zhang, Z. G. Zhao, F. Li, C. Liu, and H. M. Cheng, *Electrochim. Acta* 51, 4994(2006).

245. G. X. Wang, J. H. Ahn, J. Yao, S. Bewlay, and H. K. Liu, *Electrochem. Commun.* 6, 689(2004).

246. J. Shu, H. Li, R. Z. Yang, Y. Shi, and X. J. Huang, *Electrochem. Commun.* 8, 51 (2006).

247. C. S. Wang, G. T. Wu, X. B. Zhang, Z. F. Qi, and W. Z. J. Li, *Electrochem. Soc.* 145, 2751(1998).

248. M. Endo, T. Hayashi, Y. A. Kim, K. Tantrakarn, T. Yanagisawa, and M. S. Dresselhaus, *Carbon* 42, 2329(2004).

249. V. Khomenko, E. Frackowiak, and F. Beguin, *Electrochim. Acta* 50, 2499(2005).

250. X. J. He, J. H. Du, Z. Ying, and H. M. Cheng, *Appl. Phys. Lett.* 86, 062112(2005).

251. H. -Y. Lee and S. M. Lee, *Electrochem. Commun.* 6, 465(2004).

252. G. Derrien, J. Hassoun, S. Panero, and B. Scrosati, *Adv. Mater.* 19, 2336(2007).

253. B. K. Guo, J. Shu, K. Tang, Y. Bai, Z. X. Wang, and L. Q. Chen, *J. Power Sources* 177, 205(2008).

254. T. P. Kumar, A. M. Stephan, P. Thayananth, V. Subramanian, S. Enganathan, N. G. Renganathan, N. Muniyandi, and M. Raghavan, *J. Power Sources* 97 - 98, 118(2001).

255. K. T. Lee, Y. S. Jung, and S. M. Oh, *J. Am. Chem. Soc.* 125, 5652(2003).

256. X. Sun, J. Liu, and Y. Li, *Chem. Mater.*, 18, 3486(2006).

257. M. S. Park, Y. M. Kang, J. H. Kim, G. X. Wang, S. X. Dou, and H. K. Liu, *Carbon* 46, 35(2008).

258. S. H. Ng, J. Wang, K. Konstantinov, D. Wexler, J. Chen, and H. K. Liu, *J. Electrochem. Soc.* 153, A787(2006).

259. S. H. Ng, J. Wang, D. Wexler, S. Y. Chew, and H. K. Liu, *J. Phys. Chem.* C111, 11131 (2007).

260. N. Du, H. Zhang, B. D. Chen, X. Y. Ma, X. H. Huang, J. P. Tu, and D. R. Yang, *Mater. Res. Bull.* 44, 211(2009).

261. Z. Y. Wang, G. Chen, and D. G. Xia, *J. Power Sources* 184, 432(2008).

262. G. M. An, N. Na, X. R. Zhang, Z. J. Miao, S. D. Miao, K. L. Ding, and Z. M. Liu, *Nanotechnology* 18, 435707(2007).

263. X. H. Huang, J. P. Tu, C. Q. Zhang, X. T. Chen, Y. F. Yuan, and H. M. Wu, *Electrochim. Acta* 52, 4177(2007).

264. R. Yang, Z. Wang, J. Liu, and L. Chen, *Solid-State Lett.* 7, A496(2004).

265. H. J. Liu, S. H. Bo, W. J. Cui, F. Li, C. X. Wang, and Y. Y. Xia, *Electrochim. Acta* 53,

6497(2008).

266. H. Marsh, E. A. Heintz, and F. Rodriguez-Reinoso, *Introduction to Carbon Technology*, Universidad de Alicante, Secretariado de Publications, Alicante, Spain, 1997.

267. H. Marsh, E. A. Heintz, and F. Rodriguez-Reinoso, *Sciences of Carbon Materials*, Universidad de Alicante, Secretariado de Publications, Alicante, Spain, 2000.

268. J. W. Patrick, *Porosity in Carbons: Characterization and Applications*, Edward Arnold, London, 1995.

269. K. Kinoshita, *Carbon: Electrochemical and Physicochemical Properties*, Wiley, New York, 1988.

270. H. Marsh, *Introduction to Carbon Science*, Butterworths, London, 1989.

271. E. Frackowiak and F. Beguin, *Carbon* 39, 937(2001).

272. M. A. Lillo-Rodenas, J. Carratala, D. Cazorla-Amoros, and A. Linares-Solano, *Fuel Process. Technol.* 77, 331(2002).

273. M. A. Lillo-Rodenas, D. Lozano-Castello, D. Cazorla-Amoros, and A. Linares-Solano, *Carbon* 39, 751(2001).

274. Special Issue on Photonic Crystals, *Adv. Mater.* 13(2001).

275. C. F. Blanford, H. Yan, R. C. Schroden, M. Al-Daous, and A. Stein, *Adv. Mater.* 13, 401(2001).

276. O. D. Velev and E. W. Kaler, *Adv. Mater.* 12, 531(2000).

277. Meseguer, A. Blanco, H. Miguez, F. Garcia-Santamaria, M. Ibisate, and C. Lopez, *Coll. Surf.* A202, 281(2002).

278. O. D. Velev and A. M. Lenhoff, *Curr. Opin. Coll. Inter. Sci.* 5, 56(2000).

279. J. W. Goodwin, J. Hearn, C. C. Ho, and R. H. Ottewill, *Brit. Polym. J.* 5, 347(1973).

280. A. S. Dimitrov and K. Nagayama, *Langmuir* 12, 1303(1996).

281. S. Shen, E. D. Sudol, and M. S. El-Aasser, *J. Polym. Sci. Pol. Chem.* 31, 1393 (1993).

282. T. Tanrisever, O. Okay, and I. C. Sonmezoglu, *J. Appl. Polym. Sci.* 61, 485(1996).

283. L. V. Woodcock, *Nature* 385, 141(1997).

284. H. Yan, S. Sokolov, J. C. Lytle, A. Stein, F. Zhang, and W. H. Smyrlb, *J. Electrochem. Soc.* 150, A1102(2003).

285. S. Kubo, Z. -Z. Gu, K. Takahashi, A. Fujishima, H. Segawa, and O. Sato, *Chem. Mater.* 17, 2298(2005).

286. I. N. Krivorotov, H. Yan, E. D. Dahlberg, and A. Stein, *J. Magn. Magn. Mater.* 226 – 230, 1800(2001).

287. G. S. Chai, S. B. Yoon, J. -S. Yu, J. -H. Choi, and Y. -E. Sung, *J. Phys. Chem.* B108, 7074(2004).

288. S. Kubo, Z. -Z. Gu, K. Takahashi, A. Fujishima, H. Segawa, and O. Sato, *J. Am. Chem. Soc.* 126, 8314(2004).

289. H. Ge, G. Wang, Y. He, X. Wang, Y. Song, L. Jiang, and D. Zhu, *Chem. Phys. Chem.* 7, 575(2006).

290. N. S. Ergang, J. C. Lytle, K. T. Lee, S. M. Oh, W. H. Smyrl, and A. Stein, *Adv. Mater.* 18, 1750(2006).

291. M. Sarikaya, C. Tamerler, A. Jen, K. Schulten, and F. Baneyx, *Nat. Mater.* 2, 577 (2003).

292. C. Niemeyer and M. Nanoparticles, *Angew. Chem. Int. Edn Engl.* 40, 4128(2001).

293. J. Turkevich, P. C. Stevenson, and J. Hillier, *Trans. Faraday Soc.* 11, 55(1951).

294. S. Brown, M. Sarikaya, and E. Johnson, *J. Mol. Biol.* 299, 725(2000).

295. M. Sarikaya, H. Fong, D. Heidel, and R. Humbert, *Mater. Sci. Forum* 293, 83(1999).

7

物理法制备纳米结构

7.1　引言

在前面的章节中，已经讨论了各种合成和制备纳米材料的途径；然而，这些途径主要集中于"自下而上"的方法。本章中将讨论不同的方法，即包含多种加工技术的"自上而下"地制备纳米结构的方法。与常用的"自下而上"的制备及加工技术相比较，"自上而下"的纳米结构制备技术源于微米结构的制备。尤其是一些基本原理和方法，大都以微结构制造为基础。在这一章中，将讨论如下纳米结构和纳米材料的制备技术：

（1）刻蚀技术：

（a）光刻。

（b）相移掩模光学光刻。

（c）电子束光刻。

（d）X 射线光刻。

(e) 聚焦离子束光刻。

(f) 中性原子束光刻。

(2) 纳米操纵和纳米光刻:

(a) 扫描隧道显微镜。

(b) 原子力显微镜(AFM)。

(c) 近场扫描光学显微镜(NSOM)。

(d) 纳米操纵。

(e) 纳米光刻。

(3) 软刻蚀技术:

(a) 微接触印刷。

(b) 模塑。

(c) 纳米压印。

(d) 蘸笔纳米光蚀。

(4) 纳米粒子或纳米线的自组装:

(a) 毛细管力诱导组装。

(b) 弥散相互作用辅助组装。

(c) 剪切力辅助组装。

(d) 电场辅助组装。

(e) 共价连接组装。

(f) 重力场辅助组装。

(g) 模板辅助法。

(5) 其他微制造方法:

(a) LIGA 法。

(b) 激光刻写法。

(c) 准分子激光微加工。

虽然本章讨论上述提到的所有技术,但并不意味着这些方法在制造纳米结构时具有相同的效用。此外,这些制备工艺的基本原理彼此大不相同。每种方法都有区别于其他方法的优势以及一些限制和缺点。本章并没有罗列所有在文献中提及的制备方法或者制备纳米结构器件的技术细节。与前面的章节类似,着重于基本概念和一般技术方法的讨论。然而,本章更加重视基于纳米操纵和纳米刻蚀的扫描探针显微技术(SPM),这不仅是因为这一工艺相对较新,而且还是由于其真正具有制备纳米尺度结构和器件的能力。

7.2 刻蚀

刻蚀通常也被称为照相制版,是将图案转变至反应性聚合物薄膜中的一种工艺，其中的聚合物薄膜称之为抗蚀护膜，用于将图像复制至其下方的薄膜或基底中。[1-5]在过去的半个世纪里，许多光刻技术随着各种镜头系统以及辐射曝光光源包括光子、X射线、电子、离子和中性原子，而发展起来。尽管用于各种光刻技术及仪器部件中的曝光辐射光源不同，但它们都有共同的技术方法和类似的基本原理。光刻是微电子制造中最为广泛应用的技术，特别是集成电路的规模化生产。[2]

7.2.1　光刻

典型的光刻工艺包括制备携带必要图像信息的掩模，随后利用一些光学技术将图案转化到光敏聚合物或光致抗蚀剂（或者简单的抗蚀剂）中。有两种基本的光刻方法：①阴影刻录，可以进一步划分为触刻法（接触刻录）和近距刻录法；②投影光刻法。术语"刻录"和"光刻"在文献中可以互换使用。

图7.1概括了光刻工艺的基本步骤，其中抗蚀材料用做覆盖基底的薄膜层，随后通过掩模曝光于图像形式中，这样光线就能照射在抗蚀材料所选定的区域。曝光的抗蚀膜随后经过洗印步骤。取决于抗蚀膜的化学性质，被曝光的区域可以比未曝光的区域更容易在一些洗印溶剂中溶解，因此就产生了掩模的一个正色图像。反之，被曝光的区域可能变得更不易溶解，因而产生掩模的一个负色图像。这一过程的作用就是在抗蚀材料中产生一个三维浮雕像，这是掩模的不透明和透明区域的一种复制。经过成像和洗印过程保留下来的

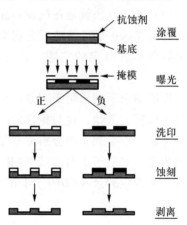

图7.1　光刻步骤次序示意图，其中掩模中的图像转换到下方基体表面上。

抗蚀膜的区域用于掩盖基底，以便下一步的蚀刻或其他像转换步骤。洗印过程之后保留在一定区域的抗蚀材料将阻止蚀刻剂对基底的侵蚀作用。随着蚀刻过程的进行，通过剥离去除抗蚀材料后，在下方基底上产生正或负的复印图像。

衍射决定可获得的最大分辨率或单个元素的最小尺寸。衍射是指光线在遇到障碍物时，例如不透明物的边缘，会明显偏离直线传播，衍射现象可以定性地理解如下。按照几何光学，如果一个不透明的物体放置在一个点光源和屏幕之间，物体的边缘将在屏幕上投下锐化的阴影。在屏幕上的几何阴影内没有光线达到，而在阴影之外的区域光线就能够均匀照射到。事实上边缘投下的阴影是弥散的，由拓展到几何阴影内的明暗交替的带所组成。这种光线在障碍物边缘发生明显弯曲的现象称为衍射，而其导致的强度分布称为衍射图案。显然，

衍射使得抗蚀膜表面上的清晰边缘图像变得模糊或弥散。利用由相等线条和宽度为 b 的间隔所组成的掩模进行阴影光刻，其理论分辨能力由下式给出：

$$2b_{\min} = 3\sqrt{\lambda\left(s + \frac{d}{2}\right)} \tag{7.1}$$

其中 $2b$ 是光栅周期（$1/2b$ 是基本空间频率），s 是掩模和光刻胶表面之间的间隙宽度，λ 是曝光辐照光源波长，d 是光刻胶厚度。对于硬接触刻录，s 等于 0 并根据方程，如果波长为 400 nm、光刻胶厚度为 1 μm，则最大分辨率将会略小于 1 μm。

在接触光刻模式中，掩模和晶片为紧密接触，这种方法能够将掩模图像几乎 100% 准确地转移到光刻胶上，并且有最高的分辨率。其他光刻技术也可以做到，但绝不可能超过这种方法的分辨率。然而，由于基底上的灰尘以及光刻胶和基底厚度不均匀的原因，最大分辨率很少能够达到。在近距刻录中可以避免这种问题，方法就是在掩模和晶片之间引入空隙。然而，增加空隙使得衍射引起的半影区扩展，并造成分辨率的下降。近距刻录的困难在于控制掩模和晶片之间微小且恒定的空隙，而这只有通过使用非常平坦的晶片和掩模才能实现。

投影刻录不同于阴影刻录。在投影刻录技术中，镜头要素用于在晶片基底上聚焦掩模的图像，这与掩模的间隔达到几个厘米。由于镜头不够理想以及衍射的考虑，投影刻录的分辨率总是比阴影刻录的要低。投影光刻技术的分辨率很大程度上取决于著名的瑞利（Rayleigh）方程。分辨率 R，也就是最小可分辨特征，和相应的景深（DOF）可由下式给出[6]：

$$R = \frac{k_1 \lambda}{NA} \tag{7.2}$$

$$DOF = \frac{k_2 \lambda}{NA^2} \tag{7.3}$$

这里 λ 为曝光光源波长，k_1 和 k_2 是常数并且取决于特定的抗蚀材料、工艺技术以及所采用的成像技术，NA 是光学系统的数值孔径，定义为

$$NA = n\sin\theta \tag{7.4}$$

其中 n 为图像空间的折射率，通常等于 1（空气或真空中），θ 是辐照光束的最大锥角。衍射极限是一个非常基本的物理学定律，与海森堡测不准关系相关。它限定所有常规的成像过程，使其分辨率约为 $\lambda/2$。常规光刻的制造精度在 200 nm 或者之上。[7]

为了获得更高的分辨率，需要更短的光波长和较大数值孔径的镜头系统。一般来说，当使用相对大的数值孔径（通常 >0.5）时，能够获得的最小特征尺寸几乎与用于曝光的光波长相等或者略小。在这种高 NA 的镜头系统中，景深

变得非常小，因此曝光过程对于抗蚀膜厚度和绝对位置的微小变化十分敏感。[8]

深度紫外线（DUV）光刻技术是基于波长小于 300 nm 的辐照光源，提出了非常艰巨的技术挑战。标准的 UV 光源具有较低的 DUV 输出功率。准分子激光能够提供针对 DUV 中几种波长的 10 ~ 20 W 的功率。特别值得一提的是 KrCl 和 KrF 准分子激光，两者分别输出 222 nm 和 249 nm 波长的光。高强度、微波能量发射源能够提供比传统电极放电汞灯更高的 DUV 输出。[9]用于光学光刻技术的较短波长的光源包括：波长为 248 nm 的 KrF 准分子激光、波长为 193 nm 的 ArF 准分子激光和波长为 157 nm 的 F_2 准分子激光。利用 DUV 的光刻技术能够获得最小尺寸约为 100 nm 的图像。[10,11]波长在 11 ~ 13 nm 范围的极端紫外（EUV）光刻可以用于更小尺寸特征的制造，是达到 70 nm 临界尺寸和更小尺寸的强有力的候选技术。[12,13]然而 EUV 遇到了其他问题。在这个波长范围内，光的吸收非常强烈，因此无法使用反射镜头系统。由反射镜得到的反射率非常低，因此反射镜的数量应当尽可能少，不超过 6 个。此外，需要一个特别高精度的度量衡系统以确保这个技术的实际可行。[12]

实验发现，狭缝宽度短于波长时，光线会散开或者发生衍射。两个非常靠近的边缘构成了狭缝，当用单色光照射这个狭缝时就会产生明显的衍射图案。观察到的特殊的强度分布将取决于狭缝和屏幕之间的距离。当这个距离比较短时，发生的衍射为菲涅耳（Fresnel）衍射，用于阴影印刷法。当这个距离较远时，发生夫琅禾费（Fraunhofer）衍射，用于透影印刷法。除了传统的光刻胶聚合物以外，朗缪尔－布洛杰特（Langmuir – Blodgett）膜和自组装单层膜都在光刻法中用做抗蚀材料。[14,15]在这些应用中，利用了光化学氧化、交联，或生成反应基团，将掩模上的图案转移至单分子层上。[16,17]

7.2.2 相移光刻

相移光刻由 Levenson 等首先建立。[18]在这种方法中，透明掩模使得辐照光产生相位突变，并在这些位置处产生光的衰减。这些相掩模也被称为调相器，能够在光刻胶上产生约 100 nm 的图案。[19,20]图 7.2 为相移光刻原理示意图。一个整洁膜，也就是调相器或者相掩模，其厚度为 $\lambda/(2n-1)$，等角接触放置在光刻胶上，通过膜的辐照光线的相移角转动 π 角度，达到光刻胶表面成为入射光束。其中 λ 是辐照光源的波长，n 是相掩模的折射率。由于调相器和光刻胶之间的光相位角被倒转，因此在调相器边缘的电场为 0。因而，光刻胶表面的辐照光强将变为零。在调相器边缘附近能够形成具有零强度的图像。相掩模可以用于投影和接触模式的光刻技术中。对于相移接触模式的光刻技术，有两种方法可以提高分辨率：①减小辐照光的波长；②提高光刻胶的折射率。光刻分辨率可以粗略地达到 $\lambda/4n$，λ 为辐照光的波长，n 为光刻胶的折射率。具有

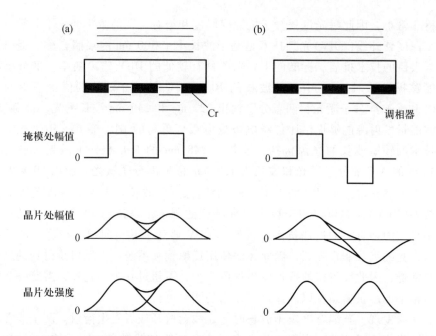

掩模处幅值

晶片处幅值

晶片处强度

图 7.2　相移光刻原理示意图，利用了调相器边缘处的光学相位变化。

相移掩模的接触模式光刻技术，其分辨率更高。但是要实现相移掩模与晶片上光刻胶之间的等角接触非常困难，这是由于存在灰尘、光刻胶厚薄不均匀以及掩模或基体弯曲的原因。然而，通过引入弹性相移掩模容易实现等角接触，获得了 50 nm 的特征线。[21,22]这样的分辨率大约对应于 $\lambda/5$。等角近场光刻的改进方法中，使用了由 "软" 有机弹性聚合物组成的掩模。[23-25]图 7.3 表现了利用这种接触模式相移光刻技术产生的图案。[25]

7.2.3　电子束光刻

　　一束经过精细调焦的电子束可以被一个表面准确地偏转。当表面上涂有辐射敏感的聚合物材料层时，电子束可以用于刻写非常高精度的图像。[26-29]最早利用电子束高分辨能力的实验电子束刻写系统是在 20 世纪 60 年代后期设计出来的。[30]电子束的直径可以被聚焦成几个纳米，并且可以被电磁场或静电场迅速偏转。电子兼具粒子性和波动性；然而它们的波长只有十分之几埃，因此无须考虑衍射对它们分辨率的限制。电子束光刻精度主要受限于抗蚀膜层的前向散射和底部基体的后向散射作用。尽管如此，电子束刻蚀仍然是制造小至 3 ~ 5 nm 尺寸的羽毛状物质的最有力工具。[31,32]

　　当电子束进入到聚合物薄膜或任何固体物质中时，通过所谓的共同电子散射，即弹性和非弹性碰撞而损失其能量。弹性散射仅使电子的方向发生改变，而非弹性散射则会使能量损失。这些散射过程使束径宽化，即当它们渗透到固

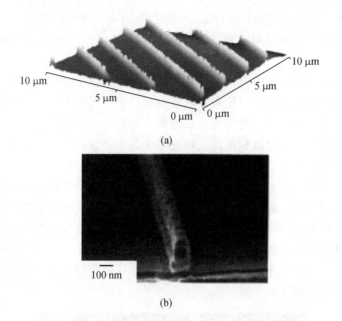

(a)

(b)

图 7.3　近场接触模式光刻技术产生的宽 100 nm、高约 300 nm
图案中光刻胶上的平行线条，利用（a）AFM 和（b）SEM 成像。
［J. A. Rogers, K. E. Paul, R. J. Jackman, and G. M. Whitesides, *J.
Vac. Sci. Technol.* B16,59(1998).］

体时被分散开来，产生垂直于入射电子束方向的横向或侧向电子流，并使光刻
胶在偏离初始电子入射点的一些位置曝光，这又将形成比所期望的更宽的光刻
胶图案。电子散射的大小取决于光刻胶和基体的原子序数和密度，还与电子速
度或加速电压相关。

　　由前向和背散射电子所产生的光刻胶曝光取决于电子束能量、薄膜厚度和
基体的原子序数。随着电子束能量的提高，单位路径长度和散射截面的能量损
失将减小。这样前向电子散射的侧向传播和每个电子的能量损耗都降低了，然
而由于电子范围的扩大，背散射电子的侧向范围也扩大了。随着光刻胶膜厚度
的增大，由前向散射电子引起的小角度碰撞累积效果也逐渐增强。因此，厚膜
中在光刻胶和基体之间界面处曝光于散射电子的面积要大于薄膜情况。为了确
保界面处光刻胶的适度曝光，要求聚合物薄膜中的电子范围大于薄膜厚度。随
着基体原子序数的增大，电子反射系数也会增大，这又会使背散射贡献进一步
提高。

　　电子束系统可以简单地分为两大类：一类是利用扫描聚焦电子束连续照射
到晶片上，另一类是将整个图像同时投影到晶片上。扫描电子束系统可以进一
步划分为：高斯（或圆形）束体系和成形束体系。所有扫描束系统都具有四个

典型的子系统：①电子源(电子枪)；②电子柱(电子束形成系统)；③机械台；④控制计算机，用来控制各种机器子系统，并将图像数据传输给电子束偏转系统。

适用于电子束光刻的电子源与传统的电子显微镜中的相同。这些源可以分为两类：热发射和场发射。热发射枪依赖于一种材料的电子发射，即加热到临界温度以上时从材料表面发射电子。这些发射源可以由钨、钨钍或六硼化镧等材料制备得到。场发射源利用高电场施加于非常尖锐的钨极尖端周围。电场从源的尖端部位抽取电子，形成仅有几个埃直径的高斯束斑。

通过偏转电子束不可能覆盖一个大面积区域，在一个典型的电子束光刻系统中需要利用机械台移动基体，使之通过电子束柱所对应的偏转区域。工作台可以按分步骤模式操作，先使工作台静止在图像刻写区域，之后工作台移至邻近图像被曝光的新位置。工作台也可以按连续模式操作，在移动的同时图像被刻写到基体上。图 7.4 显示 40 nm 柱状光栅扫描电镜图片，这是经过超声振荡使镍剥离后的图像。[31]

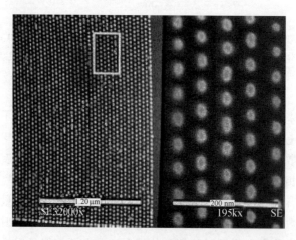

图 7.4　利用超声振荡剥离镍后形成的 40 nm 柱状光栅扫描电镜图片。［C. Vieu, F. Carcenac, A. Pepin, Y. Chen, M. Mejias, A. Lebib, L. Manin-Ferlazzo, L. Couraud, and H. Lunois, *Appl. Surf. Sci.* 164, 111(2000). ］

7.2.4　X 射线光刻

波长在 $0.04 \sim 0.5$ nm 范围的 X 射线代表着另一种可选择的辐照源，可以将高分辨图像复制到聚合物抗蚀材料上。[33] Spears 和 Smith 最早证实利用 X 射线刻蚀可以获得高分辨图像。[34] X 射线刻蚀的实际构成要素包括：

（1）一种掩模，由 X 射线透明薄膜以及在其上面由 X 射线吸收材料制成的图像所组成。

（2）一种 X 射线源，具有足够的亮度且其波长范围需要满足透过掩模使光刻胶曝光的要求。

（3）一种具有 X 射线敏感的光刻胶材料。

有两种 X 射线源：①电子撞击源；②同步加速器源。传统的电子撞击源产生一个宽 X 射线谱，集中于材料的特征线，这主要是由高能电子束轰击适当靶材而产生的。同步加速器或储存环产生一个宽辐射谱，它源于相对论能量水平电子运动的能量损失。这种辐射的特点是高强、连续光谱分布，覆盖从红外线到长波 X 射线的光谱区域。它被高度准直和限制在循环电子的轨道平面附近，因此要求在掩模和晶片结合体移动的垂直方向上，以常速通过同步辐射的扇形区。同步加速器具有高功率输出的优点。

吸收一个 X 射线光子将会产生一个光电子，这个光电子在吸收材料内发生弹性及非弹性碰撞后产生二次电子，这是引起光刻胶薄膜内化学反应的根源。原发光电子的范围在 100～200 nm。主要限制来源于半阴影化，因为 X 射线源为有限尺寸并与掩模相隔，而掩模边缘无法投射出清晰阴影。低掩模对比度是降低图像分辨率的另外一个因素。为了使半阴影化达到最小，保持小面积的辐射源非常重要，同时最大 X 射线强度可以使曝光时间最短。X 射线接近式光刻确信能够提供对掩模图像的一对一复制，X 射线光刻的分辨极限约为 25 nm。[35,36] 图 7.5 显示由电解沉积、反应离子蚀刻并结合 X 射线光刻技术得到的 35 nm 宽 Au 线以及 20 nm 宽 W 点的扫描电子显微镜图像。[35]

7.2.5　聚焦离子束(FIB)光刻

自 1975 年液态金属离子(LMI)源发展以来[37]，聚焦离子束迅速发展成为光刻、蚀刻、沉积和掺杂的非常有吸引力的工具。[38] 由于离子散射在 1～3 MeV 范围，小于电子散射几个数量级，因此早已认识到离子束光刻具有很高的精度。[39,40] 最常用的 FIB 源是 Ga 和 Au－Si－Be 合金 LMI 源，这主要是由于它们的长寿命和高稳定性。[41,42] FIB 光刻技术具有生产亚微米尺寸电子器件的能力。[43] FIB 光刻的优点包括对光刻胶的高曝光敏感性，高于电子束光刻两个以上数量级，在光刻胶中几乎不产生散射和基体的低背散射。[44] 然而 FIB 也有其不足之处，例如低生产率和大幅度基体损坏。因此，FIB 光刻更适合于制造那些对基体要求不高的器件。

FIB 光刻包括物理溅射蚀刻和化学辅助蚀刻。物理溅射蚀刻非常简单，就是用高能离子束轰击刻蚀面，使材料从样品上腐蚀出来。这种工艺的优点是简单、自我调整能力以及可适用于任何样品。化学辅助蚀刻是基于基体表面和吸附于基体的气体分子之间的化学反应。化学辅助蚀刻的优点在于：高蚀刻率，

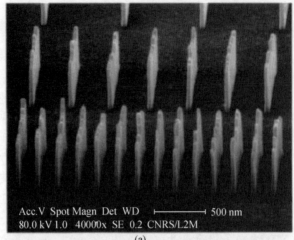

Acc.V Spot Magn Det WD ———— 500 nm
80.0 kV 1.0 40000x SE 0.2 CNRS/L2M

(a)

Acc.V Spot Magn Det WD ———— 500 nm
30.0 kV 1.0 40000x SE 8.8 CNRS/L2M

(b)

图 7.5　(a)利用模板电沉积和 X 射线光刻产生的 35 nm 宽 Au
线。平均厚度约 450 nm，相应长宽比为 13。(b)反应离子刻蚀
1 250 nm 厚的 W 层后获得的 20 nm 宽的 W 点。[G. Simon, A. M.
Haghiri-Gosnet, J. Bourneix, D. Decanini, Y. Chen, F. Rousseaux, H.
Launios, and B. Vidal, *J. Vac. Sci. Technol.* B15, 2489(1997).]

不存在再沉积，以及少量的残余损坏。特别是，化学辅助蚀刻法对于不同材料
和刻蚀气体的组合，其刻蚀速率可在 10 ~ 100 倍范围内变化，无须再沉积便可
形成高纵横尺寸比。[44]

　　聚焦离子束也可以用于沉积。类似于蚀刻，有直接沉积和化学辅助沉积。
直接沉积利用低能离子，而化学辅助沉积依赖于基体表面和吸附于基体的气体
分子之间的化学反应。如图 7.6 所示，利用化学辅助 FIB 沉积得到的由 36 根

金柱子组成的规则阵列，每根都对应着一个单独的离子束斑。[45]

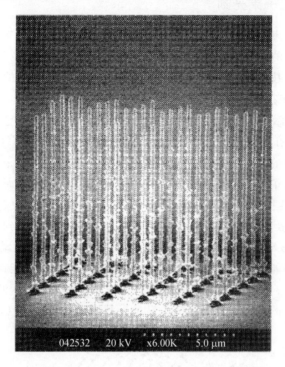

图 7.6　利用化学辅助 FIB 沉积法获得的 36 根金柱子规则阵列 SEM 图片，每根柱子对应一个单独的离子束斑。[A. Wargner, J. P. Levin, J. L. Mauer, P. G. Blauner, S. J. Kirch, and P. Longo, *J. Vac. Sci. Technol.* B8, 1557(1990).]

　　与电子束光刻技术相比较，FIB 光刻在制造和加工磁性纳米结构时具有优势。离子本身远重于电子，因而 FIB 很少受到材料磁性的影响。它的另一个优点是无须使用额外图案步骤就可以直接蚀刻或沉积。磁性纳米结构能够使用 FIB 光刻和沉积得到。[46]环形纳米磁头是利用 FIB 光刻，经后续 FIB 沉积法将非磁性钨沉积到腐蚀坑中而得到的。每个磁极尖端的横截面为 140×60 nm^2、高为 500 nm，每个磁极都被全方位保护和支撑起来并具有理想的磁性能。FIB 掺杂基本上可以认为与传统的离子注入法相同。

　　FIB 能够与化学气相沉积(CVD)结合合成纳米结构。这种 FIB – CVD 方法在制造三维纳米结构时特别容易。具有光学特性、类似于大闪蝶和蛾的眼睛的纳米结构，可利用 FIB – CVD 系统制备得到。[47]类金刚石非晶碳也在这个系统中沉积得到。[48] FIB – CVD 方法在制造光学、电学和生物材料方面具有潜在应用。

7.2.6　中性原子束光刻

在中性原子束中，没有空间电荷效应使其分散，因此不需要高能粒子能量。因为热原子的德布罗意波长小于1 Å，衍射不会成为分辨率的严重限制因素。这些原子束技术既依赖于利用微小力使原子与表面连接的直接成像[49-52]，也依赖于利用特殊光刻胶的成像[53-55]。

中性原子和激光相互作用产生了很多的应用，例如，减少蔓延到纳米开尔文区域的动能、在小区域空间捕获原子，或者操控原子轨迹以聚焦和成像。[56-58]

利用微小力的原子光刻基本原理可以按经典模型理解如下。[59]电磁波中原子的感生电偶极子，可以通过调整光的振动频率 ω_L 使之接近原子偶极子的跃迁频率 ω_A 而被共振加强。根据失调度 $\delta = \omega_L - \omega_A$ 的符号，决定偶极子是同相 ($\delta < 0$) 或异相 ($\delta > 0$)。在一个强度梯度中，感应偶极子受到一个朝向最小 ($\delta < 0$) 或最大 ($\delta > 0$) 空间光强分布的力。因此，对于原子运动，光波相当于具有周期性的势能，能形成一个模拟圆形透镜的阵列。如果能在这个透镜的聚焦平面放置基体，周期性的结构就能刻写在表面。图7.7图示说明了微小力中性原子光刻技术的基本原理。图7.8显示了利用激光力和中性原子束沉积法，

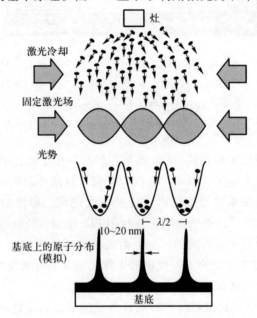

图 7.7　利用微小力中性原子光刻技术基本原理示意图。[B. Brezger, Th. Schulze, U. Drodofsky, J. Stuhler, S. Nowak, T. Pfau, and J. Mlynek, *J. Vac. Sci. Technol.* B15, 2905 (1997).]

在 Si 基体上生长的 64 nm 铬纳米线。[59]

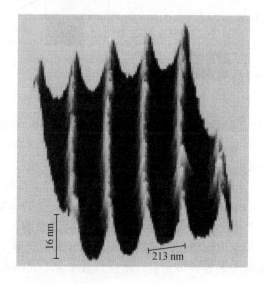

16 nm

213 nm

图 7.8　利用激光力和中性原子束沉积，在 Si
基体上生长的 64 nm 铬纳米线的 SEM 图片。
〔B. Brezger, Th. Schulze, U. Drodofsky, J. Stuhler,
S. Nowak, T. Pfau, and J. Mlynek, *J. Vac. Sci. Tech-
nol.* B15, 2905(1997).〕

7.3　纳米操纵和纳米光刻

纳米操纵和纳米光刻技术基于扫描探针显微镜(SPM)。因此在讨论纳米操
纵和纳米光刻技术之前，将在这一节首先介绍扫描探针显微镜。扫描探针显微
镜有别于其他成像技术，如扫描电子显微镜(SEM)和透射电子显微镜(TEM)，
扫描探针显微镜能够在物质的界面上操纵分子和纳米结构。扫描探针显微镜主
要分为两种：用于导电材料的扫描隧道显微镜和用于扫描电介质的原子力显微
镜。在本节中，还将介绍近场扫描光学显微镜和近场光刻法，这主要是由于它
们和扫描探针显微镜有很多共同之处。

7.3.1　扫描隧道显微镜(STM)

STM 依靠电子隧穿，这是基于量子力学的一种现象，可简要说明如下。[60]
有关这一基础理论的进一步讨论，读者可参考相关书籍。[61,62]首先，考虑这样一
个情形，即两块金属或半导体表面由绝缘体或真空分隔开来，如图 7.9 所
示。[63]材料中的电子不能穿透绝缘体从一个表面转移到另外一个表面，因为这

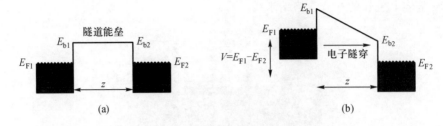

图 7.9 由绝缘体或真空能垒分隔的 2 个固体(金属或半导体)的能级。(a)无外电场作用于固体;(b)外电场作用于固体。E_{F1} 和 E_{F2} 分别代表相应固体的费米能级,其下方阴影面积代表固体中的电子能量。外加偏压 V 为 $E_{F1} - E_{F2}$,z 为 2 个固体之间的距离。[D. A. Bonnell and B. D. Huey,in *Scanning Probe Microscopy and Spectroscopy*,ed.,D. Bonnell,Wiley-VCH,New York,p. 7,2001.]

里存在一个能垒。然而,当两者之间施加电压时,能垒的形状就会发生变化,电子就会受到一个驱动力而隧穿跨越能垒,当两者间距足够小时形成一个小电流,电子波函数从两个表面延伸重叠。隧道电流 I 由下式给出:

$$I \propto \exp(-2\kappa z) \tag{7.5}$$

其中,z 是两个金属之间的距离或者绝缘体的厚度,κ 由下式给出:

$$\kappa = \frac{\sqrt{2m(V-E)}}{h} \tag{7.6}$$

其中,m 是一个电子的质量,h 是普朗克常量,E 是电子的能量,V 是绝缘体中的电压。类似的讨论同样适用于针尖 - 平面几何体,即 STM 的结构,隧道电流由下式给出:

$$I = C\rho_t\rho_s\exp(-z\kappa^{1/2}) \tag{7.7}$$

其中,z 是针尖与平面或样品的距离,ρ_t 是尖端电子结构,ρ_s 是样品的电子结构,C 是取决于加载在针尖和样品表面之间电压大小的一个常量。隧道电流随针尖 - 样品间距而呈指数衰减。例如,减少 0.1 nm 的间距将使隧道电流增加一个数量级。STM 就是利用了这种量子力学的性质。

在典型的 STM 中,导电探针放置在样品表面的上方。当针尖在样品表面以非常小的间隔来回移动时,针尖的高度不断调整以保持隧道电流的恒定。针尖的位置就构造出了样品的形貌。图 7.10 给出 STM 结构示意图。由金属或金属合金如钨或 PtIr 合金制成的尖锐针尖,安装在压电体阵列构成的三维配置平台上。这种针尖在样品表面上三维移动,由压电体阵列准确控制。一般来说,针尖和样品之间的距离降低至 0.2 ~ 0.6 nm 时,就会产生 0.1 ~ 10 nA 的隧道电流。在 X、Y 方向上的分辨率约为 0.01 nm,在 Z 方向上约为 0.002 nm,这就提供了真实的原子级分辨的三维图像。

STM 能够以两种模式工作。在恒流成像中,当样品和针尖保持恒定偏压时，利用反馈机制保持电流恒定。当针尖扫描整个样品时，通过调整针尖的垂直位置以保持恒定间距。而交替成像模式是恒定高度操作，就是同时保持恒定高度和偏压。当针尖扫描样品表面时，由于形貌结构而改变了针尖－样品间距，因而电流发生变化。恒流模式产生与电子电荷密度轮廓相关的对比度，而恒定高度模式则具有快速扫描速率。STM 最早由宾尼希（Binnig）和罗雷尔（Rohrer）在 1982 年发明[64]，STM 第一次用于证实硅 7×7 重构（111）晶面上的原子级分辨率图像[65]。

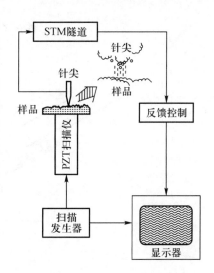

图 7.10　扫描隧道显微镜（STM）示意图。通常应用两种操作模式：恒电流模式，针尖和样品表面之间的距离保持恒定；恒压模式，在扫描样品过程中针尖位置保持不变。

7.3.2　原子力显微镜（AFM）

虽然 STM 具有原子级分辨率和其他优势，但仍受限于导电表面，这是由于它要依赖对样品表面和针尖之间隧道电流的监测。AFM 的发展是针对介电材料的 STM 的改变。[66]根据样品－探针之间的间距，AFM 可以测量它们之间相互作用的变化。当距离很短时，范德瓦耳斯力起主要作用。范德瓦耳斯力由三种组元的相互作用力所构成：永久偶极子、感应偶极子和电极化。有关范德瓦耳斯力的更加详细的讨论参见第 2 章。样品和针尖之间存在短程力以外的长程力，当针尖－样品间距变大时长程力成为主导，而范德瓦耳斯力可以忽略。这种力包括静电吸引力或排斥力、电流诱导或静磁相互作用力，以及由于样品和针尖之间水的凝结而产生的毛细管力。读者可以参考由 Israelachevili[67]编写的相关书籍，进一步了解物体表面和分子之间的相互作用。

在 AFM 中，可以测量具有超小质量的悬臂梁的运动，推动这种悬臂梁移动可测距离（10^{-4} Å），所需要的力可小至 10^{-18} N。图 7.11 为表现 AFM 如何工作的示意图。仪器构成包括带有纳米探针的悬臂、悬臂末端处的激光指针、镜子、收集反射激光束的光电二极管以及由压电体阵列构成的三维配置样品台。类似于 STM，图像也是通过尖端扫描整个表面而获得。然而，不同于 STM 调整针尖高度以保持针尖和表面间距恒定并使隧道电流保持常数，AFM 是通过测量微小的悬臂针尖的上下偏差并同时保持一个恒定的接触力。

将 STM 和 AFM 结合到一起，通常称之为扫描探针显微镜（SPM）。也有利用各种针尖和表面之间相互作用力的其他显微镜。例如，磁力显微镜、扫描电

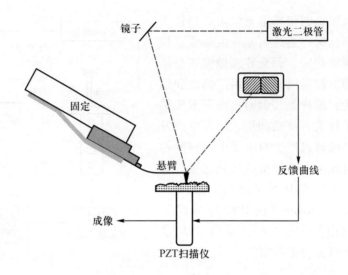

图 7.11　原子力显微镜(AFM)操作原理。样品放置在扫描仪
上,悬臂和针尖位于表面附近并配置宏观定位设备。悬臂随
同光电二极管偏转,记录经过悬臂尖端反射的激光束的位置。

容显微镜和扫描声学显微镜也是 SPM 的成员。[68] SPM 已经证明了它在各个领域中的适用性。首先,SPM 能够对处于任何环境下的任何固体表面进行成像。其次,通过对针尖及操作条件的各种改进,SPM 可以用于测量样品表面的局域化学和物理性质。第三,SPM 已经成为纳米结构制造和加工过程中进行纳米操纵和纳米光刻的有效工具。第四,SPM 也可以用于研究纳米器件,如纳米传感器。本章中,将集中讨论 SPM 在纳米操纵和纳米结构制造以及表面化学改性中的应用。表面形貌成像和表面性能测试将在第 8 章中进行讨论,源于 SPM 的纳米器件将是第 9 章中讨论的一个主题。

7.3.3　近场扫描光学显微镜(NSOM)

利用 3 cm 微波进行近场扫描成像的概念起源于 1972 年[69],而首台近场扫描光学显微镜出现在 20 世纪 80 年代早期[70,71]。NSOM 可以获得约 30 nm 的分辨率。[72] NSOM 已用做亚微米尺度的光刻工具。在这一应用中,光纤探针用做光源来曝光光刻胶,在光刻胶表面克服表面阻力移动扫描探针即可获得图像。这种技术已经在传统聚合物光刻胶、非晶硅光刻胶和铁电体表面上的成像中得到证实。[73-76]

在 NSOM 中,通过亚微米狭缝增强入射辐射。根据波的传播理论,这只有形成波长与狭缝直径相近的小波才有可能实现。后者称为渐逝波,并不能在自由空间中传播。但是它们能够绕过狭缝传播并将辐射能量传递至屏幕的另一面。这种在屏幕另一面的辐射随着与屏幕的间距发生明显变化，形成可区分的三个能量密度区，如图 7.12 所示。[77]在靠近狭缝附近 2 ~ 5 nm 范围内，强度几乎保持不变，并具有 $10^{-4} \sim 10^{-3}$ 的相对较大数量级。这是渐逝波占主导的区域，此区域的吸收性物质将强烈影响从狭缝传来的辐射。稍微偏离狭缝（5 ~ 500 nm），则强度衰减正比于 $s^{-3.7}$，s 是至狭缝的距离。这是渐逝波逐渐消逝的区域，是熟知的近场区域的一部分。在这个区域内，能量密度已经非常小，并在 $10^{-10} \sim 10^{-4}$ 范围内变化。在这个区域中的吸收性物质，对单位体积发散辐射场的影响远小于在狭缝附近区域的情形。进一步远离狭缝达到大于波长的距离，则从狭缝传来辐射进入远场区域，能量密度按 s^{-2} 规律衰减。在纳米范围内，也就是在近场区域内，控制针尖和样品的距离至关重要，因此，对于检测系统需要保持渐逝波的足够强度。

NSOM 装置类似于 AFM。理想的狭缝应当是光频中完全导电的金属薄膜上的一个透明孔隙。实际上，典型的狭缝是由表面涂覆一层金属如铝的光纤制成，其顶端孔隙利用化学蚀刻[78,79]或拉延法[80]完成。最小可实现的狭缝即对应最大可获得分辨率，取决于所使用的输出功率及探测系统的灵敏度。

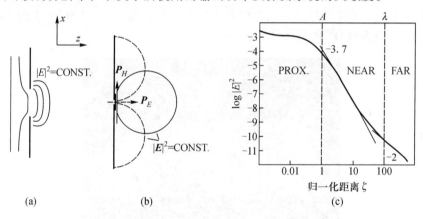

图 7.12 （a）小狭缝附近等电能密度线示意图。（b）远场和等效偶极子时的情形。（c）计算得到同轴的电能密度与狭缝距离、磁激发之间的关系。［U. Dürig, D. W. Pohl, and F. Rohner, *J. Appl. Phys.* 59, 3318(1986).］

7.3.4 纳米操纵

除了能够在原子级分辨率上进行表面形貌成像之外，针尖和样品表面之间的相互作用或力可以提供一种手段，完成在一个表面上对原子、分子和纳米结构的精确的控制操纵。光刻能够制造 200 nm 或以上的特征对象。[7]下面简要概述利用 STM 进行纳米操纵和制造的一些例子。

Eigler 及其同事[81]通过 STM 针尖加载脉冲电压，在有序图案结构上移动或放置氙原子。他们在超真空和约 4 K 的超低温条件下进行了这个实验。低温和超真空提供了表面上稳定、无尘和不存在原子热扩散的环境。如图 7.13 所示，利用钨针尖在镍表面上放置氙原子形成了 3 个字母 "IBM"。[81] 已经确定有两种过程用于基体表面上的原子操纵，即平行和垂直移动过程。[82] 在平行移动过程中，STM 针尖沿着表面拖曳原子并将原子放置在预定位置上。在这一过程中，被操纵吸附的原子或分子运动是平行于表面的，这些原子或分子与其下部表面的键合依然保持不断裂。这一过程相关能垒就是原子在表面上的扩散能量或起皱能量，一般情况下为吸附能的 $1/10 \sim 1/3$，其变化范围从密排金属表面上弱物理吸附原子的几十毫伏至强化学吸附原子的 $0.1 \sim 1.0$ eV。[82] 平行过程可以进一步划分为两类：场致扩散和滑动过程。场致扩散是基于 STM 探针和样品表面之间存在非均匀强电场，它与吸附原子的偶极矩相互作用[83,84]，导致吸附原子的定向扩散[82]。STM 中的电场辅助定向扩散已经由 GaAs 和 InSb 表面上的 Cs 原子所证实。[85] 滑动过程是基于 STM 和吸附原子之间的作用力，例如原子间势能或化学结合力，通过调整探针的位置可以使吸附原子定向运动，即探针和吸附原子之间的作用力将拖动原子随着探针在表面上移动。[82] 通过这种滑移过程实现的表面原子操纵已经在几个体系中得到证实，包括 Ni(100) 面上的 Xe[81]、Pt(111) 面上的 CO[86] 和 Pt(111) 面上的 Pt[87]。

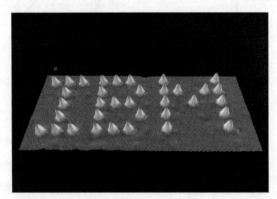

图 7.13　利用钨针尖在镍表面定位 35 个氙原子，形成 "IBM" 3 个字母。[D. M. Eigler and E. K. Schweizer, *Nature* 344,524(1990).]

在垂直移动过程中，STM 针尖首先使吸附原子或分子抬离表面，在基体表面上方悬浮并移动至预定位置而由探针放下。[82] 这一过程的能垒是利用 STM 针尖从表面上提起吸附原子的能量，其变化范围从针尖 – 表面间距极限内的吸附能至探针与吸附原子紧密接触时的零能量。根据原子从探针到表面的转移机理的不同形成了几种方法。在 STM 针尖与吸附原子接触并将其提起的步骤中，

针尖 – 吸附原子间的吸引力强于吸附原子 – 表面之间的吸引力，而在放置吸附原子的步骤中恰好相反。显然，这样的过程需要在不同的表面上转移原子。场蒸发是利用电压脉冲使原子在针尖和表面之间转移的另外一种方法。场蒸发可以描述为肖脱基(Schottky)能垒上的热激活蒸发离子，这是通过加载电场并降低导体外势能而形成的。[88]可逆移动原子的能力已经在室温超真空条件下 Si 表面和 STM 针尖之间得到证实。[89]电迁移也是利用 STM 进行纳米操纵的另外一种现象[90]，并且已经证实了在加载电压脉冲和 4 K 温度条件下 Ni(100)表面和 STM 针尖之间的 Xe 原子可逆移动能力[91]。

　　STM 也用于化学操纵，并已经证实了对单个分子进行分解和重构的能力。[92]在研究中，STM 针尖放置在吸附于 Cu(111)台阶边缘的碘代苯(C_6H_5I)分子上方，然后将 1.5 eV 的隧道电子注入分子中，导致 C – I 键断裂，而C_6H_5自由基依然保持完整。在第二阶段，通过横向操作将两个C_6H_5自由基放置在相同的 Cu(111)面台阶边缘。最后，隧道电子提供给两个自由基形成一个联苯($C_{12}H_{10}$)所需的能量。图 7.14 为上述过程示意图。[92]在这种分解和重构过程中，Cu 还起到了催化作用。电场和隧道电子束在表面改性中也有重要应用。例如，当置于 STM 针尖产生的电场中时，Au 电极上的聚酰亚胺 LB 膜的导电性将被极大地提高。[93]

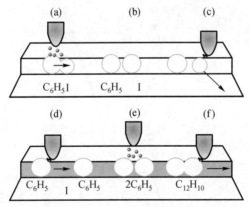

图 7.14　STM 针尖诱导联苯分子合成步骤示意图。(a)、(b)从碘代苯中电子诱导选择性提取碘。(c)通过侧向操纵将碘原子移动到平台位置。(d)通过侧向操纵将 2 个苯基结合到一起。(e)电子诱导化学结合苯基形成联苯。(f)利用 STM 针尖拉动合成分子前端，证实其结合。
[S. W. Hla, L. Bartels, G. Meyer, and K. H. Rieder, *Phys. Rev. Lett.* 85, 2777(2000).]

虽然 AFM 针尖与基体表面或表面上的物体的相互作用力不同于 STM 的情况，AFM 同样也用于纳米操纵和制造中。AFM 针尖可以在样品表面被精确地拖动，因此可以用来操纵表面原子或分子。根据针尖和吸附原子之间作用力性质的不同，可以分为三种基本操纵模式：推动、拉动和滑动。[94] AFM 的操纵能力已经由云母表面的金纳米粒子所证实。如图 7.15 所示，利用针尖和粒子之间的排斥力，AFM 针尖沿云母表面机械推动金纳米粒子。[94] 图 7.16 表明，利用这种推动模式可以准确可靠地定位出金纳米粒子的图像。[94] 这种机械推动是一种非常通用的

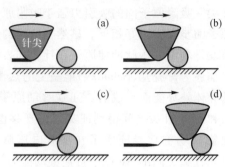

图 7.15　在操纵过程中针尖与纳米粒子之间的相对运动示意图。实线代表针尖顶端轨迹，而实线厚度代表针尖振动幅值。[C. Baur, A. Bugacov, B. E. Koel, A. Madhukar, N. Montoya, T. R. Ramachandran, A. A. G. Requicha, R. Resch, and P. Will, *Nanotechnology* 9,360(1998).]

方法，适用于各种环境条件以及弱耦合的粒子/基体系统。

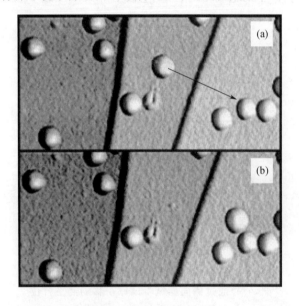

图 7.16　沿箭头方向 10 nm 高的台阶推动一个 30 nm 的 Au 粒子。(a)跨越台阶前；(b)跨越台阶后。图像尺寸都是 1 μm × 0.5 μm. [C. Baur, A. Bugacov, B. E. Koel, A. Madhukar, N. Montoya, T. R. Ramachandran, A. A. G. Requicha, R. Resch,and P. Will, *Nanotechnology* 9,360(1998).]

与其他纳米制造工艺相比较，利用 SPM 的操纵和制造提供了一种具有独特优势的有前景的选择。首先，SPM 针尖具有一个纳米尺寸的尖端，是最好的纳米操控工具，在三维空间中提供了非常精细的定位控制。SPM 操控将针尖带入到样品表面上几个原子直径范围内，也就是约 1 nm。这样就带来了操控单个原子的预期。第二，SPM 提供了进行原位操纵和表征的能力。利用 SPM 可以观测到每个构建步骤对应的结构。例如，如图 7.17 所示，利用 STM 纳米操纵完成的 Cu(111) 晶面上 Fe 原子构成的量子围栏，使用同一 STM 仪器对此进行原位监控。[95-97]原位表征包括材料或结构的各种物理、化学、生物性质的测量，SPM 就是利用这些性能而工作的。然而，SPM 的纳米操纵和制造也存在一些明显的限制。首先，扫描面积非常小，通常小于 250 μm × 250 μm，并且扫描速度很慢。利用 SPM 仪器每次仅能制造一个纳米结构。其次，用于纳米操纵和制造的 SPM 探针必须是高品质的，其尺寸及形状不会发生变化。针尖特征的任何不一致性和变化都可能引起最终纳米结构的巨大偏差。此外，用于纳米操纵和制造的 SPM 针尖容易受到损坏和污染。第三，基体表面必须非常平整、光滑和没有污染，否则针尖将被破坏并丧失精度。最后，总的来说，需要一种良好控制的制备环境。通常需要超真空和超低温条件。水气和粉尘是 SPM 纳米制造的极大危害。

图 7.17　在 Cu(111) 晶面上利用 STM 纳米操作完成的、由 Fe 原子构成的量子围栏，用同一 STM 仪器进行原位监测。[M. F. Crommie, C. P. Lutz, D. M. Eigler, E. J. Heller. *Surface Rev. Lett.* 2, 127(1995).]

7.3.5　纳米光刻

基于 SPM 的纳米光刻用于局域氧化和钝化[98]、局域化学气相沉积[99]、电沉积[100]、针尖机械接触表面[101]、电脉冲表面形变[102]等。存在样品表面直接阳极氧化[103-105]和电子光刻胶的曝光[106]。已经证实 10～20 nm 的最小尺寸[107]或者超真空下更小的 1 nm 的图像[108]。

利用 STM 探针发射出的低能电子可以制备纳米孔洞，条件是在针尖和基体之间存在足够多的气体分子且加载一个脉冲电压。例如，HOPG 基体上形成的深 7 nm、宽 6 nm 的孔洞，是在 25 bar 的氮气气氛中、在针尖上加载 -7 V 脉冲电压 130 ms 且针尖与基体间距为 0.6～1 nm 的条件下制备得到的。[109]一种可能的机制是电场诱导 STM 针尖附近的气体离子化，并向基体方向加速离子。离子轰击基体并产生纳米尺寸的孔洞。需要一定大小的电场以产生场发射电子。[110]从 STM 尖端发射出电子束的直径取决于加载的偏斜电压及针尖直径。当低偏压时（<12 V），发射电子束的直径几乎是不变的，但是光束直径变化显著。[111]

在 STM 针尖 - 样品的隧道结上加载偏置脉冲，通过场致蒸发可以制备纳米结构。例如，通过超高真空条件下（基准压强约 10^{-10} mbar）在 STM 金针尖上加载一系列偏置脉冲（<10 V，脉冲周期约为 30 μs），可以在整洁的 Si(111) 表面台阶上制备出金纳米点、纳米线和纳米围栏。[112]可以实现直径只有几纳米的纳米点。通过减小相邻纳米点之间的距离，有可能形成几个纳米宽、几百个纳米长的连续纳米线。在 Si(111) 晶面上，由几个纳米直径的金纳米点构成直径为 40 nm 的纳米围栏。

场致蒸发，或者场致退吸，是场离子显微镜（FIM）中的基本物理过程。[113]有关业已形成的 STM 结构理论简要总结如下。[114]考虑到 STM 针尖和样品之间的距离 d 相对较大，针尖原子相互作用势能曲线 U_{at} 和样品原子相互作用势能曲线 U_{as} 并没有明显重合，如图 7.18(a) 所示。针尖原子结合能 Λ_t 对于化学吸附原子来说太强，以致不能热激发到针尖 - 原子相互作用的势阱中。然而，当针尖与样品之间的距离 d 变短时，U_{at} 和 U_{as} 开始重叠，与针尖和样品相互作用原子的总势能曲线 $U_a = U_{at} + U_{as}$ 出现相对于针尖一侧的高度为 Q_0 的峰，而相对于样品一侧为 $Q_0' = Q_0 + (\Lambda_s - \Lambda_t)$（如图 7.18(b) 所示）。室温下从针尖转移到样品的原子迁移速率 $\kappa = \nu \exp(-Q_0'/kT)$ 变成 1 s^{-1}，如果 Q_0 降低到约 0.772 eV，ν 约为 10^{13} s^{-1}。样品一侧的原子也可以热激发到针尖表面，但速率 $\kappa' = \nu \exp(-Q_0'/kT)$ 较低。这说明在 Λ_t 小于 Λ_s 时可以利用 STM 控制原子从针尖沉积至表面，或 Λ_t 大于 Λ_s 时将原子从表面移至针尖。需要注意，上面的讨论是在没有电场的情况下的针尖 - 原子 - 样品之间的相互作用力。因此，这个理论同样适用于 AFM。

当电场作用于针尖和样品之间时，存在两种相关理论模型，即电荷交换模型[115]和图像 - 波峰模型[116]，它们是被广泛接受并可以直接应用于 STM 结构的

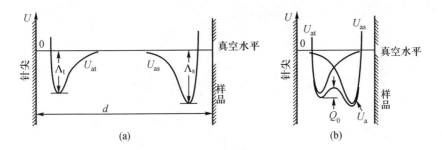

图 7.18 （a）当针尖与样品间距 d 较大时，原子－针尖、原子－样品之间的相互作用 U_{at} 和 U_{as} 不发生重叠。（b）当 d 较小时，两者开始发生重叠，U_a 为 U_{at} 和 U_{as} 之和，表现为具有较小激活能垒的双阱结构。原子既可以从针尖转移到样品，也可以从样品转移到针尖。[T. T. Tsong, *Phys. Rev.* B44, 13703(1991).]

理论。类似的前面段落中的讨论也在这里适用，除了存在外电场 E 之外，电场和带电物质之间的相互作用也需要考虑。[114] 当针尖－样品之间的距离缩短时，原子势能曲线和离子势能曲线都会发生改变。在不考虑电场作用时，原子和离子势能曲线是简单的 U_{as} 和 U_{ts} 之和或者 U_{is} 和 U_{it} 之和。当针尖上作用正电场时，则外加电势 $-neEz$ 叠加到离子势能上，而这些势能曲线就会变化为 $U_i = U_i(0) - neEz$。其中，n 是离子的电荷态，z 是与针尖的距离。其结果使针尖原子激发到样品的能垒大大减小，这就是场致蒸发正离子的情况。另一方面，原子从样品表面激发到针尖表面时能垒将大大增加。以此方式，原子在针尖和样品表面之间的迁移仅出现在从正极到负极的情况，如场致蒸发正离子，而不存在其他方式。应当注意场致蒸发负离子是一个更为复杂的问题，因为场电子发射仅在电场为 0.3 V/Å 时发生。当电场增加至 0.6 V/Å 时，场发射电流密度将会变得很大并通过电阻加热方式足以融化任何针尖金属。[114]

场梯度诱导表面扩散。图 7.19 解释了场梯度诱导表面扩散机制。[83,84,114,117,118] 在没有脉冲电压的情况下，由探针产生的样品表面处电场太小，以致不能产生作用。假定样品具有如单晶体一样的周期结构，则吸附原子看起来水平的势能实际为周期表面势能，将不会有净扩散产生。然而，当脉冲电压加载到针尖或样品上时，由于针尖－样品结构的不对称性，将会在针尖周围的样品表面处产生一个大梯度电场，结果形成与位置相关的极化能并由 $E_p(r) = -\mu E - \frac{1}{2}\alpha E^2$ 给出。当这个能量叠加到周期表面势时，势能曲线向最大场强的中心偏移。因此，表面扩散变为定向，而吸附原子总是从外部区域向针尖正下方的位置移动。尽管表面扩散是热激活过程，激活能较低并因场梯度而降低。此外，当加载脉冲电压时，随着场发射电流的加入，隧道电流也大大增加，并将轻微加热

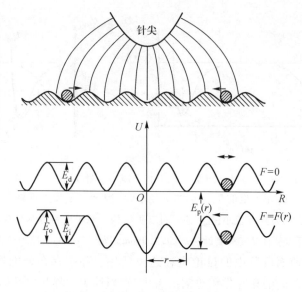

图 7. 19　图示说明在针尖或样品上外加电压时，吸附原子为什么能够从针尖处迁移。无论脉冲电压极性如何，吸附原子总是朝向电场最强中心处迁移。[T. T. Tsong,*Phys. Rev.* B44,13703(1991).]

样品表面，因此促进了表面扩散。应当注意，场梯度诱导表面扩散可在任何脉冲电压极性下发生。

　　场梯度诱导表面扩散不仅可以使针尖变锐，创造一个尖锥形状，还可以用来吸附样品表面原子至探针的正下方，正如 Whitman 等所证实。[85] 他们通过在针尖上加载脉冲电压，操纵吸附原子和分子朝针尖方向扩散。在针尖施加脉冲电压时，无论是高的正电场还是负电场，由场电子发射引发的针尖隧道电流突然增大，并在针尖处产生焦耳热脉冲流。如果温度接近熔点，通过场梯度诱导表面扩散或者原子流体的作用形成尖状液态金属圆锥体，如图 7. 20 所示。[114] STM 也用于将分子和原子作用或沉积到表面[119,120]，并通过加载脉冲电压从表面上移动分子[121,122]。

　　基于 AFM 的纳米光刻。直接接触、书写或刮擦是 AFM 针尖的机械动作，用做锐利尖角工具在样品表面产生精细沟槽。[123-127] 虽然直接刮擦能够产生高精度沟槽，但是经常由于针尖在过程中的磨损而得到低质量结果。有一种可选用的方法，即将刮擦和蚀刻工艺结合到一起，在软光刻胶聚合物层如 PMMA 或者聚碳酸酯上刮擦后作为蚀刻工艺的掩模，通过后续蚀刻工艺将图案转移到样品表面上。这种刻蚀方法能减少针尖损坏，但不利于结构下方的精确排列。为了进一步改进而研究出了双层掩模。例如，由一层 50 ~ 100 nm 厚的薄聚碳酸

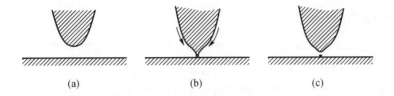

(a)   (b)   (c)

图 7.20　图示说明通过外加正或负脉冲电压到样品或针尖上，如何使金属原子沉积于样品表面。当外加高脉冲电压时，根据脉冲极性从针尖或样品处激发出场电子。这种电流将加热甚至熔化针尖。由于针尖表面处存在的场梯度，原子将通过定向表面扩散或流体动力流动而从针尖胫部向顶部迁移，最终形成液态状锥体并接触样品。当脉冲结束后，液态状金属锥体冷却下来，由于表面张力而颈部断裂并在样品表面上遗留下针尖原子。[T. T. Tsong, *Phys. Rev.* B44,13703(1991).]

酯层和易于变形和熔化的金属层如铟(In)或锡(Sn)构成的掩模，可以用来制作 50 nm 宽的结构。[127]图 7.21 为样品的典型设计和 AFM 光刻工艺步骤。[126]

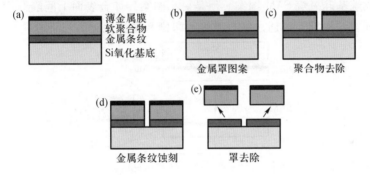

图 7.21　样品和工艺步骤规划：(a)样品多层结构；(b)利用 AFM 光刻得到的薄掩模图案；(c)等离子体氧中去除聚合物；(d)钛条纹蚀刻；(e)去除消耗层后得到的最终电极。[A. Notargiacomo, V. Foglietti, E. Cianci, G. Capellini, M. Adami, P. Faraci, F. Evangelisti, and C. Nicolini, *Nanotechnology* 10,458(1999).]

7.4　软光刻

　　软光刻是用于微制造的一套非照相平版印刷技术的总称，是基于 SAM 印刷和液态前驱体模塑的一种技术。软光刻技术包括接触印刷、毛细管微模塑、转移微模塑和复制模塑。软光刻技术已经成为微、纳米制造中微影和复制技术的可替代技术。软光刻技术由 Whiteside 的团队发展形成，在几篇优秀的综述文章中做了总结。[128-130]在本节中对这种方法仅作简要介绍。

7.4.1　微接触印刷

微接触印刷是利用具有表面浮雕的弹性体图章，在平面和弯曲基体表面上产生标记图案 SAM 的一种技术。[131,132]微接触印刷过程在实验上简单并保持自然一致。弹性图章通过在主模中的铸造和聚合化 PDMS 单体而制得，而主模可通过微影或其他技术来制备。标记特定图案的印章与"墨水"接触，而"墨水"是能够在印章表面形成 SAM 的一种溶液。涂有墨水印章与基体接触并将 SAM 转移至基体表面形成图案结构。微接触印刷区别于其他图案结构技术的一个非常明显优势是能够在弯曲表面上制造图案结构。[133,134]微接触印刷的成功依赖于：①印章和基体表面的等角接触；②快速形成自组装高度有序单层结构[135]；③SAM 的"自憎"效应，能够有效阻止"墨水"贯穿表面的反应蔓延[136]。

微接触印刷已经用于大量体系中包括金、银、铜上的烷基硫醇 SAM 和 HO-终端表面的烷基硅氧烷 SAM。[128]微接触印刷能够以约 500 nm 的面尺度在金和银表面形成烷基硅氧烷 SAM 图案。但是更小图案，如金表面上间隔约 350 nm 的约 35 nm 宽的沟槽，可通过结合微接触印刷和湿法蚀刻方法而获得。[137]图 7.22

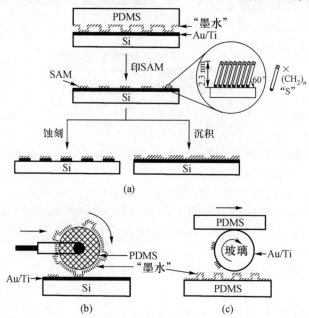

图 7.22　典型微接触印刷基本步骤示意图：(a)在平面基体上利用平面 PDMS 印章印刷；(b)在平面基体上利用滚动印章印刷；(c)在弯曲基体上用平面印章印刷。[D. Qin, Y. N. Xia, J. A. Rogers, R. J. Jackman, X. M. Zhao, and G. M. Whitesides, *Top. Curr. Chem.* 194,1(1998).]

为典型微接触印刷的基本步骤示意图：（a）在平面基体上利用平面 PDMS 印章印刷；（b）在平面基体上利用滚动印章印刷；（c）在弯曲基体上用平面印章印刷。[7]

7.4.2 模塑

许多模塑技术用于制造微结构，但也能够用于制造纳米结构。这些技术包括毛细管微模塑[138]、微转移模塑[139]和复制模塑[140]。每种工艺的核心是具有表面浮雕的弹性模（PDMS）印章。在毛细管微模塑中，液态前驱体依靠毛细管作用自发流动到通道网络中，其中的管道网络是由弹性模印章与基体等角接触而形成。在微转移模塑中，弹性塑模的凹进区域被液态前驱体所填充，而填充塑模与基体进一步接触。固化后去除塑模，在基体上保留微结构或纳米结构。毛细管微模塑只能用于制造互相连接的结构，而微转移模塑既能制造孤立结构，也能制造互相连接结构。在复制模塑中，微结构或者纳米结构是通过在弹性塑模中直接浇铸和凝固液态前驱体形成的。这种方法在复制从约 30 nm 到几厘米范围的特征结构尺寸时有效，图 7.23 表现这种制备结构的 AFM 图像。[141]复制模塑也能够为制造高横径比结构提供一条便捷途径。模塑已用于制造各类材料的微结构及纳米结构，包括聚合物[142]、无机和有机盐、溶胶－凝胶[143]、聚合物珠

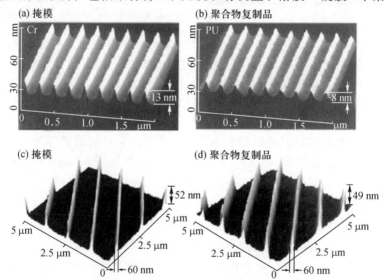

图 7.23 （a）、（b）掩模上铬纳米结构的 AFM 图像，利用这个掩模并经过 PDMS 模塑获得的聚亚安酯复制品。（c）、（d）在另外一个掩模上金纳米结构的 AFM 图像，利用这个掩模并经过不同 PDMS 模塑获得的聚亚安酯复制品。[Y. N. Xia, J. J. McClelland, R. Gupta, D. Qin, X. M. Zhao, L. L. Sohn, R. J. Celotta, and G. M. Whitesides, *Adv. Mater.* 9, 147 (1997).]

状物以及陶瓷和碳的前驱体聚合物[144]。

7.4.3 纳米压印

纳米压印光刻是在 20 世纪 90 年代中期发展起来的，是制造图案纳米结构的简洁概念方法。[145]纳米压印光刻在制造纳米尺寸结构方面已经证实了所具有的高精度和高产量。[146,147]图 7.24 说明典型纳米压印光刻的基本步骤。[148]首先制造带有所期望特征的印章，例如，通过光学或电子束光刻，以及后续干燥蚀刻或反应离子蚀刻方法。被印制材料通常是热弹性聚合物，被纺织到基体上形成纳米结构。第二步是在玻璃转变点以上温度的条件下，在聚合物层上压印图章，保持一定时间使塑胶变形。第三步是聚合物冷却后分离印章。印有图案的聚合物保留在基体上等待后续处理，如干燥蚀刻或剥离，或直接用于器件元件。尽管这些工艺技术上简单，但有一些关键问题值得特别注意，从而使其成为具有竞争力的纳米制造技术，简要总结如下。[148]

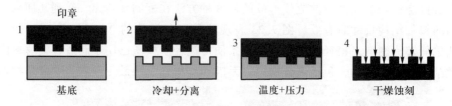

图 7.24　典型纳米压印光刻的基本步骤。将带有所期望特征的印章在玻璃转变点以上温度的条件下压印在聚合物层上，保持一定时间使塑胶变形。聚合物冷却后分离印章，印有图案的聚合物保留在基体上等待后续处理，如干燥蚀刻或剥离，或直接用于器件元件。〔S. Zankovych, T. Hoffmann, J. Seekamp, J. U. Bruch, and C. M. Sotomayor Torres, *Nanotechnology* 12, 91(2001).〕

纳米压印光刻的首要挑战是多级能力，或者说是多层精确排列的能力。各种方法用于实现精确排列，包括商业化分节器和校准器。[149-151]印章尺寸应当得到控制，因为大印章可能带来潜在缺陷，例如基体和印章的平行性、印刷中的热梯度。[152]置换聚合物的流动能够设置压印图章所能实现的特征物密度极限。已经证实在 $200 \times 200 \ \mu m^2$ 面积内压印出 50 nm 间隔空间的 50 nm 特征物。[148]黏性是纳米压印光刻技术的另一挑战。理想情况应该是待压印聚合物层和印章之间不存在黏附。印刷温度的选择、聚合物的粘度 – 弹性和界面能是其中的关键因素。[153]

工艺控制包括印刷温度、压力和固化时间。一般来说，考虑到温度和压力循环所需的时间，温度和压力应该尽可能低。压力本身并不是最重要，因为其作用时间只有 1 min 左右；更重要的是压力提高的速率，同时需要考虑聚合物的机械恢复。各种纳米器件都被纳米压印光刻所证实。例如，InP/GaInAs 二维电子气三端弹道结器件就是利用 NIL 技术所制造的。[154]利用电子束光刻法和反应离子蚀刻法制造的 SiO_2/Si 印章可以用于转移 100 nm 以下尺寸的特征物至高流动性 InP 基二维电子气材料中。在 NIL 操作之后，光刻胶残渣由氧等离子体去除，随后湿法蚀刻 InP/GaInAs 来产生所期望的三端结器件。图 7.25 给出了利用纳米压印光刻制造纳米结构的例子。[154]

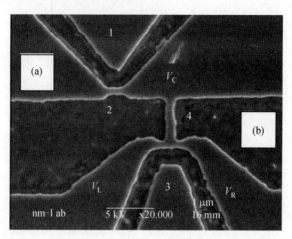

图 7.25　利用纳米压印光刻技术制造的(a)InP/GaInAs 器件结构电子波导和(b)三端弹道结的 SEM 图片。电极 1 是用于控制电子波导 2 的侧阀门，阀门 3 控制 TBJ 4 器件。TBJ 电极上的电压标定为 V_L、V_R 和 V_C。[I. Maximov, P. Carlberg, D. Wallin, I. Shorubalko, W. Seifert, H. Q. Xu, L. Montelius, and L. Samuelson, *Nanotechnology* 13, 666(2002).]

7.4.4　蘸笔纳米光刻

蘸笔纳米光刻(DNP)是基于 AFM 和外界工作条件下的一种直接刻写方法。[155,156]图 7.26 图示蘸笔纳米光刻的基本概念[155]。当探针扫描通过基体时，利用充水毛细管的化学吸附力作为驱动力将分子从针尖移动到基体。已经证实利用这种方法可以容易地制造各种多组元纳米结构。[157]图 7.27 展示了利用蘸笔纳米光刻技术的一个例子：在 Au(111)晶面基体上，利用间隔约 5 nm 的 15个纳米级质点构成一个 "N"

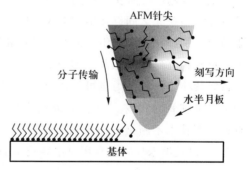

图 7.26　蘸笔纳米光刻概念示意图。当探针扫描基体面时，利用充水毛细管的化学吸附力作为驱动力将分子从针尖移动到基体。[R. D. Piner, J. Zhu, F. Xu, S. Hong, and C. A. Mirkin, *Science* 283, 661(1999).]

字形。[157]

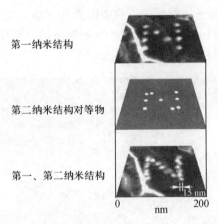

第一纳米结构

第二纳米结构对等物

第一、第二纳米结构

图 7.27 蘸笔纳米光刻实例 SEM 图片：Au
(111)基体上，由间隔约 5 nm 的 15 个纳米
级质点构成的"N"字形。[C. A. Mirkin,
Inorg. Chem. 39,2258(2000).]

7.5 纳米粒子及纳米线的组装

自组装作为一种利用分子为构建单元的薄膜沉积技术，已经在第 5 章中讨论过。然而，这种简单技术也提供了制造纳米尺寸器件的多种途径。自组装工艺的关键思想是最终结构或组装体接近于或达到热力学平衡状态，这样就具备了自发形成趋势并且排除缺陷。自组装通常形成比非自组装更为有序的结构。基体和结构单元之间以及结构单元之间的多种相互作用力是形成自组装结构的驱动力。例如，分子自组装涉及非共价相互作用力，包括范德瓦耳斯力、静电力、疏水相互作用力以及氢键和配位键。在以纳米结构为单元组装的介观、宏观自组装体中，其他力也可发挥重要作用。[158,159]其中包括重力、电磁场力、剪切力、毛细管力和熵。[160]虽然功能纳米器件仍然是一个深入研究的方向，但也有许多新技术不断被发明出来，在后面的讨论中将展现关于纳米团簇和纳米晶[161-163]以及纳米棒[164]最常用自组装技术的概况。

7.5.1 毛细管力

在合成自组装纳米粒子二维有序阵列中，常用的方法之一是利用侧向毛细管力。侧向毛细管力起源于不存在颗粒的液态平表面变形。两个胶态颗粒之间的毛细管力与颗粒产生的界面变形量成正比。对于浮动于液 – 气界面或者部分浸入于基体上液体薄膜中的两个毗邻颗粒之间的毛细管力进行了分析。[165]图7.28 展示了利用毛细管力的两种典型自组装胶态颗粒途径。[165]在第一种方法中,固体颗粒通过扩散剂蔓延至气-液界面后,部分浸入到液体中。液体表面的自组装阵列被转移到固态基体上。利用这种方法形成的二维阵列的质量,可以通过控制颗粒尺寸、颗粒数目、颗粒的表面性质和电荷密度以及底部液体性质而实现精细调控。[166-168]在第二种方法中,颗粒部分浸入到液体中并与基体直接接触。液态表面的变形与颗粒的润湿性能相关。液体或胶态分散体在基体上完全润湿以及胶粒和基体之间的静电排斥,是获得单分子层的关键因素。在胶态分散体中添加表面活性剂或在基体上简单地预涂覆一层薄活性剂层可以提高润湿度。[169]采用上述两种方法,球状胶粒在固态基体或液体薄膜上可以组成六角密堆二维阵列。[170-173]值得注意,侧向毛细管吸引力也可以直接用于形成三维结构。[174]

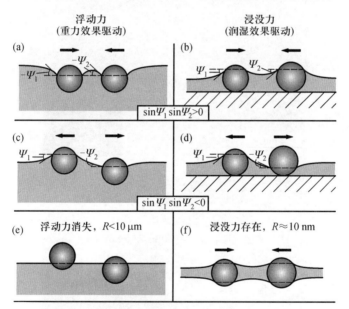

图 7.28　利用毛细管力完成胶态颗粒自组装的两种典型途径示意图。(a)、(b)、(e)黏附于流体界面的 2 个颗粒之间的浮动和(b)、(d)、(f)浸没侧向毛细管力:(a)和(b)为 2 个相似颗粒;(c)1 个颗粒较轻而另一个颗粒较重;(d)1 个颗粒亲水而另一个颗粒疏水;(e)不使界面变形的小浮动颗粒;(f)捕获在液态薄膜中的小颗粒,由于润湿效应而使界面变形。[P. A. Kralchevsky, K. D. Danov, and N. D. Denkov, in *Handbook of Surface and Colloid Chemistry*, ed. K. S. Birdi, CRC Press, Boca Raton, FL, p. 333, 1997.]

　　当两个颗粒尺寸相等且不相互接触时,毛细管力作为漂浮力可以简单表示如下[165]:

$$F \propto (R^6/\sigma)K_1(L) \qquad\qquad (7.8)$$

对于浸湿力：

$$F \propto \sigma R^2 K_1(L) \qquad\qquad (7.9)$$

σ 是空气和液体之间的界面张力，R 是粒子半径，$K_1(L)$ 是修正一级贝塞尔函数，L 是粒子间距。这两个力表现出对于粒子间距的相似依赖关系，但对于粒子尺寸和界面张力的依赖关系明显不同。当浸湿力增加时漂浮力减小，同时界面张力提高。此外，当半径减小时，漂浮力比浸湿力减小得更快。图 7.29 所示为利用毛细管力自组装的纳米球体三维结构的 SEM 图像。[174]

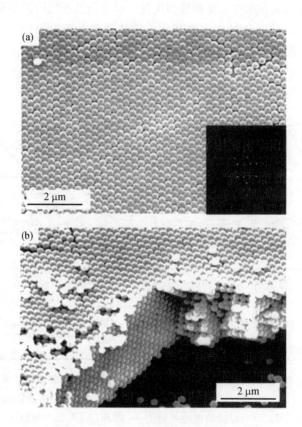

图 7.29 (a)由直径为 298.6 nm 球体构成样品的典型扫描电子显微镜(SEM)图片(俯视)。插图为 40 × 40 μm² 区域的傅里叶转换。(b)同一样品在同样放大倍数(×12 000)下的典型 SEM 图片(侧视)，透视表现出断裂面和底部基体。[P. Jiang, J. F. Bertone, K. S. Hwang, and V. L. Colvin, *Chem. Mater.* 11,2132(1999).]

7.5.2　弥散相互作用

Ohara 及其同事在对金属纳米颗粒独特例子的报告中指出，依赖于颗粒尺寸的颗粒间弥散吸引力足够大，能够驱动纳米颗粒按尺寸分离和自组装。[175]根据 Hamaker 理论，两个有限体积球体之间的色散相互作用力是球体间距的函数。[176]当颗粒间距 D 较大时，吸引势 V 正比于 D^{-6}；而当颗粒间距较小时，V 与 D 成反比。因此对于自组装来说，V 必须与 kT 相当。如果 $V \ll kT$ 时，自组装就没有驱动力。另一方面，如果 $V \gg kT$ 时，颗粒将会聚集。对于形成长程有序阵列，颗粒间吸引力必须足够大，才能驱动纳米颗粒自组装形成有序结构，同时也要足够弱到可以进行退火。[177]窄的尺寸分布是形成长程有序的另外一个重要要求。[178]然而，其他一些因素如表面化学、盖帽材料和纳米粒子本性，都起到重要作用。[179]例如，半导体具有比金属纳米颗粒弱很多的颗粒间弥散吸引力，因此需要非常窄的尺寸分布以形成有序阵列。

利用纳米粒子作为构筑单元的纳米超晶格通过胶态悬浮体而合成出来，并由 Collier 等做了总结。[179]具有体心立方（BCC）、面心立方（FCC）和密排六方（HCP）的二维和三维超晶格都容易合成。[180]当包含铁的氧化物质颗粒的胶态溶液滴定到 TEM 的网格上允许溶剂蒸发时，自发形成该粒子的三维有序阵列。[181,182]研究表明，纳米粒子的堆积排列依赖于颗粒的形状和刻面形貌以及各种刻面周围的有机盖帽分子。

7.5.3　剪切力辅助组装

Huang 等[162]利用纳米线作为构筑单元直接组装一维纳米结构，并利用表面图案技术结合流控排列形成了功能网络。GaP、InP 和 Si 纳米线都悬浮在乙醇溶液中。随后，纳米线悬浮体线通过由聚二甲基硅氧烷（PDMS）和平面基体构成的流控通道结构。分别利用单一和连续交叉流动，容易制备出相应的平行和交错的纳米线阵列。所有的纳米线在几百微米的尺度内都沿着流动方向排列。排列程度也可以通过流速来控制。这种自组装可以通过剪切流动来解释。[183,184]特别是邻近基体表面的通道流动类似于剪切流，在纳米线固定于基体之前使其沿流动方向排列。高流速产生大剪切力，因此可形成更好的排列。延长沉积时间将会减小自装纳米线阵列之间的间隔。此外，沉积速率以及平均间隔与时间的关系强烈依赖于表面化学功能性。

7.5.4　电场辅助组装

电场也能用来辅助组装棒状金属纳米粒子、碳纳米管和金属纳米线。[185-187]已经证实在 $10^4 \sim 14 \times 10^4$ V/cm 范围内的非均匀交变电场，在光刻金属缝隙之间，能够精确排列悬浮于胶体中(异丙醇作为溶剂)的直径为 70 ~ 350 nm 的金属纳米线。[187]电极之间纳米线的排列源于引导纳米线朝向高电场区域的力。由于交变电场引起的纳米线表面电荷分离，容易引起金属纳米线的极化。由于金属纳米线比电介质更容易极化，它们将受到介电泳力的作用并在电场强度增大方向上产生净运动。[188]随着纳米线不断接近电极，电极和纳米线间断之间的电场强度也不断增加，强电场除了使金属纳米线排列之外还使其与电极相连接。利用电泳沉积法可以形成由 14 nm 纳米颗粒构成的有序六角单层。[189,190]

7.5.5 共价键连接组装

对于纳米颗粒和纳米线的复杂组合体的合理结构，其另外一种合成方法是使用传统有机合成来共价结合纳米结构。配位体功能的正确选择是使化学反应以一种非常特殊的方式引导组装。颗粒或棒的共价组装形成不可逆且有更稳定的交联结构，然而较难实现长程有序结构。具有代表性的例子是，这种共价连接组装用于构筑那些要求短程有序的器件，如单电子隧道结、纳米电极或表面增强拉曼光谱(SERS)基体。例如，包覆二巯基化合物的金纳米颗粒可以组装成三维网络结构。[191]将金属纳米颗粒固定在功能化的烷氧基硅烷聚合物上，是将纳米颗粒黏附于固态基体上的一种便捷方法。[192,193]基体表面也能够通过特殊基团或配位体而被衍生和限定，因而促进基体选择性组装。[194,195]此外，当基体表面存在图案时，可以形成空间图案自组装体。[196,197]

7.5.6 重力场辅助组装

在重力场中的沉降是纳米颗粒自组装的另外一种方法[198]，用于胶质晶体的生长[199]。为了生长高度有序的胶质晶体，需要仔细选择一系列参数，包括颗粒尺寸和密度以及沉降速率。沉降过程必须足够慢，以使容器底部浓缩胶粒发生硬球无序 - 有序相变并形成三维有序结构。[200,201]沉降法的主要缺点是难以控制上表面的形貌和层数。沉降过程也需要花费较长时间来完成。

7.5.7 模板 - 辅助组装

模板 - 辅助组装就是在自组装过程中引入表面或空间限域。已经探索了各种方法，例如，小液滴产生的表面限域用于组装胶粒或微制造单元进入到球体中。[202,203]固态基体上的缓和图案阵列用于生长胶质晶体。[204,205]组成图案的单层结构用于引导在固态基体指定区域上胶粒的沉积。[206]射流气泡也用于胶质晶体的自组装。[207,208]

其他类型的力在自组装工艺中也有重要作用。例如，超声用于球状颗粒自组装成密堆结构。类似于电场力，磁场力将成为引导磁性纳米结构自组装的另一种力。图 7.30 为模板辅助组装法制备的各种结构 SEM 图像。[209]

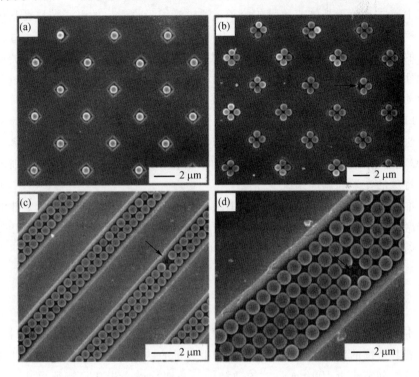

图 7.30 Si(100)基体表面上模板限制组装形成的胶质聚集体二维阵列 SEM
图片。(a)底宽 1.2 μm 的锥形腔体内的 800 nm PS 小球体；(b)底宽 2.2 μm
的锥形腔体内的 1.0 μm 氧化硅胶粒；(c)底宽 2.5 μm 的 V 型凹槽内的
0.8 μm PS 小球体；(d)顶宽 10 μm 的 V 型凹槽内的 1.6 μm PS 小球体。值得
注意，V 型凹槽作为模板也可用于控制胶质晶体的取向。在(c)和(d)中，面
心立方结构具有(100)取向，而不是球形胶粒晶化成三维点阵时最容易观察到
的(111)取向。箭头表示缺陷，在此位置也能够看到第一层结构下方的球体胶
粒。〔Y. Yin, Y. Lu, B. Gates, and Y. Xia, *J. Am. Chem. Soc.* 123, 8718(2001).〕

7.6 其他微制造方法

在这一节中，将简要总结制造微米尺寸图案的一些重要方法。

直接激光刻写是一种结合激光辅助沉积和高精度转化台阶方法，在许多材
料上制造图案微结构的一种技术。[210-213]例如，激光辅助沉积可以用于产生化学
镀中种籽材料的微观图案。[214]激光辅助聚合法可以制造具有图案的聚合物微结
构。[215]基于激光辅助工艺的立体光刻可以用于制造三维微结构。[216,217]

利用气相反应剂的两种基本沉积技术是高温热解(或热化学)沉积和光分

解(或光化学)沉积。在前者中,加热基体并在表面分解气体。[218,219]而后者中,气态中或弱连接于基体或薄膜的分子,通过光子吸收产生的电子转移在基体上直接解离。[220-222]这两种方法中的激光化学作用差异非常大,形成了刻写过程中不同的优缺点。例如,高温热解沉积对基体更为敏感,但能沉积出更好的微结构和性质。光解沉积对基体不敏感并允许基体选择性反应,因为非平衡过程足以驱动化学过程。

LIGA(光刻、电铸和模塑)是结合 X 射线(或同步加速器)光刻、电镀和模塑方法并用于制造高横径比和相对大尺寸微结构的一种技术。[223,224]虽然用于 UV 曝光的标准设备可以在这里适用,但是对厚度超过 200 μm 的结构则需要一些特殊的光学和调准系统。

准分子激光微加工是基于激光消融的一种技术。[225,226]所有材料类型都能够被消融,包括聚合物、玻璃、陶瓷和金属。这种方法能够达到的最小尺寸受限于衍射以及传热和传质过程。

7.7 总结

本章中讨论了制造微、纳米结构的各种技术。虽然光刻技术不是新技术,但随着其持续的发展,它们应当能够产生大量的纳米结构。目前利用这些方法可以轻松制造小于 100 nm 尺寸的微结构,并期待进一步减小特征尺寸。这些"自上而下"法的局限性在于制得纳米结构的表面损伤。这种表面损伤将会严重影响物理性质,从而影响最终获得纳米结构和纳米器件的性能。

基于 SPM 的纳米操纵和纳米光刻技术相对较新,并具有以原子和分子作为构筑单元进行结构制造的能力;然而,这一过程相当缓慢并且不能宏量生产。至今所做的大部分工作仍然停留在验证概念的阶段。软光刻是另一种相对较新的技术,将能够发现其在纳米结构及纳米器件制造中的作用。毫无疑问,在利用分子、纳米颗粒和纳米线作为基本构建单元制造宏观结构的过程中,自组装技术将会发挥至关重要的作用。未来仍然还有许多东西需要研究。

■ 参考文献

1. L. F. Thompson, in *Introduction to Microlithography*, eds. L. F. Thompson, C. G. Willson, and M. J. Bowden, The American Chemical Society, Washington, DC, p. 1, 1983.

2. W. M. Moreau, *Semiconductor Lithography: Principles and Materials*, Plenum, New York, 1988.

3. K. Suzuki, S. Matsui, and Y. Ochiai, *Sub-Half-Micron Lithography for ULSIs*, Cambridge University Press, Cambridge, 2000.

4. M. Gentili, C. Giovannella, and S. Selci, *Nanolithography: A Borderland Between STM, EB,*

IB, *and X-Ray Lithographies*, Kluwer, Dordrecht, The Netherlands, 1993.

5. D. Brambley, B. Martin, and P. D. Prewett, *Adv. Mater. Optics Electron.* 4, 55(1994).

6. M. V. Klein, *Optics*, Wiley, New York, 1970.

7. D. Qin, Y. N. Xia, J. A. Rogers, R. J. Jackman, X. M. Zhao, and G. M. Whitesides, *Top. Curr. Chem.* 194, 1(1998).

8. S. Okazaki, *J. Vac. Sci. Technol.* B9, 2829(1991).

9. C. G. Willson, in *Introduction to Microlithography*, eds. L. F. Thompson, C. G. Willson, and M. J. Bowden, The American Chemical Society, Washington, DC, p. 87, 1983.

10. C. C. Davis, W. A. Atia, A. Gungor, D. L. Mazzoni, S. Pilevar, and I. I. Smolyaninov, *Laser Phys.* 7, 243(1997).

11. M. K. Herndon, R. T. Collins, R. E. Hollinsworth, P. R. Larson, and M. B. Johnson, *Appl. Phys. Lett.* 74, 141(1999).

12. T. Ito and S. Okazaki, *Nature* 406, 1027(2000).

13. J. E. Bjorkholm, J. Bokor, L. Lichner, R. R. Freeman, J. Gregus, T. E. Jewell, W. M. Mansfield, A. A. MacDowell, E. L. Raab, W. T. Silfvast, L. H. Szeto, D. M. Tennant, W. K. Waskiewicz, D. L. White, D. L. Windt, O. R. Wood II, and J. H. Bruning, *J. Vac. Sci. Technol.* B8, 1509(1990).

14. A. Kumar, N. A. Abbot, E. Kim, H. A. Biebuyck, and G. M. Whitesides, *Acc. Chem. Res.* 28, 219(1995).

15. A. Ulman, *An Introduction to Ultrathin Organic Films: From Langmuir-Blodgett to Self-Assembly*, Academic Press, San Diego, CA, 1991.

16. J. Huang, D. A. Dahlgren, and J. C. Hemminger, *Langmuir* 10, 626(1994).

17. K. C. Chan, T. Kim, J. K. Schoer, and R. M. Crooks, *J. Am. Chem. Soc.* 117, 5875(1995).

18. M. D. Levenson, N. S. Viswanathan, and R. A. Simpson, *IEEE Trans. Electron Devices* ED-29, 1828(1982).

19. T. Tananka, S. Uchino, N. Hasegawa, T. Yamanaka, T. Terasawa, and S. Okazaki, *Jpn. J. Appl. Phys. Part* 1, 30, 1131(1991)

20. J. A. Rogers, K. E. Paul, R. J. Jackman, and G. W. Whitesides, *J. Vac. Sci. Technol.* B16, 59(1998).

21. J. Aizenberg, J. A. Rogers, K. E. Paul, and G. M. Whitesides, *Appl. Opt.* 37, 2145(1998).

22. J. Aizenberg, J. A. Rogers, K. E. Paul, and G. M. Whitesides, *Appl. Phys. Lett.* 71, 3773 (1997).

23. J. A. Rogers, K. E. Paul, R. J. Jackman, and G. M. Whitesides, *Appl. Phys. Lett.* 70, 2658 (1997).

24. J. L. Wilbur, E. Kim, Y. Xia, and G. M. Whitesides, *Adv. Mater.* 7, 649(1995).

25. J. A. Rogers, K. E. Paul, R. J. Jackman, and G. M. Whitesides, *J. Vac. Sci. Technol.* B16, 59(1998).

26. G. R. Brewer, *Electron-Beam Technology in Microelectronic Fabrication*, Academic Press, New

York, 1980.

27. W. Chen and H. Ahmed, *Appl. Phys. Lett.* 62, 1499(1993).

28. H. G. Craighead, R. E. Howard, L. D. Jackel, and P. M. Mankievich, *Appl. Phys. Lett.* 42, 38(1983).

29. S. Y. Chou, *Proc. IEEE* 85, 652(1997).

30. T. H. P. Chang and W. C. Nixon, *J. Sci. Instrum.* 44, 230(1967).

31. C. Vieu, F. Carcenac, A. Pepin, Y. Chen, M. Mejias, A. Lebib, L. Manin-Ferlazzo, L. Couraud, and H. Lunois, *Appl. Surf. Sci.* 164, 111(2000).

32. S. Yesin, D. G. Hasko, and H. Ahmed, *Appl. Phys. Lett.* 78, 2760(2001).

33. L. F. Thompson and M. J. Bowden, in *Introduction to Microlithography*, eds. L. F. Thompson, C. G. Willson, and M. J. Bowden, The American Chemical Society, Washington, DC, p. 15, 1983.

34. D. L. Spears and H. I. Smith, *Solid State Technol.* 15, 21(1972).

35. G. Simon, A. M. Haghiri-Gosnet, J. Bourneix, D. Decanini, Y. Chen, F. Rousseaux, H. Launios, and B. Vidal, *J. Vac. Sci. Technol.* B15, 2489(1997).

36. T. Kitayama, K. Itoga, Y. Watanabe, and S. Uzawa, *J. Vac. Sci. Technol.* B18, 2950(2000).

37. V. E. Krohn and G. R. Ringo, *Appl. Phys. Lett.* 27, 479(1975).

38. P. D. Prewett and G. L. R. Mair(eds). *Focused Ion Beams from Liquid Metal Ion Sources*, Wiley, New York, 1991.

39. T. M. Hall, A. Wagner, and L. F. Thompson, *J. Vac. Sci. Technol.* 16, 1889(1979).

40. R. L. Seliger, R. L. Kubena, R. D. Olney, J. W. Ward, and V. Wang, *J. Vac. Sci. Technol.* 16, 1610(1979).

41. L. W. Swanson, G. A. Schwind, and A. E. Bell, *J. Appl. Phys.* 51, 3453(1980).

42. E. Miyauchi, H. Arimoto, H. Hashimoto, T. Furuya, and T. Utsumi, *Jpn. J. Appl. Phys.* 22, L287(1983).

43. S. Matsui, Y. Kojima, Y. Ochiai, and T. Honda, *J. Vac. Sci. Technol.* B9, 2622(1991).

44. S. Matsui and Y. Ochiai, *Nanotechnology* 7, 247(1996).

45. A. Wargner, J. P. Levin, J. L. Mauer, P. G. Blauner, S. J. Kirch, and P. Longo, *J. Vac. Sci. Technol.* B8, 1557(1990).

46. S. Khizroev, J. A. Bain, and D. Litvinov, *Nanotechnology* 13, 619(2002).

47. T. Hoshino, K. Watanabe, R. Kometani, T. Morita, K. Kanda, Y. Haruyama, T. Kaito, J. Fujita, M. Ishida, Y. Ochiai, and S. Matsui, *J. Vac. Sci. Technol.* B21, 2732(2003).

48. S. Matsui, T. Kaito, J. -I. Fujita, M. Komuro, K. Kanda, and Y. Haruyama, *J. Vac. Sci. Technol.* B18, 3181(2000).

49. G. Timp, R. E. Behringer, D. M. Tennant, J. E. Cunningham, M. Prentiss, and K. K. Berggren, *Phys. Rev. Lett.* 69, 1636(1992).

50. J. J. McClelland, R. E. Scholten, E. C. Palm, and R. J. Celotta, *Science* 262, 877(1993).

51. R. W. MaGowan, D. M. Giltner, and S. A. Lee, *Opt. Lett.* 20, 2535(1995).

52. U. Drodofsky, J. Stuhler, B. Brezger, Th. Schulze, M. Drewsen, T. Pfau, and J. Mlynek, *Microelectron. Eng.* 35, 285(1997).

53. K. K. Berggren, A. Bard, J. L. Wilbur, J. D. Gillaspy, A. G. Helg, J. J. McClelland, S. L. Rolston, W. D. Phillips, M. Prentiss, and G. M. Whitesides, *Science* 269, 1255(1995).

54. S. Nowak, T. Pfau, and J. Mlynek, *Appl. Phys. B: Lasers Opt.* 63, 3(1996).

55. M. Kreis, F. Lison, D. Haubrich, D. Meschede, S. Nowak, T. Pfau, and J. Mlynek, *Appl. Phys. B: Lasers Opt.* 63, 649(1996).

56. C. S. Adams, M. Sigel, and J. Mlynek, *Phys. Rep.* 240, 143(1994).

57. J. Dalibard and C. Cohen-Tannoudji, *J. Opt. Soc. Am.* B2, 1701(1985).

58. H. Metcalf and P. van der Straten, *Phys. Rep.* 244, 203(1994).

59. B. Brezger, Th. Schulze, U. Drodofsky, J. Stuhler, S. Nowak, T. Pfau, and J. Mlynek, *J. Vac. Sci. Technol.* B15, 2905(1997).

60. P. K. Hansma and J. Tersoff, *J. Appl. Phys.* 61, R1(1987).

61. J. D. Jackson, *Classical Electrodynamics*, John Wiley and Sons, New York, 1998.

62. A. Zangwill, *Physics at Surfaces*, Cambridge University Press, Cambridge, 1988.

63. D. A. Bonnell and B. D. Huey, in *Scanning Probe Microscopy and Spectroscopy*, ed. D. Bonnell, Wiley-VCH, New York, p. 7, 2001.

64. G. Binnig, H. Rohrer, Ch. Gerber, and E. Weibel, *Phys. Rev. Lett.* 49, 57(1982).

65. G. Binnig, H. Rohrer, Ch. Gerber, and E. Weibel, *Phys. Rev. Lett.* 50, 120(1983).

66. G. Binnig, C. F. Quate, and Ch. Gerber, *Phys. Rev. Lett.* 56, 930(1986).

67. J. N. Israelachevili, *Intermolecular and Surface Forces*, Academic Press, San Diego, CA, 1992.

68. H. K. Wickramsinghe, Scientific American, October, p. 98, 1989.

69. E. A. Ash and G. Nichols, *Nature* 237, 510(1972).

70. U. Ch. Fischer, *J. Vac. Sci. Technol.* B3, 386(1985).

71. A. Lewis, M. Isaacson, A. Murray, and A. Harootunian, *Biophys. J.* 41, 405a(1983).

72. G. A. Massey, *Appl. Opt.* 23, 658(1984).

73. J. Massanell, N. Garcia, and A. Zlatkin, *Opt. Lett.* 21, 12(1996).

74. S. Davy and M. Spajer, *Appl. Phys. Lett.* 69, 3306(1996).

75. I. I. Smolyaninov, D. L. Mazzoni, and C. C. Davis, *Appl. Phys. Lett.* 67, 3859(1995).

76. M. K. Herndon, R. T. Collins, R. E. Hollingsworth, R. R. Larson, and M. B. Johnson, *Appl. Phys. Lett.* 74, 141(1999).

77. U. Dürig, D. W. Pohl, and F. Rohner, *J. Appl. Phys.* 59, 3318(1986).

78. P. Hoffmann, B. Dutoit, and R. P. Salathe, *Ultramicroscopy* 61, 165(1995).

79. T. Saiki, S. Mononobe, M. Ohtsu, N. Saito, and J. Kusano, *Appl. Phys. Lett.* 68, 2612(1996).

80. G. A. Valaskovic, M. Holton, and G. H. Morrison, *Appl. Opt.* 34, 1215(1995).

81. D. M. Eigler and E. K. Schweizer, *Nature* 344, 524(1990).

82. J. A. Stroscio and D. M. Eigler, *Science* 254, 1319(1991).

83. T. T. Tsong and G. L. Kellogg, *Phys. Rev.* B12, 1343(1975).

84. S. C. Wang and T. T. Tsong, *Phys. Rev.* B26, 6470(1982).

85. L. J. Whitman, J. A. Stroscio, R. A. Dragoset, and R. J. Celotta, *Science* 251, 1206(1991).

86. New Scientist 129, p. 20(23 February 1991).

87. P. F. Schewe, (ed), *Physics News in 1990*, The American Institute of Physics, New York, p. 73 and cover, 1990.

88. R. Gomer, *IBM J. Res. Dev.* 30, 428(1986).

89. I. -W. Lyo and P. Avouris, *Science* 253, 173(1991).

90. K. S. Ralls, D. C. Ralph, and R. A. Buhrman, *Phys. Rev.* B40, 11561(1989).

91. D. M. Eigler, C. P. Lutz, and W. E. Rudge, *Nature* 352, 600(1991).

92. S. W. Hla, L. Bartels, G. Meyer, and K. H. Rieder, *Phys. Rev. Lett.* 85, 2777(2000).

93. K. Takimoto, H. Kawade, E. Kishi, K. Yano, K. Sakai, K. Hatanaka, K. Eguchi, and T. Nakagiri, *Appl. Phys. Lett.* 61, 3032(1992).

94. C. Baur, A. Bugacov, B. E. Koel, A. Madhukar, N. Montoya, T. R. Ramachandran, A. A. G. Requicha, R. Resch, and P. Will, *Nanotechnology* 9, 360(1998).

95. M. F. Crommie, C. P. Lutz, and D. M. Eigler, *Physica D: Nonlinear Phenomena* 83, 98 (1995).

96. M. F. Crommie, C. P. Lutz, D. M. Eigler, and E. J. Heller, *Surf. Rev. Lett.* 2, 127(1995).

97. M. F. Crommie, C. P. Lutz, and D. M. Eigler, *Science* 262, 218(1993).

98. A. E. Gordon, R. T. Fayfield, D. D. Litfin, and T. K. Higman, *J. Vac. Sci. Technol.* B13, 2805(1995).

99. E. E. Ehrichs, S. Yoon, and A. L. de Lozanne, *Appl. Phys. Lett.* 53, 2287(1988).

100. F. R. F. Fan and A. J. Bard, *J. Electrochem. Soc.* 136, 3216(1989).

101. R. C. Jaklevic and L. Ellie, *Phys. Rev. Lett.* 60, 120(1988).

102. J. P. Rabe and S. Buchholz, *Appl. Phys. Lett.* 58, 702(1991).

103. P. A. Fontaine, E. Dubois, and D. Stievenard, *J. Appl. Phys.* 84, 1776(1998).

104. Y. Okada, S. Amano, M. Kawabe, and J. S. Harris, *J. Appl. Phys.* 83, 7998(1998).

105. B. Legrand and D. Stievenard, *Appl. Phys. Lett.* 74, 4049(1999).

106. K. Wilderm, C. Quate, D. Adderton, R. Bernstein, and V. Elings, *Appl. Phys. Lett.* 73, 2527(1998).

107. K. Matsumoto, M. Ishii, K. Segawa, Y. Oka, B. J. Vartanian, and J. S. Harris, *Appl. Phys. Lett.* 68, 34(1996).

108. J. W. Lyding, T. C. Shen, J. S. Tucher, and G. C. Abeln, *Appl. Phys. Lett.* 64, 2010(1994).

109. B. L. Weeks, A. Vollmer, M. E. Welland, and T. Rayment, *Nanotechnolgy* 13, 38(2002).

110. C. Wang, C. Bai, X. Li, G. Shang, I. Lee, X. Wang, X. Qiu, and F. Tian, *Appl. Phys. Lett.* 69, 348(1996).

111. T. M. Mayer, D. P. Adams, and B. M. Marder, *J. Vac. Sci. Technol.* B14, 2438(1996).

112. X. Hu, D. Sarid, and P. von Blanckenhagen, *Nanotechnology* 10, 209(1999).

113. T. T. Tsong, *Atom-Probe Field Ion Microscopy*, Cambridge University Press, Cambridge, 1990.

114. T. T. Tsong, *Phys. Rev.* B44, 13703(1991).

115. G. Gomer and L. W. Swanson, *J. Chem. Phys.* 38, 1613(1963).

116. E. W. Muller, *Phys. Rev.* 102, 618(1956).

117. E. V. Kimenko and A. G. Naumovets, *Sov. Phys. Solid State* 13, 25(1971).

118. E. V. Kimenko and A. G. Naumovets, *Sov. Phys. Solid State* 15, 2181(1973).

119. H. J. Mamin, P. H. Geuthner, and D. Rugar, *Phys. Rev. Lett.* 65, 2418(1990).

120. J. S. Foster, J. E. Frommer, and P. C. Arnett, *Nature* 331, 324(1988).

121. R. Emch, J. Nagami, M. M. Dovek, C. A. Lang, and C. F. Quate, *J. Microsc.* 152, 129 (1988).

122. Y. Z. Li, R. Vazquez, R. Pinter, R. P. Andres, and R. Reifenberger, *Appl. Phys. Lett.* 54, 1424(1989).

123. H. Bruckl, R. Ranh, H. Vinzelberg, I. Monch, L. Kretz, and G. Reiss, *Surf. Interf. Anal.* 25, 611(1997).

124. S. Hu, S. Altmeyer, A. Hamidi, B. Spangenberg, and H. Kurz, *J. Vac. Sci. Technol.* B16, 1983(1998).

125. S. Hu, A. Hamidi, S. Altmeyer, T. Koster, B. Spangenberg, and H. Kurz, *J. Vac. Sci. Technol.* B16, 2822(1998).

126. A. Notargiacomo, V. Foglietti, E. Cianci, G. Capellini, M. Adami, P. Faraci, F. Evangelisti, and C. Nicolini, *Nanotechnology* 10, 458(1999).

127. V. F. Dryakhlushin, A. Yu Klimov, V. V. Rogov, V. I. Shashkin, L. V. Sukhodoev, D. G. Volgunov, and N. V. Vostokov, *Nanotechnology* 11, 188(2000).

128. Y. Xia, J. A. Rogers, K. E. Paul, and G. M. Whitesides, *Chem. Rev.* 99, 1823(1999).

129. Y. Xia and G. M. Whitesides, *Angew. Chem. Int. Ed. Engl.* 37, 550(1998).

130. Y. Xia and G. M. Whitesides, *Annu. Rev. Mater. Sci.* 28, 153(1998).

131. R. Jackman, R. Wilbur, and G. M. Whitesides, *Science* 269, 664(1995).

132. Y. Xia and G. M. Whitesides, *Langmuir* 13, 2059(1997).

133. T. P. Moffat and H. J. Yang, *J. Electrochem. Soc.* 142, L220(1995).

134. Y. Xia, E. Kim, and G. M. Whitesides, *J. Electrochem. Soc.* 143, 1070(1996).

135. N. B. Larsen, H. Biebuyck, E. Delamarche, and B. Michel, *J. Am. Chem. Soc.* 119, 3017 (1997).

136. H. A. Biebuyck and G. M. Whitesides, *Langmuir* 10, 4581(1994).

137. H. A. Biebuyck, N. B. Larsen, E. Delamarche, and B. Michel, *IBM J. Res. Dev.* 41, 159 (1997).

138. E. Kim, Y. Xia, and G. M. Whitesides, *Nature* 376, 581(1995).

139. X. M. Zhao, Y. Xia, and G. M. Whitesides, *Adv. Mater.* 8, 837(1996).

140. Y. Xia, E. Kim, X. M. Zhao, J. A. Rogers, M. Prentiss, and G. M. Whitesides, *Science*

273, 347(1996).

141. Y. Xia, J. J. McClelland, R. Gupta, D. Qin, X. M. Zhao, L. L. Sohn, R. J. Celotta, and G. M. Whitesides, *Adv. Mater.* 9, 147(1997).

142. X. M. Zhao, A. Stoddart, S. P. Smith, E. Kim, Y. Xia, M. Pretiss, and G. M. Whitesides, *Adv. Mater.* 8, 420(1996).

143. S. Seraji, N. E. Jewell-Larsen, Y. Wu, M. J. Forbess, S. J. Limmer, T. P. Chou, and G. Z. Cao, *Adv. Mater.* 12, 1421(2000).

144. E. Kim, Y. Xia, and G. M. Whitesides, *Adv. Mater.* 8, 245(1996).

145. S. Y. Chou, P. R. Krauss, and P. J. Renstrom, *Appl. Phys. Lett.* 76, 3114(1995).

146. B. Heidari, I. Maximov, E. L. Sarwe, and L. Montelius, *J. Vac. Sci. Technol.* B17, 2961 (1999).

147. S. Y. Chou, P. R. Krauss, and P. J. Renstrom, *J. Vac. Sci. Technol.* B14, 4129(1996).

148. S. Zankovych, T. Hoffmann, J. Seekamp, J. U. Bruch, and C. M. S. Torres, *Nanotechnology* 12, 91(2001).

149. T. Haatainen, J. Ahopelto, G. Gruetzner, M. Fink, and K. Pfeiffer, *Proc. SPIE* 3997, 874 (2000).

150. X. Sun, L. Zhuang, W. Zhang, and S. Y. Chou, *J. Vac. Sci. Technol.* B16, 3922(1998).

151. D. L. White and O. R. Wood, II, *J. Vac. Sci. Technol.* B18, 3552(2000).

152. B. Heidari, I. Maximov, E. L. Sarwe, and L. Montelius, *J. Vac. Sci. Technol.* B18, 3557 (2000).

153. H. Schift, C. David, J. Gobrecht, A. D. Amore, D. Simoneta, W. Kaiser, and M. Gabriel, *J. Vac. Sci. Technol.* B18, 3564(2000).

154. I. Maximov, P. Carlberg, D. Wallin, I. Shorubalko, W. Seifert, H. Q. Xu, L. Montelius, and L. Samuelson, *Nanotechnology* 13, 666(2002).

155. R. D. Piner, J. Zhu, F. Xu, S. Hong, and C. A. Mirkin, *Science* 283, 661(1999).

156. S. Hong, J. Zhu, and C. A. Mirkin, *Science* 286, 523(1999).

157. C. A. Mirkin, *Inorg. Chem.* 39, 2258(2000).

158. Z. L. Wang(ed), *Characterization of Nanophase Materials*, Wiley-VCH, New York, 2000.

159. J. Z. Zhang, J. Liu, Z. L. Wang, S. W. Chen, and G. Y. Liu, *Chemistry of Self-Assembled Nanostructures*, Kluwer, New York, 2002.

160. D. N. Reinhoudt, *Supermolecular Technology*, John Wiley and Sons, New York, 1999.

161. Y. Lin, H. Skaff, T. Emrick, A. D. Dinsmore, and T. P. Russell, *Science* 299, 226(2003).

162. W. R. Bowen and A. O. Sharif, *Nature* 393, 663(1998).

163. Z. L. Wang, *J. Phys. Chem.* B104, 1153(2000).

164. Y. Huang, X. Duan, Q. Wei, and C. M. Lieber, *Science* 291, 630(2001).

165. P. A. Kralchevsky, K. D. Danov, and N. D. Denkov, in *Handbook of Surface and Colloid Chemistry*, ed. K. S. Birdi, CRC Press, Boca Raton, FL, p. 333, 1997.

166. A. J. Hurd and D. W. Schaefer, *Phys. Rev. Lett.* 54, 1043(1985).

167. H. H. Wickman and J. N. Korley, *Nature* 393, 445(1998).

168. P. A. Kralchevsky and K. Nagayama, *Langmuir* 10, 23(1994).

169. J. C. Hulteen, D. A. Treichel, M. T. Smith, M. L. Duval, T. R. Jensen, and R. P. V. Duyne, *J. Phys. Chem.* B103, 3854(1999).

170. P. A. Kralchevsky and N. D. Denkov, *Curr. Opin. Coll. Interf. Sci.* 6, 383(2001).

171. C. A. Murray and D. H. V. Winkle, *Phys. Rev. Lett.* 58, 1200(1987).

172. A. T. Skjeltorp and P. Meakin, *Nature* 335, 424(1988).

173. N. D. Denkov, O. D. Velev, P. A. Kralchevsky, I. B. Ivanov, H. Yoshimura, and K. Nagayama, *Nature* 361, 26(1993).

174. P. Jiang, J. F. Bertone, K. S. Hwang, and V. L. Colvin, *Chem. Mater.* 11, 2132(1999).

175. P. C. Ohara, D. V. Leff, J. R. Heath, and W. M. Gelbart, *Phys. Rev. Lett.* 75, 3466(1995).

176. H. C. Hamaker, *Physica* 4, 1058(1937).

177. P. C. Ohara, J. R. Heath, and W. M. Gelbart, *Angew. Chem. Int. Ed. Engl.* 36, 1078(1997).

178. S. Murthy, Z. L. Wang, and R. L. Whetten, *Phil. Mag.* L75, 321(1997).

179. C. P. Collier, T. Vossmeyer, and J. R. Heath, *Annu. Rev. Phys. Chem.* 49, 371(1998).

180. S. A. Harfenist, Z. L. Wang, R. L. Whetten, I. Vezmar, and M. M. Alvarez, *Adv. Mater.* 9, 817(1997).

181. M. D. Bentzon, J. van Wonterghem, S. Morup, A. Thlen, and C. J. Koch, *Phil. Mag.* B60, 169(1989).

182. M. D. Bentzon and A. Tholen, *Ultramicroscopy* 38, 105(1990).

183. C. A. Stover, D. L. Koch, and C. Cohen, *J. Fluid Mech.* 238, 277(1992).

184. D. L. Koch and E. S. G. Shaqfeh, *Phys. Fluids* A2, 2093(1990).

185. B. M. I. van der Zande, G. J. M. Koper, and H. N. W. Lekkerkerker, *J. Phys. Chem.* B103, 5754(1999).

186. J. S. Yamamoto, S. Akita, and Y. Nakayama, *J. Phys.* D31, L34(1998).

187. P. A. Smith, C. D. Nordquist, T. N. Jackson, T. S. Mayer, B. R. Martin, J. Mbindyo, and T. E. Malloouk, *Appl. Phys. Lett.* 77, 1399(2000).

188. H. A. Pohl, *Dielectrophoresis*, Cambridge University Press, Cambridge, 1978.

189. M. Giersig and P. Mulvaney, *J. Phys. Chem.* 97, 6334(1993).

190. M. Giersig and P. Mulvaney, *Langmuir* 9, 3408(1993).

191. M. Brush, D. Bethell, D. J. Schiffrin, and C. J. Kiely, *Adv. Mater.* 7, 795(1995).

192. R. G. Freeman, K. C. Grabar, K. J. Allison, R. M. Bright, J. A. Davis, A. P. Guthrie, M. B. Hommer, M. A. Jackson, P. C. Smith, D. G. Walter, and M. J. Natan, *Science* 267, 1629(1995).

193. G. Chumanov, K. Sokolov, B. W. Gregory, and T. M. Cotton, *J. Phys. Chem.* 99, 9466 (1995).

194. V. L. Colvin, A. N. Goldstein, and A. P. Alivisatos, *J. Am. Chem. Soc.* 114, 5221(1992).

195. S. Peschel and G. Schmid, *Angew. Chem. Int. Ed. Engl.* 34, 1442(1995).

196. P. C. Hidber, W. Helbig, E. Kim, and G. M. Whitesides, *Langmuir* 12, 1375(1996).

197. T. Vossmeyer, E. DeIonno, and J. R. Heath, *Angew. Chem. Int. Ed. Engl.* 36, 1080(1997).

198. A. K. Arora and B. R. V. Tata, *Ordering and Phase Transitions in Colloidal Systems*, VCH, Weinheim, 1996.

199. J. V. Sanders, *Nature* 204, 1151(1964).

200. K. E. Davis, W. B. Russel, and W. J. Glantschnig, *Science* 245, 507(1989).

201. P. N. Pusey and W. van Megen, *Nature* 320, 340(1986).

202. W. T. S. Huck, J. Tien, and G. M. Whitesides, *J. Am. Chem. Soc.* 120, 8267(1998).

203. O. D. Velev, A. M. Lenhoff, and E. W. Kaler, *Science* 287, 2240(2000).

204. A. van Blaaderen, R. Ruel, and P. Wiltzius, *Nature* 385, 321(1997).

205. K. H. Lin, J. C. Crocker, V. Prasad, A. Schofield, D. A. Weitz, T. C. Lubensky, and A. G. Yodh, *Phys. Rev. Lett.* 85, 1770(2000).

206. J. Aizenberg, P. V. Braun, and P. Wiltzius, *Phys. Rev. Lett.* 84, 2997(2000).

207. S. Mazur, R. Beckerbauer, and J. Buckholz, *Langmuir* 13, 4287(1997).

208. Y. Lu, Y. Yin, B. Gates, and Y. Xia, *Langmuir* 17, 6344(2001).

209. Y. Yin, Y. Lu, B. Gates, and Y. Xia, *J. Am. Chem. Soc.* 123, 8718(2001).

210. O. Lehmann and M. Stuke, *Appl. Phys. Lett.* 61, 2027(1992).

211. N. Kramer, M. Niesten, and C. Schonenberger, *Appl. Phys. Lett.* 67, 2989(1995).

212. T. W. Weidman and A. M. Joshi, *Appl. Phys. Lett.* 62, 372(1993).

213. R. M. Osgood and H. H. Gilgen, *Annu. Rev. Mater. Sci.* 15, 549(1985).

214. T. J. Hirsch, R. F. Miracky, and C. Lin, *Appl. Phys. Lett.* 57, 1357(1990).

215. A. Torres-Filho and D. C. Neckers, *Chem. Mater.* 7, 744(1995).

216. F. T. Wallenberger, *Science* 267, 1274(1995).

217. O. Lehmann and M. Stuke, *Science* 270, 1644(1995).

218. S. D. Allen, *J. Appl. Phys.* 52, 6301(1981).

219. C. P. Christensen and K. M. Larkin, *Appl. Phys. Lett.* 32, 254(1978).

220. D. J. Ehrlich, R. M. Osgood Jr. , and T. F. Deutsch, *J. Vac. Sci. Technol.* 21, 23(1982).

221. I. J. Rigby, *J. Chem. Soc. Faraday Trans.* 65, 2421(1969).

222. Y. Rytz-Froidevaux, R. P. Salathé, and H. H. Gilgen, in *Laser Diagnostics and Photochemical Processing for Semiconductor Devices*, eds. R. M. Osgood, S. R. J. Brueck, and H. Schlossberg, Elsevier, Amsterdam, p. 29, 1983.

223. B. Lochel, A. Maciossek, H. J. Quenzer, and B. Wagner, *J. Electrochem. Soc.* 143, 237(1996).

224. V. White, R. Ghodssi, C. Herdey, D. D. Denton, and L. McCaughan, *Appl. Phys. Lett.* 66, 2072(1995).

225. R. S. Patel, T. F. Redmond, C. Tessler, D. Tudryn, and D. Pulaski, Laser Focus World, p. 71(January,1996).

226. T. Lizotte, O. Ohar, and T. O'Keefe, *Solid State Technol.* 39, 120(1996).

8

纳米材料的表征和性能

8.1 引言

    关于纳米尺度材料的研究已经进行了许多年，如胶质分散体和薄膜，对于许多物理性能来源于纳米尺寸的事实也已经被知晓几个世纪了，如金纳米粒子的着色。对于从事纳米技术和纳米科学的研究人员，现在面临的最大挑战是缺乏在介观水平上观察、测试和操纵纳米尺度材料的能力和仪器。在过去，研究工作主要集中于大量纳米结构材料的集体行为和性能。观察和测试到的性能和行为是典型的群体特征。为了更好地理解以及应对不断增长的各种潜在应用，需要对单个纳米结构和纳米材料具有可观察、测试和操纵的能力和仪器。对单个纳米结构的表征和操纵不仅要求特别高的灵敏度和精度，也要求原子水平的分辨率。因此，不同的显微技术将在纳米结构和纳米材料的表征和测量中发挥中心作用。仪器的微型化不是唯一的挑战；新的现象、物理性能、短程力等，这些在宏观水平表征中并不明显的作用，在纳米尺度内可能具有重要的影响。因此，发展新型工具和仪器是纳米技术中最大的挑战之一。

在本章中，首先讨论在纳米结构和纳米材料表征中最为广泛使用的表征方法。这些方法包括：X 射线衍射（XRD）[1,2]、各种电子显微镜（EM），包括扫描电子显微镜（SEM）和透射电子显微镜（TEM）[3-6]、扫描探针显微镜（SPM）[7]。然后讨论一些典型的化学表征技术，如光、电子谱和离子光谱。再简要讨论纳米材料物理性能和尺度的关系。本章讨论的物理性能包括热、机械、光、电和磁性能。本章的讨论主要集中在表征方法和物理性能的基础和基本概念上。有关技术细节、操作步骤和仪器不在这里详细讨论。本章的目的是为读者提供基本信息，了解表征方法的基本原理。对于技术细节，建议读者阅读相关文献。[8,9]

8.2　结构表征

纳米结构和纳米材料的表征大部分基于表面分析技术和块体材料的传统表征方法。例如：XRD 广泛用于确定纳米粒子、纳米线及薄膜的结晶度、晶体结构和晶格常数；SEM、TEM 以及电子衍射通常用于表征纳米粒子；光谱用于确定半导体量子点尺寸。SPM 是一种相对新的表征技术，在纳米技术中具有不断扩大的应用。其代表是扫描隧道显微镜（STM）和原子力显微镜（AFM）。虽然 STM 和 AFM 两者都是真实表面成像技术，能够提供原子分辨率的三维拓扑表面形貌，但如果与适当设计附件相结合，则会有更为广泛的应用，如纳米压痕、纳米光刻（正如第 7 章所讨论的）和自组装图案。无论固态表面是硬或软、导电与否，几乎都能够用 STM 和 AFM 进行研究。表面可以在气态中如空气、真空或液态中进行研究。接下来，将简要讨论上述纳米技术的表征技术及其应用。

8.2.1　X 射线衍射（XRD）

XRD 是一个非常重要的实验技术，广泛应用于解决固态晶体结构的相关问题，包括晶格常数和几何结构、未知材料的确定、单晶取向、多晶择优取向、缺陷、应力等。在 XRD 中，具有 0.7～2 Å 典型波长的校准 X 射线入射到样品中，按照布拉格定律（Bragg's law）由晶体相衍射：

$$\lambda = 2d\sin\theta \qquad\qquad (8.1)$$

其中，d 是晶体相中原子面之间的间距，λ 是 X 射线的波长。测量衍射的 X 射线强度和衍射角 2θ 以及样品取向的关系。衍射谱用于确定样品的晶相和测定结构性能。XRD 不损坏样品结构，也不需要特别精细的样品准备，这也是 XRD 广泛用于材料表征的部分原因。对于更多的细节，推荐读者阅读 Cullity 和 Stock 的优秀书籍。[1]

XRD 精确地测定衍射峰的位置，使其成为表征均匀和不均匀应变的最好方法。[1,10]均一或均匀的弹性应变使衍射峰位偏移。从峰位的偏移量可以计算 d – 间距的变化，这是应变下点阵常数发生变化的结果。晶粒之间或晶粒内部的非均匀应变的变化，引起衍射峰的宽化并随着 sin θ 而增大。峰的宽化也可以来源于晶粒的有限尺寸，但在这里这种宽化不依赖于 sin θ 而变化。当晶粒尺寸和非均匀应变同时作用于峰宽时，通过仔细分析峰形可以区分两者。

如果没有非均匀应变，晶粒尺寸 D 可以用谢勒(Scherrer)公式从峰宽中估计出来[11]：

$$D = \frac{K\lambda}{B\cos\theta_B} \tag{8.2}$$

其中，λ 为 X 射线的波长，B 为衍射峰的半高全宽(FWHM)，θ_B 为衍射角，K 为常用单位晶体的谢勒常数。但是需要注意，纳米颗粒通常形成孪晶结构；因此谢勒公式可能得出与实际颗粒尺寸不符的结果。另外，X 射线衍射仅仅提供颗粒尺寸的整体信息，通常需要较多的粉体量。应该注意，由于这种估计适合于非常小的粒子，因此这个技术在表征纳米颗粒时非常有用。相似的，外延生长、多织构薄膜厚度也可以用 XRD 进行估计。[12]

与电子衍射相比较，XRD 的缺点之一是衍射 X 射线的强度较低，特别是对低 Z 材料。XRD 对高 Z 材料更敏感，而中子或电子衍射对低 Z 材料更为适合。电子衍射的典型强度约是 X 射线衍射强度的 10^8 倍。由于弱衍射强度，XRD 通常要求大样品，获得的结果也是大量材料的平均值。图 8.1 为系列尺寸 InP 纳米颗粒的粉末 XRD 谱。[13]

8.2.2 小角度 X 射线散射(SAXS)

SAXS 是表征纳米结构材料又一有力的工具。X 射线与有序原子和分子阵列发生干涉得到强衍射峰。能够在低角度散射强度中获得大量信息。在 $2\theta < 5°$ 范围内，10 nm 或更大幅度的电子密度起伏足以产生可辨别的 X 射线强度变化。而这些变化可以来源于密度差异、成分差异或两者兼有，并且可以是非周期性的。[14,15]散射强度的量和角度分布提供了关于诸如非常小粒子尺寸或单位体积表面积的信息，而无须考虑样品或粒子是否为晶体或非晶态。

考虑一个非均匀结构体，假定它是由清晰边界间隔的两相所构成的，例如分散在均匀介质中的纳米颗粒，这种两相结构的电子密度可以用图 8.2 来描述。电子密度的变化可以划分为两种类型。第一种类型来源于每个相中的原子结构，而第二种类型来源于材料的不同成分。[16]SAXS 是由于存在几个纳米或几十个纳米的非均匀区域而产生的散射，而 XRD 有时也称为宽角 X 射线散射或 WAXS 并用于确定原子结构。

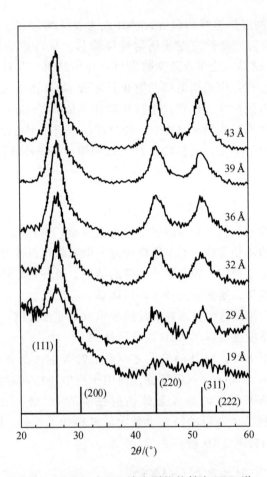

图 8.1　系列尺寸 InP 纳米颗粒的粉末 XRD 谱。
底部给出块体材料标准衍射峰位谱。
[A. A. Guzelian, J. E. B. Katari, A. V. Kadavanich,
U. Banin, K. Hamad, E. Juban, A. P. Alivisatos,
R. H. Wolters, C. C. Arnold, and J. R. Heath, *J. Phys*
Chem. 100,7212(1996).]

　　SAXS 强度 $I(q)$ 由无相互作用的 N 个纳米颗粒共同散射产生，而这些具有均匀电子密度 ρ 的纳米颗粒分散在电子密度为 ρ_0 的均匀介质中，$I(q)$ 的简单形式为[17,18]

$$I(q) = I_0 N(\rho - \rho_0)^2 F^2(q) \qquad (8.3)$$

I_0 是入射 X 射线的强度，$F(q)$ 是波形系数 —— 散射物体形态的傅里叶转换。对于半径为 R 的球形，其形态因子表示为[14,15]

$$F(q) = 4\pi R^3 \left[\frac{\sin(qR) - qR\cos(qR)}{(qR)^3} \right] \qquad (8.4)$$

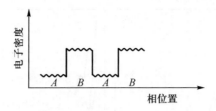

图 8.2　两相结构电子密度示意图。电
子密度的变化可以划分为两大类型。
第一类型来源于每个相中的原子结构，
而第二类型来源于材料的不同成分。

其中 $q = [4\pi\sin(\theta/2)]/\lambda$，$\lambda$ 为 X 射线的波长，θ 为初始和散射后 X 射线线束之间的夹角。SAXS 广泛用于表征纳米晶体[17-19]，图 8.3 为具有不同尺寸和形状的 CdSe 纳米晶体的模拟和测得的 SAXS 谱[19]。图 8.4 表现散射图案和它们相应的片层结构。[1]小角度衍射广泛用于测定有机模板冷凝法合成的介孔材料的尺寸和有序度，这已经在第 6 章中讨论过。关于结构的更多信息，可以通过研究强度的渐变行为而获得。对于 q 值足够大、均匀尺寸的球形粒子，服从下列 Porod 定律[20,21]：

$$I(q) = \frac{8\pi(\rho - \rho_0)^2 N\pi R^2}{q^4} \tag{8.5}$$

其中 N 是半径为 R 的球形粒子总数。有两个原因可以导致结果偏离 Porod 定律：①相之间存在模糊的过渡边界；②在超过原子间距的非均匀区域内，存在电子密度的起伏。关于体系几何形态的更多信息，可以通过中间角度范围内 $\log I(q) \sim \log q$ 曲线的斜率获得，此部分不符合 Porod 定律。例如，纤维状或树叶状结构的曲线斜率较小。[16]

　　测量小角度散射分布的仪器通常使用精细单色放射光束的透射几何形状。SAXS 能够测量在 1～100 nm 范围内的非均匀区域尺寸。小角度散射的应用领域可以从生物结构到煤的孔隙，再到结构工程材料的分散体。需要注意，如果满足下列条件，则可见光的散射理论[22]几乎与上述 SAXS 理论一致：

$$\frac{8\pi R(n_1 - n_2)}{n_2\lambda} \ll 1 \tag{8.6}$$

这里 n_1 和 n_2 分别为颗粒和它周围环境的折射指数。但是，可见光散射限制于 R 大于约 80 nm 的系统内。

8.2.3　扫描电子显微镜（SEM）

　　SEM 是在纳米结构和纳米材料表征中最为广泛使用的技术之一。SEM 的分辨

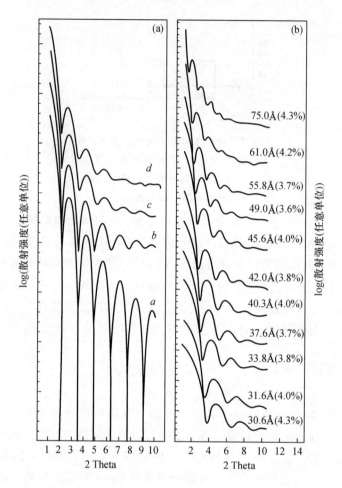

图8.3 （a）模型结构的 SAXS 计算谱，由 4 500 个原子构成结构，相当于 62 Å 直径的 CdSe 纳米晶体。曲线 a，均匀电子密度的 62 Å 球体；曲线 b，单分散体，由块体 CdSe 点阵的 4 500 个球体原子构成；曲线 c，单分散体，由块体 CdSe 点阵的 4 500 个椭球体原子构成，椭球横宽比为 1.2；曲线 d，假设椭球体（如在曲线 c 为高斯分布,用于拟合 SAXS 数据（点）得到纳米晶样品尺寸和尺寸分布。（b）直径在 30～75 Å 范围的 CdSe 纳米晶的 SAXS 谱（点）。拟合用于获得纳米晶尺寸，与报道的等效直径和尺寸分布样品比较，其偏差在 3.5%～4.5%。

[C. B. Murray, C. R. Kagan, and M. G. Bawendi, *Annu. Rev. Mater. Sci.* 30, 545(2000).]

率接近几个纳米，仪器的放大倍数可以轻易地在 10～300 000 范围内进行调整。SEM 不仅产生像光学显微镜那样的拓扑信息，也能够提供表面附近的化学成分

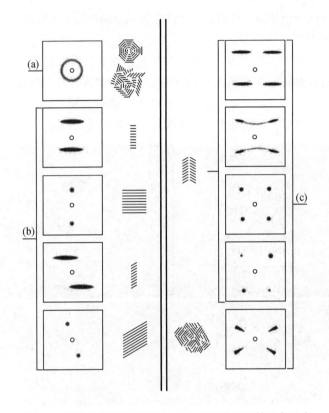

图 8.4　长程有序结构和对应的小角度区域的衍射图案示意图。(a)环形图案，对应微晶球状对称聚集或层状微晶无定向堆积。(b) 2 – 点/线图案，对应层状微晶定向堆积。(c) 4 – 点/线图案，对应层状微晶在两个方向上的堆积。
[B. D. Cullity and S. R. Stock, *Elements of X – Ray Diffraction*, 3rd ed. Prentice Hall, Upper Saddle River, NJ, 2001.]

信息。

　　在典型的 SEM 中，电子源聚焦成约 5 nm 的非常小的束斑，能量范围为几 eV 到 50 KeV，并通过偏转线圈作用到样品表面。随着电子撞击和渗透表面，发生许多相互作用并导致样品中的电子和光子激发，通过收集阴极射线管(CRT)中的激发电子产生 SEM 图像。各种 SEM 技术差异取决于后续探测和成像技术的不同，SEM 主要有三种类型的成像方式：二次电子成像、背散射电子成像和元素 X 射线图。当高能原电子与原子相互作用时，发生与原子内电子的非弹性散射或与原子核的弹性散射。在与电子的非弹性碰撞中，原电子将其部分能量传递给其他电子。当传递的能量足够大时，其他电子将从样品中激发出来。如果激发电子能量小于 50 eV，称其为二次电子。背散射电子是发生弹性散射的高能电子，实际具有的能量与入射电子或原电子的能量相同。背散射几率随着样品材料的原子序数而提高。虽然背散射成像不能用于元素的确定，但在样品中不同 Z 的区域之间形成有用的对比度。SEM 中其他的电子相互作用为，原电子与样品中原子的内核电子碰撞并使其逃逸。激发原子通过发射特征 X 射线光子或俄歇电子而退激为基态，两者用于化学表征，将在本章中讨论。结合化学分析能力，SEM 不仅能够提供块体、纳米材料和器件形貌和微结构的成像，还能够提供化学成分和分布的详细信息。

图 8.5　纳米结构 ZnO 的 SEM 图像：（a）分散纳米片。［A. E. Suliman, Y. W. Tang, and L. Xu, *Sol. Energ. Mat. Sol.* C91, 1658 （2007）.］.（b）纳米片组装球体。［M. S. Akhtar, M. A. Khan, M. S. Jeon, and O. B. Yang, *Electrochim. Acta* 53, 7869 (2008).］.（c）纳米带阵列。［C. F. Lin, H. Lin, J. B. Li, X. Li, J. *Alloys Compd.* 462, 175 (2008).］.（d）三维结构 ZnO 四肢体，四臂伸展形成一个共同核心。［Y. F. Hsu, Y. Y. Xi, C. T. Yip, A. B. Djurisic, and W. K. Chan, *J. Appl. Phys.* 103, 083114 (2008).］.（e）相互连接 ZnO 四肢体形成的网络膜。［W. Chen, H. F. Zhang, I. M. Hsing, and S. H. Yang, *Electrochem. Commun.* 11, 1057 (2009).］

　　仪器分辨能力的理论限制源于使用的电子束波长和系统的数值光圈。仪器的分辨率定义为

$$R = \frac{\lambda}{2NA} \tag{8.7}$$

其中，λ 为电子束波长，NA 为数值光圈，代表在每个目标物和冷凝镜头系统上的刻纹，是目标物电子捕捉能力的量度，或冷凝器提供电子的能力。图 8.5 为各种 ZnO 纳米结构的 SEM 图像，包括（a）分散纳米片，（b）纳米片组装球体，（c）纳米带阵列，（d）三维结构 ZnO 四肢体，四臂伸展形成一个共同

核心。[23-27]

8.2.4 透射电子显微镜(TEM)

在 TEM 中，电子加速到 100 KeV 或更高(可达到 1 MeV)，通过冷凝器镜头系统投射到薄样品上(小于 200 nm)，经偏转或非偏转渗透入样品中。TEM提供的最大优点是高放大倍率(从 50~10^6)以及从单一样品中提供图像和衍射信息的能力。

电子通过样品时所经历的散射过程决定获得信息的种类。弹性散射包括无能量损耗和产生衍射图案。在异质处，例如晶界、位错、第二相粒子、缺陷、密度变化等，原电子和样品电子之间的非弹性相互作用引起复杂的吸收和散射效应，引起透射电子密度的空间变化。在 TEM 中，通过变化中间镜头强度，可以在样品成像和衍射图案之间进行转换。

所有 TEM 的高放大倍数或分辨率，是小的有效电子波长 λ 产生的结果，它由德布罗意关系式给出：

$$\lambda = \frac{h}{(2mqV)^{1/2}} \tag{8.8}$$

其中，m 为电子质量，q 为电荷，h 为普朗克常量，V 是加速电子的电势差。例如，100 KeV 的电子具有 0.37 nm 的波长，能够穿透约 0.6 μm 的硅材料。TEM 仪器的工作电压越高，则横向空间分辨率越高。仪器的点-点理论分辨率正比于 $\lambda^{3/4}$。[28] 高电压 TEM 仪器(例如 400 KeV)具有高于 0.2 nm 的点-点分辨率。由于高能电子与物质的相互作用弱于低能电子，高电压 TEM 仪器还具有电子渗透能力更强的优点。因此，可以在高电压 TEM 上分析厚的样品。TEM 的缺点是有限的深度分辨率。TEM 图像的电子散射信息源于三维样品，但是被投射到二维探测器上。因而，在图像平面上，沿电子束方向的结构信息被重叠。虽然 TEM 技术的最困难之处在于样品制备，但对于纳米材料却很容易。

选区衍射(SAD)提供确定单个纳米材料如纳米晶体和纳米棒以及样品中不同部位的晶体结构的独特能力。在 SAD 中，冷凝器镜头在样品上散焦产生平行电子束，而选区夹缝用于限制衍射体积。通过与 XRD 中相同的步骤，SAD图案通常用于确定晶体材料的布拉菲(Bravais)点阵和晶格常数。[1] 虽然 TEM没有区别原子种类的固有能力，但电子衍射对靶元素非常敏感并由此形成化学成分分析的各种谱学。例子包括能量弥散 X 射线谱(EDS)和电子能量损失谱(EELS)。

除了结构表征和化学分析能力之外，TEM 也用于纳米技术的其他应用探索中。例子包括纳米晶熔点的确定，在此电子束用于加热纳米晶，并根据电子衍射消失来确定熔点。[29]其他例子是测量单个纳米线和纳米管的机械和电性能。[30-32]这种技术能够产生纳米线的结构和性能的对应关系。图 8.6 中的结果给出对于这些纳米管形变和失效机制的新理解。[33]图 8.6(a)表现利用非晶碳在 W 尖上固定弯曲 WS_2 纳米管的一端。图 8.6(b)~(e)给出一系列 HRTEM 图像，记录了图 8.6(a)中纳米管片断的变形过程。图 8.6(d)~(f)中，尖头表示外壁的裂缝。

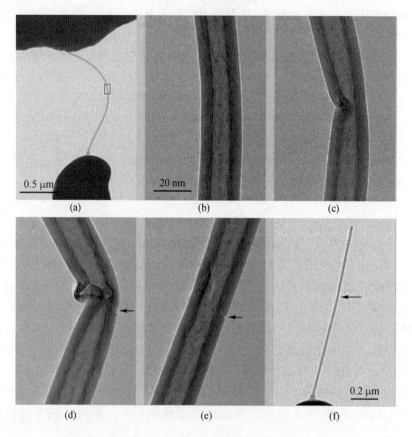

图 8.6　(a)利用非晶碳在 W 尖上固定弯曲 WS_2 纳米管的一端。(b)~(e)记录了(a)中纳米管片断变形过程的一系列 HRTEM 图像。(d)~(f)尖头表示外壁的裂缝。[M. S. Wang, I. Kaplan-Ashiri, X. L. Wei, R. Rosentsveig, H. D. Wagner, R. Tenne, and L. M. Peng, *Nano Res.* 1, 22–31 (2008).]

8.2.5　扫描探针显微镜(SPM)

　　SPM 在成像技术中是唯一提供三维真实空间图像的技术，而在分析技术中又能空间局域化测定结构和性能。在优化条件下能够达到亚原子空间分辨率。SPM 是在显微镜种类中的一般性术语，依据其所使用的探针力，主要分为 STM 和 AFM 两种类型。电子隧穿和原子力的原理已经在第 7 章中讨论过。

更多细节，推荐读者阅读优秀书籍[7]及其所引文献。

STM 最早由 Binnig 及其同事在 1981 年制成[34]，AFM 在几年后被发明[35]。STM 的局限性是受制于样品表面电导，它由不需要导电样品表面的 AFM 所补充。因此，几乎所有固态表面能够用 SPM 进行研究：绝缘体、半导体、导体、磁体、透明和不透明材料。此外，能够在空气、液体或超高真空（UHV）中研究表面，视场范围从几个原子到 $250 \mu m \times 250 \mu m$，垂直范围约 $15 \mu m$。[36]另外，用于 SPM 分析的样品最小。本章中，将着重于这个技术的成像能力。

STM 首先用于 Si（111）表面的研究。[37]在超高真空中，STM 在实空间中以原子级分辨率分辨 Si（111）表面的 7×7 重构，如图 8.7 所示。[38]实验是在 LAS－3000 分光计的超高真空室内配置的室温 STM（GPI－300）上完成的。STM 工作室的压力保持在低于 1×10^{-10} torr。利用标准热处理工艺清洁 Si（111）样品

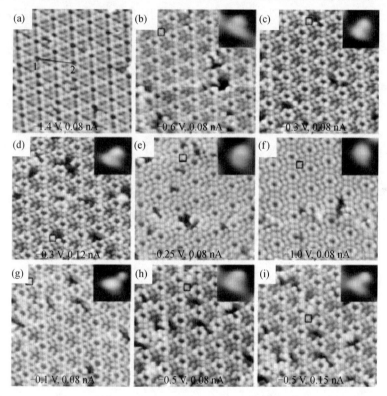

图 8.7　利用带有硅尖的探针，测得 Si(111)－(7×7)表面的 15 nm × 15 nm STM 图像。方块插图为单个吸附原子的 8 Å×8 Å 图像。[A. N. Chaika and A. N. Myagkov, *J. Phys. Conf. Ser.* 100,012020(2008), I. Horcas, R. Fernandez, J. M. Gomez-Rodriguez, J. Colchero, J. Gomez-Herrero, and A. M. Baro, *Rev. Sci. Instrum.* 78,013705(2007).]

（p型，0.3 Ω·cm，300 K），即快速加热到 1 250 ℃，然后逐渐冷却到低于（1×1）→（7×7）的相变温度。在超高真空室中，快速加热过程的压力不超过 $3×10^{-10}$ torr。用于 STM 实验的钨针尖，通过在 2M NaOH 溶液中电化学腐蚀后，在超高真空中利用电子束原位快速加热和 600 eV 的 Ar^+ 离子束溅射而锐化。有时在测试之间，将 W 探针与样品轻微接触而获得硅尖端。这种接触在表面留下几个纳米尺度的微坑。图 8.7 为使用这种带有硅尖端的 W 探针，通过接触电流模式所测得的 Si(111)→(7×7) 表面的 STM 图像。

正如 Lang 等[39]在他们优秀的指导性文献中所总结的，SPM 利用各种探针和样品–表面的相互作用，已经发展成为如图 8.8 所示的广泛技术。相互作用力可以是尖端和表面原子之间的原子作用力、短程范德瓦耳斯力、长程毛细管力或黏着滑动产生的摩擦力。对针尖进行化学改性可以测试样品表面的各种性质。按照表征所利用的针尖 – 样品表面相互作用力的类型，已经形成各种类型的 SPM。静电力显微镜是基于针尖或表面的局域电荷，它导致针尖 – 样品之

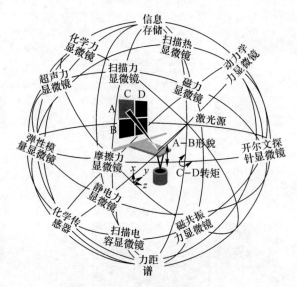

图 8.8　利用各种探针和样品表面相互作用的 SPM 构成。[H. P. Lang, M. Hegner, E. Meyer, and Ch. Gerber, *Nanotechnology* 13, R29(2002).]

间的静电力并可以描绘出样品表面图案，即可以显现表面电荷分布的局域差异。以类似方式，如果针尖涂覆磁性材料，则可利用磁力成像，例如，沿针尖方向磁化的铁就是磁力显微镜。[40]针尖探测样品的杂散场，测定出样品的磁结构。如果针尖功能化为热电偶，则可以测量样品表面的温度分布，这就是扫描热显微镜。[41]扫描电容显微镜用于评价针尖和样品之间的电容变化[42]，而局域化

学势的分辨测试由开尔文探针显微镜来完成[43]。探针可利用振荡模式驱动并用于探测表面弹性，称之为弹性模量显微镜。在高振荡频率下（高共振频率悬臂），可获得有关针尖-样品的原子间力的更多信息，称之为动态力显微镜。

近场扫描光学显微镜（NSOM）可以认为是 SPM 的另一种类。NSOM 的基本原理已经在前面章节中讨论过，即讨论采用近场光学光刻方法制备纳米结构，更多详细信息出现在一些参考文献中。[44-47] NSOM 利用光学探针（源或探测器）以非常近的距离扫描样品，从而突破常规显微镜的衍射极限（$\lambda/2$）和分辨率。NSOM 的分辨率依赖于探针尺寸和探针-样品间距。当两者尺寸都小于光波长时，NSOM 实验中的分辨率也小于光波长。在典型的 NSOM 狭缝和实验中，通过探针中亚波长狭缝照射样品，而探针是一种锥形、一端有几十纳米宽狭缝的金属涂覆单模光纤。[48]在扫描过程中，通过扫描探针和样品之间横向剪切力而对探针-样品间距进行调控。[49]在扫描过程中同时记录两种图像：扫描力显微形貌图像和近场光学图像。利用狭缝小于 NSOM 探针的 NSOM 并结合远场激发，可以获得接近 1 nm 的分辨率。[50]

8.2.6　气体吸附

无论化学成分和晶体结构如何，都可以利用物理、化学吸附等温线确定颗粒表面积和特征尺寸以及孔结构。当气态接触到固态表面时，在适当的温度和压力下，气体分子将吸附到表面以减小表面原子的不平衡吸引力，这样可以减小表面能。吸附既可以是物理的，也可以是化学的。[51,52]物理吸附气体可以通过减小分压的方式从固态表面上轻易去除，而化学吸附气体较难去除，除非加热到较高的温度。对于物理吸附，形成单层或填充到不同尺寸孔隙中的气体量，可以通过与气压的函数关系进行测定；这个关系图就是气体吸附等温线。

物理吸附在确定介孔（2~500 nm）或微孔（<2 nm）材料的比表面积和孔体积中特别有用。在等温条件下将可冷凝气体蒸气与多孔介质相接触时，当气压从零增加到单位压强时，在孔的内表面依次出现几种吸附机制。随着提高相对蒸气压，首先在孔的内表面形成单分子层。相对蒸气压进一步提高时，开始形成多分子层。孔体积基于通过毛细冷凝作用而全部填充孔隙的假设前提。当相对压力进一步持续增加时，在孔隙的内表面上毛细冷凝将依据开尔文公式而发生：

$$\ln\left(\frac{P}{P_0}\right) = \frac{-2\gamma\Omega\cos\theta}{rkT} \tag{8.9}$$

这个方程将弯曲表面的平衡蒸气压 P（如在半径为 r 的毛细管或孔隙中的液体）与平面上相同液体平衡压力 P_0 联系起来。其他项 γ、Ω、θ、k、T 分别代表表面张力、原子体积、被吸附物接触角、玻耳兹曼常数和绝对温度。按照这个方程，当满足方程条件时蒸气将冷凝进入半径为 r 的孔隙中。[53]实际上，当

P/P_0调整到 0.99 时完成测试，对应于上限 95 nm 的孔径。[54]等温条件下气体吸附数量与压力的函数关系称为等温线。图 8.9 给出等温线的 5 种基本类型。[55]如果已经知道表面积被每个吸附气体分子所占据，则可以从单分子吸附层确定表面积，而孔径分布需要根据方程式(8.9)进行计算而得到。

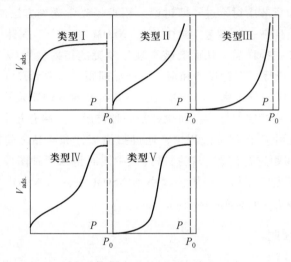

图 8.9　气体吸附等温线的 5 种基本类型：Ⅰ，分子尺度孔隙中的单层吸附；Ⅱ、Ⅳ和Ⅴ，孔径大到约 100 nm 的高孔隙材料中的多层吸附；Ⅲ，不润湿材料上的多层吸附。

化学吸附用于测定表面积；这是通过特殊的化学力而发生的，在气态和固态中独特性还在争论中。[56]通常在高于气体沸点的温度下研究，因而不发生物理吸附。

8.3　化学表征

化学表征是确定表面及内部原子、化合物以及它们的空间分布。正如在 8.1 节中所提到的，许多化学分析方法发展成为表面或薄膜的分析方法，但是它们更容易被人们接受成为纳米结构和纳米材料的表征方法。这里的讨论将限于最常用的方法。这些技术可以划分为各种光谱、电子谱以及离子谱测定法。

8.3.1　光谱

光谱广泛用于表征纳米材料，这种技术通常可以划分为两大类：吸收与发射谱，以及振动谱。前者通过从基态到激发态(吸收)、再退激到基态(发射)的激发电子，确定原子、离子、分子或晶体的电子结构。为了说明这个技术的原理,在本节中讨论吸收谱和光致发光谱。振动技术可概括为与样品中的光子和物质的相互作用相关,并通过振动激发或退激过程使能量转换到样品中,或从样品中转移出来。振动频率提供测试样品中有关化学键的信息。本节中以红外光谱和拉曼光谱为例,说明振动谱的原理。

吸收与发射谱:近于孤立原子和离子的吸收与发射谱中观察到的特征线非常锐利,这是由于量子水平上的跃迁所造成的。因而,它们的波长或光子能量能够被精确确定。谱线代表特定原子或离子的特征,可用于辨别其存在。分子谱通常不如原子谱锐利,但相对来讲也较为锐利。具有足够准确度的谱线位置可用于验证分子的电子结构。固态中,由于相互作用而使原子能级分裂,形成准连续能带(价带和导带),这使其光谱相当宽化。最高价带顶(最高填充分子轨道,HOMO)和最低导带底(最低未填充分子轨道,LUMO)之间的能量差称为基础带隙。大部分光谱的电磁辐射渗透深度为 50 nm 量级。这种小渗透深度限制了光学吸收谱在固态块体材料表征中的应用;然而,这种技术容易应用到纳米结构和纳米材料的表征中。图 8.10(a)分析了 DNA 包覆纳米管样品的光吸收谱。[57]图 8.10(a)中,在 1.8 eV 和 2.7 eV 能量范围内可以看到几种纳米管对光学吸收特征的贡献。为了比较,图 8.10(b)中给出了 SDS 包覆 CoMoCAT 纳米管样品的光学吸收谱。[58]

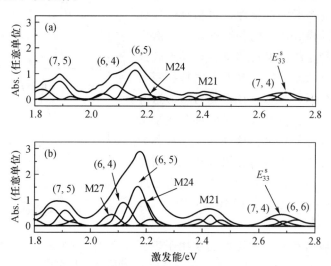

图 8.10 (a)DNA 包覆和(b)SDS(十二(烷)基硫酸钠) 包覆样品的光学吸收谱分析。半导体纳米管和金属纳米管分别表现为黑色和灰色特征。[C. Fantini, A. Jorio, A. P. Santos, V. S. T. Peressinotto,and M. A. Pimenta,*Chem. Phys. Lett.* 439, 138 (2007).]

光致发光(PL)：光致发光是区别于黑体辐射的、材料经过任一过程所产生的光的发射。[51]光发射可能是多种激发产生的结果。例如，当电子激发产生发射时，称之为阴极射线致发光(CL)。另外一个例子为，当用高能光子即 X 射线激发样品时所产生的 X 射线荧光。通过 PL 可以测定材料的物理和化学性质，这是利用光子诱导激发材料体系中的电子状态，并分析这些状态弛豫过程中的光发射。典型的方法是将光直接照射到样品上以产生激发，利用镜头收集发射光并经过光学分光仪到达光子探测器上。光谱分布、发射－时间变化关系与样品内的电子跃迁几率相关，可用于提供有关化学成分、结构、杂质、动力学过程和能量转换的定性(有时为定量)的信息。灵敏度是 PL 技术的重要指标之一，能够分析材料中非常小的质量(纳克)或非常低的浓度(万亿分之几)。除非能够精细控制条件，精确的定量浓度测定较为困难，因而 PL 主要用于定性测量。

在 PL 中，材料通过吸收一些波长的光子而获得能量，并使电子从低能级向高能级跃迁。这可以描述为原子或分子的基态向激发态的转变，或者半导体晶体或聚合物(电子－空穴生成)的价带向导带转变。这样系统就经历了无辐射内部弛豫，包括晶体或分子振动和转动模式之间的相互作用，使激发电子向更为稳定的激发态移动，如导带底或最低分子振动状态。经过激发态的特征寿命之后，电子将返回基态。在发光材料的这种最终转变过程中，所释放能量的部分或全部将以光的形式释放出来，这种弛豫过程称为辐射。激发光波长比入射光波长要长。值得注意，依据发射的特征寿命，亚微秒寿命的快速 PL 也称为"荧光"，而 $10^{-4} \sim 10$ s 的慢速 PL 称为"磷光"。

光学吸收谱和光致发光谱通常用于表征半导体纳米晶的尺寸。[60,61]例如，图 8.11 表现光学吸收谱和光致发光谱随纳米晶尺寸的变化，清楚地表明 CdSe 纳米晶的带隙随尺寸减小而增大。[60]

红外光谱：分子和晶体可以认为是由弹

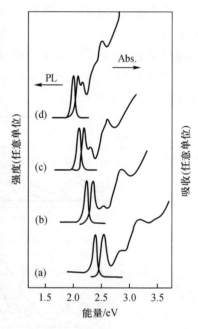

图 8.11 薄而清洁的 CdSe 密堆纳米晶的 10 - K 光学吸收谱和光致发光谱，直径分别为(a)30.3 Å、(b)39.4 Å、(c)48.0 Å 和(d)62.1 Å。［C. R. Kagan, C. B. Murray, and M. G. Bawendi, *Phys. Rev.* B54, 8633 (1996).］

簧(化学键)连接球体(分子或离子)而构成的体系。这些体系发生振动，而振动频率由球体质量（原子量）和弹簧硬度（键强度）所确定。分子和晶体的机械振动频率很高，在 $10^{12} \sim 10^{14}$ Hz（3~300 μm 波长）范围，而其处于电磁波谱的红外（IR）区域。由一定振动频率引起的材料中的振动提供了与红外电磁辐照光束碰撞耦合的一种方式，当发生共振时与其交换能量。这些吸收频率代表化学键的振动激发，因而对于振动中的键类型及原子群是特定的。红外实验中，在红外辐照光束与样品作用之前和之后，测定其强度与光频的函数关系。画出的相对强度与频率关系图即"红外光谱"。相似的术语"FTIR"称为傅里叶转换红外光谱，即将干涉仪的强度 - 时间输出经过傅里叶转换而变化成相似红外光谱（强度 - 频率）。能够确定样品中化学键的特性、周围环境或原子排列和浓度。

拉曼光谱是不同于红外光谱的另外一种振动技术，是将高频辐照如可见光和化学键的振动进行间接耦合。[62]拉曼光谱对于材料中化学键的键长、强度和排列非常敏感，但对于化学成分不敏感。当入射光子与化学键相互作用时，化学键激发到较高能态。大部分能量以与入射光相同的频率被再次辐射出去，这就是瑞利散射（Rayleigh scattering）。能量一小部分被转移并用于激发振动模式，这种拉曼过程称为斯托克斯散射（Stokes scattering）。之后发生的再次辐射频率（较小波数）略小于入射光。通过测得拉曼谱线和瑞利谱线的频率差异可以获得振动能。现有激发振动，例如热激发，也可以与入射光束耦合并传递能量，称之为反斯托克斯散射（anti - Stokes scattering）。最终的拉曼谱线出现在高频或高波数。斯托克斯和反斯托克斯散射谱出现在瑞利谱线两侧并呈镜面对称。而斯托克斯散射经常被应用，因为它们对温度不敏感。拉曼效应非常微弱，因此需要以强单色连续气体激光作为激发光源。应该注意，拉曼光谱更多地用做结构表征技术而不是化学分析。

8.3.2　电子谱

本节中简要讨论能量弥散 X 射线（EDX）、俄歇电子谱（AES）、X 射线光电子谱（XPS）的基本原理及方法。电子谱基于原子发出的光子（X 射线）或电子的特定激发能级。正如图 8.12 所示[63]，当入射电子或光子，如 X 射线或 γ 射线，撞击稳态原子时，内层电子逃逸并留下空位（图 8.12（b））。外层电子将填充这个空位以降低能量，同时发射 X 射线（图 8.12（c））以释放多余能量并可用于 EDX 分析，或从更外层中发出称为俄歇电子（Auger electron）的第 3 个电子（图 8.12（d））并可用于 AES 分析。如果入射光子用于激发，则获得的特征 X 射线称之为荧光 X 射线。由于周期表中每个原子都具有独特的电子结构并对应独特的能级，X 射线和俄歇谱线都能够代表所分析元素的特征。通过测定材料所发出的 X 射线和俄歇电子的能量，可以确定其化学成分。

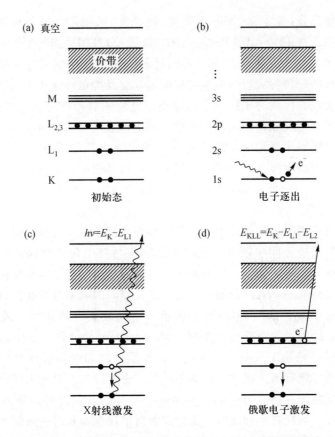

图 8.12　电子能量跃迁图：(a)初始态；(b) 入射光子或电子逐出 K 壳层电子；(c)2 s 电子填充电子孔穴产生 X 射线激发；(d)伴随 KLL 转换的俄歇电子激发。［M. Orhring, *The Materials Science of Thin Films*, Academic Press, San Diego, CA, 1992.］

类似的讨论可以应用到 XPS。在 XPS 中，相对低能 X 射线通过光电效应将电子从原子中激发出来。被激发出的电子能量 E_E，通过入射光子能量 $h\nu$ 和束缚电子能态 E_B 而获得：

$$E_E = h\nu - E_B. \tag{8.10}$$

由于元素的结合能值是确定的，因此通过测定光电子能量可以辨别原子。

8.3.3　离子谱

卢瑟福背散射谱(RBS)是常用的薄膜表征技术，基于利用低质量、极高能量(MeV)离子束。[56]这种离子能够渗透样品几百纳米的深度，并通过电子激发和靶原子离子化而消耗其能量。有时这种快速运动的光离子(通常为 $^4He^+$)穿透原子的电子云屏蔽层并与非常重的靶原子核直接冲击碰撞。离子和核子之间的库仑排斥产生最终散射，即卢瑟福背散射。这种碰撞为弹性碰撞，对靶原子的电子组态和化学键不敏感。经过这种碰撞后的背散射离子能量 E_1 依赖于入射离子的质量 M_0 和能量 E_0、靶原子质量 M 和散射角 θ，由下式给出：

$$E_1 = \left[\frac{(M^2 - M_0^2 \sin^2 \theta)^{1/2} + M_0 \cos \theta}{M_0 + M} \right] \cdot (2E_0). \qquad (8.11)$$

依据已知的入射离子的质量和能量、离子探测器的角位置（通常为 170°），并通过测量背散射离子的数量和能量，可以同时获得有关存在元素属性、它们的浓度和深度分布的信息。

二次离子质谱（SIMS）能够探测固态中非常低的浓度，远远超过了任何已知的分析技术。[65] 在 SIMS 中，离子源轰击表面，从最外表面溅射出大部分中性原子，也包括正或负的离子。在气相中，对离子作质量分析以鉴别存在物质以及确定它们的丰度。SIMS 可以进一步划分为"静态" SIMS 和"动态" SIMS。静态 SIMS 需要离子适度轰击表面之前的相关数据，很适合于表面分析。动态 SIMS 是在高溅射速率下操作，因而可作深度剖面分析。

表 8.1 总结了以上讨论的电子谱和离子光谱的化学表征方法，下面概括每种方法的功能和局限以及这些技术的差异[63]：

（1）AES、XPS 和 SIMS 是实际表面分析技术，因为探测到的电子和离子是在小于约 1.5 nm 深度的表面中发射出来的。通过溅射刻蚀和连续分析新暴露表面的方法，可以进行较深厚度及剖面分析。

（2）AES、XPS 和 SIMS 广泛应用于分析周期表中的几乎所有元素，很少有例外，但 EDX 只能探测 $Z > 11$ 的元素，RBS 则局限于谱线不能重叠的几种选择性元素的组合。

（3）只有 RBS 具备在原子百分比范围内的定量精度，而无须利用成分标准。EDX 是化学成分定量分析的第二种较好的选择。AES、XPS 和 SIMS 全部要求定量分析的成分标准，且有几个原子百分数的误差。

（4）XPS 以及很少部分 AES 具备提供化学键属性和价态信息的能力。

表 8.1　一些化学表征技术的总结。

方法	元素 灵敏度	探测极限 （at. %）	横向 分辨率	有效探测 深度
SEM/EDX	Na – U	约 0.1	约 1 μm	约 1 μm
AES	Li – U	0.1 ~ 1	50 nm	约 1.5 nm
XPS	Li – U	0.1 ~ 1	约 100 μm	约 1.5 nm
RBS	He – U	约 1	1 mm	约 20 nm
SIMS	H – U	约 10^{-4}	约 1 μm	1.5 nm

8.4　纳米材料的物理性能

在原子尺度和块体表征尺度之间，是凝聚态物质展现具有与块体材料物理性质显著区别的特殊性质的尺寸范围。目前已经了解这样的一些特殊性质，但也可能存在其他许多性质，有待进一步发现。一些已知的纳米材料物理性能来源于不同的机制。例如：①大的表面原子数比；②大的表面能；③空间限域；④非完整性的降低。下面是几个例子：

（1）由于具有极大的表面原子数与总原子数之比，纳米材料可以具有很低的熔点或相转变温度以及略微减小的晶格常数。

（2）纳米材料的机械性能可以达到理论强度，比块体单晶强度高1、2个数量级。机械性能的增强是由于缺陷的减少。

（3）纳米材料的光学性能与块体晶体明显不同。例如，半导体纳米粒子的光学吸收峰，由于带隙增大而向短波方向迁移。金属纳米粒子的颜色由于表面等离子基元共振而随尺寸变化。

（4）由于表面散射的提高，电导率随尺寸减小而降低。但是如果在微结构中较好地排列，纳米材料的电导也可以适度提高，如在聚合物小纤维中。

（5）纳米结构材料的磁性与块体材料明显不同。由于巨大的表面能，块体材料的铁磁性消失并转变为纳米尺度内的超顺磁性。

（6）自净化是纳米结构和纳米材料的内在热力学性质。任何热处理都将提高杂质、内部结构缺陷和位错的扩散，能够容易地将它们推向表面附近。完整性的提高对于化学和物理性质具有不容忽视的影响。例如，化学稳定性将得到提高。

许多性质具有尺寸依赖性。换句话说，纳米结构材料的性质可以通过调整尺寸、形状、聚集程度而很容易地被调控。例如，通过粒子尺寸和形状，金属粒子的最大波长 λ_{max} 可以改变几百纳米而其粒子电荷能量改变几百毫伏。

8.4.1　熔点和晶格常数

如果粒子尺寸小于 10 nm，金属、惰性气体、半导体、分子晶体的纳米粒子都具有比其块体形式更低的熔点。关于熔点的降低，一般的解释是由于表面能随着尺寸减小而增大的原因。相转变温度的降低可以归因于随着粒子尺寸的变化而带来的表面能与体积能的比率变化。可以通过引入吉布斯模型，将唯象的热力学方法应用到有限尺寸的纳米粒子体系中，以解释表面的存在。一些假设用于发展模型或近似，以预言纳米粒子熔点的尺寸依赖性。首先假设同时存在质量相同的 1 个固态粒子和 1 个液态粒子以及 1 个气相。基于这些假设提出

平衡条件。[66,67]块体材料熔点 T_b 和粒子熔点 T_m 之间的关系由下式给出[67,68]:

$$T_b - T_m = \left(\frac{2T_b}{\Delta H \rho_s r_s}\right)\left[\gamma_s - \gamma_1\left(\frac{\rho_s}{\rho_1}\right)^{2/3}\right], \tag{8.12}$$

这里 r_s 是粒子半径，ΔH 是熔化摩尔潜热，γ 和 ρ 分别为表面能和密度。应该说明，以上理论描述是基于经典的热力学考虑，即体系尺寸无限，这显然与几个纳米尺度范围的纳米粒子体系不相符合。也应该注意到，模型是基于纳米粒子全部具有平衡形状和完整晶体的假设。正如在第 2 章所详细讨论的，完整晶体的平衡形状由伍尔夫关系式给出。[69,70]但是小晶态粒子可能由多重孪晶结构所组成，形成粒子的能量可能低于伍尔夫晶体。进一步实验结果支持这种多重孪晶晶态粒子的清晰而确定的形态。[71,72]在后面的讨论中将越来越清楚，以上近似或模型与实验结果非常相关。[68]

   并不总是容易确定或定义纳米粒子的熔点。例如，小粒子的蒸气压明显高于相应的块体材料，纳米粒子的表面性质与块体材料的差异非常显著。表面蒸发将有效减小粒子尺寸，这样会影响到熔点。提高表面反应性可能促进表面层的氧化，这样通过与周围化学物质的反应而改变粒子表面的化学成分，并导致熔点的改变。可以通过实验来确定纳米粒子熔点的尺寸依赖关系。有 3 种不同的标准用于确定这种关系：①固态有序度的消失；②一些物理性能的急剧变化，如蒸发速率；③粒子形态的突然变化。[67]如图 8.13 所示[68]，块体金的熔点为 1 337 K，当粒子尺寸小于 5 nm 时，其熔点急剧下降。图中给出实验数据（点）和用最小二乘法拟合式（8.12）的结果（实线）。这种尺寸依赖关系在其他材料如 Cu^{73}、Sn^{74}、In^{75}、Pb 和 Bi^{76} 的粒子和薄膜形态中也存在。

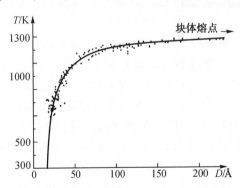

图 8.13　块体金的熔点为 1 337 K，直径小于 5 nm 的纳米粒子熔点急剧降低。同时给出实验数据（点）和最小二乘法拟合式（8.12）的结果（实线）。[Ph. Buffat and J - P. Borel, *Phys. Rev.* A13, 2287 (1976).]

尺寸依赖关系并不只局限于金属纳米粒子的熔点。其他材料包括半导体和氧化物中也存在类似的关系。此外，其他相转变也具有类似的尺寸依赖性。例如，钛酸铅和钛酸钡的铁电-顺电转变温度或居里(Curie)温度，在特定尺寸以下发生急剧下降。对于钛酸钡，块体材料的居里温度是 130 ℃，在小于 200 nm 尺寸时显著降低，在约 120 nm 时达到 75 ℃。[77]块体钛酸铅(PbTiO₃)的居里温度保持到尺寸小于 50 nm，图 8.14 总结了这种相转变温度的尺寸依赖关系。[78,79]

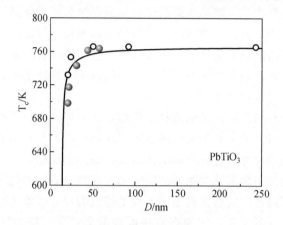

图 8.14　钛酸铅粒子的相转变温度与粒子尺寸的变化关系。圆圈代表实验数据，实线由经验公式 $T_c =$ 765.1exp $\{(-2 \times 0.46/3R)[(1/(D/11.8-1))]\}$ 获得。D 为粒子直径(nm)，R 为理想气体常数。
[Q. Jiang, X. F. Cui, and M. Zhao, *Appl. Phys.* A78, 703(2004).]

正如预期所见，各种纳米线的熔点也低于其块体形式。例如，用激光脉冲加热金纳米棒，使其熔化并转变成球形颗粒。[80]与块体 Ge 的 930 ℃熔点相比较，利用 VLS 工艺制备的、表面包覆碳鞘的、直径为 10～100 nm 的 Ge 纳米线的熔点显著降低为约 650 ℃。[81,82]由瑞利不稳定性所驱使[83]，当纳米线直径足够小或构成原子间的键合较弱时，在相对低的温度条件下，纳米线将发生自发球状化过程，断裂成短线并形成球状粒子，以降低纳米线或纳米棒的高表面能。

关于薄膜熔点的尺寸依赖性，很少有相关资料；而薄膜的热稳定性已经有研究。金或铂的薄膜通常用于底部电极，当高温加热时由于空洞而变为不连续薄膜，进而形成孤立的岛状。然而，没有有关薄膜熔点的厚度依赖性工作的报导。

Goldstein 等[29]利用 TEM 和 XRD 研究了球状 CdS 纳米粒子的熔点和晶格常数。CdS 纳米粒子由胶质合成法制备，粒子直径范围为 24～76 Å，标准偏差为 ±7%。CdS 纳米粒子可以是裸表面，也可以由巯基醋酸所覆盖。利用电子束加热样品，熔点定义为 CdS 晶体结构的电子衍射峰消失的温度。图 8.15 表现

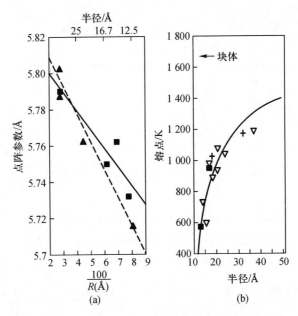

图 8.15　(a) CdS 纳米晶点阵常数与粒子半径 R 的倒数的变化关系。Δ：从裸纳米晶获得的点，虚线拟合得到裸纳米晶的表面张力为 2.50 N/m。□：从巯基醋酸包覆纳米晶获得的点，实线拟合得到表面张力为 1.74 N/m。(b) CdS 纳米晶熔点随尺寸变化关系。□ 和 +：代表根据电子衍射消失的方法，分别测定苯硫酚包覆、巯基醋酸包覆的 CdS 纳米晶得到的点。▽：代表根据暗场中观测单个 CdS 粒子变化得到的点。[A. N. Goldstein, C. M. Echer, and A. P. Alivisatos, *Science* 256, 1425(1992).]

CdS 纳米粒子的晶格常数和熔化温度随粒子尺寸的变化关系。[29] 图 8.15(a) 表明纳米粒子的晶格常数随粒子半径倒数的增加而线性减小。进一步研究表明，与裸纳米粒子相比较，经过表面改性的 CdS 纳米粒子的晶格常数变化较小。如图 8.15(b) 所示，表面能的提高可用于解释纳米粒子熔化温度减小的现象。值得注意，晶格常数的变化很难观察到，只有在非常小的纳米粒子中才能测量。在第 3 章中，纳米粒子通常具有与块体材料相同的晶体结构和晶格常数。

当材料尺寸足够小时，晶体结构可以发生变化。例如，Arlt 等[84] 发现室温 $BaTiO_3$ 晶体结构随着粒子尺寸而变化。图 8.16 表现晶格常数比随平均粒子尺寸的变化关系。[84] 当晶粒尺寸大于 1.5 μm 时，晶格常数比保持不变，即 $c/a - 1 = 1.02\%$；但当晶粒尺寸小于 1.5 μm 时，$BaTiO_3$ 晶胞的四角结构扭曲，室温时比值下降为 $c/a - 1 < 1\%$。值得注意，如图 8.17 所示，从四角结构逐渐变化为赝立方结构的相变过程非常有趣。[84]

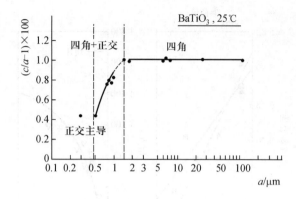

图 8.16　四角结构 $BaTiO_3$ 晶格常数比随平均粒子尺寸的变化关系。［G. Arlt, D. Hennings, and G. de With, *J. Appl. Phys.* 58,1619(1985).］

8.4.2　力学性能

　　随着尺寸减小，材料的力学性能得到提高。许多研究集中于一维结构的力学性能，特别是大量工作以晶须为研究对象。Herring 和 Galt 在 1952 年首次证明晶须的力学强度接近理论值。[85] 完整晶体的计算强度比实际强度大 2、3 个数量级是早已知道的事情。研究也表明，只有当晶须直径小于 10 μm 时才可观测到机械强度的提高。因此，机械强度的提高开始于微米量级，明显不同于其他随尺寸变化的性能。

　　有两种可能的机制用于解释纳米线或纳米棒（实际直径小于 10 μm）的强度提高。一种是将强度提高归因于纳米线或晶须的较高的内部完整性。如果晶须或纳米线的横截面越小，在其中发现位错、微孪晶、杂质沉积物等缺陷的可能性就越小。[86] 热力学上，晶体中的缺陷具

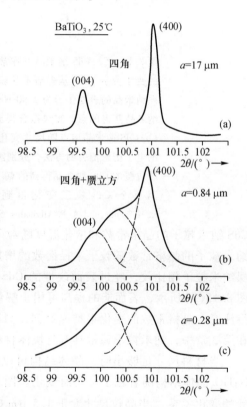

图 8.17　直径 1.7 μm 的大尺寸四角结构 $BaTiO_3$ 粒子逐渐转变为直径 0.28 μm 的小尺寸赝立方或正交结构 $BaTiO_3$ 粒子。［G. Arlt, D. Hennings, and G. de With,*J. Appl. Phys.* 58,1619 (1985).］

有较高能量，应该容易从完整晶体结构中被消除。小尺寸使得这种缺陷消除成为可能。另外，块体材料中的一些缺陷如位错，经常是由于合成和加工过程中的温度梯度和其他不均匀性而产生并存在应力。这样的应力不可能存在于小结构中，特别是在纳米材料中。另外一种机制是晶须或纳米线侧面的完整性。总的来说，较小结构具有较少的表面缺陷。特别是对于通过"自下而上"法合成的材料更是如此。例如，Nohara 利用电子谱观察气相生长的直径为 10 μm 或更小的晶须，发现在其表面没有可观测到的台阶，然而在直径大于 10 μm 的晶须上观察到无规生长台阶。[87]显然，两种机制紧密相关。当晶须在低饱和度条件下生长时，很少有生长速率的波动，因此晶须的内部和表面结构更加完整。图 8.18 表现典型的强度随晶须直径的依赖关系[88]，相似的依赖关系在不同的金属、半导体和绝缘体中被发现[89,90]。几年前，AFM 和 TEM 用于测量纳米线或纳米棒的力学性能[91-93]，两者都能提供纳米结构和纳米材料机械行为的一些直接证据。

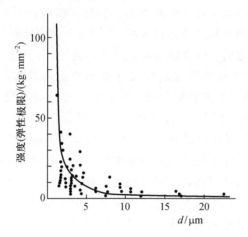

图 8.18　由于体积和表面完整性的提高，NaCl 晶须机械强度随其直径减小而急剧增大，当直径小于约 1 μm 时接近理论强度。

[Z. Gyulai, *Z. Phys.* 138, 317(1954).]

已经知道，多晶材料的屈服强度 σ_{TS} 和硬度 H，在微米尺度内依赖于晶粒尺寸并满足霍尔 – 佩奇(Hall-Petch)关系式[94,95]：

$$\sigma_{TS} = \sigma_0 + K_{TS}d^{-1/2} \tag{8.13}$$

或

$$H = H_0 + K_H d^{-1/2} \tag{8.14}$$

其中，σ_0 和 H_0 是与点阵摩擦应力相关的常数，d 是晶粒平均尺寸，K_{TS} 和 K_H 是与材料相关的常数。[96]晶粒平均尺寸的平方根倒数表明晶粒堆积尺寸的缩放比例。[97]霍尔 – 佩奇模型将晶界处理为位错运动的能垒，因此位错在晶界处堆积。达到临界应力值后，位错将穿过晶界进入下一个晶粒中，这样产生了屈服。正如上述有关细晶须的力学性能讨论，纳米材料如晶须具有高完整性，在纳米结构材料中没有发现位错。[96] 因此，霍尔－佩奇模型在纳米尺度范围内将不适用。[97]

实验发现，纳米结构金属的强度和硬度或高于或低于大晶粒材料，这取决于改变晶粒尺寸的方法。[98] 例如，平均晶粒尺寸为 6 nm 的铜的微硬度比晶粒尺寸为 50 μm 的退火样品高 5 倍，5 ~ 10 nm 晶粒的钯也比 100 μm 晶粒样品的微硬度高 5 倍。[99] 纯纳米晶铜的屈服强度超过 400 MPa，接近于大晶粒铜的 6 倍。[100,101] 然而，也有关于铜和钯的对立的尺寸依赖关系的报道，例如，随着晶粒尺寸的减小，其硬度也变小。[102] 提出各种模型用于预测和解释纳米材料的强度和硬度的尺寸依赖性。两种模型用于预示硬度的对立的尺寸依赖关系。Hahn 等[103] 提出晶界滑移是形变的速率限制步骤，这一模型合理解释了强度和硬度随晶粒尺寸变小而下降的实验数据。另外，模型利用了混合方法的经验，在此考虑了块体晶内相和晶界相两种相。[104,105] 这个模型预测，在达到约 5 nm 的最大临界晶粒尺寸之前，硬度随晶粒尺寸变小而提高，当低于临界尺寸时材料开始软化。这个模型与硬度随晶粒尺寸变小而提高的实验数据拟合得非常好。[104,105] 但是，至今没有实验结果用于验证 5 nm 临界晶粒尺寸的存在。虽然研究了各种纯金属纳米结构的力学性能，包括银[106]、铜[99,102]、钯[99,102]、金[107]、铁[108] 和镍[109]，但晶粒尺寸或晶界对力学性能的实际作用依然不清楚，许多因素对纳米结构材料力学性能的测试具有显著的影响，例如残余应变、裂缝尺寸和内应力。与纳米结构金属比较，虽然出现了有关 SnO_2[110]、TiO_2[111,112] 和 ZnO[112] 的研究报道，但关于氧化物以及尺寸效应对其力学性能影响的研究很少。纳米结构材料的其他力学性能如杨氏模量、蠕变和超塑性也已经研究过，然而还没有实现对尺寸依赖性的充分理解。

纳米结构材料可能具有不同于大晶粒块体材料的弹塑性。例如，在利用粉末冶金制备的纯纳米晶铜中观察到接近完美的弹塑性，如图 8.19 所示。[113] 在拉伸实验中，既没有观察到加工硬化，也没有缩颈形成，而这些是延展性金属和合金的普遍特征。然而无法解释这个发现。在纳米尺寸的铝晶粒中观察到孪晶，而这在微米或更大尺寸的颗粒中从未发现过。[114]

8.4.3 光学性能

减小材料尺寸对其光学性能产生显著影响。尺寸依赖性通常可以划分为两类。一类是由于能级间隔的增大体系变得更为窄小，另一类与表面等离子共振相关。

8.4.3.1 表面等离子共振

表面等离子共振是导带内全部自由电子的连续激发，导致相内振动。[115,116]

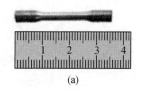

(a)

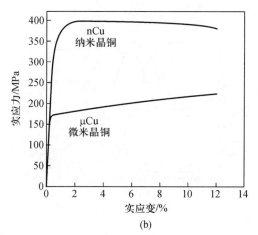

(b)

图 8.19 （a）利用粉末冶金法制备的金属纳米晶，将其加工成的拉伸样品。（b）纳米晶铜和微米晶铜的应力、应变比较。在室温和 $5 \times 10^{-6} s^{-1}$ 的低应变速率条件下完成拉伸试验。[Y. Champion, C. Langlois, S. Guérin-Mailly, P. Langlois, J. Bonnentien, and M. J. Hÿtch, *Science* 300,310(2003).]

当金属纳米晶的尺寸小于入射光的波长时形成表面等离子共振[117]，图 8.20 表明金属粒子如何以简单方式形成表面等离子振动[118]。入射光的电场诱导自由电子相对于阳离子点阵的极化。净电荷差异出现在纳米粒子的边界(表面)，并起到恢复力的作用。以这种方式，形成了具有一定频率的电子偶极子振动。表面等离子共振是整个粒子的带负电自由电子和带正电点阵之间的偶极子激发。表面等离子共振的能量依赖于自由电子密度和纳米粒子周围的介电介质。共振宽度随电子散射之前的特征时间而变化。对于较大纳米粒子，散射时间长度提高时共振锐化。贵金属的共振频率出现在可见光范围内。

1908 年，Mie 通过求解电磁波与小金属球相互作用的麦克斯韦方程，首先解释了金纳米粒子胶体的红色现象。[119]这个电动力学计算解导致了贯穿纳米粒子截面的一系列多极振动[117]：

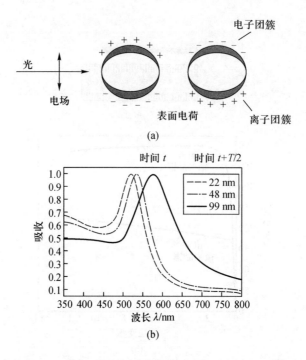

图 8.20 球形纳米粒子表面等离子吸收及其尺寸依赖性。(a)偶极子表面等离子振动激发示意图。入射光波电场诱导(自由)传导电子相对于球形金属纳米粒子重离子核的极化。纳米粒子表面出现净电荷差异,可起到恢复力的作用。以这种方式形成周期为 T 的电子偶极子振动。(b)尺寸分别为 22 nm、48 nm、99 nm 的球形金纳米粒子的光学吸收谱。吸收宽带对应于表面等离子共振。[S. Link and M. A. El−Sayed, *Int. Rev. Phys. Chem.* 19, 409(2000).]

$$\sigma_{\text{ext}} = \left(\frac{2\pi}{|k|^2}\right) \sum (2L+1)\,\text{Re}(a_L + b_L), \qquad (8.15)$$

$$\sigma_{\text{sca}} = \left(\frac{2\pi}{|k|^2}\right) \sum (2L+1)(|a_L|^2 + |b_L|^2), \qquad (8.16)$$

利用 $\sigma_{\text{abs}} = \sigma_{\text{ext}} - \sigma_{\text{sca}}$ 和

$$a_L = \frac{m\Psi_L(mx)\Psi_L'(x) - \Psi_L'(mx)\Psi_L(x)}{m\Psi_L(mx)\eta_L'(x) - \Psi_L'(mx)\eta_L(x)} \qquad (8.17)$$

$$b_L = \frac{\Psi_L(mx)\Psi_L'(x) - m\Psi_L'(mx)\Psi_L(x)}{m\Psi_L(mx)\eta_L'(x) - m\Psi_L'(mx)\eta_L(x)} \qquad (8.18)$$

这里 $m = n/n_m$,n 是粒子的复折射率,n_m 是周围介质的实折射率,k 是波矢,

$x = kr$，而 r 是金属纳米粒子的半径。Ψ_L 和 η_L 是里卡蒂 – 贝塞尔(Ricatti – Bessel)圆柱函数。L 是分波的求和指数。

式(8.17)和式(8.18)清楚地表明等离子共振依赖于粒子尺寸 r。粒子越大，则高阶模式越重要，因为这时光不再均匀极化纳米粒子。这些高阶模式峰出现在低能量区域。因此，等离子带随粒子尺寸增大而发生红移。同时，等离子带宽随粒子尺寸增大而宽化。如图 8.21 所示，实验结果清楚地表明吸收波长和峰宽都随粒子尺寸增大而增大。[120]这种对粒子尺寸的直接依赖性被认为是外部尺寸效应。

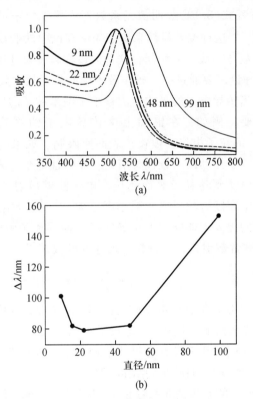

图 8.21　(a)分散在水中的尺寸分别为 9 nm、22 nm、48 nm、99 nm 的金纳米粒子 UV – Vis 吸收谱。全部谱在其分别为 517 nm、521 nm、533 nm 和 575 nm 的最大吸收处进行了归一化。(b)等离子带宽 $\Delta\lambda$ 与粒子直径的变化关系。
[S. Link and M. A. El-Sayed, *J. Phys. Chem.* B103, 4212 (1999).]

对于较小纳米粒子的光学吸收谱的尺寸依赖性，其情形更为复杂，只有偶极子项是重要的。对于远小于入射光波长（$2r \ll \lambda$，或大约 $2r < \lambda_{max}/10$）的纳米粒子，只有偶极子振动贡献于消光横截面。[115,116] Mie 理论可以简化成下面关系式（偶极子近似）：

$$\sigma_{ext}(\omega) = \frac{9\omega\varepsilon_m^{3/2}V\alpha\varepsilon_2(\omega)}{c}\{[\varepsilon_1(\omega)+2\varepsilon_m]^2+\varepsilon_2(\omega)^2\}^{-1} \qquad (8.19)$$

这里 V 是粒子体积，ω 是激发光的角频率，c 是光速，ε_m 和 $\varepsilon(\omega)=\varepsilon_1(\omega)+i\varepsilon_2(\omega)$ 分别为周围材料和粒子的体介电常数。前者假设与频率无关，而后者是复数且为能量函数。如果 ε_2 较小或对 ω 的依赖关系较弱，则共振条件为 $\varepsilon_1(\omega)=-2\varepsilon_m$。方程式(8.19)表明消光系数不依赖于粒子尺寸，但是实验观测到尺寸依赖性。[121-123] 这种偏差显然来源于 Mie 理论中的假设，即纳米粒子的电子结构和介电常数与其块体的相同，这种假设在粒子尺寸变得非常小时不再有效。因此，Mie 理论需要通过引入较小粒子中的量子尺寸效应而进行修正。

在小粒子中，当传导电子的平均自由程小于纳米粒子的尺寸时，电子－表面散射变得很重要。例如，在银和金中传导电子的平均自由程为 40 ~ 50 nm[124]，在 20 nm 的粒子中将会被粒子表面所限制。如果电子被表面无规弹性散射，则整个等离子振动的一致性将消失。非弹性电子－表面碰撞也将改变相。粒子越小，则电子到达粒子表面越快，电子能够散射并失去一致性也越快。结果是等离子带宽随着粒子尺寸减小而增大。[125,126] 有效电子自由程的减小和电子－表面散射的提高也能够如下正确解释表面等离子吸收的尺寸依赖性。γ 作为一个唯象衰减常数引入，它是粒子尺寸的函数[125,126]：

$$\gamma = \gamma_0 + \frac{Av_F}{r} \qquad (8.20)$$

这里 γ_0 是块体衰减常数且依赖于电子散射频率，A 是常数且依赖于散射过程的细节，v_F 是电子在费米面上的速率，r 是粒子半径。尺寸效应被认为是内部尺寸效应，因为材料介电函数本身具有尺寸依赖关系。在此范围吸收波长增大，但是峰宽随着粒子尺寸增大而减小（见图 8.21）。

20 nm 金纳米粒子的摩尔消光系数在 1×10^9 $M^{-1} \cdot cm^{-1}$ 的量级，并随着粒子体积增大而线性提高。[123] 这些消光系数比非常强吸收有机染料分子的高 3、4 个量级。纳米粒子的染色可以用于实际应用，一些应用已经被研究并实际利用。例如，金红宝石玻璃的颜色是其具有在约 0.53 μm 的吸收带的结果。[127] 这个带来源于粒子的球形几何形状和按照上述 Mie 理论讨论的金特殊光学性质。[119] 球形粒子边界条件使这种谐振偏移到更低频率或更长波长。金粒子尺寸影响吸收。对于直径大于约 20 nm 的粒子，当振动变得更为复杂时，吸收带偏向更长波长。对于小粒子，因为粒子中自由电子的平均自由程约 40 nm 并有效减小，因此带宽逐渐增大。[128] 玻璃中银粒子的颜色为黄色，这是由于其在

0.41 μm 处的相似吸收带的原因。[129]玻璃中铜粒子具有 0.565 μm 处的等离子吸收带。[130]

与纳米粒子相似，金属纳米线具有表面等离子共振性能。[131]但是，金属纳米棒表现出两种 SPR 模式，对应于横向和径向激发。当 Au 的横向模式波长固定在 520 nm 附近、Ag 固定在 410 nm，则它们的径向模式波长通过控制长径比而容易在可见光到近红外的范围内进行调整。研究也表明，具有长径比 2 ~ 5.4 的金纳米棒能够发射荧光，量子产率比块体金属大百万倍。[132]

8.4.3.2 量子尺寸效应

纳米材料的特殊光性可能来源于量子尺寸效应。当一个纳米晶（即单个晶体纳米粒子）的尺寸小于德布罗意波长时，电子和空穴被空间限域并形成电偶极子，在全部材料中形成分立的电子能级。与盒中的粒子相似，随着尺寸减小，邻近能级间的分离现象增强。图 8.22 表示纳米晶、纳米线和薄膜中这样分立的电子组态。纳米材料的电子组态明显不同于它们相应的块体。这些变化来源于电子能量密度随尺寸关系的系统转变，这些变化导致随尺寸的光性和电性的强烈变化。[133,134]纳米晶介于具有不连续电子能态密度的原子和分子与具有连续能带的扩展晶体之间的状态。[135]在任何材料中，都存在这样的尺寸，即当小于这个尺寸且能级间隔超过所处温度时，材料的基本电、光性质将发生明显的随尺寸而变化。对于特定温度，与金属、绝缘体相比较，这种情况发生在大尺寸半导体材料中。对于金属的情况，费米能级处于一个能带中心，相对能级间隔非常小，电性和光性更类似于连续能带，即使尺寸很小（几十或几百个原

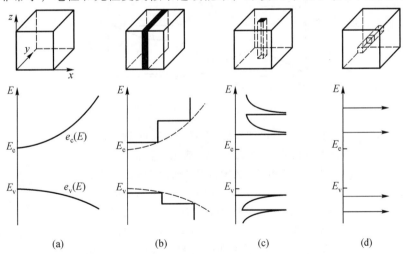

图 8.22　纳米晶、纳米线和薄膜中分立电子组态，以及价带和导带之间放大的带隙示意图。

子）也是如此。[136,137]对于半导体，费米能级处于两个能带之间，因此能带边缘主导低能光学和电学行为。穿过带隙的光激发强烈依赖于尺寸，甚至对于由10 000个原子组成的微晶也是如此。对于绝缘体，两个能带之间的带隙已经足够大。

半导体纳米粒子的量子尺寸效应最为明显，在此带隙随着尺寸减小而增大，导致带间跃迁向高频方向迁移。[138-141]在半导体中，能量间隔即完全填满价带和空导带的能量差异，为几个电子伏特，并且随尺寸减小而快速增大。[138]图8.23表现InP纳米晶光学吸收谱和发光光谱随粒子尺寸的变化关系。[13]非常清楚地看到，随着粒子尺寸的减小，吸收边和发射峰位都向高能方向偏移。这种吸收峰的尺寸依赖性广泛用于确定纳米晶的尺寸。图8.24表现硅纳米线带隙随着纳米线直径的变化关系，同时画出实验结果[142]和计算数据[143,144]。

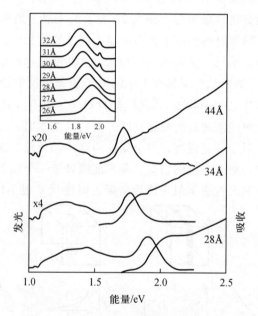

图8.23 InP纳米晶光学吸收谱和PL谱与粒子尺寸的关系。PL谱由高能带边发射带和低能捕获发射带组成。插图为以其他标度表现尺寸逐次递减的一系列样品的PL谱，展示随纳米晶尺寸减小带边发射的蓝移特征。样品经过癸胺处理并暴露于空气中。[A. A. Guzelian, J. E. B. Katari, A. V. Kadavanich, U. Banin, K. Hamad, E. Juban, A. P. Alivisatos, R. H. Wolters, C. C. Arnold, and J. R. Heath, *J. Phys. Chem.* 100, 7212(1996).]

在金属纳米粒子中也有相同的量子尺寸效应[145,146]；但是为了观察能级的局域化，尺寸必须小于 2 nm，因为能级间隔必须超过热能（约 26 meV）。在金属中，导带是半充满状态，能级密度很高，因此如果在导带中要观察到明显的能级分裂（或带间跃迁），则纳米粒子需要由约 100 个原子所组成。如果金属纳米粒子足够小，连续的电子能态密度将被破坏并形成分立的能级。能级之间的间隔 δ 依赖于金属费米能 E_F 和金属中的电子数 N，由下式给出[147]：

$$\delta = \frac{4E_F}{3N}, \qquad (8.21)$$

这里大部分金属的费米能 E_F 在 5 eV 量级。金属纳米粒子的分立电子能级在金纳米粒子的远红外吸收谱测量中观察到。[148] 在有限尺寸的金属中，可以观测到从原子水平到固态块体的性质变化。

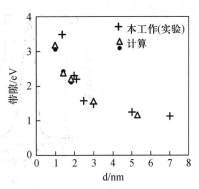

图 8.24　硅纳米线带隙随纳米线直径变化关系，同时给出实验结果[D. D. D. Ma, C. S. Lee, F. C. K. Au, S. Y. Tong, and S. T. Lee, Science 299, 1874 (2003)]和计算结果。[A. J. Read, R. J. Needs, K. J. Nash, L. T. Canham, P. D. J. Calcott, and A. Qteish, Phys. Rev. Lett. 69, 1232 (1992) and B. Delley and E. F. Steigmeier, *Appl. Phys. Lett.* 67, 2370 (1995).]

当纳米线或纳米棒的直径减小到玻尔（Bohr）半径时，如同纳米晶一样，尺寸限域将在确定能级时起到重要作用。例如，Si 纳米线的吸收边具有明显的"蓝移"锐化并出现分立特征，Si 纳米线也具有相对强的"带边"光致发光现象。[149-151]

除了尺寸限域外，纳米线发射的光在径向方向被高度极化。[152-154] 图 8.25 表明单个孤立的 InP 纳米线中，在沿其平行和垂直于长轴方向的 PL 强度中表现出明显的这种各向异性。[152] 根据纳米线和周围环境间的强介电对比，相对于价带混合的量子力学效果，能够定量解释极化各向异性的数量。正如第 3 章所述，有一些其他术语用于描述纳米粒子。纳米晶特别指单晶体纳米粒子。量子点用于描述具有量子效应的小粒子。相类似，量子线用于表现出量子效应的纳米线。

8.4.4　电导

由于基于截然不同的机制，纳米结构和纳米材料电导的尺寸效应较复杂。这些机制通常可以划分为四类：表面散射（包括晶界散射）、量子化传导（包括弹道传导和库仑荷电）、带隙的宽化和分立，以及微结构变化。此外，完整性提高如杂质、结构缺陷和位错的减少，将影响纳米结构和纳米材料的电导。薄

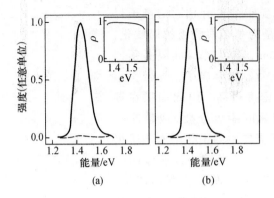

图 8.25　直径 15 nm 的单个 InP 纳米线的(a)激发谱和(b)发射谱。激发激光的极化分别与纳米线长轴方向平行(实线)和垂直(虚线)。插图为极化比值和能量的关系。[J. F. Wang, M. S. Gudiksen, X. F. Duan, Y. Cui, and C. M. Lieber, *Science* 293, 1455(2001).]

电介质的隧穿是伴随纳米或亚纳米尺度的另一种电现象。

8.4.4.1　表面散射

金属中电导或欧姆传导可以用各种电子散射来描述，金属的总电阻率 ρ_{T} 是单个独立散射贡献的总和，称为马西森(Matthiessen)法则：

$$\rho_{\text{T}} = \rho_{\text{Th}} + \rho_{\text{D}}, \qquad (8.22)$$

ρ_{Th} 为热阻率，ρ_{D} 为缺陷电阻率。电子与偏移其平衡点阵位置的振动原子(光子)的碰撞是热或光子贡献的根源，它随温度而线性提高。杂质原子、缺陷如空位、晶界引起点阵周期性电势的局域破坏并产生电子有效散射，这与温度无关。显然，缺陷电阻率能够进一步划分为杂质电阻率、点阵缺陷电阻率和晶界电阻率。考虑到单个电阻率正比于碰撞之间的各自平均自由程，马西森法则可以写成

$$\frac{1}{\lambda_{\text{T}}} = \frac{1}{\lambda_{\text{Th}}} + \frac{1}{\lambda_{\text{D}}}. \qquad (8.23)$$

理论上建议 λ_{T} 的范围为几十到几百纳米。材料尺度的减小对于电导率有两个不同的作用。一个是晶体完整性的提高或缺陷的减少，将导致缺陷散射的减少，因而电阻率减小。但是缺陷散射对室温金属的总电阻率贡献较小，这样缺陷的减少对电阻率的影响很小，几乎不能实验观测。另外一个是由于表面散射对总电阻率产生额外贡献，这在决定纳米尺寸材料总电阻率上产生非常大的影响。如果由于表面散射引起的电子平均自由程 λ_{s} 为最小，则其将主导总电阻率：

$$\frac{1}{\lambda_T} = \frac{1}{\lambda_{Th}} + \frac{1}{\lambda_D} + \frac{1}{\lambda_s} \tag{8.24}$$

在纳米线和薄膜中，电子的表面散射导致电导的减小。当薄膜和纳米线的临界尺寸小于电子平均自由程时，电子的运动将被表面碰撞所阻断。电子发生弹性或非弹性散射。弹性散射也称镜面散射，即电子的反射与镜面反射光子的方式相同。在这种情况下，电子不失去它们的能量和动量，或沿着平行于表面方向的速度被保留。结果是电导与块体时的相同，没有出现电导中的尺寸效应。但当散射都为非弹性时，或非镜面，或扩散，电子平均自由程被表面碰撞所阻断。碰撞以后，电子轨道与碰撞方向无关，后续散射角变为无规律。因此，散射电子沿平行于表面的方向或传导方向损失它们的速度，电导降低。这就是电导的尺寸效应。

图 8.26 描述厚度 d 小于块体电子平均自由程 λ_0 的薄膜中，膜表面非弹性散射电子的汤普森（Thompson）模型。[155] λ_f 的平均值由下式给出：

$$\lambda_f = \frac{1}{2d} \int_0^d dz \int_0^\pi \lambda \sin \theta d\theta. \tag{8.25}$$

积分后得到

$$\lambda_f = \frac{1}{2d}\Big[\ln\Big(\frac{\lambda_0}{d}\Big) + \frac{3}{2}\Big]. \tag{8.26}$$

相对于块体的最终薄膜电阻率 ρ_f 为

$$\frac{\rho_0}{\rho_f} = \frac{d}{2\lambda_0}\Big[\ln\Big(\frac{\lambda_0}{d}\Big) + \frac{3}{2}\Big]. \tag{8.27}$$

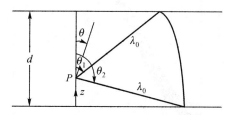

图 8.26 厚度 d 小于块体电子平均自由程 λ_0 的薄膜中，膜表面非弹性散射电子的汤普森（Thompson）模型示意图。[J. J. Thompson, *Proc. Cambridge Phil. Soc.* 11, 120 (1901).]

从式（8.15）和式（8.16）中清楚地看到，随着 d 变小，λ_f 减小而 ρ_f 增大，存在明显的尺寸依赖或尺寸效应。应当注意，上述模型是基于全部表面散射为非弹性的假设前提并依据了经典物理。更为精确的量子理论，即富克斯－松德海默(Fuchs – Sondheimer)(F – S)理论也得到发展。[156,157]通过考虑弹性和非弹性的共同贡献而进一步提升了模型，P 为弹性表面散射分数，得到薄膜的近似公式，在此 $\lambda_0 \gg d$：

$$\frac{\rho_0}{\rho_f} = \frac{3d}{4\lambda_0}(1 + 2P)\left[\ln\left(\frac{\lambda_0}{d}\right) + 0.423\right]. \quad (8.28)$$

显然，汤普森方程(式(8.27))的特征被保留下来。表面弹性散射分数很难实验测定；但是表面杂质和粗糙度有利于非弹性散射是已知的事实。值得注意，虽然以上讨论集中于金属表面散射，但总的结论也同样适用于半导体。表面散射的提高将导致电子迁移率的降低，因而增大了电阻率。由于表面散射带来的随纳米线直径减小而电阻率提高的现象已被广泛报道。[158]

图 8.27 表现薄膜厚度相关电阻率随温度的变化关系。[159]在这个实验中，首先在超高真空条件下将 Co 沉积于原子级清洁的硅基体表面，形成外延生长的膜，再经热处理促进硅化钴的形成。严格控制化学计量，薄膜和基体界面趋于原子级完整，外表面非常光滑。薄膜厚度小到 6 nm 时依然看到微弱的厚度依赖性。通过独立的低温磁阻测量进一步发现平均 λ_0 为 97 nm，而自由表面和 $CoSi_2$ – Si 界面的晶面反射率都达到约 90%。在多晶材料中，当微晶尺寸小于

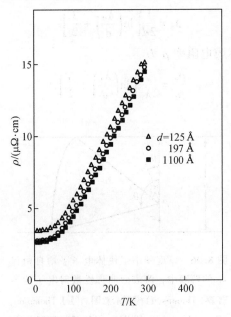

图 8.27　硅基体上外延生长 Co 薄膜的膜厚
相关电阻率随温度的变化关系。[J. C. Hensel,
R. T. Tung, J. M. Poate, and F. C. Unterwald,
Phys. Rev. Lett. 54,1840(1985).]

电子平均自由程时，晶界对电阻率的贡献开始显现。多晶含水氧化锑薄膜的质子传导随着小晶粒尺寸而降低，如图 8.28 所示，这归因于晶界散射。[160]

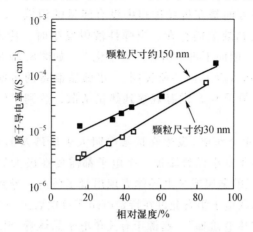

图 8.28　多晶含水氧化锑圆片的质子传导在 19.5 ℃时随相对湿度的关系。在整个湿度测量范围，大晶粒圆片比小晶粒圆片具有更大的质子传导，这归因于晶界散射。[K. Ozawa, Y. Sakka, and M. Amano, *J. Sol-Gel Sci. Technol.* 19, 595 (2000).]

　　值得注意，虽然相关研究报道很少，类似于表面非弹性散射的电导影响，电子和光子的表面非弹性散射将导致纳米结构和纳米材料的热导的降低。理论研究表明，直径小于 20 nm 的硅纳米线的热导明显小于块体值。[161-163]

8.4.4.2　电子结构的变化

　　正如图 8.22 所示，小于临界尺寸的特征尺寸的减小，即电子德布罗意波长，将引起电子结构变化，出现带隙的宽化和分立。这种带隙变化对光性的影响已经被广泛研究并在前面章节中讨论。这种变化通常也会引起电传导的变化。一些金属纳米线，当其直径小于一定值时可能转变为半导体，而半导体纳米线可能变为绝缘体。这种变化可以部分归因于量子尺寸效应，即前面所讨论的当材料尺寸小于一定尺寸时电子能级的提高。例如，单晶 Bi 纳米线在直径约为 52 nm 时，发生从金属到半导体的转变[164]；直径约为 40 nm 的 Bi 纳米线，其电阻随温度降低而减小。[165] 直径为 17.6 nm 的 GaN 纳米线依然是半导体[166,167]，然而约 15 nm 的 Si 纳米线已经变为绝缘体[168]。

8.4.4.3　量子输运

　　小器件和材料中的量子输运已经被广泛研究。[169,170] 下面只作简要概括，包括弹道传导、库仑荷电和隧穿传导。

弹道传导发生在导体长度小于电子平均自由程时。[171-174] 在这种情况下，每个横向波导模式或传导通道对总电导的贡献为 $G_0 = 2e^2/h = 12.9 \text{ k}\Omega^{-1}$。弹道输运的另外一个重要方面是在传导过程中没有能量的消散[169]，并且没有弹性散射。后者要求杂质和缺陷的存在。当弹性散射发生时，传递系数（也包括电导）都将减小[169,175]，因而不再是精确的量子化[176]。如图 8.29 所示，碳纳米管的弹道传导最早由 Frank 及其同事所证明。[177] 电弧法制备的多壁碳纳米管的传导是 1 个单位的传导量子 G_0，没有观察到热量消散，达到了极高稳定的电流密度，$J > 10^7 \text{ A/cm}^2$。

库仑阻塞（或库仑荷电）发生在接触电阻大于所涉及的纳米结构的电阻，并且物体的总电容非常小以致添加一个电子都需要在极大的荷电能量的状况下。[178] 几个纳米直径的金属或半电导体表现出量子效应，导致金属纳米粒子的离散电荷。这种离散电子组态允许在特定电压下每次取出一个电子电荷。这种库仑阻塞也称为"库仑阶梯"，起源于有关单电子晶体管（SETs）的建议[179]，在此提出直径小于 2~3 nm 的纳米粒子可能成为 SETs 的基本元件。向半导体或金属纳米粒子中加入单电荷时需要能量，因为电子不再是融入无限大块体材料中。对于由介电常数为 ε_r 的介质所包围的纳米粒子，其电容依赖于它的大小：

$$C(r) = 4\pi r \varepsilon_0 \varepsilon_r \qquad (8.29)$$

这里 r 为纳米粒子半径，ε_0 为真空介电常数。向粒子中添加一个单电荷所需要的能量由荷电能量给出[180,181]：

$$E_c = \frac{e^2}{2C(r)} \qquad (8.30)$$

在 $k_B T < E_c$ 的温度下，从包含单个纳米粒子器件的 $I-V$ 特征上[182,183]，或导电表面上纳米粒子的 STM 测量中[184]，都可以看到单电荷隧穿到金属或半导体纳米粒子上的现象。这种库仑阶梯也在单个单壁碳纳米管中观察到。[185] 值得注意，式 (8.29) 和式 (8.30) 清楚地表明荷电能量与材料无关。图 8.30 表现具有单个金纳米粒子器件的 $I-V$ 特征曲线，这里荷电能量成为电流流动的屏障，即库仑阻塞。[184] 当结构中加入栅电极，则纳米粒子的化学势以及电流电压能够被调控。这种三端器件就是单电子晶体管，作为探索性器件结构已经引起了极大的关注。[186,187]

隧穿传导是纳米尺度范围内又一个重要的电荷输运机制，已经在第 7 章中简要讨论。隧穿包括电荷从绝缘介质中穿透输运，而这一绝缘介质是介于两个非常靠近的金属板并使其分隔。这是由于当绝缘层非常薄时，两个导体中的电子波函数在绝缘层材料内部重叠所导致的。图 8.31 给出隧穿电导随脂肪酸单层厚度（C_{14} 到 C_{23}）的变化关系，表明随绝缘层厚度增加，电导呈幂次减小。[188] 在此条件下，施加外加电场可使电子隧穿通过介电材料。值得注意，严格地讲，库仑荷电和隧穿传导不是材料的性质，而是体系的性质。更准确地讲，它

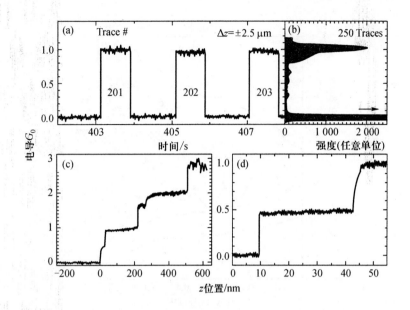

图 8.29　（a）纳米管的接触电导随时间变化关系，这是将纳米管以恒定速率向水银中放入和取出而完成，运动周期 2 s、位移 $\Delta z = \pm 2.5 \ \mu m$。对于约 2 μm 的浸渍深度，电导跃至约 1 G_0 然后保持常数。然后运动转向相反方向，进入 2 μm 后接触被中断。反复循环以表现可重复性；以循环 201 ~ 203 作为例子来表现。（b）以全部 250 个通道电导数据依次表现的柱状图。在 1 G_0 和 0 处的平台产生柱状图中的峰。峰底相对面积对应相对平台长度。因为整个位移已知，因此平台长度可以精确确定；此时，1 G_0 平台对应 1 880 nm 的位移。这样确定的平台长度对于液态水平的无规振动不敏感，因而比单个通道的测量更为精确。（c）每个纳米管通道与 2 个主平台接触，而其又有 1 个次级预台阶。这个通道解释为一个纳米管与第二个形成管束的结果。第二个纳米管在第一个纳米管之后与金属接触约 200 nm。通常观察到具有非整数电导的较短平台（10 ~ 50 nm 长），这解释为来源于纳米管尖端。这种效应以清晰的例子表现在（d）中。［S. Frank, P. Poncharal, Z. L. Wang, and W. A. de Heer, *Science* 280, 1744 (1998).］

们是依赖于特征尺寸的体系的性质。

8.4.4.4　微结构效应

当尺寸减小到纳米尺度时，电导可能由于形成有序微结构而改变。例如，聚合物纤维具有增强的电导。[189]这种提高是由于聚合物链的有序排列所造成的。在纳米尺寸纤维内部，聚合物平行排列于纤维轴，导致分子内电导的增强和分子间电导的减弱。由于分子间的电导远小于分子内的电导，平行于导电方向的聚合物分子链的有序排列将导致电导的提高。图 8.32 表示杂环纤维的电导和

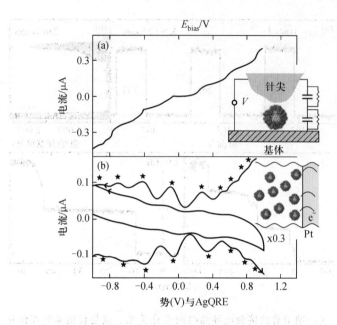

图 8.30　(a) STM 针尖放置在吸附于 Au – 云母基体上（插图）的单个团簇上，83 K 时的库仑阶梯 I – V 曲线；电势为针尖 – 基体之间的偏压；双隧道结等效回路给出电容 $C_{upper} = 0.59$ aF 和 $C_{lower} = 0.48$ aF。（b）2∶1 甲苯∶乙腈/0.05 MHX$_4$NClO$_4$ 中 0.1 mM 28 kDa 团簇溶液的伏安曲线（CV – ，100 mV/s；DPV→，为电流峰，20 mV/s，25 mV 脉冲，顶端、底部分别为负、正扫描），7.9×10^{-3} cm^2 Pt 电极，298 K，Ag 线赝参比电极。[R. S. Ingram, M. J. Hostetler, R. W. Murray, T. G. Schaaff, J. T. Khoury, R. L. Whetten, T. P. Bigioni, D. K. Guthrie, and P. N. First, *J. Am. Chem. Soc.* 119, 9279(1997).]

直径的关系。[189]在直径小于 500 nm 时，观察到电导随直径减小而急剧提高。直径越小，聚合物的排列就越好。较低的合成温度也有利于较好的排列，因此具有较高的电导。

8.4.5　铁电体和电介质

铁电材料是具有可逆自发极化的极性化合物晶体[190]，是目前应用于微电系统中电介质的候选材料[191,192]，铁电体也是热电体和压电体，这样可以应用于红外成像系统[193]和微机电系统[194]中。铁电体尺寸效应的原因众多，很难将真实的尺寸效应同其他因素如缺陷化学和机械应变相分离，这使得有关尺寸效应的讨论较困难。

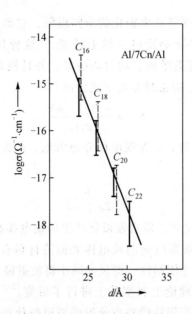

图 8.31 当脂肪酸单层厚度从 C_{14} 变化到 C_{23} 时，自组装单层的隧穿电导随分子长度或膜厚度的变化关系，表明电导随绝缘层厚度增加而呈幂次减小。[H. Kuhn, *J. Photochem.* 10, 111(1979).]

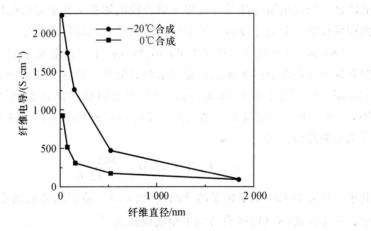

图 8.32 杂环纤维的电导和直径的关系。[Z. Cai, J. Lei, W. Liang, V. Menon, and C. R. Martin, *Chem. Mater.* 3, 960(1991).]

铁电现象不同于表面终止电极化的协同现象，它形成退极化场。这种退极化场明显依赖于尺寸并影响铁电－顺电转变。[195] 这种尺寸效应由 Mehta 等解释。[196] 假设铁电体是完整绝缘体、均匀的电极，并且极化电荷局域于表面，在铁电体中的退极化场 E_{FE} 为常数并由下式给出：

$$E_{FE} = \frac{-P(1-\theta)}{\varepsilon_0 \varepsilon_r} \tag{8.31}$$

其中，ε_0 为真空介电常数，ε_r 为铁电体介电常数，P 为铁电体饱和极化强度，θ 依赖于铁电体尺寸：

$$\theta = \frac{L}{2\varepsilon_r C + L} \tag{8.32}$$

其中，L 为铁电体特征尺寸，即自发极化产生的铁电体相反电荷表面之间的间距，C 为常数并仅与接触带电荷的铁电体表面的材料有关。可以清楚地看到，退极化场具有强烈的尺寸依赖性，即尺寸减小将使退极化场提高。对铁电体相变的尺寸效应，已经从理论上和实验上进行了研究。[202-205] Batra 等指出，如果表面电荷因为极化而得不到补偿并由此形成强退极化场时，则铁电体薄膜(例如，厚度为 10^{-5} cm 或 100 nm)中的铁电相将不稳定，而小于"转变长度"时极化不稳定。[197,198]

在多晶铁电体中，当粒子小于一定尺寸时，铁电性质可能消失。这种关系可以通过相变温度随粒子尺寸而降低来理解。粒子尺寸的减小导致低温条件下高温晶体结构的稳定。因此，居里温度或铁电－顺电转变温度随粒子尺寸减小而降低。当居里温度降至室温以下时，铁电体丧失其室温铁电性。有关块体和薄膜的铁电、介电性能的尺寸效应已经在优秀的综述文章进行了总结。[206,207]

Ishikawa 及其同事[208] 研究了 $PbTiO_3$ 纳米粒子中铁电相变的尺寸效应，这种纳米粒子使用醇盐前驱体经湿化学法合成出来，通过合成温度来控制粒子。他们发现当粒子尺寸小于 50 nm 时，由拉曼散射确定的转变温度从块体材料的 500 ℃ 开始随尺寸而降低。他们进一步得到有关 $PbTiO_3$ 纳米粒子的居里温度尺寸效应的经验公式：

$$T_c(℃) = 500 - \frac{588.5}{D - 12.6}, \tag{8.33}$$

其中，D 为 $PbTiO_3$ 纳米粒子的平均尺寸(nm)，他们的实验结果出现在图 8.14 中，其中由式(8.33)得到的结果用实线给出。[208]

在多晶铁电体中，存在其他因素可以影响铁电性能。例如，残余应力实际上可以使铁电态在小尺寸时稳定。[209,210] 正如理论模拟结果预言，铁电体的介电常数或相对介电常数随着晶粒尺寸的减小而增大，并且在尺寸小于 1 μm 时更为显著。[211] 但是实验结果如图 8.33 所示，介电常数随尺寸减小而增大，并在 1 μm

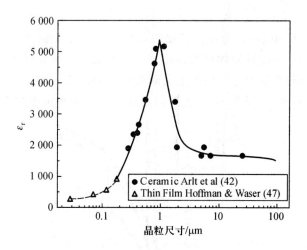

图 8.33 铁电体介电常数或相对介电常数随晶粒尺寸
减小(到 1 μm)而增大,之后随着晶粒尺寸或薄膜厚度
的进一步减小而减小。[T. M. Shaw, S. Trolier-McKinstry,
and P. C. McIntyre, *Annu. Rev. Mater. Sci.* 30, 263(2000).]

直径时达到最大值,之后随着晶粒尺寸或薄膜厚度的进一步减小而减小。[206]

　　机械边界条件也影响铁电相的稳定性并对平衡畴结构产生作用,这是因为许多铁电体是铁弹性的。这使得铁电现象的尺寸依赖关系变得非常复杂,因为孤立粒子、陶瓷内晶粒和薄膜的弹性边界条件都不相同。值得注意,至今还没有直接观察铁电体超顺电行为的相关报道。

8.4.6　超顺磁性

　　当粒子尺寸减小到一定尺寸时,铁磁性粒子变为不稳定,这是由于表面能为磁畴提供了足够的能量并使磁化方向自发转动的结果。结果是铁磁体变成了顺磁体。然而,纳米尺寸的铁磁体转变为顺磁体,其行为不同于传统顺磁体,称为超顺磁体。

　　由 $N = 10^5$ 个原子以交换作用耦合成的纳米尺寸铁磁性粒子形成一个单畴[212],其磁矩 μ 可达 10^5 个玻尔磁子 μ_B。Bean 和 Livingston 表明这些团簇或粒子在高温时可描述为类似的顺磁性原子或分子,但是它们具有非常大的磁矩。[213]除了特别大的磁矩因而具有大的磁化率之外,热力学平衡状态下单畴粒子的磁化行为在各个方面与原子的顺磁性行为相一致。超顺磁性可操作定义至少包括两个要求。首先,磁化曲线必须无迟滞,因为这不是热平衡性质。其次,对于各向同性样品,其磁化曲线必须是温度相关的,经过对自发磁化的温度依赖性进行校正后,不同温度下测得的磁化曲线转换成与 H/T 的关系曲线后必须重叠。

  Frankel 和 Dorfman 首先预言了超顺磁性存在于小于临界尺寸的小铁磁性粒子中。[214] 对于一般的铁磁性材料球形样品，其临界尺寸估计为小于 15 nm 半径。[215] 报道超顺磁性的第一个例子的文献出现在 1954 年，这是针对分散在氧化硅基体中的镍粒子。[216] 图 8.34 表现不同温度下悬浮于水银中的 2.2 nm 铁粒子

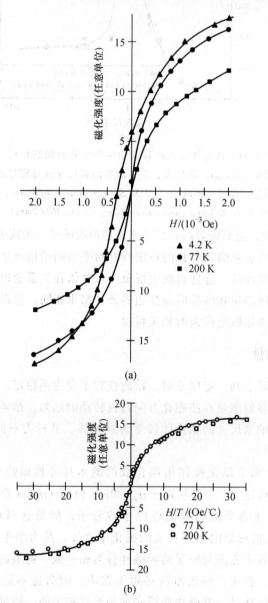

(a)

(b)

图 8.34 不同温度下悬浮于水银中的 2.2 nm 铁粒子的典型磁化曲线，观察到 77 K 和 200 K 下数据在 H/T 曲线上近似重叠。[C. P. Bean and I. S. Jacobs，*J. Appl. Phys.* 27，1448 (1956).]

的典型磁化曲线，观察到 77 K 和 200 K 下数据在 H/T 曲线上近似重叠。[217]在低温下，自旋与体系磁各向异性轴的耦合很重要。[218]自旋倾向于沿着一定的晶体轴向排列。例如，块体 HCP 结构钴具有单轴磁晶各向异性。

8.5 总结

许多表征和分析技术已经应用到纳米结构和纳米材料中，在本章中只涉及了一些广泛应用的技术。人们发现块体和表面表征技术在纳米材料研究中的应用。但是块体方法通常用于表征纳米材料集合体的信息，例如 XRD 和气体吸附等温线。它们不能提供有关单个纳米粒子或介孔的信息。因为纳米材料具有均匀的化学成分和结构，块体表征方法可以被广泛应用。表面表征方法如 SPM、TEM 提供了研究单个纳米结构的可能性。例如，高分辨 TEM 可以研究纳米晶的表面、内部晶体结构和化学成分。块体和表面表征技术在纳米材料研究中相互补充。

纳米材料的物理性能与相应的块体材料有很大不同。纳米材料的奇特性能来源于不同的基本原理。例如，巨表面能带来热稳定性的降低和超顺磁性。增强的表面散射是电导降低的原因。尺寸限制导致纳米材料的电性和光性的改变。尺寸减小有利于提高完整性，这样可以增强单个纳米尺度材料的机械性能；但是，块体纳米结构材料机械性能相关的尺寸效应更为复杂，这是由于包含了如晶界相和应力等许多其他机制。

□ 参考文献

1. B. D. Cullity and S. R. Stock, *Elements of X – Ray Diffraction*, 3rd ed., Prentice Hall, Upper Saddle River, NJ, 2001.

2. L. H. Schwartz and J. B. Cohen, *Diffraction From Materials*, Springer-Verlag, Berlin, 1987.

3. L. Reimer, *Scanning Electron Microscopy*, Springer-Verlag, Berlin, 1985.

4. A. S. Nowick (ed), *Electron Microscopy of Materials: An Introduction*, Academic Press, New York, 1980.

5. J. W. Edington, *Practical Electron Microscopy in Materials*, van Nostrand Reinhold, New York, 1976.

6. Z. L. Wang, *Reflected Electron Microscopy and Spectroscopy for Surface Analysis*, Cambridge University Press, Cambridge, 1996.

7. D. Bonnell (ed.), *Scanning Probe Microscopy and Spectroscopy*, Wiley-VCH, New York, 2001.

8. C. R. Brundle, C. A. Evans, Jr., and S. Wilson, (eds). *Encyclopedia of Materials Characterization*, Butterworth-Heinemann, Stoneham, MA, 1992.

9. J. C. Vickerman, *Surface Analysis: The Principle Techniques*, John Wiley and Sons, New York, 1997.

10. A. Segmuller and M. Murakami, in *Analytical Techniques for Thin Films*, eds. K. N. Tu and R. Rosenberg, Academic Press, San Diego, CA, p. 143, 1988.

11. L. S. Birks and H. Friedman, *J. Appl. Phys.* 17, 687 (1946).

12. A. Segmuller and M. Murakami, in *Thin Films From Free Atoms and Particles*, ed. K. J. Klabunde, Academic Press, Orlando, FL, p. 325, 1985.

13. A. A. Guzelian, J. E. B. Katari, A. V. Kadavanich, U. Banin, K. Hamad, E. Juban, A. P. Alivisatos, R. H. Wolters, C. C. Arnold, and J. R. Heath, *J. Phys. Chem.* 100, 7212 (1996).

14. O. Glatter and O. Kratky, *Small Angle X – Ray Scattering*, Academic Press, New York, 1982.

15. A. Guinier and G. Fournet, *Small Angle Scattering of X – Rays*, John Wiley and Sons, New York, 1955.

16. N. S. Andreev, E. A. Porai-Koshits, and O. V. Mazurin, in *Phase Separation in Glass*, eds. O. V. Mazurin and E. A. Porai-Koshits, North-Holland, Amsterdam, p. 67, 1984.

17. C. R. Kagan, C. B. Murray, and M. G. Bawendi, *Phys. Rev.* B54, 8633 (1996).

18. B. A. Korgel and D. Fitzmaurice, *Phys. Rev.* B59, 14191 (1999).

19. C. B. Murray, C. R. Kagan, and M. G. Bawendi, *Annu. Rev. Mater. Sci.* 30, 545 (2000).

20. G. Porod, *Kolloid, Z.* 124, 83 (1951).

21. G. Porod, *Kolloid, Z.* 125, 51 (1952).

22. P. Debye and A. M. Bueche, *J. Appl. Phys.* 20, 518 (1949).

23. A. E. Suliman, Y. W. Tang, and L. Xu, *Sol. Energ. Mat. Sol.* C91, 1658 (2007).

24. M. S. Akhtar, M. A. Khan, M. S. Jeon, and O. B. Yang, *Electrochim. Acta* 53, 7869 (2008).

25. C. F. Lin, H. Lin, J. B. Li, and X. Li, *J. Alloys Compd.* 462, 175 (2008).

26. Y. F. Hsu, Y. Y. Xi, C. T. Yip, A. B. Djurisic, and W. K. Chan, *J. Appl. Phys.* 103, 083114 (2008).

27. W. Chen, H. F. Zhang, I. M. Hsing, and S. H. Yang, *Electrochem. Commun.* 11, 1057 (2009).

28. M. von Heimendahl, in *Electron Microscopy of Materials: An Introduction*, ed. A. S. Nowick, Academic Press, New York, p. 1, 1980.

29. A. N. Goldstein, C. M. Echer, and A. P. Alivisatos, *Science* 256, 1425 (1992).

30. Z. L. Wang, *Adv. Mater.* 12, 1295 (2000).

31. P. Poncharal, Z. L. Wang, D. Ugarte, and W. A. de Heer, *Science* 283 1516 (1999).

32. Z. L. Wang, P. Poncharal, and W. A. de Heer, *J. Phys. Chem. Solids* 61, 1025 (2000).

33. M. S. Wang, I. Kaplan-Ashiri, X. L. Wei, R. Rosentsveig, H. D. Wagner, R. Tenne, and L. M. Peng, *Nano Res.* 1, 22 – 31 (2008).

34. G. Binnig, H. Rohrer, C. Gerber, and E. Weibel, *Phys. Rev. Lett.* 49, 57 (1982).

35. G. Binnig, C. F. Quate, and Ch. Gerber, *Phys. Rev. Lett.* 56, 930 (1986).

36. R. S. Howland and M. D. Kirk, in *Encyclopedia of Materials Characterization*, eds. C. R. Brundle, C. A. Evans, Jr., and S. Wilson, Butterworth-Heinemann, Stoneham, MA, p. 85, 1992.

37. G. Binnig, H. Rohrer, C. Gerber, and E. Weibel, *Phys. Rev. Lett.* 50, 120 (1983).

38. A. N. Chaika and A. N. Myagkov, *J. Phys. Conf. Ser.* 100, 012020 (2008).

39. H. P. Lang, M. Hegner, E. Meyer, and Ch. Gerber, *Nanotechnology* 13, R29 (2002).

40. U. Hartmann, *Annu. Rev. Mater. Sci.* 29, 53 (1999).

41. A. Majumdar, *Annu. Rev. Mater. Sci.* 29, 505 (1999).

42. C. C. Williams, *Annu. Rev. Mater. Sci.* 29, 471 (1999).

43. M. Fujihira, *Annu. Rev. Mater. Sci.* 29, 353 (1999).

44. E. Betzig and J. K. Trautman, *Science* 257, 189 (1992).

45. R. Kopelman and W. H. Tan, *Appl. Spec. Rev.* 29, 39 (1994).

46. H. Heiselmann and D. W. Pohl, *Appl. Phys.* A59, 89 (1994).

47. J. W. P. Hsu, *MRS Bull.* 22, 27 (1997).

48. P. F. Barbara, D. M. Adams, and D. B. O'Connor, *Annu. Rev. Mater. Sci.* 29, 433 (1999).

49. E. Betzig, J. K. Trautman, T. D. Harris, J. S. Weiner, and L. Kostelak, *Science* 251, 1469 (1991).

50. F. Zenhausern, Y. Martin, and H. K. Wickramasinghe, *Science* 269, 1083 (1995).

51. D. M. Young and A. D. Crowell, *Physical Adsorption of Gases*, Butterworths, London, 1962.

52. C. Orr, Jr. and J. M. Dallavalle, *Fine Particle Measurement: Size, Surface, and Pore Volume*, MacMillan, New York, 1959.

53. G. M. Pajonk, *Appl. Cata.* 72, 217 (1991).

54. C. D. Volpe, S. Dire, and Z. Pagani, *J. Non-Cryst. Solids* 209, 51 (1997).

55. S. Brunauer, *The Adsorption of Gases and Vapors*, Princeton University Press, Princeton, NJ, 1945.

56. J. R. Anderson, *Structure of Metallic Catalysts*, Academic Press, London, 1975.

57. C. Fantini, A. Jorio, A. P. Santos, V. S. T. Peressinotto, and M. A. Pimenta, *Chem. Phys. Lett.* 439, 138 (2007).

58. A. Jorio *et al.*, *Phys. Rev.* B72, 075207 (2005).

59. C. Colvard, in *Encyclopedia of Materials Characterization*, eds. C. R. Brundle, C. A. Evans, Jr., and S. Wilson, Butterworth-Heinemann, Stoneham, MA, p. 373, 1992.

60. C. R. Kagan, C. B. Murray, and M. G. Bawendi, *Phys. Rev.* B54, 8633 (1996).

61. Al. L. Efros and M. Rosen, *Annu. Rev. Mater. Sci.* 30, 475 (2000).

62. W. B. White, in *Encyclopedia of Materials Characterization*, eds. C. R. Brundle, C. A. Evans, Jr., and S. Wilson, Butterworth-Heinemann, Stoneham, MA, p. 428, 1992.

63. M. Orhring, *The Materials Science of Thin Films*, Academic Press, San Diego, CA, 1992.

64. J. R. Bird and J. S. Williams, (eds)., *Ion Beams for Materials Analysis*, Academic Press, San Diego, CA, 1989.

65. A. W. Benninghoven, F. G. Rudenauer, and H. W. Werner, *Secondary Ion Mass Spectrometry—Basic Concepts, Instrumental Aspects, Applications and Trends*, Wiley, New York, 1987.

66. P. Pawlow, *Z. Phys. Chem.* 65, 1 (1909) and 65, 545 (1909).

67. K. J. Hanszen, *Z. Phys.* 157, 523 (1960).

68. Ph. Buffat and J – P. Borel, *Phys. Rev.* A13, 2287 (1976).

69. C. Herring, *Structure and Properties of Solid Surfaces*, University of Chicago, Chicago, IL, p. 24, 1952.

70. W. W. Mullins, *Metal Surfaces: Structure Energetics and Kinetics*, The American Society for Metals, Metals Park, OH, p. 28, 1962.

71. S. Ino and S. Ogawa, *J. Phys. Soc. Jpn.* 22, 1365 (1967).

72. S. Ogawa and S. Ino, *J. Vac. Sci. Technol.* 6, 527 (1969).

73. N. T. Gladkich, R. Niedermayer, and K. Spiegel, *Phys. Stat. Sol.* 15, 181 (1966).

74. M. Blackman and A. E. Curzon, *Structure and Properties of Thin Films*, Wiley, New York, 1959.

75. B. T. Boiko, A. T. Pugachev, and Y. M. Bratsykhin, *Sov. Phys. Sol. State* 10, 2832 (1969).

76. M. Takagi, *J. Phys. Soc. Jpn.* 9, 359 (1954).

77. R. E. Newnham, K. R. Udayakumar, and S. Trolier-McKinstry, in *Chemical Processing of Advanced Materials*, eds. L. L. Hench and J. K. West, John Wiley and Sons, New York, p. 379, 1992.

78. K. Ishikawa, K. Yoshikawa, and N. Okada, *Phys. Rev.* B37, 5852 (1988).

79. Q. Jiang, X. F. Cui, and M. Zhao, *Appl. Phys.* A78, 703 (2004).

80. S. Link, C. Burda, M. B. Mohamed, B. Nikoobakht, and M. A. El-Sayed, *Phys. Rev.* B61, 6086 (2000).

81. Y. Wu and P. Yang, *Appl. Phys. Lett.* 77, 43 (2000).

82. Y. Wu and P. Yang, *Adv. Mater.* 13, 520 (2001).

83. D. Quere, J. – M. D. Meglio, and F. Brochard-Wyart, *Science* 249, 1256 (1990).

84. G. Arlt, D. Hennings, and G. de With, *J. Appl. Phys.* 58, 1619 (1985).

85. C. Herring and J. K. Galt, *Phys. Rev.* 85, 1060 (1952).

86. V. G. Lyuttsau, Yu. M. Fishman, and I. L. Svetlov, *Sov. Phys. Crsytallogr.* 10, 707 (1966).

87. A. Nohara, *Jpn. J. Appl. Phys.* 21, 1287 (1982).

88. Z. Gyulai, *Z. Phys.* 138, 317 (1954).

89. S. S. Brenner, in *Growth and Perfection of Crystals*, eds. R. H. Doremus, B. W. Roberts, and D. Turnbull, John Wiley and Sons, New York, p. 157, 1958.

90. P. D. Bayer and R. E. Cooper, *J. Mater. Sci.* 2, 233 (1967).

91. E. W. Wong, P. E. Sheehan, and C. M. Lieber, *Science* 277, 1971 (1997).

92. P. E. Marszalek, W. J. Greenleaf, H. Li, A. F. Oberhauser, and J. M. Fernandez, *PNAS*

97, 6282 (2000).

93. P. Poncharal, Z. L. Wang, D. Ugarte, and W. A. de Heer, *Science* 283, 1513 (1999).

94. E. O. Hall, *Proc. Phys. Soc. London* 64B, 747 (1951).

95. N. J. Petch, *J. Iron Steel Inst.* 174, 25 (1953).

96. C. Suryanarayana, D. Mukhopadhyay, S. N. Patankar, and F. H. Froes, *J. Mater. Res.* 7, 2114 (1992).

97. J. R. Weertman, M. Niedzielka, and C. Youngdhl, *Mechanical Properties and Deformation Behavior of Materials Having Ultra-Fine Microstructures*, Kluwer, Boston, MA, p. 241, 1993.

98. G. E. Fougere, J. R. Weertman, and R. W. Siegel, *NanoStruct. Mater.* 3, 379 (1993).

99. R. W. Siegel, *Mater. Sci. Eng.* A168, 189 (1993).

100. Y. Wang, M. Chen, F. Zhou, and E. Ma, *Nature* 419, 912 (2003).

101. R. Z. Valiev, I. V. Alexandrov, Y. T. Zhu, and T. C. Lowe, *J. Mater. Res.* 17, 5 (2002).

102. A. H. Chokshi, A. Rosen, J. Karch, and H. Gleiter, *Scripta Metallurgica* 23, 1679 (1989).

103. H. Hahn, P. Mondal, and K. A. Padmanabhan, *NanoStruct. Mater.* 9, 603 (1997).

104. J. E. Carsley, J. Ning, W. W. Milligan, S. A. Hackney, and E. C. Aifantis, *NanoStruct. Mater.* 5, 441 (1995).

105. D. A. Konstantinidis and E. C. Aifantis, *NanoStruct. Mater.* 10, 1111 (1998).

106. X. Y. Qin, X. J. Wu, and L. D. Zhang, *NanoStruct. Mater.* 5, 101 (1995).

107. A. Kumpmann, B. Günther, and H. D. Kunze, *Mechanical Properties and Deformation Behavior of Materials Having Ultra-Fine Microstructures*, Kluwer, Boston, MA, p. 309, 1993.

108. J. C. S. Jang and C. C. Koch, *Scripta Metallurgica et Materialia* 24, 1599 (1990).

109. G. D. Hughes, S. D. Smith, C. S. Pande, H. R. Johnson, and R. W. Armstrong, *Scripta Metallurgica* 20, 93 (1986).

110. K. A. Padmanabhan, *Mater. Sci. Eng.* A304, 200 (2001).

111. H. Höfler and R. S. Averback, *Scripta Metallurgica et Materialia* 24, 2401 (1990).

112. M. J. Mayo, R. W. Siegel, Y. X. Liao, and W. D. Nix, *J. Mater. Res.* 7, 973 (1992).

113. Y. Champion, C. Langlois, S. Guérin-Mailly, P. Langlois, J. Bonnentien, and M. J. Hÿtch, *Science* 300, 310 (2003).

114. M. Chen, E. Ma, K. J. Hemker, H. Sheng, Y. Wang, and X. Chen, *Science* 300, 1275 (2003).

115. M. Kerker, *The Scattering of Light and Other Electromagnetic Radiation*, Academic Press, New York, 1969.

116. C. F. Bohren and D. R. Huffman, *Adsorption and Scattering of Light by Small Particles*, Wiley, New York, 1983.

117. U. Kreibeg and M. Vollmer, *Optical Properties of Metal Clusters*, Vol. 25, Springer-Verlag, Berlin, 1995.

118. S. Link and M. A. El-Sayed, *Int. Rev. Phys. Chem.* 19, 409 (2000).

119. G. Mie, *Am. Phys.* 25, 377 (1908).

120. S. Link and M. A. El-Sayed, *J. Phys. Chem.* B103, 4212 (1999).

121. U. Kreibig and U. Genzel, *Surf. Sci.* 156, 678 (1985).

122. P. Mulvaney, *Langmuir* 12, 788 (1996).

123. S. Link and M. A. El-Sayed, *J. Phys. Chem.* B103, 8410 (1999).

124. N. W. Ashcroft and N. D. Mermin, *Solid State Physics*, Saunders College, Philadelphia, PA, 1976.

125. U. Kreibig and C. von Fragstein, *Z. Phys.* 224, 307 (1969).

126. U. Kreibig, *Z. Phys.* 234, 307 (1970).

127. R. H. Doremus, *Glass Science*, 2nd edn. Wiley, New York, 1994.

128. R. H. Doremus, *J. Chem. Phys.* 40, 2389 (1964).

129. R. H. Doremus, *J. Chem. Phys.* 41, 414 (1965).

130. R. H. Doremus, S. C. Kao, and R. Garcia, *Appl. Opt.* 31, 5773 (1992).

131. M. A. El-Sayed, *Acc. Chem. Res.* 34, 257 (2001).

132. M. B. Mohamed, V. Volkov, S. Link, and M. A. El – Sayed, *Chem. Phys. Lett.* 317, 517 (2000).

133. A. I. Ekimov and A. A. Onushchenko, *Sov. Phys. Semicond.* 16, 775 (1982).

134. R. Rossetti, S. Nakahara, and L. E. Brus, *J. Chem. Phys.* 79, 1086 (1983).

135. A. P. Alivisatos, *J. Phys. Chem.* 100, 13226 (1996).

136. M. L. Chen, M. Y. Chou, W. D. Knight, and W. A. de Heer, *J. Phys. Chem.* 91, 3141 (1987).

137. C. R. C. Wang, S. Pollack, T. A. Dahlseid, G. M. Koretsky, and M. Kappes, *J. Chem. Phys.* 96, 7931 (1992).

138. A. J. Nozik and R. Memming, *J. Phys. Chem.* 100, 13061 (1996).

139. A. P. Alivisatos, *J. Phys. Chem.* 100, 13226 (1996).

140. Y. Wang and N. Herron, *J. Phys. Chem.* 95, 525 (1991).

141. L. E. Brus, *Appl. Phys.* A53, 465 (1991).

142. D. D. D. Ma, C. S. Lee, F. C. K. Au, S. Y. Tong, and S. T. Lee, *Science* 299, 1874 (2003).

143. A. J. Read, R. J. Needs, K. J. Nash, L. T. Canham, P. D. J. Calcott, and A. Qteish, *Phys. Rev. Lett.* 69, 1232 (1992).

144. B. Delley and E. F. Steigmeier, *Appl. Phys. Lett.* 67, 2370 (1995).

145. J. A. A. Perenboom, P. Wyder, and P. Meier, *Phys. Rep.* 78, 173 (1981).

146. W. P. Halperin, *Rev. Mod. Phys.* 58, 533 (1986).

147. R. Kubo, A. Kawabata, and S. Kobayashi, *Annu. Rev. Mater. Sci.* 14, 49 (1984).

148. M. M. Alvarez, J. T. Kjoury, T. G. Schaaff, M. N. Shafigullin, I. Vezmarm, and R. L. Whetten, *J. Phys. Chem.* B101, 3706 (1997).

149. X. Lu, T. T. Hanrath, K. P. Johnston, and B. A. Korgel, *Nano Lett.* 3, 93 (2003).

150. T. T. Hanrath and B. A. Korgel, *J. Am. Chem. Soc.* 124, 1424 (2001).

151. J. D. Holmes, K. P. Johnston, R. C. Doty, and B. A. Korgel, *Science* 287, 1471 (2000).

152. J. F. Wang, M. S. Gudiksen, X. F. Duan, Y. Cui, and C. M. Lieber, *Science* 293, 1455 (2001).

153. M. Huang, S. Mao, H. Feick, H. Yan, Y. Wu, H. Kind, E. Weber, R. Russo, and P. Yang, *Science* 292, 1897 (2001).

154. Y. Xia, P. Yang, Y. Sun, Y. Wu, B. Mayers, B. Gates, Y. Yin, F. Kim, and H. Yan, *Adv. Mater.* 15, 353 (2003).

155. J. J. Thompson, *Proc. Cambridge Phil. Soc.* 11, 120 (1901).

156. K. Fuchs, *Proc. Cambridge Phil. Soc.* 34, 100 (1938).

157. E. H. Sondheimer, *Adv. Phys.* 1, 1 (1951).

158. M. J. Skove and E. P. Stillwell, *Appl. Phys. Lett.* 7, 241 (1965).

159. J. C. Hensel, R. T. Tung, J. M. Poate, and F. C. Unterwald, *Phys. Rev. Lett.* 54, 1840 (1985).

160. K. Ozawa, Y. Sakka, and M. Amano, *J. Sol – Gel Sci. Technol.* 19, 595 (2000).

161. K. Schwab, E. A. Henriksen, J. M. Worlock, and M. L. Roukes, *Nature* 404, 974 (2000).

162. A. Buldum, S. Ciraci, and C. Y. Fong, *J. Phys. Condens. Matter* 12, 3349 (2000).

163. S. G. Volz and G. Chen, *Appl. Phys. Lett.* 75, 2056 (1999).

164. Z. Zhang, X. Sun, M. S. Dresselhaus, and J. Y. Ying, *Phys. Rev.* B61, 4850 (2000).

165. S. H. Choi, K. L. Wang, M. S. Leung, G. W. Stupian, N. Presser, B. A. Morgan, R. E. Robertson, M. Abraham, S. W. Chung, J. R. Heath, S. L. Cho, and J. B. Ketterson, *J. Vac. Sci. Technol.* A18, 1326 (2000).

166. Y. Cui and C. M. Lieber, *Science* 291, 851 (2001).

167. Y. Wang, X. Duan, Y. Cui, and C. M. Lieber, *Nano Lett.* 2, 101 (2002).

168. S. W. Chung, J. Y. Yu, and J. R. Heath, *Appl. Phys. Lett.* 76, 2068 (2000).

169. S. Datta, *Electronic Transport in Mesoscopic Systems*, Cambridge University Press, Cambridge, 1995.

170. D. K. Ferry, H. L. Grubin, C. L. Jacoboni, and A. P. Jauho(eds.), *Quantum Transport in Ultrasmall Devices*, Plenum Press, New York, 1994.

171. B. J. van Wees, H. van Houten, C. W. J. Beenakker, J. G. Williamson, L. P. Kouwenhoven, D. van der Marel, and C. T. Foxon, *Phys. Rev. Lett.* 60, 848 (1988).

172. D. P. E. Smith, *Science* 269, 371 (1995).

173. D. S. Fisher and P. A. Lee, *Phys. Rev.* B23, 6851 (1981).

174. H. van Houten and C. Beenakker, *Phys. Today*, p. 22, 22 July 1996.

175. R. Landauer, *Philos. Mag.* 21, 863 (1970).

176. W. A. de Heer, S. Frank, and D. Ugarte, *Z. Phys.* B104, 468 (1997).

177. S. Frank, P. Poncharal, Z. L. Wang, and W. A. de Heer, *Science* 280, 1744 (1998).

178. H. Grabert and M. H. Devoret(eds), *Single Charge Tunneling*, Plenum, New York, 1992.

179. D. L. Feldheim and C. D. Keating, *Chem. Soc. Rev.* 27, 1 (1998).

180. M. A. Kastner, *Phys. Today* 46, 24 (1993).

181. H. Grabert, in *Single Charge Tunneling*, eds. M. H. Devoret and H. Grabert, Plenum, New York, p. 1, 1992.

182. D. L. Klein, P. L. McEuen, J. E. B. Katari, R. Roth, and A. P. Alivisatos, *Appl. Phys. Lett.* 68, 2574 (1996).

183. C. T. Black, D. C. Ralph, and M. Tinkham, *Phys. Rev. Lett.* 76, 688 (1996).

184. R. S. Ingram, M. J. Hostetler, R. W. Murray, T. G. Schaaff, J. T. Khoury, R. L. Whetten, T. P. Bigioni, D. K. Guthrie, and P. N. First, *J. Am. Chem. Soc.* 119, 9279 (1997).

185. S. J. Tans, M. H. Devoret, H. J. Dai, A. Thess, R. E. Smalley, L. J. Geerligs, and C. Dekker, *Nature* 386, 474 (1997).

186. T. A. Fulton and D. J. Dolan, *Phys. Rev. Lett.* 59, 109 (1987).

187. T. Sato, H. Ahmed, D. Brown, and B. F. G. Johnson, *J. Appl. Phys.* 82, 696 (1997).

188. H. Kuhn, *J. Photochem.* 10, 111 (1979).

189. Z. Cai, J. Lei, W. Liang, V. Menon, and C. R. Martin, *Chem. Mater.* 3, 960 (1991).

190. F. Jona and G. Shirane, *Ferroelectric Crystals*, Dover Pub. Inc., New York, 1993.

191. J. F. Scott and C. A. de Araujo, *Science* 246, 1400 (1989).

192. O. Auciello, J. F. Scott, and R. Ramesh, *Phys. Today* 51, 22 (1998).

193. L. E. Cross and S. Trolier-McKinstry, *Encycl. Appl. Phys.* 21, 429 (1997).

194. D. L. Polla and L. F. Francis, *Mater. Res. Soc. Bull.* 21, 59 (1996).

195. K. Binder, *Ferroelectrics* 35, 99 (1981).

196. R. R. Mehta, B. D. Silverman, and J. T. Jacobs, *J. Appl. Phys.* 44, 3379 (1973).

197. I. P. Batra, P. Würfel, and B. D. Silverman, *Phys. Rev. Lett.* 30, 384 (1973).

198. I. P. Batra, P. Würfel, and B. D. Silverman, *Phys. Rev.* B8, 3257 (1973).

199. R. Kretschmer and K. Binder, *Phys. Rev.* B20, 1065 (1979).

200. A. J. Bell and A. J. Moulson, *Ferroelectrics* 54, 147 (1984).

201. K. Binder, *Ferroelectrics* 73, 43 (1987).

202. V. V. Kuleshov, M. G. Radchenko, V. P. Dudkevich, and Eu. G. Fesenko, *Cryst. Res. Technol.* 18, K56 (1983).

203. P. Würfel and I. P. Batra, *Ferroelectrics* 12, 55 (1976).

204. T. Kanata, T. Yoshikawa, and K. Kubota, *Solid State Commun.* 62, 765 (1987).

205. A. Roelofs, T. Schneller, K. Szot, and R. Waser, *Nanotechnology* 14, 250 (2003).

206. T. M. Shaw, S. Trolier-McKinstry, and P. C. McIntyre, *Annu. Rev. Mater. Sci.* 30, 263 (2000).

207. R. E. Newnham, K. R. Udayakumar, and S. Trolier-McKinstry, in *Chemical Porcessing of Advanced Materials*, eds. L. L. Hench and J. K. West, John Wiley and Sons, New York, p. 379, 1992.

208. K. Ishikawa, K. Yoshikawa, and N. Okada, *Phys. Rev.* B37, 5852 (1988).

209. W. Kanzig, *Phys. Rev.* 98, 549 (1955).

210. R. Bachmann and K. Barner, *Solid State Commun.* 68, 865 (1988).

211. G. Arlt and N. A. Pertsev, *J. Appl. Phys.* 70, 2283 (1991).

212. J. P. Bucher, D. C. Douglass, and L. A. Bloomfield, *Phys. Rev. Lett.* 66, 3052 (1991).

213. C. P. Bean and J. D. Livingston, *J. Appl. Phys.* 30, 120S (1959).

214. J. Frankel and J. Dorfman, *Nature* 126, 274 (1930).

215. C. Kittel, *Phys. Rev.* 70, 965 (1946).

216. W. Heukelom, J. J. Broeder, and L. L. van Reijen, *J. Chim. Phys.* 51, 474 (1954).

217. C. P. Bean and I. S. Jacobs, *J. Appl. Phys.* 27, 1448 (1956).

218. P. W. Selwood, *Chemisorption and Magnetization*, Academic Press, New York, 1975.

9

纳米材料的应用

9.1　引言

纳米技术提供了从电子、光通信、生物系统到新材料极其广泛的潜在应用范围。目前这些可能的应用得到探索，并已经研制出许多器件及系统。更多潜在的应用及新器件已经在文献中提出。本章显然不可能概括所有已经研究的器件和应用，也不可能预测新的器件和应用，但将提供一些简单的例子来说明纳米结构和纳米材料在器件制造及应用中的可行性。需要注意的是，纳米技术在不同领域中的应用具有明显不同的要求，因此面临着非常不同的挑战，并需要以不同的方法去应对。例如：在医学上的应用或在纳米医学中，主要的挑战是"小型化"：在分子水平上进行组织分析的新仪器、观察器官活动的小于细胞尺寸的传感器，在人体中循环的可追踪病原体和抑制化学毒素的小型机器。[1]

纳米结构和纳米材料的应用源于：①纳米尺寸材料的奇异物理性质，例如，金纳米颗粒用于无机染料并将颜色引入到玻璃中，以及用做低温催化剂；②巨大的表面积，如光电化学电池中的介孔二氧化钛、各种传感器中的纳米粒子；③小尺寸，可为操纵提供特别的可能性以及适应多功能化的空间。为了许多应用，引入了新材料和新性能。例如，各种有机分子与电子器件结合，如传感器。[2]本章旨在提供一些已经探索并能说明纳米结构和纳米材料广泛应用的例子。本章不可能包含所有已经研究或证明的应用，更多的应用正在探索中。

9.2 分子电子学和纳米电子学

研究者们在分子电子学和纳米电子学中付出了极大的努力并取得了进展。[3-12]在分子电子学，单分子预计可控制电子传输，这为探索电子器件的分子功能多样性提供可能性，目前分子可以被精心制作到工作电路中，如图 9.1 所示。[3]当分子具有生物活性时，可以用于发展生物电子器件。[2,13]在分子电子学中，对传统半导体和金属表面电子能级的控制，是通过在固体表面上组装松散、部分单分子层而实现的，取代更为常用的理想结构。一旦这些表面变成界面，基于分子的电单极子和偶极子作用，这些层将作用静电而不是电动以控制最终器件。因此，结合有机分子的电子传输器件，可以通过分子构建并实现无电流。

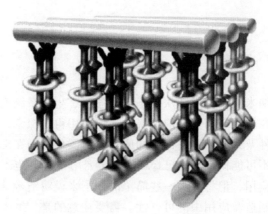

图 9.1 虽然构建真实分子芯片仍然是一个挑战，目前可以将分子精心加工成工作电路。[R. F. Service, *Science* 293,782 (2001).]

最简单的分子电组件是传感器，是将独特的分子特性转换成电子信号。在 20 世纪 70 年代早期报道了以栅极浸入到液态电介质中的场效应晶体管（FET）作为配置的传感器，其中存在用于分子识别的活性分子层。[14]选择性膈膜嵌入到 FET 的绝缘表面上，可使特殊分析物离子扩散通过其中，并构成了绝缘体表面的偶极子表面层。这种表面偶极子改变了绝缘体表面电势,因而允许电流通过器件。这种器件也称为离子－选择性 FET(ISFET)或化学 FET(CHEM-FET)。[2,15,16]依附于金属纳米颗粒的薄膜,显现出有机气相存在时的快速改变电导率并重现的性质,这已经用于研发新型气体传感器。[17,18]金属纳米颗粒上的单层能够可逆吸附和脱附有机蒸气,导致单层厚度的膨胀和收缩,从而改变金属内核之间的距离。因为单层中电子的跳动传导对距离敏感,因此吸附有机蒸气增大了距离,导致了导电性的急剧下降。

许多纳米尺度电子器件已经被验证:隧道结[19-21]、负微分电阻器件[22]、电气配置开关[23,24]、碳纳米管晶体管[25,26]、单分子晶体管[27,28]。器件也已连接成具有完成单一功能的线路,如基本存储[23,24,29]和逻辑功能[30-33]。超高密度金属和半导体纳米线晶格和回路也被验证。[34]虽然非常有限,但也研究了基于纳米电子学(也称为纳米计算机)的计算机系统结构。[35,36]各种加工技术已经应用于纳米电子元件的制造中,如聚焦离子束(FIB)[37-39]、电子束光刻[34,40]、和压印光刻[33]。影响这种器件发展的主要障碍包括纳米尺度物体的处理,诸如纳米颗粒和分子、分子振动、强度和差的导电性。

利用 Au 纳米颗粒的表面化学性质和均匀尺寸,已被广泛用于纳米电子学和分子电子学中。例如,Au 纳米颗粒通过附着各种功能有机分子或生物元件,成为多功能运载工具。[41]Au 纳米颗粒还可以作为中介物,将各种不同功能连接在纳米电子组件结构中,以利用在传感器和探测器中的应用。目前已经探索基于 Au 纳米颗粒和 Au_{55} 团簇的各种电子器件。[42-44]特别是,已经验证了单电子晶体管的功能,这个系统在相距仅有几个纳米的两电极间隙中仅仅包含 1 个理想的纳米颗粒。由于具有非常小的电容,这个中心金属颗粒代表库仑阻塞并表现出单电子荷电效应。如果可以由第三终端独立寻址,它也可以作为一栅极。表面包覆少量含氧化还原活性紫罗碱的二巯基化物分子的单个金颗粒,已经证实了由其组成的具有电化学寻址能力的纳米开关,在金基体和金纳米颗粒之间的电子转移强烈依赖于紫罗碱的氧化还原状态。[45]

由于不同同素异形体的半导体行为,单壁碳纳米管也被广泛用于纳米电子器件的研究中。[46]单壁碳纳米管纳米电子器件的例子包括单电子晶体管[47-49]、场效应晶体管[30,50,51]、传感器[52,53]、电路[54]和分子电工学工具箱[55]。碳纳米管已经用于许多研发中,如执行器[56,57]、传感器[58,59]以及填充镓多壁碳纳米管温度计[60]。

9.3 纳米机器人

纳米技术应用的一个非常有前景和快速发展的领域是医学实践,通常称之为纳米医学。纳米医学中引人注目的应用是为提高治疗和诊断水平而制造的纳米尺度器件。这种纳米尺度器件被称为纳米机器人（nanorobots），简称为 nano-bots。[61]这些纳米机器人有可能成为运送治疗药剂的运载工具、早期疾病或修复代谢和基因缺陷的检测器或监视器。类似于传统的或宏观的机器人，纳米机器人将被编程以执行特定功能和被远程控制，但其具有非常小的尺寸，因而可以在人体内行进和完成设计的功能。这种器件最早由 Drexler 于 1986 年在他的《创造引擎》（Engines of Creation）一书中做了描述。[62]

Haberzettl[61]描述了纳米机器人将在医学实践中做什么，就此简要总结如下。应用于医学的纳米机器人将能够找出人体内的目标如癌细胞或入侵病毒，并执行锁定目标的一些功能。纳米机器人锁定目标可以实现局域药物释放，从而可以减少广义药物疗法潜在的副作用，或者可以与目标捆绑并防止其进一步活动，例如防止病毒感染细胞。在未来，基因置换、组织再生或纳米外科手术都将随着技术的日臻成熟和精细而成为可能。

虽然具有这种能力和精密程度的纳米机器人还没有制造出来，但在实验室中已经对这种简化机器人的许多功能进行着研究和测试。也有人认为，纳米机器人将不能采用宏观机器人的常规方法。例子包括：

（1）承载有效荷载的体系机构或结构，即载体。三大类纳米尺度的材料用于研究其作为承载各种有效荷载的结构或运载工具。第一类是碳纳米管或巴基球（buckyballs），第二类是各种树枝状晶体，第三类是各种纳米颗粒和纳米晶体。

（2）定位机制以引导纳米机器人到达行动的指定位置。最有可能采用的机制是基于抗原或抗体交互作用，或者将目标分子与膜感受器结合到一起。纳米机器人的否认系统最有可能与人体使用的相同，在体内流动并在达到目标时"抛锚"。

（3）通信和信息处理。单分子电子组件可提供"开"和"关"的简单开关功能，光学标记将会更加容易实现。

（4）从人体中回收纳米机器人。从人体中回收纳米机器人将是纳米机器人发展的又一挑战。大部分纳米器件可以通过自然的新陈代谢和排泄而被排除。利用可生物降解或自然产生物质如磷酸钙所制造的纳米器件，将是另一个有益的途径。"自导引"纳米机器人最为理想，可以在执行设定功能之后收集和去除。纳米机器人可能造成的负面影响包括纳米机器人在人体中的污染和堵塞，而且当纳米机器人的有些功能丢失或出险故障时可能"失控"。

9.4 纳米粒子的生物应用

胶质纳米晶的生物应用已经在一篇优秀的评论文章中进行了综述，下面的文字就是主要基于这篇文章。[63]纳米技术的一个重要分支是纳米生物技术。纳米生物技术包括：①纳米结构的利用，作为生物和/或医学中高精密的机器或材料；②生物分子组装纳米尺度结构的利用。[63]下面将简要介绍胶质纳米晶的一个重要生物应用：分子识别。但也有更多纳米技术的生物应用。[64-66]

　　分子识别是许多生物分子的最为吸引人的功能之一。[67,68]一些生物分子具有极高的选择性和特异性，能够识别并与其他分子结合。在分子识别应用中，抗体和寡核苷酸被广泛用做受体。抗体是高级生物体免疫系统制造的一种蛋白质分子，能够识别病毒将其作为入侵者或抗原，并与之结合，因此病毒可以被免疫系统的其他部分所消灭。[67]寡核苷酸，即人们所知道的标准脱氧核糖核酸（DNA），是核苷的线链结构，其中的每个都由糖基骨干和碱基组成。有四种不同的碱基：腺嘌呤（A）、胞嘧啶（C）、鸟嘌呤（G）和胸腺嘧啶（T）。[67]寡核苷酸分子的识别能力来自两个特征。一个是以每个寡核苷酸的碱基序列为特征，另一个是碱基 A 只与 T 结合而 C 只与 G 结合。这使得寡核苷酸的结合具有高度选择性和特殊性。

　　抗体和寡核苷酸通常附着于纳米晶表面，通过①硫醇 - 金化学键与纳米金颗粒结合[69,70]、②双功能交联分子与硅烷化纳米晶共价联结[71-73]、③生物素 - 抗生素蛋白质之间的联结，在此抗生物素蛋白质吸附于颗粒表面。[74,75]当一个纳米晶体附着或与受体分子共轭成对时，它就被"标记"。现在可以将与受体共轭配对的纳米晶"定向"绑定于配体分子所在的位置，以"适应"受体[76]的分子识别，如图 9.2 所示。这促进了包括分子标签在内的一系列应用。[63,77-79]

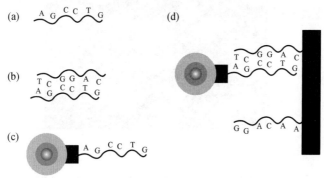

图 9.2　DNA 作为分子模板排列纳米尺度的物质。(a)由 6 个碱基(A、G、C、C、T、G)构成的寡核苷酸。(b)一个寡核苷酸(AGCCTG)与互补寡核苷酸相联结。(c)硅烷化 CdSe/ZnS 纳米晶和 6 碱基寡核苷酸之间形成配对。(d)纳米晶 - 寡核苷酸配对与具有互补次序的一个寡核苷酸相联结，并固定到一个表面上，但不与具有不同次序的寡核苷酸相联结。

〔W. J. Parak，D. Gerion，T. Pellegrino，D. Zanchet，C. Micheel，S. C. Williams，R. Boudreau，

　　M. A. Le Gros，C. A. Larabell，and A. P. Alivisatos，*Nanotechnology* 14，R15（2003）.〕

例如，当金纳米颗粒团聚时，观察到从红宝石颜色到蓝色的变化，这种现象已经用于研发 DNA 分析中非常灵敏的比色方法。[80]这种器件能够进行特殊寡核苷酸序列的痕量检测，区别出完全互补 DNA 序列和那些表现出不同程度失配的碱基对。

9.5 金纳米粒子催化剂

块状金是化学惰性的，因而认为其不活跃并不可以用做催化剂。[81,82]然而，正如最早由 Haruta 所证明的，金纳米粒子可以具有优异的催化性能。[83]例如，具有清洁表面的金纳米粒子如果沉积在部分反应性氧化物上，如 Fe_2O_3、NiO 和 MnO_2，发现其在一氧化碳氧化反应中具有特别高的活性。γ 氧化铝[84]和二氧化钛[85,86]也具有反应性。图 9.3 显示了在 $CO:O_2$ 反应之前所制备的 $TiO_2(110)$ – (1×1) 基板上金纳米粒子的 STM 图像。[85]Au 覆盖度为 0.25 ML，样品在 850 K 退火 2 min。图像的大小为 30 nm × 30 nm。[85]金纳米粒子对碳氢化合物的部分氧化、不饱和烃的加氢反应以及氮氧化物的还原也表现出很高的活性。[83]

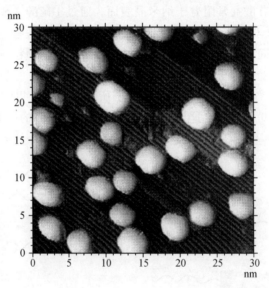

图 9.3 在 $CO:O_2$ 反应之前所制备的 $TiO_2(110)$ – (1×1) 基板上金纳米粒子的 STM 图像。Au 覆盖度为 0.25 mL，样品在 850 K 退火 2 min。图像的大小为 30 nm × 30 nm。[Courtesy of Prof. D. Wayne Goodman at Texas A&M University, detailed information seen M. Valden, X. Lai, and D. W. Goodman, *Science* 281, 1647 (1998).]

金纳米粒子优异的催化性能是尺寸效应和单个金原子特殊性质的结合。而金原子的特殊性质源于所谓的稳定 $6s^2$ 电子对的相对论效应。[81,87]对于相对论效应简要介绍如下。随着原子序数的增加，原子核的质量也在增加。最内层 $1s^2$ 电子的速度必须提高以保持其位置，对于金，能够达到光速的 60% 。对于它们质量的相对论效应导致 1 s 轨道的收缩。这样全部外层 s 轨道必须相应收缩，但 p 和 d 电子受影响较少。其结果是 $6s^2$ 电子对收缩且被稳定，Au 的实际尺寸比不存在相对论效应的情况小约 15% 。此外，金的许多化学性质包括催化性能，将由 5 d 电子的高能量和高活性所决定。相对论效应解释了为什么金与其相邻原子具有非常大的差异。金粒子高氧化活性的基本要求包括：小颗粒尺寸(不大于 4 nm)[88]、利用"反应性"支撑物，以及制备与支撑物紧密接触的设计颗粒尺寸的方法。由于金纳米粒子尺寸足够小，因此①表面原子数增加，②能带结构弱化，因而在这样小颗粒表面上的原子其行为更像单个原子，更多的原子与支撑物相接触，单位质量金属的外围长度提高。

硫醇稳定的金纳米粒子也用于催化剂。例子包括不对称双羟化反应[89]、羧酸酯裂解[90]、蒽醌功能化金粒子的电催化还原[91]和粒子连接开环转位聚合反应[92]。应当指出，上述催化应用是基于精心设计的配位体壳层的化学功能，而不是具有清洁金属表面纳米结构的潜在催化活性。

9.6 带隙工程量子器件

带隙工程是关于带隙综合调控的通用术语[93,94]，以制造特殊电子输运、光学效应和新型器件为目的。

9.6.1 量子阱器件

基于 Ⅲ - Ⅴ 族半导体活性区域的单一或多层量子阱激光器已经有二十多年的广泛研究基础。与规则双异质结激光器相比，量子阱激光器提供改进的性能，具有更低的阈值电流和更窄的光谱宽度。量子阱具备独立改变能垒、覆层成分和宽度的可能性，因此可单独确定光学限制和电输入。量子阱激光器首次制作使用了 GaAs/AlGaAs 材料系统[95,96]，图 9.4 显示了用于优化激光性能的各种类型量子阱结构的能带图[97]。单量子阱激光器和多量子阱激光器的主要区别之一，就是前者的光模限制因子明显低于后者。这导致单量子阱激光器的高阈值载体和电流密度；然而，利用梯度折射率覆层结构可以显著提高单量子阱激光器的限制因子。[98]InGaAsP/InP 是在量子阱激光器制造中使用的另一种材料体系。[99,100]InGaAsN/GaAs 量子阱又是一个例子。[101]已探明应变并引入到量子阱激光器中，这是由于应变能够极大地改变能带结构参数以产生很多理想特性，如由于俄歇电子复合的减少、小噪音和高带宽而产生的较好的高温性能。[97]其他量子阱光学器件也得到广泛研究，包括量子阱电吸收和电光调制器、量子阱红外探测器、雪崩光电二极管、光学开关和逻辑器件。

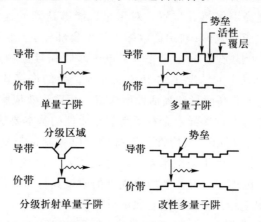

图 9.4　用于优化激光性能的各种量子阱结构类型的能带示意图。
[P. K. Bhattacharya and N. K. Dutta, *Annu. Rev. Mater. Sci.* 23, 79 (1993).]

基于宽带隙 II – VI 族半导体材料纳米结构的蓝色/绿色发光二极管(LED)已经研发出来。[102] 这种器件直接利用了量子阱异质结构配置的优点及其能带隙,以实现较高的内部辐射效率。已成功制造出基于 ZnSe[103,104] 和 ZnTe[105] 材料纳米结构或量子阱结构的各种短波可见光 LED。

利用如图 9.5[102] 所示 PN 型注入二极管结构,首次验证了蓝/绿光激光器[106,107]。在此结构中,引入了 Zn(S, Se) 三层结构作为覆层,ZnSe 层作为光波导区域,从而提供(Zn, Cd)Se 量子阱的电子能垒。在上述结构中,付出了大量努力以提高材料和结构设计。[108,109] 典型的蓝/绿光激光器在室温下连续工作,根据实际结构大功率发射波长范围为 463 ~ 514 nm 的激光。各种激光器结构由 (Zn, Cd)Se 量子阱、(Zn, Mg)(Se, S) 和 Zn(Se, S) 覆层所组成,具有 Zn(Se, Te) 伪合金与其之上的 Au 金属组成的分级欧姆接触。

异质结双极晶体管(HBT)是基于 GeSi /Si 纳米结构的纳米结构器件的一个例子。[110,111] 对于这种结构,GeSi 层足够厚,因而没有量子限域的发生。在两极晶体管的操作中,利用小电流作为背底,如果增益高,则有大量电流从发射极流到集电极。与传统的双极结晶体管比较,HBT 提供了减少空穴注入发射器的优势,这归因于价带的不连续性。空穴注入能垒对价带偏移量 ΔE_v 呈指数敏感。

9.6.2　量子点器件

控制波长的关键参数是点的尺寸。大尺寸点发出比小尺寸点更长的波长。量子点异质结构通常利用分子束外延技术、以层 – 岛或 Stranski – Krastanov 生

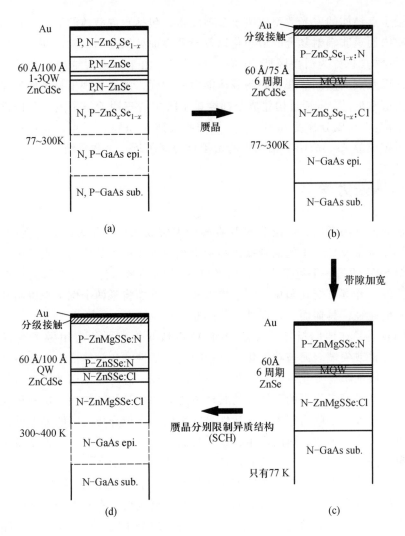

图 9.5 主要蓝/绿激光二极管结构示意图，以及从最初激光设计到后来设计的发展过程。[L. A. Kolodziejski, R. L. Gunshor, and A. V. Nurmikko, *Annu. Rev. Mater. Sci.* 25, 711 (1995).]

长模式，在应变异质外延生长的初期阶段合成得到。[112,113]

量子点已经在激光器和探测器中使用。具有超低阈值电流密度和对温度变化低敏感的激光器已经被证实。[114,115]由量子点异质结构制得的亚能级探测器对垂直入射光不敏感。[116]对于利用量子点介质的激光，由于在通常使用的低态密度和点的低面密度的共同作用下，使其用于器件并以基态波长工作时增益不足。几种技术用于克服这一障碍。例如，多层量子点用于提高模式增益。其他方法包括涂覆激光刻面以提高反射以及延长激光腔。

量子点结构的发光效率取决于多项因素，包括点内载体的捕获、点内和周围介质内通道非辐射复合的最小化以及异质界面处缺陷的消除。在一个适当的量子阱结构（也称为活性区域）中嵌入量子点，由于嵌入层结构和光学性能的提高，以及点周围的捕获和限制载体能力的增强，因而表现出显著的发光效率和低阈值电流。[117,118]通过构建成分梯度量子阱中的三明治量子点，可以进一步改善结构。[119]在成分梯度 $In_xGa_{1-x}As$ 层中心处插入 InAs 量子点，其相对发光效率比恒定成分 As(In,Ga) 结构中的量子点提高了近一个数量级。

9.7 纳米力学

在前面的两章中，讨论了 SPM 在表面形貌成像、样品表面局部性质测量、纳米器件制备及加工中的纳米操作和纳米光刻等领域中的应用。本章中，将简要介绍 SPM 的另一个重要应用，即来自 SPM 的纳米器件。科学家们正在研究许多器件，并有可能在预见的将来得以实现，下面将举两个例子来说明其可能性和一般途径，具体而言，即纳米传感器和纳米镊子。

Lang 等[120]在他们指导性文章中对 AFM 悬臂传感器的应用做了很好的总结。当悬臂或尖端表面被功能化，以获得化学活性和化学非活性表面时，则利用悬臂响应的瞬态变化可以观察化学或物理过程。悬臂可以用做纳米力学传感器件，探测悬臂表面上的联结体与其环境之间的化学相互作用。这种相互作用可以由静电或分子间力产生。在活性悬臂表面和环境介质之间的界面处，可以检测诱导应力的形成、热的产生，或质量的变化。一般情况下，检测模式可分为三种：静态模式、动态模式和热模式，如图9.6所示。[120]

在静态模式中，研究由于外部影响和悬臂表面上的化学/物理反应所产生的悬臂梁的静态弯曲。在悬臂表面涂覆非对称反应层，有利于分子优先吸附在这个表面上。大多数情况下，在分子吸附层内的分子间力产生压应力，即悬臂梁弯曲。如果反应涂层是聚合物，并能使吸附分子扩散其中，则反应涂层将会膨胀并使悬臂梁弯曲。相类似，如果悬臂梁悬浮于化学或生化溶液中，则悬臂梁和周围环境之间发生非对称反应并导致悬臂梁弯曲。目前已经探索了许多新概念和器件。[121-124]

在动态模式中，悬臂在其共振频率下被驱动。如果由于沉积于悬臂上的额外质量引起振荡悬臂质量的变化，或去除悬臂上的质量，则其共振频率将变化。利用电子学设计跟踪振荡悬臂的共振频率，可以从共振频率的移位获得悬臂上的质量变化。悬臂可视为一个微型天平，能够测量小于 1 pg 的质量变化。[125]在动态模式中，活性涂层将涂覆于悬臂两侧以提高发生质量变化的活性表面。动态模式在气态中运行要优于在液态中，液态使悬臂共振频率的精确测

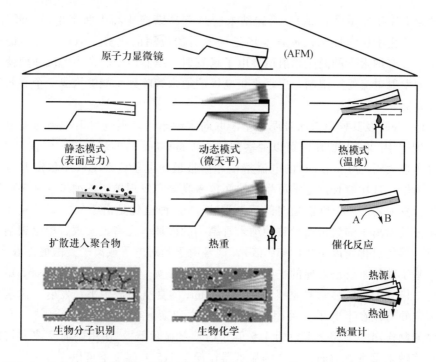

图 9.6　基于 AFM 悬臂的传感器，检测模式分为三种：静态模式、动态模式和热模式。[H. P. Lang, M. Hegner, E. Meyer, and Ch. Gerber, *Nanotechnology* 13, R29 (2002).]

定变得复杂。存在许多这样的例子。[126]

　　在热模式中，利用与悬臂本身热膨胀系数不同的涂层，对悬臂梁一侧进行非对称涂覆。当这种悬臂遇到温度变化时将发生弯曲。在微开尔文温度范围内，可以很容易地测量对应于温度变化的偏转。如果涂层是催化活性，例如铂层促进氢和氧反应生成水，在这种情况下，活性表面上产生热量并导致悬臂弯曲。这种方法也可用于相变研究以及极少量材料的热性能测试。[127,128]

　　虽然上述讨论限于单悬臂纳米传感器，很容易将同样的原理应用于多悬臂纳米传感器中。例如，已经成功制造了由 1 000 多个悬臂所构成的 SPM 悬臂阵列。[129]

9.8　碳纳米管发射器

　　自发现碳纳米管以来，有很多关于碳纳米管作为场发射器的研究报道。[130-136]标准的电子发射器基于低逸出功热丝热电子发射和尖端场发射。后者产生单色电子束，但是需要超高真空和高电压条件。此外，发射电流通常限于几个微安。具有 7 μm 典型直径的碳纤维已被用于电子发射器；然而存在重复性差和尖端迅速退化的缺点。[137]碳纳米管具有高纵横比和小曲率半径。此外，其优异的化学稳定性和机械强度场是场发射器应用的优势。Rinzler 等[132]证实了单个多壁纳米管的激光辐射诱导电子场发射。虽然由于非常小的尺寸而使单个管的发射电流受到限制，但垂直于电极的纳米管阵列将能够构成一个有效的场发射器。

　　De Heer 及其同事首次证明了基于取向碳纳米管阵列场发射的高强度电子枪。[130]当作用 200 V 电压时可以观察到约 $0.1 \ \mathrm{mA/cm^2}$ 的电流密度，而在 700 V 时可实现大于 $100 \ \mathrm{mA/cm^2}$ 的电流密度。据报道，电子枪在空气中稳定并可低成本制作，其功能长期稳定可靠。然而，激光研究发现单壁碳纳米管和多壁碳纳米管发射器的发射性能随时间逐渐退化。[135]这种退化是由于气态离子化离子或阳极发射离子的轰击而导致的纳米管结构的破坏。也有人发现，单壁碳纳米管发射器的退化速度更快（$\geqslant 10$ 倍），这是由于其对电子或离子轰击更为敏感。

　　基于碳纳米管场发射的平板显示器也已被证实。[134]已经制备出 32×32 矩阵寻址二极管纳米管显示器原型，并在 $10^{-6} \mathrm{torr}$ 的真空中产生平稳发射。像素明确界定并可以在半电压"关闭像素"配置中切换。利用单壁碳纳米管－有机黏结剂制作出一个完全密封的 4.5 英寸场发射显示器。[138]使用贴面摩擦和挤压工艺使纳米管垂直取向，制作的显示器在低于 415 ℃温度下可以充分工作。在绿色磷－铟－锡－氧化物玻璃的整个 4.5 英寸面积上观察到 $1 \ \mathrm{V/\mu m}$ 的导通电场以及 $3.7 \ \mathrm{V/\mu m}$ 下的 $1 \ 800 \ \mathrm{cd/m^2}$ 的亮度。图 9.7 显示了配备取向 CNT 发射器的 CRT 照明元件，电子管的直径为 20 mm，长为 75 mm。[139]这种阴极射线管照明元件的测试结果表明其寿命超过 10 000 h。[139]

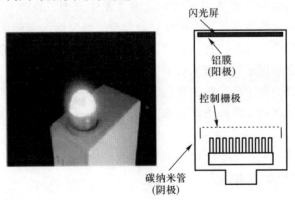

图 9.7　在 SUS304 上配备取向 CNT 发射器的 CRT 照明元件。(a)工作器件；(b)结构。电子管的直径为 20 mm，长为 75 mm。[H. Murakami, M. Hirakawa, C. Tanaka, and H. Yamakawa, *Appl. Phys. Lett.* 76, 1776（2000）.]

碳纳米管场发射性能得到广泛研究。规则取向[130-140]和无规取向[133-142]的纳米管都具有很好的发射能力。Chen 等[143]比较了与基底分别呈平行、45°、垂直的高密度排列碳纳米管的场发射数据。通过改变基底和偏置电场方向之间的夹角获得不同的取向。结果发现，无论取向如何的碳纳米管都表现出有效的场发射。平行于基底的取向纳米管阵列有一个较低的开启施加电场，相对于垂直基底的纳米管阵列具有在同等电场下更高的发射电流密度。结果表明可以从纳米管体中发射电子，且碳纳米管可以用做线性发射器。从纳米管体中发射电子归因于管的小直径和碳纳米管表面上的缺陷。Saito 及其合作者[144,145]完成了单壁纳米管和开口多壁纳米管的场发射谱。除了场发射器之外，还探索了碳纳米管的其他应用，包括传感器、扫描探针针尖、储氢和锂电池，Terrones 在其优秀的综述文章中对碳纳米管的应用进行了总结。[146]

9.9 纳米材料的能源应用

纳米技术在供应和需求层面日益影响着世界的能量平衡，并表现出大大提升或彻底改革清洁和可持续能源产业的美好前景。为了实现纳米材料能源应用的广泛工业化，要求进一步付出努力以实现对纳米结构的控制和规模化合成，理解纳米材料中能量转化和存储机理，以及纳米材料及其界面的质量、电荷和热传输动力学机制。

9.9.1 光电化学电池

光电化学电池，通常也称为光伏电池或太阳能电池，强调从太阳能向电能的高转化效率需求。光电化学器件由硅基 PN 结材料[147,148]和其他异质结材料[148-150]所组成，最为有名的材料为铟－镓－磷/砷化镓和碲化镉/硫化镉，其有效光转化已经得到广泛研究。与基于其他材料的电池比较，其最高效率已接近 20%。[147,148]但是高成本、昂贵设备以及这些器件研发的必要无尘条件，使得太阳能转化研究向低廉的材料和器件方向发展。

自从 O'Regan 和 Grätzel[151]提出以介孔二氧化钛或氧化锌作为光电极后，染料敏化太阳能电池就一直备受关注，并在低成本下表现出高于 10% 的能量转化效率。[152-155]图 9.8 展示了这种染料敏化介孔二氧化钛光伏电池的工作原理，并给出介孔锐钛矿二氧化钛薄膜的 SEM 图片。[155]在这个器件中，TiO_2 起到了捕捉电子和传输电子的功能，其导带在 4.2 eV 而带隙为 3.2 eV，对应于 387 nm 的吸收波长。[156]在这个过程中，吸附在 TiO_2 上的染料暴露于光源并吸收光子，然后将电子传送到 TiO_2 电极的导带中。I^-/I_3^- 在电极－电解质界面达到平衡后，电解质中进行孔传送和电子捕捉过程。染料再生从后续的空隙迁移至

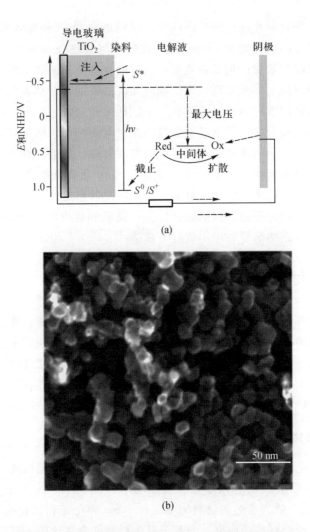

图 9.8　(a)染料敏化介孔二氧化钛光伏电池的工作原理示意图，(b)介孔锐钛矿二氧化钛薄膜的 SEM 图片。
[M. Grätzel, *Nature* 414,338 (2001).]

电解质中开始，在固态电极－液体电解质界面处完成 I^-/I_3^- 氧化还原反应耦合后捕获电子。

　　纳米结构在高效率光电转化光电化学电池器件中具有优势，这是由于其具有发生光电化学反应的巨大比表面积。为了更有效的电子转移和良好的稳定性，许多技术用于合成 TiO_2 电极以改善结构。化学气相沉积 Ti_3O_5 用于沉积层状晶态锐钛矿 TiO_2 薄膜，该薄膜具有光响应性和稳定性。[156]通过黏稠状混合溶液中 $TiCl_4$ 的气相水热晶化，并采用低温工艺获得无裂纹的多孔 TiO_2 纳米晶厚膜。[157]TiO_2 粉末压缩技术也已可用于合成多孔、稳定的膜结构。[158]最为广泛使用

的合成无裂纹 TiO_2 厚膜的方法，包括通过溶胶 – 凝胶法将含有一定量有机添加剂的商业 TiO_2 胶质前驱物合成为糊状 TiO_2，由其制得适于电子传输的厚膜电极。这种传统方法要求在透明导电基体上通过刀刮、旋涂或者丝网印刷法来完成糊状物的沉积。[159-161] 高温烧结用于去除有机物质并联结胶态颗粒。通过这种方法制备的介孔 TiO_2 薄膜[153-155] 的厚度范围一般在 2～20 μm 之间，这要取决于胶粒的大小和工艺条件，据报道通过这种技术获得的最大孔隙率约为 50%，平均孔隙尺寸为 15 nm 左右，内表面积约为 100 m^2/g。

虽然利用了各种技术并探索合成更为有效的 TiO_2 薄膜结构，以提高太阳能电池的电、光伏性能，但这些电池仍然难以逾越 10% 的光转化效率。通过将各种宽带半导体氧化物材料包括 $ZnO^{162-167}$ 和 $SnO_2^{164,168}$ 薄膜，用于其他太阳能电池器件以改善 TiO_2 基 DSSC 器件的当前状况。由 TiO_2、SnO_2、ZnO 或 Nb_2O_5 材料组合[164,169,170]，或由其他氧化物组合[171-173] 的复合结构也被尝试用于提高整体光转化效率。此外，还探索了由半导体氧化物膜和聚合物膜组合的混合结构，用于固态太阳能电池以完全消除液态电解质，期望通过电子传输和电子再生能力来提高整体效率。[174-176] 迄今为止，这些器件的整体光转化效率分别达到：ZnO 器件为 $5\%^{162,165-167}$，SnO_2 器件为 $1\%^{168}$，复合材料器件为 $6\%^{168}$，以及混合电池为 $2\%^{174}$，但这些仍然比基于染料敏化介孔 TiO_2 薄膜电池的效率要低。

9.9.2 锂离子充电电池

一种十分引人关注的可选择能源是电化学能，但需要将这种能源消耗设计成更可持续和更为环境友好。锂离子电池是这种电化学能存储和转化的代表性体系，它质量轻、效能高，且可作为电子器件如笔记本电脑、数码相机和便携式手机的可再充电能源。[177] 此外，它还被广泛研究用于电动汽车（EVs）和混合动力汽车（HEVs）的能量供应。虽然具有高能量密度[178]，锂离子电池在高充放电速率下由于大的极化现象而表现出较低功率密度。极化现象源于活性材料中锂的较慢扩散速率以及加速充放电过程中的电解质阻力。解决这一问题的一种途径就是制备出纳米结构电极材料，用来提供离子传输和电子传导中的较大表面积和较短的路径。

正极材料主要有两类。[179,180] 一类是具有阴离子密堆积晶格的层状化合物；过渡金属阳离子占据阴离子片层之间的交替层，锂离子插入到剩余空层中。这类化合物有 $LiTiS_2$、$LiCoO_2$、$LiNi_{1-x}Co_xO_2$ 和 $LiNi_xMn_xCo_{1-2x}O_2$ 等。尖晶石的过渡金属阳离子在全部层中有序排列，也可以将此归类到这类化合物中。由于具有紧密的晶格结构，这类材料具备高能量密度的优点。另一类阴极材料具有更为开放的结构，例如氧化钒、氧化锰隧道化合物和过渡金属磷酸盐（例如橄榄石 LiFePO$_4$）。一般来说，第二类材料比第一类材料更为安全和低廉。

最近多次报道了有关纳米结构锂金属氧化物的研究工作。通过溶胶－凝胶方法结合后煅烧可以合成 LiMn$_2$O$_4$ 纳米颗粒。[181] 在 350 ℃ 烧结温度下获得 10 nm 纳米颗粒，而在 550 ℃ 下获得亚微米颗粒。LiMn$_2$O$_4$ 纳米颗粒在不同的电压范围内表现不同。与大的无孔隙正极相比，在 3 V 的放电范围内，这种纳米颗粒正极具有更高的容量和更好的循环性；而在 4 V 放电范围内，它的容量下降，循环性则提高。这种容量和循环性的提高，是由于纳米颗粒正极较大的正极材料具有更低的电荷转移电阻。室温下通过平面磁控溅射法可以制得纳米晶 LiCoO$_2$ 薄膜。[182] 随后在 300 ℃ 对薄膜进行加热，引起平均晶粒尺寸增大但仍保持在纳米尺度，同时加热可使晶格畸变减小。这种低温热处理 LiCoO$_2$ 纳米晶薄膜可以使其电化学性能得到提高。利用溶液法（例如 Pechini 方法[183]）和后续聚合物辅助（或无聚合物辅助）热处理可以制得纳米结构 LiNi$_{0.5}$Mn$_{1.5}$O$_4$。[184] 值得注意，加热纳米棒状 LiNi$_{0.5}$Mn$_{1.5}$O$_4$ 到 800 ℃，可以使其棒状破碎成尺寸范围在 70 ~ 80 nm 的 LiNi$_{0.5}$Mn$_{1.5}$O$_4$ 纳米颗粒。这种 LiNi$_{0.5}$Mn$_{1.5}$O$_4$ 纳米颗粒正极在较宽的速率范围内（从 $C/4$ 到 $15C$）、在 3.5 ~ 5 V 之间循环时表现出较好的电化学特性。

已经获得并研究了大量纳米结构氧化钒。Spahr 等首次采用结合溶胶－凝胶反应和胺存在情况下的水热处理氧化钒前驱体的方法合成了氧化钒纳米卷。[185] Martin 等采用模板辅助方法成长多晶 V$_2$O$_5$ 纳米棒阵列。[186] 纳米棒阵列在 $200C$ 高倍率下是薄膜电极容量的 3 倍、在 $500C$ 以上倍率下是 4 倍。之后，通过提高纳米棒的表面积，V$_2$O$_5$ 纳米棒阵列的体积能量密度得到进一步提高。[187] 另一方面，通过模板电沉积法合成了单晶 V$_2$O$_5$ 纳米棒阵列。[188-190] 与溶胶－凝胶法得到的多晶 V$_2$O$_5$ 膜比较，单晶 V$_2$O$_5$ 纳米棒阵列表现出更高的容量和更高的倍率能力。利用类似的模板电沉积方法但生长条件不同，Wang 等制备了 V$_2$O$_5 \cdot n$H$_2$O 纳米管阵列。[191] 与制备纳米棒的条件相比，纳米管的制备使用了更低的电压和更短的短沉积时间。V$_2$O$_5 \cdot n$H$_2$O 纳米管阵列表现出高初始容量 300 mAh/g，约为 V$_2$O$_5 \cdot n$H$_2$O 薄膜初始容量 140 mAh/g 的 2 倍。之后，作者采用了两步电沉积法制备出 Ni － V$_2$O$_5 \cdot n$H$_2$O 核－壳纳米电缆阵列。[192] 图 9.9 比较了 Ni － V$_2$O$_5 \cdot n$H$_2$O 纳米电缆阵列、单晶 V$_2$O$_5$ 纳米棒阵列和溶胶－凝胶 V$_2$O$_5$ 薄膜的电化学性能。显然，Ni － V$_2$O$_5 \cdot n$H$_2$O 纳米电缆阵列比其他两个具有更高容量和速率能力，这归因于表面积的增加和内部阻力的减小。

纳米结构负极材料也是锂离子电池容量和循环寿命的关键。[193] 负极材料一般分为三类：（1）单质，如 Si、Sn 和 Ge；（2）氧化物，如 SnO$_2$、CuO、TiO$_2$、Co$_3$O$_4$ 和 NiO；（3）复合材料，如 Si － C、Sn － C、SnO$_2$ － C、过渡金属氧化物（MO，其中 M 是 Ti、Ni、Co）－ C、SnSb － C 和 Si － TiN。

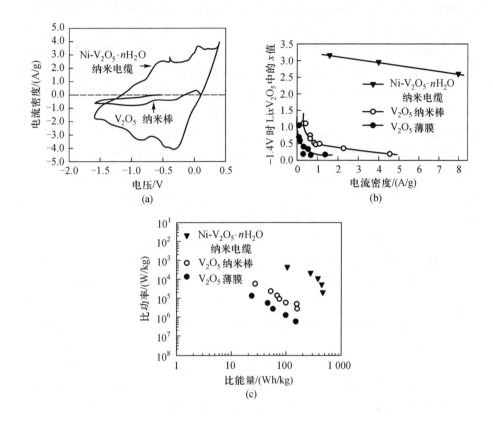

图 9.9 （a）Ni – V$_2$O$_5$·nH$_2$O 纳米电缆阵列和单晶 V$_2$O$_5$ 纳米棒阵列的循环伏安曲线，扫描速率为 10 mV/s，（b）Ni – V$_2$O$_5$·nH$_2$O 纳米电缆阵列、V$_2$O$_5$ 纳米棒阵列和溶胶 – 凝胶薄膜之间电流密度与 Li 嵌入容量的比较，（c）Ni – V$_2$O$_5$·nH$_2$O 纳米电缆阵列、V$_2$O$_5$ 纳米棒阵列和溶胶 – 凝胶薄膜的能量比较图（Ragone plot）。〔K. Takahashi, Y. Wang, and G. Z. Cao, *J. Phys. Chem.* B109, 48（2005）.〕

硅被认为是碳负极的最佳替代品，这是由于其具有的高理论容量（4 200 mAh/g）、低成本和丰富的来源。[194 – 196]然而，块状 Si 电极在嵌入/脱出过程[197]中的将近 400 % 的体积变化破坏了电极结构，并造成巨大的容量损失。解决这个问题的一个方法是制备纳米结构的硅。Cui 的研究组在金属集电极基体上直接生长 Si 纳米线（NWs）。[198]在首次循环中充电容量达到 4 277 mAh/g 而放电容量达到 3 124 mAh/g。为进一步提高功率速率和循环容量，已经制备出晶态 – 非晶态（c – a）核 – 壳型 Si 纳米线。15 次循环后晶态 Si（c – Si）仍然存在，在 150 mV 切断。由于体积均匀变化非晶态 Si（a – Si）表现出较好的循环稳定性[199 – 202]，c – Si 起到机械支撑体和电接触的作用。Sn（0.3 V）比 Si（0.5 V）具有更低的活化电压[203]，Li/Sn 合金具有高比容量 990 mAh/g[204]。但是急剧体积变化

（＞300％）仍然限制了它的实际应用。[205] Zhang 等利用激光诱导气相沉积法合成了纳米尺寸 Sn 粉体，0.2 mA/cm² 电流密度的首次循环充电容量为 904.4 mAh/g。[205] Ge 也是一种很有前景的阳极材料，因为 Li 在 Ge 中的室温扩散速率是 Si 中的 400 倍。[206] Ge NWs 也可以直接生长在金属集成电极基板上。[207] 电极在 2C 速率下的放电容量为 600 mAh/g，且具有优异的循环稳定性。

由于 SnO_2（781 mAh/g）是石墨嵌 Li 量的 2 倍，也成为以一种有吸引力的负极材料。[208,209] 然而氧化锡负极也存在循环过程中体积急剧变化的问题。[210] 纳米尺寸氧化锡能够保持相当的可逆容量。纳米晶 SnO_2 可使用多元醇介导法[211] 或结合溶胶－凝胶和微波合成的方法而得到。[212] 一个简单的单步无模板方法和喷雾热解技术分别用于生长空心 SnO_2 纳米球[213] 和球状多孔 SnO_2。[214] 这些松散但相互连接结构有助于降低体积变化。其他 SnO_2 纳米结构包括合成的单晶 SnO_2 纳米线，然而在循环过程中发生从单晶结构向多晶结构的变化。[215] Naichao Li 等利用模板方法制备出类似于"毛刷猪鬃"的 SnO_2 纳米纤维。[216]

除了锡氧化物之外，纳米结构过渡金属氧化物如 TiO_2、CuO、NiO 和 Co_3O_4，也是很好的负极候选材料。[217] 纳米氧化物电极都表现出高于石墨阳极的容量。[178] 而且具有复杂结构的纳米复合材料也可用于提高负极容量和循环稳定性。例如，利用球磨法制备出硅/石墨/CNTs 复合结构。

纳米结构在电池性能中的作用不仅仅是简单减小尺寸的结果。考虑纳米尺寸电极材料之间界面的空间电荷作用以及电极和电解质之间的电荷传输，界面性能是敏感和关键因素。这成为全世界研究人员的挑战，需要完成系统的实验研究和发展预测理论工具，以便更好地理解纳米结构和电极材料电化学特性之间的相互关系。

9.9.3 储氢

储氢在氢能科技中具有重要意义。储氢材料的要求包括高存储密度、环境条件下的安全性和有效成本，以及完成快速、可逆加氢/脱氢过程。物理吸附和化学吸附是纳米材料储氢应用的两个基本机制。[218] 在物理吸附中，氢分子被强制进入到具有大比表面积的纳米材料中，如介孔材料。氢气在冷却时被捕获到腔体中，加热时被释放出来。在化学吸附中，氢分子与储氢材料如氢元素构成的复杂氢化物以化学键结合。这种储氢材料由于短 H－H 键长使其具有大体积容量，由于轻元素而具有大质量容量。

物理吸附储氢材料包括纳米结构碳、沸石、金属－有机框架和笼形包合物。例如，由于储氢容量正比于碳材料的比表面积，碳纳米管和碳纳米纤维被广泛研究以提高储氢容量。碳气凝胶是另一种很有前景的储氢材料，为氢吸附提供了工程多样性，这是由于其在合成、可控制表面和孔隙容积及取代/掺杂水平上的适应性。通过溶胶-凝胶法合成了表面积达到 3 200 m^2/g 的活性碳气凝胶。[219]利用镍掺杂碳气凝胶可以进一步提高超过质量密度的 H_2 容量。

化学吸附储氢材料包括金属团簇、金属间化合物和复杂氢化物。例如，纳米尺寸 $Pd-H$ 团簇、纳米晶 $LaNi_5$[220]和 $FeTi$[221]，广泛用于研究加氢行为热力学，并发现压力较低时氢的溶解度提高。此外，镁作为储氢材料由于其低成本、高容量（质量分数为 7.6%），越来越多引起人们的研究兴趣。然而，吸附和脱附动力学不能使人十分满意，脱附的起始温度稍微过高（573 K）。球磨 MgH_2 可以改善动力学。发现传输速率取决于晶粒大小。[222]与晶粒尺寸为 1 μm 的惰性物质相比较，当晶粒尺寸减小到 50 nm 时达到理论容量的 80%。对 Mg 和其他一些过渡金属所组成的许多复合材料进行了研究，以进一步提高动力学。一些过渡金属也能够吸收氢如 V、Nb、Pd、Pt[223,224]，而其他则不能，如 Ni、Fe、Cu、Co[225,226]。

由于具有高存储容量，氢化铝已受到极大关注。在氢化铝中，在氢和铝之间存在强离子特征的共价键。$NaAlH_4$ 是被最广泛研究的替代物，含有轻阳离子并具有优异的热力学性质。通过在 $NaAlH_4$ 中掺杂 Ti，可以显著加速氢交换。以钛醇盐为 Ti 源，通过湿浸法可以将 Ti 颗粒分散到 $NaAlH_4$ 上。最近发现，通过球磨 $NaAlH_4$ 和 Ti 醇盐或卤化物的混合球磨，可以进一步提高动力学。[227-229]起始分解温度从纯 $NaAlH_4$ 的 513 K 降至掺杂 $NaAlH_4$ 的 373 K。此外，当 $NaAlH_4$ 颗粒尺寸从 1~10 μm 减小到 19~30 nm 或 2~10 nm 时，活化能从 116 kJ/mol 降低至 80 kJ/mol，甚至到 58 kJ/mol。图 9.10 总结了 115 ℃ 时 "19~30 nm $NaAlH_4$" 的吸收特性随 H_2 压力的变化关系。为了便于比较，纯支撑材料（CNF）包含其中，这种材料从 0.1~100 bar 范围内不吸收 H_2。"19~30 nm $NaAlH_4$" 从 20 bar 相对低 H_2 压力开始吸收。应该指出，如图 9.10 所示，典型的催化 $NaAlH_4$（球磨 $TiC_3-NaAlH_4$）在 45 bar 开始吸收 H_2。也观察到 "19~30 nm $NaAlH_4$" 的 H_2 吸收低于总氢气容量（质量分数为 5.6% 的 H_2）。

其他储氢材料包括由物理吸附和化学吸附储氢材料所组成的新型纳米复合材料。例如，Sepehri 等[230]和 Balde 等[231]已经开发出碳-氨硼烷储氢纳米复合材料，并研究了孔隙尺寸、脱氢温度和活化能之间的关系。发现较小孔隙的碳-氨硼烷纳米复合材料具有较低脱氢温度和活化能。硼氢化锂具有高质量储氢容量（质量分数为 13.6%）和高体积储氢容量（0.092 kg/L）。[232]然而，在 $LiBH_4$ 中的吸氢反应热力学和动力学不够理想，这可以通过将此填充到多孔碳气凝胶中而得到改善。气凝胶基体可以阻碍纳米尺寸 $LiBH_4$ 的集聚。这种纳米杂化物的总容量下降 40%，而块体 $LiBH_4$ 在 3 个循环后下降 72%。除

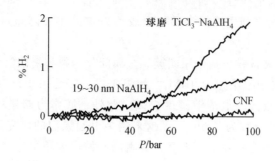

图 9.10 在 115 ℃ 时,"19 ~ 30 nm NaAlH₄"首次吸收 H₂ 量
随压力的变化关系,以及与球磨 TiC₃ – NaAlH₄ 和纯 CNF 的
比较。ΔP/Δt = 1.38 bar/min。[K. J. Gross, G. J. Thomas, and
C. M. Jensen, *J. Alloys Comp.* 330,683 (2002).]

碳气凝胶外,碳冷凝胶用做氨硼烷基体。[233]这种纳米复合材料的形成降低了
脱氢温度和阻碍了硼唑释放。氨硼烷中质量分数为 9% 的 H₂ 从该纳米复合
材料中释放出来。此外,利用毛细管力可以将氨硼烷涂覆到介孔二氧化硅
上。[234]这种纳米复合材料结构也有利于抑制硼烷释放和降低氢释放的起始
温度。

9.9.4 热电器件

与其他制冷或发电方法相比,相固态热电(TE)冷却和发电装置具备许多
优点,如长寿命、无运动部件、无毒气排放、低维护和高可靠性。然而,在目
前热电器件的应用受到低能量转换效率的限制。利用纳米结构材料可使热电器
件能量转换效率大大提高。[235]在各种热电纳米材料中,Bi₂Te₃ 及其衍生化合物
显示出室温热电制冷的最好性能。[236]通过在具有纳米孔道的氧化铝模板中电化
学沉积 Bi₂Te₃,制备出 Bi₂Te₃ 纳米线。[237]产生的纳米线阵列可以用于制作热电
微型发电机,认为其具备将固态器件小型化的能力。这些直径为 50 nm 的 P 型
和 N 型 Bi₂Te₃ 纳米线在 307 K 时的塞贝克(Seebeck)系数分别约为 260 μV/K 和
188 μV/K。各种溶剂包括乙二胺、二甲基甲酰胺、吡啶、丙酮、乙醇和蒸馏
水,用做反应介质以合成 Bi₂Te₃ 纳米线。[238]溶剂的介电常数和表面张力大大影
响纳米结构 Bi₂Te₃ 的相分布、微观结构和晶粒尺寸。此外,溶剂热方法用于合
成平均尺寸为 15 ~ 20 nm 的 Bi₂Te₃ 纳米颗粒,以及直径小于 100 nm 和长度约
为 10 μm 的纳米线。通过阴极电解至阳极氧化铝模板的方法制备出 Bi₂Te₃ 纳米
线,该方法得到高填充、均匀、单晶的纳米线阵列。[239]低浓度 HTeO₂⁺ 和 Bi³⁺
及直流电沉积过程容易形成高速率填充的单晶纳米线。模板导向电沉积方法用

于制作 $Bi_2Te_3/(Bi_{0.3}Sb_{0.7})_2Te_3$ 超晶格纳米线。

纳米结构硅也表现出良好的热电性能。电化学方法用于制造由直径在 20~300 nm 的粗硅纳米线组成的大面积、晶片规模的阵列。[240] 直径为 50 nm 的这些纳米线的热导率比块状 Si 降低 100 倍,从而提高了这种热电材料的转换效率。通过优化掺杂、减小直径、粗糙度控制,ZT 可能达到 0.6 甚至更高。通过机械抛光和氧等离子体刻蚀技术辅助的气 - 液 - 固(VLS)工艺,制备出镶嵌于聚对二甲苯基体的硅纳米线。[241] 制备了暴露尖端的单晶纳米线,并在尖端表面沉积了一个金属接触器。这种聚合物基体提供结构支撑并维持纳米线的热隔离。

其他热电材料包括金属碲化物。复合物 - 氢氧化物 - 介导法用于制备单斜相单晶碲化银纳米线。[242] 在加热/冷却过程中,单斜结构($\beta - Ag_2Te$)在 148 ℃/ 133 ℃ 左右能够可逆转化为面心立方结构($\alpha - Ag_2Te$)。电导率和塞贝克系数在相变温度附近发生急剧变化。当加热、冷却过程中,如果塞贝克系数分别达到约 170 $\mu V/K$、约 160 $\mu V/K$,则这些纳米线将是有前景的热电材料。不同于 Ag_2Te,均匀单晶 PbTe 纳米线通过两步水热过程而制备得到。[243] 获得的纳米线直径约为 30 nm。纳米线生长主要受到反应温度、反应持续时间以及 $Pb(NO_3)_2$ 浓度的影响。PbTe 纳米线薄膜样品表现出优异的塞贝克系数(约为 628 $\mu V/K$),这比块体 PbTe 高 37%。电化学沉积用于制备 Bi_2Te_3/氧化铝纳米复合材料。[244] 具有 30% 的孔隙率和 40 nm 直径平行孔隙的氧化铝作为填充 Bi_2Te_3 的模板。这种复合材料的热扩散率在 150 K、300 K 时分别为 $9.2 \times 10^{-7} m^2/s$、$6.9 \times 10^{-7} m^2/$ s,低于纯氧化铝模板。与块状材料相比较,Bi_2Te_3 纳米线的热导率降低了一个数量级。

对于一些 III - V 族半导体纳米线包括 InSb、InAs、GaAs 和 InP 纳米线的热电性能也进行了研究。[245] 直径约 10 nm 的 InSb 纳米线表现出很大的热电应用潜力。通过介观测量技术测得的 ZnO 纳米线的热电势为 -400 $\mu V/K$。[246] 由于温度相关热电势值为负数,因此这些宽带隙纳米线的主要载流子是电子。独立而直线状金纳米线的 ZT 较一般纳米线提高近百倍。[247] 这种极大的提高归因于隧道结和电子穿越结的库仑效应。电子和声子在细而无序的硅纳米线中的传输都可以进行计算。[248] 空位传输比电子传输在声子传输过程中起到了更为重要的作用。图 9.11 表现在不同的无序度下,计算得到的 <100>、<110>、<111> 纳米线的 ZT 值随化学势的变化关系。观察到随空位数目从 10(实曲线)增加到 100(虚曲线)ZT 值在提高。在 N_{vac} = 1 000(点曲线)时,所有 N 型线(电子)的 ZT 值提高,而只有 <111> 线的空位 ZT 值提高。

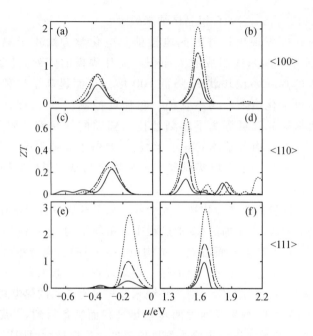

图 9.11 T = 300 K 时计算得到 ZT 值与化学势之间的关系。实曲线：N_{vac} = 10；虚曲线：N_{vac} = 100；点曲线：N_{vac} = 1 000。〔T. Markussen, A. -P. Jauho, and M. Brandbyge, *Phys. Rev.* B79,035415 (2009).〕

9.10 纳米材料的环境应用

随着工业的快速发展和人口激增，各种有害甚至有毒的材料被大量生产并被排放到空气和水中。环境污染已经成为一个日益严重的问题。人们已经付出巨大的研究努力来减少或解决环境问题。例如，通过在聚合物相内分散氧化铁纳米颗粒而制成聚合双区域吸附剂。[249]这种吸附剂在检测各种环境污染物方面具有应用前景，如亚砷酸盐、砷酸盐、铜和二氯苯酚。此外，纳米尺寸 TiO_2 在 H_2O_2 辅助作用下已经用于降解水中有机染料。[250]在电解中也检测 H_2O_2 的浓度，而其在降解过程中起到重要作用。图 9.12 显示 H_2O_2 浓度的提高。当体系中没有纳米材料时，在 3 h 内 H_2O_2 的浓度累积达到一个稳定值 8.6 mmol/L。当体系中加入一定量的纳米尺寸 TiO_2 时，图 9.12 中曲线 c 和曲线 d 显示了 H_2O_2 的累积过程。从中可以看出，H_2O_2 的稳定浓度减小，表明 H_2O_2 的分解速率在提高，尤其是在图 9.12 中曲线 d 所示的紫外光照射条件下。纳米尺寸 TiO_2 和 H_2O_2 形成电－光化学体系，它极大地加速了若丹明 6G 的降解。

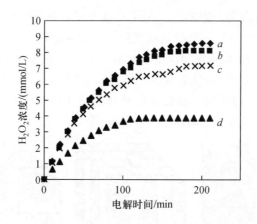

图 9.12　反应器中 H_2O_2 累积量：曲线 a 为背底；曲线 b 为 UV；曲线 c 为纳米 TiO_2；曲线 d 为 UV 纳米 TiO_2。〔J. Chen, M. Liu, L. Zhang, J. Zhang, and L. Jin, *Water Res.* 37, 3815 (2003). 〕

9.11　光子晶体和等离子波导

9.11.1　光子晶体

光子晶体有着广泛的应用。[251,252]易于商业化的例子包括波导和高分辨光谱过滤器。光子晶体允许几何导向如 90°走线。[253]潜在的应用有光子晶体激光、光发射二极管和作为信用卡防伪保护的光子晶体薄膜。最终希望光子晶体二极管和晶体管将逐渐建立一个全光计算机。

光子－带－隙(PBG)晶体，或者简称光子晶体，是由具有不同折射率的介电材料以交替区域构成的空间周期性晶格。[254]PBG 的概念最初由 Yablonovitch[255]和 John[256]在 1987 年提出，而首次在实验上实现 3D 光子晶体的报道是在 1991年。[257]图 9.13 为一维、二维、三维光子晶体的示意图。由于长程有序，光子晶体能够与半导体传输电子相同的方式来控制光子的传播：也就是说，在光子晶体能带结构中存在一个禁带，在特定的频率范围内排斥光学模式的存在。光子带隙提供了强有力手段以操纵和控制光子，在光子结构或体系中可以发现很多应用。例如，光子晶体可以用于阻止光子传播而与其偏振方向无关、在有限频率中将光子局域到特定区域、操纵自发或受激发射过程动力学，并作为无损波导限制或沿特定通道引导光的传播。应该注意，光子晶体在全波长下工作，因此如果适当选择周期性结构(晶体常数)尺寸，则在近红外通信窗口或者可见光区域内发现很多应用。许多方法用于制备光子晶体。[258]例子包括层－层堆垛技术[259,260]、电化学蚀刻[261]、化学气相沉积[262]、全息光刻[263]和单分散球状胶体的自组装[264,265]。图9.14显示采用深度各向异性蚀刻方法制备的硅柱体周期性阵列的SEM图片。[266]这个硅柱体直径为205 nm，高5 μm。这种结构具有横向磁性极化的约1.5 μm的带隙。通过去除柱体的一个阵列，就可制作波导弯曲。输入和输出波导与二维光子晶体结合在一起。[266]

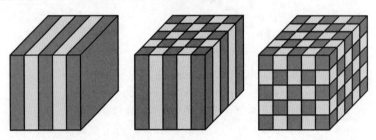

图9.13　一维、二维、三维光子晶体示意图，由介电材料交替区域所构成

图9.14　采用深度各向异性蚀刻方法制备的硅柱体周期性阵列SEM图片。硅柱体直径为205 nm，高5 μm。这种结构具有横向磁性极化的约1.5 μm的带隙。通过去除柱体的一个阵列制作波导弯曲。输入和输出波导与光子晶体结合在一起。[T. Zijlstra, E. van der Drift, M. J. A. de Dood, E. Snoeks, and A. Polman, *J. Vac. Sci. Technol.* B17, 2734 (1999).]

一个全部或完整带隙的定义是，在光子能带结构中能够扩展到整个布里渊区(Brillouin zone)的带隙。[267]不完全带隙通常称为赝带隙，因为它只出现在沿特定传播方向的透射谱中。一个完全带隙可以被认为是，在整个三维空间中特

定频率范围内的一系列赝带隙的重叠。

9.11.2　等离子波导

　　等离子波导是基于贵重金属纳米颗粒表面等离子共振的光学器件。表面等离子共振是在金属粒子中光电场和自由电子之间的强相互作用，这在前面的章节中已经讨论。接近于隔离的金属纳米颗粒阵列建立了耦合等离子模式，通过邻近颗粒间的近场耦合并沿着阵列方向，发生电磁能量的相干传播。[268-270]源于单个金属纳米颗粒内等离子振动的偶极子场，由于近场电动相互作用能够诱导隔离的邻近颗粒内等离子振动。[270,271]电磁波能够在低于衍射极限的尺度上、在90°附近或以远小于光波波长的弯曲半径被导向，如图9.15所示。[268]电子束光刻和 AFM 纳米操纵用于制造等离子波导，这是利用直径为 30 nm 和 50 nm 的金纳米颗粒，中心－中心距离为颗粒半径的 3 倍。[268]

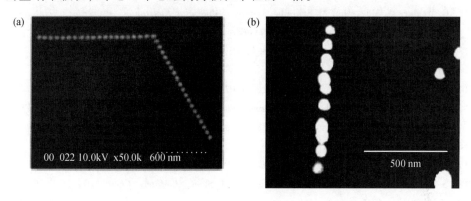

图 9.15　（a）利用电子束光刻制备等离子波导中 60°走线的 SEM 图。金电直径约为 50 nm，间隔约为 75 nm（中心－中心）。（b）以直径 30 nm 胶态金纳米颗粒制作的直等离子波导。利用 AFM 接触模式将颗粒组装成直线，然后在非接触模式中成像。[S. A. Maier, M. L. Brongersma, P. G. Kik, S. Meltzer, A. A. G. Requicha, and H. A. Atwater, *Adv. Mater.* 13, 1501 (2001).]

9.12　总结

　　本章只是简单描述了一些例子，以说明纳米结构和纳米材料的一些应用。毫无疑问，还有很多例子没有包含在这里的讨论中，而且还有更多正在或即将被研究和探索。虽然不能确定纳米技术将采用哪一种途径，但是纳米技术确实已经渗透到人们生活的各个方面，也将会使世界变得与人们所知的不同。

■ 参考文献

1. K. Zamani, *Proc. SPIE* 4608, 266 (2002).

2. A. Vilan and D. Cahen, *Trends in Biotechnol.* 20, 22 (2002).

3. R. F. Service, *Science* 293, 782 (2001).

4. G. Y. Tseng and J. C. Ellenbogen, *Science* 294, 1293 (2001).

5. J. H. Schön, H. Meng, and Z. Bao, *Nature* 413, 713 (2001).

6. J. H. Schön, H. Meng, and Z. Bao, *Science* 294, 2138 (2001).

7. A. Aviram and M. A. Ratner, *Chem. Phys. Lett.* 29, 277 (1974).

8. A. Bachtold, P. Hadley, T. Nakanishi, and C. Dekker, *Science* 294, 1317 (2001).

9. J. Chen, M. A. Reed, A. M. Rawlett, and J. M. Tour, *Science* 286, 1550 (1999).

10. S. W. Chung, J. Yu, and J. R. Heath, *Appl. Phys. Lett.* 76, 2068 (2000).

11. Y. Huang, X. F. Duan, Q. Wei, and C. M. Lieber, *Science* 291, 630 (2001).

12. G. Mahler, V. May, and M. Schreiber (eds.), *Molecular Electronics: Properties, Dynamics, and Applications*, Marcel Dekker, New York, 1996.

13. D. L. Klein, R. Roth, A. K. L. Lim, A. P. Alivisatos, and P. L. McEuen, *Nature* 389, 699 (1997).

14. P. Bergveld, *IEEE Trans. Biomed. Eng.* BME 19, S342 (1972).

15. P. Bergveld and A. Sibbald, *Analytical and Biomedical Applications of Ion-Selective Field Effect Transistors*, Elsevier, Amsterdam, 1988.

16. J. Janata, *Analyst* 119, 2275 (1994).

17. H. Wohltjen and A. W. Snow, *Anal. Chem.* 70, 2856 (1998).

18. S. D. Evans, S. R. Johnson, Y. L. Cheng, and T. Shen, *J. Mater. Chem.* 10, 183 (2000).

19. M. A. Reed, C. Zhou, C. J. Muller, T. P. Burgin, and J. M. Tour, *Science* 278, 252 (1997).

20. X. D. Cui, A. Primak, X. Zarate, J. Tomfohr, O. F. Sankey, A. L. Moore, T. A. Moore, D. Gust, G. Harris, and S. M. Lindsay, *Science* 294, 571 (2001).

21. R. Compañó, *Nanotechnology* 12, 85 (2001).

22. J. Chen, M. A. Reed, A. M. Rawlett, and J. M. Tour, *Science* 286, 1550 (1999).

23. C. P. Collier, E. W. Wong, M. Belohradský, F. M. Raymo, J. F. Stoddart, P. J. Kuekes, R. S. Williams, and J. R. Heath, *Science* 285, 391 (1999).

24. C. P. Collier, G. Mattersteig, E. W. Wong, Y. Luo, K. Beverly, J. Sampaio, F. M. Raymo, J. F. Stoddart, and J. R. Heath, *Science* 289, 1172 (2000).

25. S. J. Tans, A. R. M. Verschueren, and C. Dekker, *Nature* 393, 49 (1998).

26. S. J. Wind, J. Appenzeller, R. Martel, V. Derycke, and P. Avouris, *Appl. Phys. Lett.* 80, 3817 (2002).

27. W. Liang, M. P. Shores, M. Bockrath, J. R. Long, and H. Park, *Nature* 417, 725 (2002).

28. J. Park, A. N. Pasupathy, J. I. Goldsmith, C. Chang, Y. Yaish, J. R. Petta, M. Rinkoski,

J. P. Sethna, H. D. Abruna, P. L. McEuen, and D. C. Ralph, *Nature* 417, 722 (2002).

29. Y. Luo, C. P. Collier, J. O. Jeppesen, K. A. Nielsen, E. DeIonno, G. Ho, J. Perkins, H. R. Tseng, T. Yamamoto, J. F. Stoddart, and J. R. Heath, *Chem. Phys. Chem.* 3, 519 (2002).

30. A. Bachtold, P. Hadley, T. Nakanishi, and C. Dekker, *Science* 294, 1317 (2001).

31. Y. Huang, X. Duan, Y. Cui, L. J. Lauhon, K. H. Kim, and C. M. Lieber, *Science* 294, 1313 (2001).

32. X. F. Duan, Y. Huang, and C. M. Lieber, *Nano Lett.* 2, 487 (2002).

33. Y. Chen, G. Y. Jung, D. A. A. Ohlberg, X. Li, D. R. Stewart, J. O. Jeppesen, K. A. Nielsen, J. F. Stoddart, and R. S. Williams, *Nanotechnology* 14, 462 (2003).

34. N. A. Melosh, A. Boukai, F. Diana, B. Gerardot, A. Badolato, P. M. Petroff, and J. M. Heath, *Science* 300, 112 (2003).

35. J. R. Heath, P. J. Kuekes, G. S. Snider, and R. S. Williams, *Science* 280, 1716 (1998).

36. F. Peper, J. Lee, S. Adachi, and S. Mashiko, *Nanotechnology* 14, 469 (2003).

37. S. J. Kim, Yu I. Latyshev, and T. Yamashita, *Appl. Phys. Lett.* 74, 1156 (1999).

38. R. W. Mosley, W. E. Booij, E. J. Tarte, and M. G. Blamire, *Appl. Phys. Lett.* 75, 262 (1999).

39. C. Bell, G. Burnell, D. J. Kang, R. H. Hadfield, M. J. Kappers, and M. G. Blamire, *Nanotechnology* 14, 630 (2003).

40. C. Vieu, F. Carcenac, A. Pepin, Y. Chen, M. Mejias, A. Lebib, L. Manin-Ferlazzo, L. Couraud, and H. Launois, *Appl. Surf. Sci.* 164, 111 (2000).

41. D. L. Feldheim and C. D. Keating, *Chem. Soc. Rev.* 27, 1 (1998).

42. T. Sato, H. Ahmed, D. Brown, and B. F. G. Johnson, *J. Appl. Phys.* 82, 1007 (1997).

43. S. H. M. Persson, L. Olofsson, and L. Hedberg, *Appl. Phys. Lett.* 74, 2546 (1999).

44. M. Brust and C. J. Kiely, *Coll. Surf.* A202, 175 (2002).

45. D. L. Gittins, D. Bethekk, D. J. Schiffrin, and R. J. Nichols, *Nature* 408, 67 (2000).

46. M. S. Dresselhaus, G. Gresselhaus, and P. C. Eklund, *Science of Fullerences and Carbon Nanotubes*, Academic Press, San Diego, CA, 1996.

47. S. J. Tans, M. H. Devoret, H. Dai, A. Thess, R. E. Smalley, L. J. Geerligs, and C. Dekker, *Nature* 386, 474 (1997).

48. J. Kong, C. Zhou, E. Yenilmez, and H. Dai, *Appl. Phys. Lett.* 77, 3977 (2000).

49. H. W. C. Postma, T. Peepen, Z. Yao, M. Grifoni, and C. Dekker, *Science* 293, 76 (2001).

50. R. Martel, T. Schmidt, H. R. Shea, T. Hertel, and P. Avouris, *Appl. Phys. Lett.* 73, 2447 (1998).

51. X. Liu, C. Lee, C. Zhou, and J. Han, *Appl. Phys. Lett.* 79, 3329 (2001).

52. J. Kong, N. R. Franklin, C. Zhou, M. G. Chapline, S. Peng, K. Cho, and H. Dai, *Science* 287, 622 (2000).

53. R. J. Chen, Y. Zhang, D. Wang, and H. Dai, *J. Am. Chem. Soc.* 123, 3838 (2001).

54. P. G. Collins, M. S. Arnold, and P. Avouris, *Science* 292, 706 (2001).

55. A. M. Rawlett, T. J. Hopson, I. Amlani, R. Zhang, J. Tresek, L. A. Nagahara, R. K. Tsui, and H. Goronkin, *Nanotechnology* 14, 377 (2003).

56. R. H. Baughman, C. Cui, A. A. Zakhidov, Z. Iqbal, J. N. Barisci, G. M. Spinks, G. G. Wallace, A. Mazzoldi, D. De Rossi, A. G. Rinzler, O. Jaschinski, S. Roth, and M. Kertesz, *Science* 284, 1340 (1999).

57. A. M. Fennimore, T. D. Yuzvinsky, W. Q. Han, M. S. Fuhrer, J. Cumings, and A. Zettl, *Nature* 424, 408 (2003).

58. J. Kong, N. R. Franklin, C. Zhou, M. G. Chapline, S. Peng, K. Cho, and H. Dai, *Science* 287, 622 (2000).

59. S. Ghosh, A. K. Sood, and N. Kumar, *Science* 299, 1042 (2003).

60. Y. Gao and Y. Bando, *Nature* 415, 599 (2002).

61. C. A. Haberzettl, *Nanotechnology* 13, R9 (2002).

62. K. E. Drexler, *Engines of Creation: The Coming Era of Nanotechnology*, Anchor Press/Doubleday, New York, 1986.

63. W. J. Parak, D. Gerion, T. Pellegrino, D. Zanchet, C. Micheel, S. C. Williams, R. Bourdreau, M. A. Le Gros, C. A. Larabell, and A. P. Alivisatos, *Nanotechnology* 14, R15 (2003).

64. T. A. Taton, *Nat. Mater.* 2, 73 (2003).

65. M. Han, X. Gao, J. Z. Su, and S. Nie, *Nat. Biotechnol.* 19, 631 (2001).

66. T. P. De and A. Maitra, in *Handbook of Surface and Colloid Chemistry*, ed. K. S. Birdi, CRC Press, Boca Raton, FL, p. 603, 1997.

67. L. Stryer, *Biochemistry*, 4th edn. Freeman, New York, 1995.

68. J. Fritz, M. K. Baller, H. P. Lang, H. Rothuizen, P. Vettiger, G. Meyer, H. J. Guntherodt, C. Gerber, and J. K. Gimzewski, *Science* 288, 316 (2000).

69. A. P. Alivisatos, K. P. Johnsson, X. Peng, T. E. Wilson, C. J. Loweth, M. P. Bruchez, Jr., and P. G. Schultz, *Nature* 382, 609 (1996).

70. R. Elghanian, J. J. Storhoff, R. C. Mucic, R. L. Letsinger, and C. A. Mirkin, *Science* 277, 1078 (1997).

71. W. J. Parak, D. Gerion, D. Zanchet, A. S. Woerz, T. Pellegrino, C. Micheel, S. C. Williams, M. Seitz, R. E. Bruehl, Z. Bryant, C. Bustamante, C. R. Bertozzi, and A. P. Alivisatos, *Chem. Mater.* 14, 2113 (2002).

72. M. J. Bruchez, M. Moronne, P. Gin, S. Weiss, and A. P. Alivisatos, *Science* 281, 2013 (1998).

73. W. C. W. Chan and S. Nie, *Science* 281, 2016 (1998).

74. W. L. Shaiu, D. D. Larson, J. Vesenka, and E. Henderson, *Nucl. Acids Res.* 21, 99 (1993).

75. E. L. Florin, V. T. Moy, and H. E. Gaub, *Science* 264, 415 (1994).

76. W. J. Parak, D. Gerion, T. Pellegrino, D. Zanchet, C. Micheel, S. C. Williams, R.

Boudreau, M. A. Le Gros, C. A. Larabell, and A. P. Alivisatos, *Nanotechnology* 14, R15 (2003).

77. C. M. Niemeyer, *Angew. Chem. Int. Ed. Engl.* 40, 4128 (2001).

78. C. A. Mirkin, *J. Nanopart. Res.* 2, 121 (2000).

79. A. A. Taton, *Trends in Biotechnol.* 20, 277 (2002).

80. J. J. Storhoff, R. Elghanian, R. C. Mucic, C. A. Mirkin, and R. L. Letsinger, *J. Am. Chem. Soc.* 120, 1959 (1998).

81. G. C. Bond, *Catal. Today* 72, 5 (2002).

82. R. Grisel, K. J. Weststrate, A. Gluhoi, and B. E. Nieuwenhuys, *Gold Bull.* 35, 39 (2002).

83. M. Haruta, *Catal. Today* 36, 153 (1997).

84. R. J. H. Grisel and B. E. Nieuwenhuys, *J. Catal.* 199, 48 (2001).

85. M. Valden, X. Lai, and D. W. Goodman, *Science* 281, 1647 (1998).

86. V. Bondzie, S. C. Parker, and C. T. Campbell, *Catal. Lett.* 63, 143 (1999).

87. P. Pyykkö, *Chem. Rev.* 88, 563 (1988).

88. G. C. Bond and D. T. Thompson, *Catal. Rev. Sci. Eng.* 41, 319 (1999).

89. H. Li, Y. Y. Luk, and M. Mrksich, *Langmuir* 15, 4957 (1999).

90. L. Pasquato, F. Rancan, P. Scrimin, F. Mancin, and C. Frigeri, *Chem. Commun.* 2253 (2000).

91. J. J. Pietron and R. W. Murray, *J. Phys. Chem.* B103, 4440 (1999).

92. M. Bartz, J. Kuther, R. Seshadri, and W. Tremel, *Angew. Chem., Int. Ed. Engl.* 37, 2466 (1998).

93. F. Capasso, *Science* 235, 172 (1987).

94. F. Capasso and S. Datta, *Phys. Today* 43, 74 (1990).

95. R. Dingle, W. Wiegmann, and C. H. Henry, *Phys. Rev. Lett.* 33, 827 (1974).

96. N. Holonyak Jr., R. M. Kolbas, W. D. Laidig, B. A. Vojak, and K. Hess, *J. Appl. Phys.* 51, 1328 (1980).

97. P. K. Bhattacharya and N. K. Dutta, *Annu. Rev. Mater. Sci.* 23, 79 (1993).

98. S. D. Hersee, B. DeCremoux, and J. P. Duchemin, *Appl. Phys. Lett.* 44, 476 (1984).

99. N. K. Dutta, T. Wessel, N. A. Olsson, R. A. Logan, R. Yen, and P. J. Anthony, *Electron. Lett.* 21, 571 (1985).

100. W. T. Tsang, L. Yang, M. C. Wu, Y. K. Chen, and A. M. Sergent, *Electron. Lett.* 26, 2035 (1990).

101. M. Kondow, K. Uomi, A. Niwa, T. Kitatani, S. Watahiki, and Y. Yazawa, *Jpn. J. Appl. Phys.* 35, 1273 (1996).

102. L. A. Kolodziejski, R. L. Gunshor, and A. V. Nurmikko, *Annu. Rev. Mater. Sci.* 25, 711 (1995).

103. J. Ding, M. Hagerott, P. Kelkar, A. V. Nurmikko, D. C. Grillo, L. He, J. Han, and

R. L. Gunshor, *Phys. Rev.* B50, 5787 (1994).

104. M. Hagerott, J. Ding, H. Jeon, A. V. Nurmikko, Y. Fan, L. He, J. Han, J. Saraie, R. L. Gunshor, C. G. Hua, and N. Otsuka, *Appl. Phys. Lett.* 62, 2108 (1993).

105. E. T. Yu, M. C. Phillips, J. O. McCaldin, and T. C. McGill, *Appl. Phys. Lett.* 61, 1962 (1992).

106. M. A. Haase, J. Qiu, J. M. DePuydt, and H. Cheng, *Appl. Phys. Lett.* 59, 1272 (1991).

107. H. Jeon, J. Ding, W. Patterson, A. V. Nurmikko, W. Xie, D. C. Grillo, M. Kobayashi, and R. L. Gunshor, *Appl. Phys. Lett.* 59, 3619 (1991).

108. H. Okuyama, T. Miyajima, Y. Morinaga, F. Hiei, M. Ozawa, and K. Akimoto, *Electron. Lett.* 28, 1798 (1992).

109. J. M. Gaines, R. R. Drenten, K. W. Haberern, T. Marshall, P. Mensz, and J. Petruzzello, *Appl. Phys. Lett.* 62, 2462 (1993).

110. C. A. King, *Heterojunction Bipolar Transistors with GeSi Alloys in Heterostructures and Quantum Devices*, Academic Press, San Diego, CA, 1994.

111. E. A. Fitzgerald, *Annu. Rev. Mater. Sci.* 25, 417 (1995).

112. D. Bimberg, M. Grundmann, and N. N. Ledentsov, *Quantum Dot Heterostructures*, Wiley, New York, 1999.

113. G. Park, O. B. Shchekin, S. Csutak, D. L. Huffaker, and D. G. Peppe, *Appl. Phys. Lett.* 75, 3267 (1999).

114. V. M. Ustinov, A. E. Zhukov, A. R. Kovsh, S. S. Mikhrin, N. A. Maleev, B. V. Volovik, Yu G. Musikhin, Yu M. Shernyakov, E. Yu Kondat'eva, M. V. Maximov, A. F. Tsatsul'nikov, N. N. Ledentsov, Zh I. Alferov, J. A. Lott, and D. Bimberg, *Nanotechnology* 11, 406 (2000).

115. O. B. Shchekin and D. G. Deppe, *Appl. Phys. Lett.* 80, 3277 (2002).

116. D. Pan, E. Towe, and S. Kennerly, *Appl. Phys. Lett.* 73, 1937 (1998).

117. L. F. Lester, A. Stintz, H. Li, T. C. Newell, E. A. Pease, B. A. Fuchs, and K. J. Malloy, *IEEE Photon. Technol. Lett.* 11, 931 (1999).

118. G. T. Liu, A. Stintz, H. Li, K. J. Malloy, and L. F. Lester, *Electron. Lett.* 35, 1163 (1999).

119. L. Chen, V. G. Stoleru, and E. Towe, *IEEE J. Selected Topics in Quantum Electron.* 8, 1045 (2002).

120. H. P. Lang, M. Hegner, E. Meyer, and Ch. Gerber, *Nanotechnology* 13, R29 (2002).

121. R. Berger, E. Delamarche, H. P. Lang, Ch. Gerber, J. K. Gimzewski, E. Meyer, and H. J. Güntherodt, *Science* 276, 2021 (1997).

122. H. P. Lang, R. Berger, C. Andreoli, J. Brugger, M. Despont, P. Vettiger, Ch. Gerber, J. K. Gimzewski, J. P. Ramseyer, E. Meyer, and H. J. Güntherodt, *Appl. Phys. Lett.* 52, 383 (1998).

123. H. P. Lang, M. K. Baller, R. Berger, Ch. Gerber, J. K. Gimzewski, F. M. Battiston, P. Fornaro, J. P. Ramseyer, E. Meyer, and H. J. Güntherodt, *Anal. Chim. Acta* 393, 59 (1999).

124. M. K. Baller, H. P. Lang, J. Fritz, Ch. Gerber, J. K. Gimzewski, U. Drechsler, H. Rothuizen, M. Despont, P. Vettiger, F. M. Battiston, J. P. Ramseyer, P. Fornaro, E. Meyer, and H. J. Güntherodt, *Ultramicroscopy* 82, 1 (2000).

125. R. Berger, H. P. Lang, Ch. Gerber, J. K. Gimzewski, J. H. Fabian, L. Scandella, E. Meyer, and H. J. Güntherodt, *Chem. Phys. Lett.* 294, 393 (1998).

126. F. M. Battiston, J. P. Ramseyer, H. P. Lang, M. K. Baller, Ch. Gerber, J. K. Gimzewski, E. Meyer, and H. J. Güntherodt, *Sensors Actuators* B77, 122 (2001).

127. R. Berger, Ch. Gerber, J. K. Gimzewski, E. Meyer, and H. J. Güntherodt, *Appl. Phys. Lett.* 69, 40 (1996).

128. R. Berger, Ch. Gerber, H. P. Lang, and J. K. Gimzewski, *Microelectron. Eng.* 35, 373 (1997).

129. M. I. Lutwyche, M. Despont, U. Drechsler, U. Durig, W. Harberle, H. Rothuizen, R. Stutz, R. Widmer, G. K. Binnig, and P. Vettiger, *Appl. Phys. Lett.* 77, 329 (2000).

130. Y. Saito, S. Uemura, and K. Hamaguchi, *Jpn. J. Appl. Phys.* 37, L346 (1998).

131. W. A. de Heer, A. Châtelain, and D. Ugarte, *Science* 270, 1179 (1995).

132. A. G. Rinzler, J. H. Hafner, P. Nokolaev, L. Lou, S. G. Kim, D. Tomanek, P. Nordlander, D. T. Colbert, and R. E. Smalley, *Science* 269, 1550 (1995).

133. P. G. Collins and A. Zettl, *Appl. Phys. Lett.* 69, 1969 (1996).

134. Q. H. Wang, A. A. Setlur, J. M. Lauerhaas, J. Y. Dai, E. W. Seeling, and R. P. H. Chang, *Appl. Phys. Lett.* 72, 2912 (1998).

135. J. M. Bonard, J. P. Salvetat, T. Stochli, W. A. de Heer, L. Forro, and A. Châtelain, *Appl. Phys. Lett.* 73, 918 (1998).

136. J. A. Misewich, R. Martel, Ph. Avouris, J. C. Tsang, S. Heinze, and J. Tersoff, *Science* 300, 783 (2003).

137. C. Lee, *J. Phys.* D6, 1105 (1973).

138. W. B. Choi, D. S. Chung, J. K. Kang, H. Y. Kim, Y. W. Jin, I. T. Han, Y. H. Lee, J. E. Jung, N. S. Lee, G. S. Park, and J. M. Kim, *Appl. Phys. Lett.* 75, 3129 (1999).

139. H. Murakami, M. Hirakawa, C. Tanaka, and H. Yamakawa, *Appl. Phys. Lett.* 76, 1776 (2000).

140. L. A. Chernozatonskii, Y. V. Gulyaev, Z. J. Kasakovskaja, and N. I. Sinityn, *Chem. Phys. Lett.* 233, 63 (1995).

141. P. G. Collins and A. Zettl, *Phys. Rev.* B55, 9391 (1997).

142. O. M. Kuttel, O. Groening, C. Emmenegger, and L. Schlapbach, *Appl. Phys. Lett.* 73, 2113 (1998).

143. Y. Chen, D. T. Shaw, and L. Guo, *Appl. Phys. Lett.* 76, 2469 (2000).

144. Y. Saito, K. Hamaguchi, T. Nishino, K. Hata, K. Tohji, A. Kasuya, and Y. Nishina, *Jpn. J. Appl. Phys*, 36, L1340 (1997).

145. Y. Saito, K. Hamaguchi, K. Hata, K. Uchida, Y. Tasaka, F. Ikazaki, M. Yumura, A. Kasuya, and Y. Nishina, *Nature* 389, 554 (1997).

146. M. Terrones, *Annu. Rev. Mater. Res.* 33, 419 (2003).

147. M. A. Green, *Prog. Photovolt. Res. Appl.* 9, 123 (2001).

148. A. Shah, P. Torres, R. Tscharner, N. Wyrsch, and H. Keppner, *Science* 285, 692 (1999).

149. S. A. Ringel, J. A. Carlin, C. L. Andre, M. K. Hudait, M. Gonzalez, D. M. Wilt, E. B. Clark, P. Jenkins, D. Scheiman, A. Allerman, E. A. Fitzgerald, and C. W. Leitz, *Prog. Photovolt. Res. Appl.* 10, 417 (2002).

150. A. Romeo, D. L. Batzner, H. Zogg, C. Vignali, and A. N. Tiwari, *Sol. Energ. Mater. Sol. Cells* 67, 311 (2001).

151. B. O'Regan and M. Grätzel, *Nature* 353, 737 (1991).

152. U. Bach, D. Lupo, P. Comte, J. E. Moser, F. Weissörtel, J. Salbeck, H. Spreitzer, and M. Grätzel, *Nature* 395, 583 (1998).

153. A. Hagfeldt and M. Grätzel, *Acc. Chem. Res.* 33, 269 (2000).

154. M. Grätzel, *Prog. Photovolt. Res. Appl.* 8, 171 (2000).

155. M. Grätzel, *Nature* 414, 338 (2001).

156. M. Thelakkat, C. Schmitz, and H. W. Schmidt, *Adv. Mater.* 14, 577 (2002).

157. D. Zhang, T. Yoshida, and H. Minoura, *Chem. Lett.*, 874 (2002).

158. G. Boschloo, H. Lindström, E. Magnusson, A. Holmberg, and A. Hagfeldt, *J. Photochem. Photobiology A: Chem.* 148, 11 (2002).

159. F. Pichot, J. R. Pitts, and B. A. Gregg, *Langmuir* 16, 5626 (2000).

160. Y. V. Zubavichus, Y. L. Slovokhotov, M. K. Nazeeruddin, S. M. Zakeeruddin, M. Grätzel, and V. Shklover, *Chem. Mater.* 14, 3556 (2002).

161. S. Nakade, M. Matsuda, S. Kambe, Y. Saito, T. Kitamura, T. Sakata, Y. Wada, H. Mori, and S. Yanagida, *J. Phys. Chem.* B106, 10004 (2002).

162. K. Keis, C. Bauer, G. Boschloo, A. Hagfeldt, K. Westermark, H. Rensmo, and H. Siegbahn, *J. Photochem. Photobiology A: Chem.* 148, 57 (2002).

163. S. Karuppuchamy, K. Nonomura, T. Yoshida, T. Sugiura, and H. Minoura, *Solid State Ionics* 151, 19 (2002).

164. K. Tennakone, P. K. M. Bandaranayake, P. V. V. Jayaweera, A. Konno, and G. R. R. A. Kumara, *Physica* E14, 190 (2002).

165. Q. F. Zhang, C. Dandeneau, X. Y. Zhou, and G. Z. Cao, *Adv. Mater.* 21, 4087 (2009).

166. Q. F. Zhang, T. P. Chou, B. Russo, G. E. Fryxell, S. A. Jenekhe, and G. Z. Cao, *Angew. Chem. Int. Ed.* 47, 2402 (2008).

167. T. P. Chou, Q. F. Zhang, G. E. Fryxell, and G. Z. Cao, *Adv. Mater.* 19, 2588 (2007).

168. S Chappel and A. Zaban, *Sol. Energ. Mater. Sol. Cells* 71, 141 (2002).

169. S. Chappel, S. G. Chen, and A. Zaban, *Langmuir* 18, 3336 (2002).

170. S. G. Chen, S. Chappel, Y. Diamant, and A. Zaban, *Chem. Mater.* 13, 4629 (2001).

171. T. S. Kang, S. H. Moon, and K. J. Kim, *J. Electrochem. Soc.* 149, E155 (2002).

172. E. Palomares, J. N. Clifford, S. A. Haque, T. Lutz, and J. R. Durrant, *J. Am. Chem. Soc.* 125, 475 (2003).

173. P. K. M. Bandaranayake, P. V. V. Jayaweera, and K. Tennakone, *Sol. Energ. Mater. Sol. Cells* 76, 57 (2003).

174. W. U. Huynh, X. Peng, and A. P. Alivisatos, *Adv. Mater.* 11, 923 (1999).

175. W. Huynh, J. J. Dittmer, and A. P. Alivisatos, *Science* 295, 2425 (2002).

176. D. Gebeyehu, C. J. Brabec, and N. S. Sariciftci, *Thin Solid Films* 403-404, 271 (2002).

177. W. van Schalkwijk, and B. Scrosati, *Advances in Li-Ion Batteries*, 2002.

178. J. M. Tarascon and M. Armand, *Nature* 414, 359 (2001).

179. M. S. Whittingham, *Chem. Rev.* 104, 4271 (2004).

180. M. S. Whittingham, Y. Song, S. Lutta, P. Y. Zavalij, and N. A. Chernova, *J. Mater. Chem.* 15, 3362 (2005).

181. C. J. Curtis, J. Wang, and D. L. Schulz, *J. Electrochem. Soc.* 151, A590 (2004).

182. J. F. Whitacre, W. C. West, E. Brandon, and B. V. Ratnakumar, *J. Electrochem. Soc.* 148, A1078 (2001).

183. M. Kunduraci and G. G. Amatucci, *J. Electrochem. Soc.* 153, A1345 (2006).

184. J. C. Arrebola, A. Caballero, M. Cruz, L. Hernán, J. Morales, and E. R. Castellón, *Adv. Funct. Mater.* 16, 1904 (2006).

185. R. Nesper, M. E. Spahr, M. Niederberger, and P. Bitterli, *Int. Patent Appl.* PCT/CH97/00470, 1997.

186. C. J. Patrissi and C. R. Martin, *J. Electrochem. Soc.* 146, 3176 (1999).

187. N. Li, C. J. Patrissi, and C. R. Martin, *J. Electrochem. Soc.* 147, 2044 (2000).

188. K. Takahashi, S. J. Limmer, Y. Wang, and G. Z. Cao, *J. Phys. Chem. B*, 108, 9795 (2004).

189. K. Takahashi, S. J. Limmer, Y. Wang, and G. Z. Cao, *J. Appl. Phys.* 44, 662 (2005).

190. K. Takahashi, Y. Wang, and G. Z. Cao, *Appl. Phys. Lett.* 86, 053102 (2005).

191. Y. Wang, K. Takahashi, H. Shang, and G. Z. Cao, *J. Phys. Chem.* B109, 3085 (2005).

192. K. Takahashi, Y. Wang, and G. Z. Cao, *J. Phys. Chem.* B109, 48 (2005).

193. Q. Wang, H. Li, L. Chen, and X. Huang, *Solid State Ionics* 152-153, 43 (2002).

194. R. A. Sharma and R. N. Seefurth, *J. Electrochem. Soc.* 123, 1763 (1976).

195. B. A. Boukamp, G. C. Lesh, and R. A. Huggins, *J. Electrochem. Soc.* 128, 725 (1981).

196. M. Winter, J. O. Besenhard, M. E. Spahr, and P. Nova, *Adv. Mater.* 10, 725 (1998).

197. U. Kasavajjula, C. Wang, and A. J. Appleby, *J. Power Sources* 163, 1003 (2007).

198. K. Candace, P. H. Chan, G. Liu, K. Mcilwrath, X. F. Zhan, R. A. Huggins, and Y Cui,

Nat. Nanotechnol. 3, 31 (2008).

199. J. T. Yin, M. Wada, K. Yamamoto, Y. Kitano, S. Tanase, and T. Sakai, *J. Electrochem. Soc.* 153, A472 (2006).

200. J. P. Maranchi, A. F. Hepp, and P. N. Kumta, *Electrochem. Solid-State Lett.* 6, A198 (2003).

201. S. Ohara, J. J. Suzuki, K. Sekine, and T. Takamura, *Electrochemistry* 71, 1126 (2003).

202. L. Y. Beaulieu, K. W. Eberman, R. L. Turner, L. J. Krause, and J. R. Dahn, Electrochem. *Solid-State Lett.* 4, A137 (2001).

203. Y. C. Chen, J. M. Chen, Y. H. Huang, Y. R. Lee, and H. C. Shih, *Surf. Coat. Technol.* 202, 1313 (2007).

204. I. Rom, M. Wachtler, I. Papst, M. Schmied, J. O. Besenhard, F. Hofer, and M. Winter, *Solid State Ionics* 143, 329 (1999).

205. T. Zhang, L. J. Fu, J. Gao, Y. P. Wua, R. Holze, and H. Q. Wu, *J. Power Sources* 174, 770 (2007).

206. J. Graetz, C. C. Ahn, R. Yazami, and B. Fultz, *J. Electrochem. Soc.* 151, A698 (2004).

207. C. K. Chan, X. F. Zhang, and Y. Cui, *Nano Lett.* 8, 307 (2008).

208. Y. Idota, M. Mishima, M. Miyaki, T. Kubota, and T. Miyasaka, *Eur. Pat. Appl.* 65140 A1 94116643. 1, 1994.

209. K. Tahara, H. Ishikawa, F. Iwasaki, S. Yahagi, A. Sakkata, and T. Sakai, *Eur. Pat. Appl.* 93111938. 2, 1993.

210. J. O. Besenhard, J. Yang, and M. Winter, *J. Power Sources* 68, 87 (1997).

211. S. H. Ng, D. I. dos Santos, S. Y. Chew, D. Wexler, J. Wang, S. X. Dou, and H. K. Liu, *Electrochem. Commun.* 9, 915 (2007).

212. V. Subramanian, B. W. William, H. W. Zhu, and B. Q. Wei, *J. Phys. Chem.* C112, 4550 (2008).

213. W. L. Xiong, Y. Wang, C. Yuan Lee, Y. Jim, and L. A. Archer, *Adv. Mater.* 18, 2325 (2006).

214. L. Yuan, Z. P. Guo, K. Konstantinov, J. Z. Wang, and H. K. Liu, *Electrochim. Acta* 51, 3680 (2006).

215. H. K. Seong, M. H. Kim, H. J. Choi, Y J. Choi, and J. G. Park, *Met. Mater. Intl.* 14, 477 (2008).

216. Y. N. Nuli, S. L. Zhao, and Q. Z. Qin, *J. Power Sources* 114, 113 (2003).

217. P. Poizot, S. Larulle, S. Grugeon, L. Dupont, and J. M. Tarascon, *Nature* 407, 496 (2000).

218. M. Fichtner, *Adv. Eng. Mater.* 6, 7 (2005).

219. H. Kabbour, T. F. Baumann, J. H. Satcher, Jr., A. Saulnier, and C. C. Ahn, *Chem. Mater.* 18, 6085 (2006).

220. G. Liang, R. Schulz, and J. Huot, *J. Alloy. Comp.* 133, 320 (2001).

221. P. Tessier, J. O. Strom-Olsen, and R. Schulz, *J. Mater. Res.* 13, 1538 (1998).

222. A. Zaluska, L. Zaluski, and J. O. Strom-Olsen, *Appl. Phys.* A72, 157 (2001).

223. G. Liang, J. Huot, S. Bouly, A. Van Neste, and R. Schulz, *J. Alloy Comp.* 291, 295 (1999).

224. O. Gutfleisch, N. Schlorke-de Boer, N. Ismail, M. Herrich, A. Walton, J. Sperght, I. R. Harris, A. S. Pratt, and A. Zuttel, *J. Alloy Comp.* 356, 357, 598 (2003).

225. J. -L. Bobet, S. Pechev, B. Chevalier, and B. Darriet, *J. Mater. Chem.* 9, 315 (1999).

226. K. Zeng, T. Klassen, W. Oelerich, and R. Bormann, *J. Alloys Comp.* 283, 213 (1999).

227. C. M. Jensen, R. A. Zidan, N. Mariels, A. G. Hee, and C. Hagen, *Int. J. Hydrogen Energy* 24, 461 (1999).

228. G. Sandrock, K. Gross, and G. Thomas, *J. Alloy Comp.* 339, 299 (2002).

229. K. J. Gross, G. J. Thomas, and C. M. Jensen, *J. Alloys Comp.* 330, 683 (2002).

230. S. Sepehri, B. B. Garcia, and G. Cao, *J. Mater. Chem.* 18, 4034 (2008).

231. C. P. Balde, B. P. C. Hereijgers, J. H. Bitter, and K. P. de Jong, *J. Am. Chem. Soc.* 130, 6761 (2008).

232. A. F. Gross, J. J. Vajo, S. L. Van Atta, and G. L. Olson, *J. Phys. Chem. C* 112, 5651 (2008).

233. A. Feaver, S. Sepehri, P. Shamberger, A. Stowe, T. Autrey, and G. Cao, *J. Phys. Chem.* B111, 7469 (2007).

234. A. Gutowska, L. Li, Y. Shin, C. M. Wang, X. S. Li, J. C. Linehan, R. S. Smith, B. D. Kay, B. S. , W. Shaw, M. Gutowski, and T. Autrey, *Angew. Chem. Int. Ed.* 44, 3578 (2005).

235. L. D. Hicks and M. S. Dresselhaus, *Phys. Rev. B: Condens. Matter Mater. Phys.* 47, 12727 (1993).

236. B. Yoo, F. Xiao, K. N. Bozhilov, J. Herman, M. A. Ryan, and N. V. Myung, *Adv. Mater.* 19, 296 (2007).

237. W. Wang, F. Jia, Q. Huang, and J. Zhang, *Microelectron Eng.* 77, 223 (2005).

238. X. B. Zhao, X. H. Ji, Y. H. Zhang, and B. H. Lu, *J. Alloys Comp.* 368, 349 (2004).

239. C. Jin, X. Xiang, C. Jia, W. Liu, W. Cai, L. Yao, and X. Li, *J. Phys. Chem.* B108, 1844 (2004).

240. A. I. Hochbaum, R. Chen, R. D. Delgado, W. Liang, E. C. Garnett, M. Najarian, A. Majumdar and P. Yang, *Nature* 451, 163 (2008).

241. A. R. Abramson, W. C. Kim, S. T. Huxtable, H. Yan, Y. Wu, A. Majumdar, C. -L. Tien, and P. Yang, *J. Microelectromechan. Syst.* 13, 505 (2004).

242. F. Li, C. Hu, Y. Xiong, B. Wan, W. Yan, and M. Zhang *J. Phys. Chem.* C112, 16130 (2008).

243. G. Tai, B. Zhou, and W. Guo, *J. Phys. Chem.* C112, 11314 (2008).

244. D. -A. Borca-Tasciuc, G. Chen, A. Prieto, M. S. Martín-González, A. Stacy, T. Sands,

M. A. Ryan, and J. P. Fleurial, *Appl. Phys. Lett.* 85, (2004).

245. N. Mingo, *Appl. Phys. Lett.* 84, (2004).

246. C. -H. Lee, G. -C. Yi, Y. M. Zuev, and P. Kim, *Appl. Phys. Lett.* 94, 022106 (2009).

247. N. B. Duarte, G. D. Mahan, and S. Tadigadapa, *Nano Lett.* 9, 617 (2009).

248. T. Markussen, A. -P. Jauho, and M. Brandbyge, *Phys. Rev.* B79, 035415 (2009).

249. L. H. Cumbal and A. K. SenGupta, *Ind. Eng. Chem. Res.* 44, 600 (2005).

250. J. Chen, M. Liu, L. Zhang, J. Zhang, and L. Jin, *Water Res.* 37, 3815 (2003).

251. M. Ibanescu, Y. Fink, S. Fan, E. L. Thomas, and J. D. Joannopoulos, *Science* 289, 415 (2000).

252. J. Ouellette, *The Industry Physicist*, p. 14, December 2001/January 2002.

253. A. Mekis, J. C. Chen, I. Kurland, S. Fan, P. R. Villeneuve, and J. D. Joannopoulos, *Phys. Rev. Lett.* 77, 3787 (1999).

254. J. D. Joannopoulos, R. D. Meade, and J. N. Winn, *Photonic Crystals*, Princeton University Press, Princeton, NJ, 1995.

255. E. Yablonovitch, *Phys. Rev. Lett.* 58, 2059 (1987).

256. S. John, *Phys. Rev. Lett.* 58, 2486 (1987).

257. E. Yablonovitch, T. J. Gmitter, and K. M. Leung, *Phys. Rev. Lett.* 67, 2295 (1991).

258. A. Polman and P. Wiltzius, *MRS Bull.* 26, 608 (2001).

259. S. Y. Lin, J. G. Fleming, D. L. Hetherington, B. K. Smith, R. Biswas, K. M. Ho, M. M. Sigalas, W. Zubrzycki, S. R. Kurtz, and J. Bur, *Nature* 394, 251 (1998).

260. S. Noda, K. Tomoda, N. Yamamoto, and A. Chutinan, *Science* 289, 604 (2000).

261. A. Birner, R. B. Wehrspohn, U. Gösele, and K. Busch, *Adv. Mater.* 13, 377 (2001).

262. M. C. Wanke, O. Lehmann, K. Müller, Q. Z. Wen, and M. Stuke, *Science* 275, 1284 (1997).

263. M. Campbell, D. N. Sharp, M. T. Harrison, R. G. Denning, and A. J. Turberfield, *Nature* 404, 53 (2000).

264. J. E. G. J. Wijnhoven and W. Vos, *Science* 281, 802 (1998).

265. Y. Xia, B. Gates, Y. Yin, and Y. Lu, *Adv. Mater.* 12, 693 (2000).

266. T. Zijlstra, E. van der Drift, M. J. A. de Dood, E. Snoeks, and A. Polman, *J. Vac. Sci. Technol.* B17, 2734 (1999).

267. J. D. Joannopoulos, P. R. Villeneuve, and S. Fan, *Nature* 386, 143 (1997).

268. S. A. Maier, M. L. Brongersma, P. G. Kik, S. Meltzer, A. A. G. Requicha, and H. A. Atwater, *Adv. Mater.* 13, 1501 (2001).

269. M. Quinten, A. Leitner, J. R. Krenn, and F. R. Aussenegg, *Opt. Lett.* 23, 1331 (1998).

270. M. L. Brongersma, J. W. Hartman, and H. A. Atwater, *Phys. Rev.* B62, R16356 (2000).

271. J. R. Krenn, A. Dereux, J. C. Weeber, E. Bourillot, Y. Lacroute, J. P. Goudonnet, G. Schider, W. Gotschy, A. Leitner, F. R. Aussenegg, and C. Girard, *Phys. Rev. Lett.* 82, 2590 (1999).

附 录

附录 1　元素周期表

1	2	3	4	5	6	7	8	9	10	11	12	13	14	15	16	17	18
1 H 1.0079																	2 He 4.0026
3 Li 6.941	4 Be 9.0122											5 B 10.811	6 C 12.011	7 N 14.007	8 O 15.999	9 F 18.998	10 Ne 20.180
11 Na 22.990	12 Mg 24.305											13 Al 26.982	14 Si 28.086	15 P 30.974	16 S 32.065	17 Cl 35.453	18 Ar 39.948
19 K 39.098	20 Ca 40.078	21 Sc 44.956	22 Ti 47.867	23 V 50.942	24 Cr 51.996	25 Mn 54.938	26 Fe 55.845	27 Co 58.933	28 Ni 58.693	29 Cu 63.546	30 Zn 65.409	31 Ga 69.723	32 Ge 72.64	33 As 74.922	34 Se 78.96	35 Br 79.904	36 Kr 83.798
37 Rb 85.468	38 Sr 87.62	39 Y 88.906	40 Zr 91.224	41 Nb 92.906	42 Mo 95.94	43 Tc (98)	44 Ru 101.07	45 Rh 102.91	46 Pd 106.42	47 Ag 107.87	48 Cd 112.41	49 In 114.82	50 Sn 118.71	51 Sb 121.76	52 Te 127.60	53 I 126.90	54 Xe 131.29
55 Cs 132.91	56 Ba 137.33	57－71 *	72 Hf 178.49	73 Ta 180.95	74 W 183.84	75 Re 186.21	76 Os 190.23	77 Ir 192.22	78 Pt 195.08	79 Au 196.97	80 Hg 200.59	81 Tl 204.38	82 Pb 207.2	83 Bi 208.98	84 Po (209)	85 At (210)	86 Rn (222)
87 Fr (223)	88 Ra (226)	89－103 #	104 Rf (261)	105 Db (262)	106 Sg (266)	107 Bh (264)	108 Hs (277)	109 Mt (268)	110 Ds (281)	111 Uuu (272)	112 Uub (285)		114 Uuq (289)				

* 镧系	57 La 138.91	58 Ce 140.12	59 Pr 140.91	60 Nd 144.24	61 Pm (145)	62 Sm 150.36	63 Eu 151.96	64 Gd 157.25	65 Tb 158.93	66 Dy 162.50	67 Ho 164.93	68 Er 167.26	69 Tm 168.93	70 Yb 173.04	71 Lu 174.97
# 锕系	89 Ac (227)	90 Th 232.04	91 Pa 231.04	92 U 238.03	93 Np (237)	94 Pu (244)	95 Am (243)	96 Cm (247)	97 Bk (247)	98 Cf (251)	99 Es (252)	100 Fm (257)	101 Md (258)	102 No (259)	103 Lr (262)

附录 2 国 际 单 位

量	名称	单位符号	SI 基本单位及以其表示的引导出单位
长度	米	m	m
质量	千克	kg	kg
时间	秒	s	s
电流	安[培]	A	A
热力学温度	开[尔文]	K	K
发光强度	坎[德拉]	Cd	Cd
力	牛[顿]	N	$kg \cdot m/s^2$
能[量]	焦[耳]	J	$kg \cdot m^2/s^2$
压力，压强	帕[斯卡]	Pa	$kg/(s^2 \cdot m)$
电荷	库[仑]	C	$A \cdot s$
功率	瓦[特]	W	$kg \cdot m^2/s^3$
电压	伏[特]	V	$kg \cdot m^2/(A \cdot s^3)$
电阻	欧[姆]	Ω	$kg \cdot m^2/(A^2 \cdot s^3)$
电导	西门子	S	$A^2 \cdot s^3/(kg \cdot m^2)$
磁通[量]	韦[伯]	Wb	$kg \cdot m^2/(A \cdot s^2)$
磁通[量]密度	特[斯拉]	T	$kg/(A \cdot s^2)$
电感	亨[利]	H	$kg/(A^2 \cdot s^2)$
电容	法[拉]	F	$A^2 \cdot s^4/(kg \cdot m^2)$

附录 3 基本物理常数

量	符号	带单位的数值
阿伏加德罗常数	N_A	6.023×10^{23} molecules/mole
玻耳兹曼常数	κ	1.38×10^{-23} J/(atom $\cdot$ K)
玻尔磁子	μ_B	9.27×10^{-24} A $\cdot$ m^2
万有引力常数	G	6.67×10^{-11} m^3/(kg $\cdot$ s^2)
元电荷	e	1.602×10^{-19} C
电子[静]质量	m_e	9.11×10^{-31} kg

量	符号	带单位的数值
法拉第常数	F	96 500 C/mol
摩尔气体常数	R_g	8.31 J/(mol·K)
真空磁导率	μ_0	1.257×10^{-6} H/m
真空介电常数	ε_0	8.85×10^{-12} F/m
普朗克常量	h	6.63×10^{-34} J·s
真空光速	c_0	3×10^8 m/s

附录 4　14 种三维晶格类型

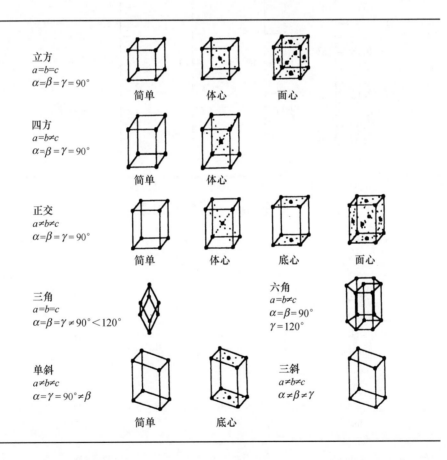

立方
$a=b=c$
$\alpha=\beta=\gamma=90°$
简单　体心　面心

四方
$a=b\neq c$
$\alpha=\beta=\gamma=90°$
简单　体心

正交
$a\neq b\neq c$
$\alpha=\beta=\gamma=90°$
简单　体心　底心　面心

三角
$a=b=c$
$\alpha=\beta=\gamma\neq 90°<120°$

六角
$a=b\neq c$
$\alpha=\beta=90°$
$\gamma=120°$

单斜
$a\neq b\neq c$
$\alpha=\gamma=90°\neq\beta$
简单　底心

三斜
$a\neq b\neq c$
$\alpha\neq\beta\neq\gamma$

附录5 电磁波谱

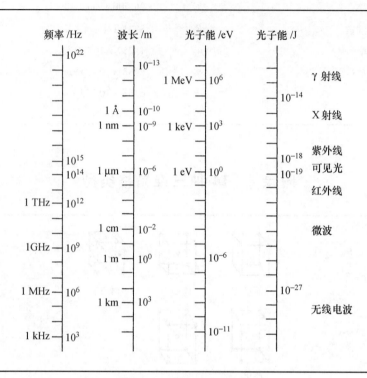

附录6 希腊字母表

名字	小写	大写
Alpha	α	A
Beta	β	B
Gamma	γ	Γ
Delta	δ	Δ
Epsilon	ε	E
Zeta	ζ	Z
Eta	η	H
Theta	θ	Θ
Iota	ι	I
Kappa	κ	K
Lambda	λ	Λ

名字	小写	大写
Mu	μ	M
Nu	ν	N
Xi	ξ	Ξ
Omicron	o	O
Pi	π	Π
Rho	ρ	P
Sigma	σ	Σ
Tau	τ	T
Upsilon	υ	Y
Phi	φ	Φ
Chi	χ	X
Psi	ψ	Ψ
Omega	ω	Ω

索　　引

A

Au₅₅ 团簇　355

奥斯特瓦耳德　86

奥斯特瓦耳德熟化　9，20，23 - 25，106

B

BaTiO₃ 纳米线　107，108

BCF 理论　100

巴克明斯特富勒烯（buckminster fullerene）
　204

巴克球（buckyball）　204

贝塞尔函数　286

比表面积　14，217 - 219，222，237，239，
　311，370

铋纳米线　137

表面　309

表面弛豫　16，17

表面粗糙化　19

表面等离子共振　324，325，329

表面电荷密度　25，26，28，30，33，
　122，130

表面电势　26，30

表面活性剂　10，17，66，71，80，81，
　107，181，182，186，187，195，211 -
　215，285

表面活性剂分子　212

表面活性剂胶束　214

表面扩散系数　99

表面能　1，9，10，13 - 17，99，101，
　111，114，157，188，212，219，237，
　311，318，320，321，341，343

表面散射　318，328，331 - 334，343

表面生长限制过程　98

表面吸附　16，26

表面原子密度　16

表面重构　16，17，24

波导　360，375，376

铂纳米粒子　52，107

不饱和烃的加氢反应　358

不均匀应变　301

布拉格定律（Bragg's law）　300

布朗（Brownian）运动　27，28，31，
　33，129

C

CdSe 纳米粒子　62，80，83 - 85

CdS 纳米粒子　66，320，321

CdTe　83

Cd$_x$Zn$_{1-x}$S 纳米粒子　74

Ⅲ - Ⅴ材料　113

层 - 层堆垛　376

层流　161，162，170

层状或弗兰克 - 范德米为（Frank - van der

Merwe）生长　156

插层化合物　235－237

插入法　210

场离子显微镜（FIM）　276

场梯度诱导表面扩散　277，278

场蒸发　273

场致扩散　272

超晶　287

超晶格　179，189

超临界点　221

超临界干燥过程　221

超顺磁性　11，61，76，318，341－343

沉降法　288

成分偏析　16－18

迟滞　343

尺寸选择性沉淀　63，86

畴结构　343

储氢　11，365，370，371

储氢容量　370

传感器　241，353－355，362，363，365

垂直沉积　188，189

垂直移动过程　272

磁力显微镜　310

粗糙表面　111，117

粗糙化转变　18，19，117

催化生长机制　209

D

d－间距　301

DLVO 理论　30，33

DNA 模板　140

带隙工程　83，179，359

单壁碳纳米管（SWCNT）　206

单分散球状胶体的自组装　376

单分子层　5，182－184，186－189，259，285，354

单分子电子组件　356

单分子晶体管　355

单核生长　47

弹道传导　331，335，336

弹塑性　324

弹性模量显微镜　310

弹性模印章　281

弹性散射　305，307，328，333－336

弹性应变　301

氮氧化物的还原　358

德拜－休克尔（Debye-Hückel）屏蔽强度　28

德布罗意波长　5

德布罗意关系　307

等离子波导　375，377

等离子带宽　327，328

等离子体刻蚀　184，373

等离子体增强化学气相沉积（PECVD）　166

等离子振动　325，328，377

低压化学气相沉积　160

地包　238

电插入　237

电场辅助组装　256，287

电沉积　122，125，127，128，240，263，275，368，372

电磁波谱　315

电镀　3，96，122，290

电荷交换模型　276

电弧放电　119，205，207，208

电弧蒸发　164，207，208

电化学沉积　53，78，122，124－128，137，155，181，189，372，373

电化学电池　53，241

电化学方法　207

电化学腐蚀　121

电化学气相沉积（EVD）　172

电化学性能　238－240，368

电化学诱导溶胶－凝胶沉积法　132，134

电解　122，124，191，375

电解电池 124

电气配置开关 355

电气自偏电场 208

电泳 130，131

电泳沉积 96，128，131，132，288

电子场发射尖端 211

电子回旋共振（ECR）等离子体 172

电子密度 301 – 303，307，325

电子平均自由程 332，333，335，336

电子散射 260，261，263，307，325，328，332

电子束光刻 144，257，263，282，355，377

电子束光刻技术 265

电子束蒸发 164

电子隧穿 267，308，336

调相器 259

动态 SIMS 317

动态力显微镜 310

动态模式 362

多壁碳纳米管（MWCNT） 206，238

多核生长 47，48

多极振动 325

多孔 TiO_2 纳米晶 366

多孔固体 211

多孔硅 121

E

俄歇电子 306，315

俄歇电子谱（AES） 164，315

二次离子质谱（SIMS） 317

F

F – 面 101

Fe_3O_4 纳米粒子 83

FIB 沉积 264，265

FIB 光刻 263，265

β – FeO（OH）纳米粒子 73

发光 83，314，330，362

反射高能电子衍射（RHEED） 164

反斯托克斯散射（anti – Stokes scattering）315

反应溅射 166

反应离子蚀刻（RIE） 166

范德瓦耳斯力 16，28，33

方程 131

非弹性散射 305

非均匀成核 42，76，155，156

非离子表面活性剂 211，212

非离子性表面活性剂 104

非吸附型聚合物 35

非氧化物半导体纳米粒子 62

菲涅耳（Fresnel）衍射 259

沸石 121，211，222 – 227

分步生长理论 100

分层结构的介孔材料 217

分子标签 357

分子层 311

分子层外延（MLE） 175

分子电工学工具箱 355

分子电子学 354，355

分子间电导 337

分子流 160，161，170

分子密度 160

分子内电导 337

分子人 7

分子识别 354，357

分子束外延（MBE） 3，42，79，155，164，179，360

粉末冶金 20，324

夫琅禾费（Fraunhofer）衍射 259

弗洛里 – 哈金斯（Flory-Huggins）θ 温度 34

辐射径迹蚀刻 218
辐射径迹蚀刻聚合物膜 121
辐射径迹蚀刻云母 121
负微分电阻 355
复制模塑 279，281

G

Ga_2O_3 纳米线 119
GaAs 纳米颗粒 79
GaAs 纳米线 113，119，121
$GaInP_2$ 纳米粒子 66
GaN 纳米线 67，119，335
GaP 纳米线 114
GeO_2 纳米线 119
Ge 纳米线 112，118，137，320
盖帽材料 57，62，63，287
干凝胶 211，218
高定向裂解石墨（HOPG） 78
高分辨光谱过滤器 375
共价连接组装 256，288
孤岛（或 Volmer-Weber）生长 78
孤岛－层（Stranski-Krastanov）生长 78
古伊（Gouy）层 27，28
固定化酶 183
固态富勒烯 204
寡核苷酸 357，358
光电化学电池 354，365，366
光分解（光化学）沉积 290
光伏电池 365
光刻 289，290
光刻技术 3，6，10，256－258，290
光敏聚合物 257
光学标记 356
光学开关和逻辑器件 360

傅里叶转换红外光谱 315
富克斯－松德海默（Fuchs－Sondheimer）（F
　－S） 333
富勒烯晶体 204

光学吸收 63，313，314，318，325，327
光致发光 140，314，331
光致发光谱 313
光致抗蚀剂 257
光子带隙 3，186，376
光子晶体 239，240，375，376
硅纳米线 104，109－111，113，118－
　120，144，330，335，373
硅烷链 229
硅柱体 375
贵重金属纳米颗粒 377
过饱和度 43－46，54，63，70，71，84，
　86，97，98，101，102，111，116，117，
　120，156
过渡金属催化剂 173，209
Hamaker 理论 287
哈梅克常数 29
好溶剂 34－37
合成氧化物纳米粒子 68
核－壳结构 83，228，229
恒流模式 269
恒压模式 268
红外光谱 313，315
后续聚合 231
后续生长 42，43，46，50，62，63，73，
　74，156，158，226

H

滑动过程 272
化学沉积 126

化学电解 126
化学镀层 126

化学气相沉积（CVD） 137，155，167，171，267

化学气相渗透（CVI） 172

化学溶液沉积（CSD） 155，195

化学吸附 370

化学吸附储氢 371

化学吸附等温线 310

坏溶剂 34，36，37

还原试剂 83

霍尔－佩奇关系 237

I

InGaO$_3$（ZnO）$_5$超晶格结构 179

InP 纳米晶 63，64，66

InP 纳米晶光学吸收 330

InP 纳米颗粒 301

InP 纳米线 114，115，120，331，373

J

机械强度 222，322，364

机械性能 237

机械性能 318，343

基本存储 355

基于 AFM 的纳米光刻 278，275

基于隔膜合成方法 231

激光刻写法 256

激光器 359－361

激光烧蚀 164，207

激光增强或辅助 CVD 171

吉布斯－汤普森（Gibbs-Thompson）关系式 23

极端紫外（EUV）光刻 259

极化场 340

尖端生长 209

剪切力辅助组装 256，287

渐逝波 270，271

渐逝波区域 271

溅射 78，110，140，155，160，162，165－167，263，310，317，368

交替层沉积 178

浇铸 136

胶束 42，79－81，187，211－214

胶体分散 72－74，84，96

接触光刻模式 258

接触印刷 279

结构导向剂 224，226－228

金－二氧化硅核－壳结构 229，230

金刚石薄膜 173，174

金纳米粒子 3，5，51－55，241，274，299，325，327，328，331，336

金属－聚合物核－壳结构 231

金属催化剂 113

金属到半导体的转变 335

金属合金纳米粒子 58

金属胶态分散 62

金属纳米粒子 50，53，57，58，62，63，74，76，78，80，83，318，320，325，327，331，336

近场光刻法 267

近场光子光刻 144

近场耦合 377

近场区域 271

近场扫描光学显微镜（NSOM） 256

近场扫描光学显微镜 267，310

浸涂法 192，213

晶格错配 83

晶界散射 331，335

晶体管 4，5，336，354，355，360，375

净化 62，63，318

静电纺丝 10，96，141－143

静电力显微镜 310

静电排斥　28，30，31，37，285
静电排斥力　28
静电稳定　25
静电稳定化　25，30，33，37，58，130，132
静电纤维加工　141
静电相互作用　186
静电作用力　27
静态 SIMS　317
静态模式　362
镜面散射　333
居里(Curie)温度　320，340

局域化学气相沉积　275
聚合物　36
聚合物层　33，35－37，232，278，282
聚合物粒子　81，82
聚合物纳米管　126
聚合物稳定化　35
聚合物稳定剂　50－53，56，57，62
聚焦离子束(FIB)光刻　255，263
聚焦离子束　263，264
决定电荷的离子　26
均匀成核　106
均相外延生长　157

K

KSV 理论　100
开尔文(Kevin)方程　22，116
开尔文探针显微镜　312
抗衡离子　27，129－131
抗蚀膜　257，258，260
抗体　356，357
可见光散射　303
可逆自发极化　338
克努森(Knudsen)数　161
克努森扩散　173
克努森容器　164

克努森数　162
空间稳定化　25，33，34，36，37
孔体积　211，313
库仑(Coulombic)力　27
库仑荷电　331，335，336
库仑阶梯　336
库仑阻塞　336
矿化剂　224
扩散层　28
扩散障碍　33

L

LIGA 法　256
拉曼光谱　288，313，315
拉曼散射　340
拉普拉斯方程　218
蓝/绿光激光器　360
蓝色/绿色发光二极管　360
朗缪尔－布洛杰特(Langmuir – Blodgett)膜(LB 膜)　187，259
朗缪尔薄膜　188
铑纳米粒子　52
雷诺(Reynolds)数　161

离散电荷　336
离散电子组态　336
离心沉积　137
离子的控制释放　71
离子镀　166
离子光谱　300，317
离子轰击　364
离子交换　237
离子交换反应　237
离子束光刻　144，263
离子注入　237，265

锂离子电池 237，367，368

两性表面活性剂 211–213

量子点 3，42，44，74，78，83，84，300，331，360–362

量子点异质结构 361

量子电阻 211

量子阱 359，360，362

量子阱电吸收和电光调制器 359

量子阱红外探测器 360

量子阱激光器 359

裂缝形成 194

临界胶束浓度（CMC） 187，212，213

临界能垒 45

临界涂层厚度 194

临界形核尺寸 156

磷光 314

零电荷点 26

流量传感器 211

硫醇–金化学键 357

硫醇 182，184

硫醇稳定的金纳米颗粒 359

六角形 205，206，208，210，212

六角形面 205

卢瑟福背散射谱（RBS） 316

滤取相分离玻璃 218

孪晶结构 301，319

螺线生长 100

螺旋纳米结构 104，105

M

MCM–41 212，218

MCM–48 212

Mie 理论 328

MOCVD 171

马西森（Matthiessen）法则 332

脉冲电沉积 124

毛细管微模塑 279，281

锚钩型聚合物 34，35，37

密勒指数 18

模板 3，10，42，79，80，83，95，96，121，122，124–126，138–140，143

模板电沉积 127

模板定向反应 138

模板填充 125，134–137

模塑 256，278，281，290

摩尔定律 4

N

NaCl 晶须机械强度 323

纳米操纵 6，256，267，270，271，273–275，290，377

纳米超晶格 287

纳米带 103–105

纳米光刻技术 6

纳米环 104

纳米机器人 2，5

纳米计算机 355

纳米技术 1–6，8–10，121，299，300，307，353，355，357，377

纳米晶材料 237

纳米晶体 1，2，4，84，86，303，307，356，357

纳米科学 2，299

纳米粒子 3，10，11，17，19，24，25，28，29，33，38，41，42，44，46，83，204，208，210，214，228–231，241，242，300，318，354，356

纳米粒子表面吸附 33

纳米粒子团聚 239

纳米通道阵列玻璃 121

纳米线 3，6，10，104，106–113，300，308，320，322，323，329–331，333–

335

纳米医学 5

能垒 44，45，156 – 158，179，267，268，
272，276，277

能量弥散 X 射线谱（EDS） 307

能斯特方程 124

黏性流动 20

柠檬酸钠还原 51

扭折面（K – 面） 101

偶极子振动 325，328

P

PbS 纳米粒子 66

Pd 纳米粒子 80

PN 结材料 365

PN 型注入二极管 360

Porod 定律 303

排斥能垒 31

平板显示器 364

平衡晶体 19，101

平衡蒸气压 21，22，109，311

平均扩散距离 99

平均自由程 160，161，163，164，170，
328，332

平面 21 – 23，28，100，101，103，111，
268，280

平行移动过程 272

Q

气 – 液 – 固（VLS）生长 3，110

气凝胶 211，218，220 – 222，370，371

气溶胶 – 辅助 CVD 或 AACVD 171

气溶胶 42，80 – 82

气溶胶辅助 CVD 172

气溶胶合成 79

气溶胶热解 42

气体冲击通量 160

气体吸附等温线 311，312，343

气相 – 固相（VS）过程 97

气相沉积 173，177，181，209，228

气相水热晶化 366

嵌段共聚物 214

嵌段聚合物 80

强制水解 70

切克劳斯基（Czochraski）晶体生长 111

亲水性 182，187 – 189，194

屈服强度 323，324

全光计算机 375

全息光刻 376

缺陷 6，7，97，98，101，102，106，
109，111，120，282，284，289，300，
307，318，322，323，331，332，336

缺陷散射 332

R

"软"有机弹性聚合物 260

染料敏化太阳能电池 365

热弹性聚合物 282

热电 11，126，372，373

热电体 338

热化学气相沉积 209

热解（或热化学）沉积 289

热解 3，42，58，60，62，66，79，82，
83，143，163，167，172，207，220，
222，370

热解沉积 290

热解生长 209

热解有机气凝胶 222

热模式 362，363

容量 238，239，368 – 370

溶剂交换 221，222

溶胶 – 凝胶法 68，192，214，219，237，
240，367，368，371

溶液 – 液态 – 固态(SLS)生长 3，119

溶液填充 96，137

S

SiO$_2$粒子 232

Stranski – Krastanov 生长模式 361

扫描电容显微镜 310

扫描电子显微镜(SEM) 263，267，286，
300，303

扫描热显微镜 310

扫描声学显微镜 270

扫描隧道显微镜(STM) 5，256，267，300

扫描探针显微镜(SPM) 5，267，269，
300，308

扫描探针针尖 365

色散相互作用力 287

熵力 27，33

烧结 20，24，41，69，82，208，220，
237，367，368

射频溅射 165，166

深度紫外线(DUV)光刻技术 261

渗流 31，32

生长台阶 323

生长终止 82

生物材料 70，239，241，242

生物电池电极 211

生物素 – 抗生素 357

石墨 60，78，118，156，171，173，174，
204 – 208，210，211，236，238，370

T

TiO$_2$薄膜 366，367

TiO$_2$粒子 134

TiO$_2$纳米棒 134，136

乳液聚合 81

入射速率 160

软光刻技术 279

瑞利(Rayleigh)方程 258

瑞利不稳定性 320

瑞利散射(Rayleigh scattering) 315

石墨烯 208

石墨烯片 206

石墨阳极 119，370

疏水相互作用力 284

疏水性 182，187，189，195

疏质子型溶剂 34

输送治疗药剂 5

树枝状 356

数值孔径 258

双层结构 129，130

水解反应 52，70，176

水平提升 189

水热合成技术 224

水热生长 108

顺磁性 343

瞬间离散形核 62

斯德博(Stöber) 230

斯特恩(Stern)层 27

斯特恩层 28

斯托克斯散射(Stokes scattering) 315

隧穿传导 335，336

隧道结 355

缩合反应 68 – 70，213 – 215，217，218，
229，234，235

TiO$_2$纳米线 132

TO$_4$四面体 222，223

台阶面(S – 面) 101

太阳能电池 195，365，367

钛酸钡 132，320

钛酸铅（$PbTiO_3$） 320

碳富勒烯 5，10，203，204

碳纳米管 5，10，95 – 97，121，138 –
140，143，203，204

碳纳米管复合材料 237

碳纳米管晶体管 355

碳纳米管阵列 208，209

碳气凝胶 222，371，372

碳纤维催化生长 209

碳阴极电弧放电 207

汤普森（Thompson）模型 333

陶瓷加工和粉末冶金 20

铁磁性 61，140，318，341，342

铁弹性 341

铁电 – 顺电转变 320，340

铁电体 2，338，340，341

铁粒子 342

停留时间 99，111，166

同离子 26

铜纳米粒子 80

投影光刻法 257

透射电子显微镜（TEM） 6，267，
300，307

图像 – 波峰模型 276

涂层 118，122，192 – 194，362，363

涂层厚度 118，192，194

湍流 161，162

团聚 9，15，20，21，25，28，30，31，
33，36，37，42，49，56，61，73，104，
140，212，229，358

W

外延 157

外延聚集 226

烷基硅烷 182

微接触印刷 256，280，281

微孔 211，212，217，222

微乳液 42，80，81，104

位错 97，100 – 102，106，121，159，
307，318，322 – 324，331

位错扩散理论 103

温度计 355

无规掺杂起伏 9

五角形 205，210

五角形面 205

伍尔夫关系 321

伍尔夫图 19

物理气相沉积（PVD） 162

物理吸附 17，26，35，311，312

X

X 射线光电子能谱 84

X 射线光刻 144，257，262，263

X 射线光刻技术 263

X 射线衍射（XRD） 300

X 射线荧光 314

吸附限制 98，101

吸附型聚合物 36

吸附原子的振动频率 99

相对论效应 358，359

相移光刻 259

相移掩模 259，260

消光系数 328

消耗的模板 138

小角度 X 射线散射（SAXS） 301

肖脱基（Schottky）能垒 273

泄流室 164

谢弗（Schaefer）法 189

谢勒（Scherrer）公式 301

休克尔 131

絮凝 31，63

旋涂法 192，193

Y

Y_2O_3：Eu 纳米粒子 71

Y_2O_3 纳米粒子 83

压电体 268，269，338

压印光刻 355

阳极 50，53，83，124，131，132，166，240，364

阳极氧化 96，218，275

阳极氧化铝膜 121，137，139，237

阳离子表面活性剂 211

杨氏方程 156，157

氧化硅胶体 68

氧化锑薄膜 335

氧化物－聚合物纳米结构 231

氧化物纳米粒子 67，68，70，71，80，83

液态金属离子(LMI)源 263

液相色谱 205

一氧化碳氧化 358

异质结材料 365

异质结双极晶体管（HBT） 5，360

异质凝结 214

异质外延生长 84，361

阴极 53，124，128，131，132，166，191，237，367

阴极沉积 124，207

阴极电解 372

阴离子表面活性剂 211

阴影刻录 257，258

铟锡氧化物(ITO) 217

银纳米粒子 52，56，58，73

选区衍射(SAD) 307

雪崩光电二极管 360

循环性能 238

应变能 157，159

应力诱导再结晶 121

荧光 66，314，329

硬度 323，324

有机－无机混合物 69，70，132，194

有机－无机杂化沸石 228

有机－无机杂化纤维 142

有机改性硅酸盐 233

有机改性陶瓷 233

有机硅衍生物 182

有机金属 CVD 171

有机金属气相外延生长(OMVPE) 172

有机硫化物 184

有机气凝胶 222

有机组元 235

有限扩散生长 33，47－49，53，56

有限生长过程 47

有序－无序转变 189

有序介孔材料 5

有序介孔复合金属氧化物 214，215

原电池 124

原子层沉积(ALD) 3，10，155，175

原子层化学气相沉积(ALCVD) 175

原子层生长(ALG) 175

原子层外延(ALE) 175

原子力显微镜(AFM) 5，256，267，300

圆柱形胶束的六角形或立方堆积形式 212

远场区域 271

Z

Zeta 电位 130－132

ZnO 纳米粒子 73，132

ZnO 纳米线 118，139，373

ZnS 薄膜 175－177

ZnS 纳米粒子　83

ZrO_2 纳米粒子　82

杂环纤维　337，339

杂环原子　227

杂质富集　16

蘸笔纳米光刻（DNP）　283

"自上而下"法　290

振荡　262，362

振动谱　312

蒸发－冷凝过程　20，23，97

蒸发　4，20，66，78，81－83，103，109，110，117－119，155，160，162，163，193，319

蒸发诱导自组装　235

脂肪酸单层厚度　336，339

直流（DC）　165

质子传导　335

质子型溶剂　34

中空金属纳米管　126

中性原子束光刻　256，266

种籽成核　58

重力场辅助组装　256，288

周期键链（PBC）理论　100

逐层生长　226

转移微模塑　279

准分子激光　259

准分子激光微加工　256，290

紫罗碱　355

自发磁化　341

自净化　9

自限制型生长　178

自组装　10，80，83，155，179，181，182，184，186，189，195，217，222，228，230，232，233，256，284，285，287，288，290，300

自组装表面活性剂　181，211

自组装多层　184

总表面　13

组织再生　356

最低未填充分子轨道（LUMO）　313

最高填充分子轨道（HOMO）　313

中 文 版 后 记

《Nanostructures and Nanomaterials: Synthesis, Properties and Applications》这本书的写作和出版本不是我计划中的事。2002 年初，我的同事任广宇教授问我有没有兴趣帮 SPIE(International society for optical engineering) 在 7 月份组织一个专题会议。在筹组这个会议的过程中，SPIE 的员工在华盛顿大学的网页上看到我得过好几个教学奖，就请我帮他们在大会期间教授一门为期一天的短期课程——Processing of Nanostructures，我请了夏幼南教授，我们各讲 4 个小时。几个出版社的编辑从 SPIE 网上看到这个消息，就联系我们要把讲义扩写成一本书。

有位编辑专程从纽约市赶来西雅图市，跟我们讨论此事。幼南因没有时间而不想写。我觉得题目很好，并且市场上虽有很大的需求却并没有类似的书，此外想到现在好几家出版社来找我写书，好过我将来去求别人帮我出版，于是决定试一下。

选择 Imperial College Press(ICP) 的原因之一是我曾在荷兰生活、学习和工作长达 8 年之久，欧洲的悠游生活和包容文化对我的人生态度有不小的影响。其二，ICP 的 Stanford Chong 博士是第一个联系我出版这本书的编辑。我们在电邮里谈得很投缘。他是印尼华裔，而印尼曾是荷兰的殖民地。我在荷兰的好些朋友都跟印尼有关系。遗憾的是尽管我去过新加坡好几次，每次都是来去匆匆，到现在也没有跟 Stanford 见过面，也不曾去过印尼。

2002 年 5 月，幼南请了王中林教授到华盛顿大学做纳米技术方面的报告，而自己却跑到另一个大学去讲学，所以就让我来接待中林兄。下午他做完报告之后，我们在西雅图数个美丽湖泊之一的 Lake Eliot 岸边散步，他给了我一些很好的建议。本书的第 7 章就因他的建议而写成。中林兄的另一个建议是希望我在国内出书，我现在总算有了一个答复。

在正式签合同之前，我趁我的博士后老板 Jeff Brinker 教授 2002 年 7 月来西雅图时寻求他这个过来人的建议。Jeff 给了我一个非常好的忠告。因为当他写《Sol-Gel Science》一书时，他的大女儿刚出生，而我的儿子将在当年 7 月底出生，他建议我如果决定写书的话，要在我儿子会走路之前把书写完。在随后的一年里，我谨记这一忠告。用了 13 个月的时间，在 2003 年 8 月完稿。而这一年也是我一生中时间利用效率最高的。除了教学、科研和写作这本书之外，也是我打高尔夫球打得最好、最疯狂的。这使我更加坚信，努力工作的同时，也可以充分地享受生活。

第二版的出版则是由另外的几个偶然的因素促成。数年来好几位 ICP/WSP(World Scientific Publishers)的编辑都曾联系我写第二版。2009 年夏,Zvi Ruder 博士联系我时,我以前的博士生王颖教授正好在征求我的意见,问我她是否应该接受一家出版社的邀请而写或编一本书,我便想到了跟她合作的可能。王颖教授几乎包办了第二版所有的工作,使我深深体会到培养杰出学生的巨大好处。选择跟 Zvi 合作的另一个不成理由的理由是他本人原籍是埃及,使我回想到 1991 年炎热的夏夜里,在埃及博物馆前喧嚣的广场上,跟当地人漫无目的的神侃,以及卢克索的甜美水果,尤其是鲜榨的芒果和甘蔗汁。

出中文版是我长久以来的愿望。中林兄跟我第一次见面时就提及此事,那都是在我开始写此书之前。2004 年 4 月第一版出版后,销售得很好。很多国家的高校如斯坦福大学、东京大学、法国高等理工学院等将此书选作研究生的教科书和参考书,这很有些出乎我的意料。WSP 的老板和创始人,潘国驹教授直接联系我,怂恿我写一本纳米技术的科普书,同时以中英文出版,并让他的秘书给我寄了一部分资料过来。我亦有些动心,并搜索了这方面已有的科普书。但研究一番之后,认识到以我的写作能力讲清楚科技内容尚可,但离科普集娱乐和教育为一体的要求相距何止千里,遂作罢。数年来,好几位国内的朋友都曾提议把《Nanostructures and Nanomaterials:Synthesis,Properties,and Applications》译成中文出版。大连理工大学的董星龙教授在我实验室作高访时跟我谈及此事,回国后便全力付诸行动。在没有确定出版社和谈好合同之前,绝大部分的翻译工作已经完成。最终委托高等教育出版社发行中文版,是因为刘剑波女士的不懈努力,她是在我的办公室跟我谈出版中文书的第一位中国编辑。我很高兴这本书终于译成中文在中国出版。希望此书为中国高校教育提供一点点帮助。作为一个中国人,我一直希望能够为祖国作一点有用的事,以报答我在国内所受的免费教育和我的老师们。

最后补充一点,纳米技术包罗万象,而这本书仅局限于纳米结构和纳米材料。即使在这一个小题目之下,我们也没有尝试去囊括所有的方方面面,有很多杰出的工作都没有涉及。作者多少有些随兴而写,读者也请随兴去看,谢谢大家。这本书最大的受益者无疑是作者本人。不但借此机会搞明白很多原来一知半解、只知不解和不知不解的知识,也更清醒地认识到科学之广之深和自己知识的微不足道,更有幸借此书认识了一些散布于世界各地很值得交往的朋友。

曹国忠

2011 年 5 月 31 日

于西雅图市

作者和译者简介

作者简介

曹国忠，美国华盛顿大学材料科学与工程系 Boeing – Steiner 终身讲席教授，化学工程系和机械工程系兼职教授。1982 年毕业于华东化工学院（现华东理工大学），随后获中国科学院上海硅酸盐研究所硕士学位和荷兰爱因霍芬科技大学博士学位。已发表学术论文 300 余篇，出版英文论著 7 本，会议论文集 4 集；在国际会议和大学作邀请报告及讲座 150 余次。目前的研究集中于纳米材料在能源领域的应用，涉及太阳能电池、锂离子电池、超级电容器和储氢等。

王颖，美国路易斯安那州立大学机械工程系助理教授。毕业于中国科学技术大学（化学物理系学士）、哈佛大学（化学系硕士）和华盛顿大学（材料科学与工程系博士），博士研究师从曹国忠教授，并于 2006—2008 年在美国西北大学材料科学与工程系从事博士后工作。2008 年 8 月加入路易斯安那州立大学。已发表学术论文 36 篇，论著章节 6 篇，多次在国际会议和大学作报告与邀请讲座。2010 年获 Ralph E. Powe Junior Faculty Enhancement Award。当前研究工作包括原子层沉积生长纳米薄膜、纳米材料在新能源与清洁环境领域的应用，如锂离子电池、太阳能电池、清洁泄漏原油及残余物等。

译者简介

  董星龙，大连理工大学材料科学与工程学院教授，博士生导师。1987年毕业于吉林大学物理系，随后获中国科学院金属研究所硕士和博士学位。韩国机械与材料研究院（KIMM）、美国华盛顿大学访问学者。获得教育部"新世纪优秀人才支持计划"、辽宁省"新世纪百千万人才工程"计划。目前研究方向包括"核-壳"型纳米粒子制备与表征，金属纳米复合粒子电磁波吸收材料，金属纳米复合锂离子电池负极材料，碳基纳米电、光、化学电极及器件等。已在国内外学术刊物发表论文100余篇。

材料科学经典著作选译

已经出版

非线性光学晶体手册（第三版，修订版）
V. G. Dmitriev, G. G. Gurzadyan, D. N. Nikogosyan
王继扬 译，吴以成 校

ISBN 978-7-04-027780-7

非线性光学晶体：一份完整的总结
David N. Nikogosyan
王继扬 译，吴以成 校

ISBN 978-7-04-027779-1

脆性固体断裂力学（第二版）
Brian Lawn
龚江宏 译

ISBN 978-7-04-025379-5

凝固原理（第四版，修订版）
W. Kurz, D. J. Fisher
李建国 胡侨丹 译

ISBN 978-7-04-028879-7

陶瓷导论（第二版）
W. D. Kingery, H. K. Bowen, D. R. Uhlmann
清华大学新型陶瓷与精细工艺国家重点实验室 译

ISBN 978-7-04-025600-0

晶体结构精修：晶体学者的SHELXL软件指南（附光盘）
P. Müller, R. Herbst-Irmer, A. L. Spek, T. R. Schneider,
M. R. Sawaya
陈昊鸿 译，赵景泰 校

ISBN 978-7-04-028880-3

金属塑性成形导论
Reiner Kopp, Herbert Wiegels
康永林 洪慧平 译，鹿守理 审校

ISBN 978-7-04-028136-1

金属高温氧化导论（第二版）
Neil Birks, Gerald H. Meier, Frederick S. Pettit
辛丽 王文 译，吴维芰 审校

ISBN 978-7-04-030273-8

金属和合金中的相变（第三版）
David A. Porter, Kenneth E. Easterling, Mohamed Y. Sherif
陈冷 余永宁 译

ISBN 978-7-04-030567-8

电子显微镜中的电子能量损失谱学（第二版）
R. F. Egerton
段晓峰 高尚鹏 张志华 谢琳 王自强 译

ISBN 978-7-04-031535-6

纳米结构和纳米材料：合成、性能及应用（第二版）
Guozhong Cao, Ying Wang
董星龙 译

ISBN 978-7-04-032624-6